下一代互联网新技术理论与实践

周 星 陈 敏 白 勇 胡祝华 谭毓银 著

科学出版社

北 京

内 容 简 介

　　本书分为理论和实践两部分，主要阐述下一代互联网物理层、网络层、传输层和应用层新技术等，融基础理论和方法及作者的最新科研成果为一体。理论部分首先从下一代互联网体系结构及演进的角度诠释多路径传输、IPv6、MPTCP 传输、NEAT 等关键技术；其次从下一代互联网接入技术视角，揭示 4G/5G、WiFi、压缩频谱感知技术的内涵；详述各技术的背景、工作原理和相关技术标准等。实践部分则重点介绍最新科研成果的实现，如多路径传输系统的构建及多路径传输的具体应用、多址接入和压缩频谱感知等实战例子。

　　本书旨在推进新技术和方法的应用，适合从事计算机、通信、电子信息等专业研究生、教师和科技工作者阅读。

图书在版编目（CIP）数据

下一代互联网新技术理论与实践 / 周星等著. —北京：科学出版社，2022.11

ISBN 978-7-03-072720-6

Ⅰ. ①下… Ⅱ. ①周… Ⅲ. ①互联网络–研究 Ⅳ. ①TP393.4

中国版本图书馆 CIP 数据核字（2022）第 119268 号

责任编辑：阚　瑞/ 责任校对：王萌萌
责任印制：赵　博 / 封面设计：蓝正设计

科　学　出　版　社 出版
北京东黄城根北街 16 号
邮政编码：100717
http://www.sciencep.com
北京虎彩文化传播有限公司印刷
科学出版社发行　各地新华书店经销

*

2022 年 11 月第　一　版　　开本：720×1000　1/16
2024 年 3 月第三次印刷　　印张：22 3/4
字数：459 000

定价：179.00 元

（如有印装质量问题，我社负责调换）

前　　言

　　下一代互联网(next generation internet，NGI)正向着多网融合的方向发展，IPv6 技术虽然是下一代互联网的重要标志，但随着网络多种接入技术的快速发展，多种接口终端设备的出现，大数据与人工智能应用水平的不断提升等，其技术范围不断地向外延扩展，科技发展推陈出新，新技术层出不穷，涉及方方面面，如多路径传输技术、软件定义、无线通信新技术(移动通信技术和无线接入技术)、网络虚拟化技术、感知技术、物联网技术、应用层协议新技术、网络安全新技术等。

　　本书作者长期从事下一代互联网、移动通信、多种接入技术、多址接入理论、感知理论等前沿技术的研究，主持或参与完成了相关领域的多个国家级、省部级项目，在基础理论与技术的创新上取得了可喜的成果，积累了理论与实践的经验。这些研究项目包括："下一代互联网多宿主系统国际测试床构建与性能分析"(基金编号为 61363008)、"基于异构移动互联接入标准的多路径传输性能改进技术研究"(基金编号为 616622020)、"基于 RSerPool 应用的 SCTP 多路径传输协议的优化研究"(基金编号为 61163014)、"面向海上船舶之间宽带通信的动态无线传输机制研究"(基金编号为 61561017)、"基于网络效用最大化理论增强无线 Mesh 网 VoIP 传输性能的机制研究"(基金编号为 61261024)、"面向海洋渔业的移动通信系统及关键技术研究"(基金编号为 61062006)和"海洋通信中宽带压缩频谱感知与资源动态优化配置的关键技术研究"(基金编号为 617033)等。

　　《下一代互联网新技术理论与实践》一书是计算机科学领域与通信工程领域基础理论、创新方法与技术相互融合的结晶，内容丰富。该书正是作者在多个国家级、省部级资助项目的研究基础上，沿着 Internet 到 NGI 发展及深入应用演进的主线与脉络合理组织了全书的目录结构。第 1 章通过 3 个主题的综述勾勒出"从真正意义上可以使用的 Internet 到 NGI 演进历程"的一幅宏伟画卷、遭遇的各种挑战及针对挑战而提出的演进式与革命式发展的两大演进路线；第 2 章重点介绍 NGI 以演进式发展的相关新技术及研究成果；第 3 章介绍 NGI 标志性的技术——IPv6 协议，它能解决网络地址资源枯竭的问题，扫清多种接入设备连入互联网的障碍；第 4 章讨论 NGI 的下一个里程碑式新技术，即基于传输层的多路径并发传输技术，重点是 MPTCP 协议；第 5 章引入 NGI 在应用层上的新技术 NEAT(new, evolutive API and transport-layer architecture)，其关键目标是定义了一个可扩展的、易于使用的 API 基础体系结构，它解决了传统 Socket API 向 Internet 应用程序公开传输层接口的问题，使现有应用程序可以容易地移植到这个 NEAT 库中，从而简化网络通信并降低代码的复杂性；第 6 章介绍当前互联网主要的无线接入技术(是对有线接入的全方位的补充)，使用这些技术可以构建陆海空天地一体化的互联，而第 4 章的多路径传输技术则为各种接入并发使用提供坚实的基础；第 7 章和第 8 章的多址接入技术与感知理论则为万物互联接入提供物理层上的支持；第 9 章介绍 NGI 的物理层(多址接入、压缩频谱感知)、网络层(IPv6)、传输层(MPTCP协议)及应用层关键技术融合各位撰稿作者的理论研究的实践部分成果与应用案例，具有现实意义，可操作性强，能达到理论(言)与实践(行)同行，相得益彰的效果，因为纸上得来终觉浅，绝知此事要躬行。

全书 5 位作者，周星负责撰写第 1 章、第 2 章、4.5 节、第 5 章及 9.2 节和 9.5 节，并进行全书统稿；白勇负责撰写第 3 章、第 6 章；谭毓银负责撰写第 4 章中的 4.1 节~4.3 节、9.1 节中的 9.1.1 小节和 9.1.2 小节；陈敏负责撰写第 4 章的 4.4 节、第 7 章、9.1 节中的 9.1.3 小节、9.1.4 小节及 9.3 节；胡祝华负责撰写第 8 章、9.4 节。

在此，感谢各位撰稿作者将自己最新的理论研究与实践成果汇集一体，使本书成为一部较为系统记录互联网演进历史的书籍。互联网的迁移与演进仍在继续进行，新技术还会不断涌现，希望就在前方。

作　者

2021 年 10 月 30 日

致　　谢

　　本书今天能得以面世，作者深受鼓舞与欣慰。本书在出版经费与新技术项目研究方面得到了国家自然科学基金委员会项目的大力资助。这些项目分别是"基于异构移动互联网接入标准的多路径传输性能改进技术研究"，基金编号为616622020；"下一代互联网多宿主系统国际测试床构建与性能分析"，基金编号为61363008；"基于 RSerPool 应用的 SCTP 多路径传输协议的优化研究"，基金编号为61163014。此外，新技术项目研究方面还得到了国家自然科学基金项目(基金编号为61561017、61261024、61062006、617033)的支持。

　　在此，全体作者一并表示诚挚的感谢。

目　　录

第1章 下一代互联网演进及体系结构

人类真正意义上开始使用互联网的历史可以追溯到 20 世纪 70 年代，互联网经历近 50 年的飞速发展与应用，改变了人类经济社会活动和生活方式，这得益于互联网的先驱美国电气工程师 Kahn 与 Cerf 提出的传输控制协议(transmission control protocol，TCP)和互联网协议套件(internet protocol suite)。众所周知，TCP/IP 协议族是互联网核心的基本通信协议，因此，这两位先驱于 2004 年获得图灵奖。

互联网概念源于早期的数据通信，其理论基础基于 20 世纪初由 Shannon、Nyquist 和 Hartley 提出的数据传输与信息理论，灵感起于牛津大学的第一位计算教授 Strachey 于 1959 年 2 月申请的分时系统的专利、论文"大型快速计算机的时间共享"及后来 Licklider、Clark 于 1960 年及 1962 年分别发表的论文"人机共生"和"在线人机通信"，其实现得益于信息革命和信息时代的基石新技术——半导体技术新的发展。

互联网经历了通过无线电或电线等电磁媒介在两个不同的地方终端设备之间的点对点的有限通信到 20 世纪 50 年代的广域网(wide area network，WAN)，再从广域网发展为 20 世纪 60 年代的网络，即今天互联网的雏形。1972 年国际联网工作小组(International Networking Working Group，INWG)成立，20 世纪 70~80 年代出现了 TCP/IP 协议族，1970~1995 年完成了多种网络的整合，实现向互联网的过渡，20 世纪 80 年代 TCP/IP 协议成功地走向全球，20 世纪 80 年代末至90 年代初全球互联网逐渐兴起，诞生了万维网和浏览器，20 世纪 90 年代到 21世纪初 Web 1.0 广泛地应用于社会，随后出现了移动互联革命的演进，这一切深刻地改变着人类社会的形态与人类的生活方式。然而，历史的车轮滚滚向前，互联网的发展从未停歇，新技术层出无穷。从互联网工程任务组(Internet Engineering Task Force，IETF)与 ISOC(The Internet Society)到 21 世纪的全球化与互联网治理，再演进到今天的以多种接入技术为基础的 3G、4G、5G、WiFi、卫星移动通信及当前正在建造的星链卫星(starlink satellites，starlink 是 SpaceX satellite Internet 的重要实现技术，它能以较低的价格向世界各地的农村和服务不足地区提供互联网接入。starlink 将通过一个巨大的小型近地轨道卫星群向人类提供互联网服务)等可实现万物互联的多网融合的异构互联网，正在加快从传统的基于 TCP/IPv4 互联网向以 TCP/MPTCP(muti-path TCP)/IPv6 为架构的下一代互联网迈进。

20 世纪 60 年代和 70 年代，当互联网的核心思想被开发出来时，电话是唯一成功、有效地实现全球范围内通信的例子。因此，尽管 TCP/IP 提供的通信解决方案是独特和开创性的，但它解决了两个实体之间的点对点对话问题。从那时起，世界在以下几方面发生了巨大的变化。

(1) 旅游、银行和金融服务等信息密集型行业很久以前就转移到了互联网上。

(2) 数字编码技术的进步不仅将文本，还将语音、图像和视频转化为比特字符串，因此越来越多的内容可以进行数字化传播。

(3) 网络让任何人都可以轻松地创建、发现和消费内容，每年产生的新内容多达艾字节。

(4) 摩尔定律驱动的硬件进步使得一切都可以连接到互联网上，如超级计算机和工作站，以及工厂、市政基础设施、电话、汽车、家用电器。

然而，在互联网发展前行过程遇到了各种挑战，如地址匮乏、移动性、多宿主、安全问题(授权、身份认证、完整性、机密性、不可抵赖性、可审计性)、鲁棒性问题(可用性和可控性)。

1.1　为什么需要下一代互联网

互联网演进到今天，IPv4 取得了巨大的成功，但却受限于 IPv4 地址枯竭的瓶颈(IPv4 的 32 位地址寻址能力仅为 2^{32} 个或大约 43 亿个)。而地址耗尽在 IPv4 的最初并不是一个问题，但从发展的眼光看，该版本是美国国防部高级研究计划局(Defense Advanced Research Projects Agency，DARPA)当初针对 IPv4 网络概念测试上的一个设计缺陷。20 世纪 90 年代早期，在使用无类网络模型重新设计寻址系统之后，仍不能防止 IPv4 地址耗尽，需要对互联网基础设施进行进一步的更改。

在过去的 10~15 年间，连至 Internet 的网络终端数量每隔不到一年的时间就会增加一倍；同时，由于 IPv4 本身存在的安全漏洞和设计缺陷，使其上的应用不断遭受各种攻击，在一定程度上也影响了网络的发展。为了解决这两大类问题，业界推出了下一代互联网的架构体系。特别是近 10 年来，随着互联网商业化、大数据、人工智能(artificial intelligence，AI)技术、物联网、无人驾驶等的快速发展，接入技术的不断丰富，互联网地址空间短缺问题更加突显；互联网数据体量的剧增及对互联网鲁棒性需求的提高，利用协议方式在传输层实现多路径并发传输的技术也应运而生；抵御各类攻击的安全技术的涌现，这些迫切需要改革的动因一起催生了下一代互联网的两类体系架构的诞生。

从 1992 年初提出概念，到 1996 年一系列 RFC(request for comments)定义文档的发表，1998 年 12 月，IPv6(RFC1883)成为 IETF 的标准草案，被正式确定为 IPv4 的后续协议，并作为下一代互联网的标志性协议而被称为 IPng，即 Internet Protocol Next Generation，也是目前 Internet 协议的最新版本，该通信协议为网络上的计算机提供识别和定位功能，并通过 Internet 路由进行通信。2003 年初，国际互联网工程任务组(The Internet Engineering Task Force, IETF)发布了 IPv6 测试性网络，即 6bone 网络，称为 IPng 工程项目，其目的是测试如何将 IPv4 网络迁移到 IPv6 网络。IPv6 使用 128 位地址，理论上允许 2^{128} 个地址，或者 3.4×1038 个地址，其数量之大可以满足为每一粒沙子提供一个地址的需求。实际的数字稍微小一些，因为多个范围被保留用于特殊用途或完全排除在使用之外。IPv6 除了提供更大的寻址空间，还提供了其他技术优势：①它允许使用分层地址分配方法，以促进 Internet 上的路由聚合，从而限制路由表的扩展；②组播寻址的使用得到了扩展和简化，并为服务的交付提供了额外的优化；③协议的设计考虑了设备移动性、安全性和配置等方面。2017 年 7 月，IETF 将其批准为下一代互联网标准，不再兼容 IPv4。IPv6 从标准草案到成为下一代互联网的标准，并非是一夜间能完成的事，其演进的时间跨度已达 20 多年，IPv4 与 IPv6 还将在很长时间内共存，所以还推出了从 IPv4 向 IPv6 过渡的标准，如双栈路由器、隧道及 NAT(network address translation)网络地址翻译等技术标准，以达到渐进、平滑迁移的目的。目前，互联网仍处在迁移过渡的演化的进程之中，20 多年过去了，真可谓道阻且长，行则将至，行而不辍，则未来可期。

1.1.1　互联网 IP 的特点及其局限性

IPv4 地址只有 4 段数字，每一段最大不超过 255。由于互联网的蓬勃发展，IP 地址的需求量越来越大，使得 IP 位址的发放越来越严格，当时各项资料显示全球 IPv4 位址可能在 2005～2010 年间全部发完(实际情况是在 2011 年 2 月 3 日 IPv4 地址分配完毕)。

地址空间的不足必将妨碍互联网的进一步发展。为了扩大地址空间，拟通过 IPv6 重新定义地址空间。IPv6 采用 128 位地址长度。在 IPv6 的设计过程中除了一劳永逸地解决地址短缺问题，还考虑了在 IPv4 中无法解决的其他部分问题。IPv4 的特点如下所示[1]。

(1) IP 是当初热门的技术。与此相关联的一批新名词，如 IP 网络、IP 交换、IP 电话、IP 传真等，也相继出现。

(2) IP 协议中一个非常重要的内容，那就是给 Internet 上的每台计算机和其他设备都规定了一个唯一的地址，称为 IP 地址。由于用这种唯一的地址定位，才保证了用户在联网的计算机上操作时，能高效而且方便地从千千万万台计算机中选出自己所需的对象来。

(3) IP 是如何实现网络互联的？各个厂家生产的网络系统和设备，如以太网、分组交换网等，它们相互之间是不能互通的，而其主要的原因是它们所传送数据的基本单元(技术上称为帧)的格式不同。IP 协议实际上是一套由软件程序组成的协议软件，它把各种不同类型的网络及设备的帧统一转换成 IP 数据报格式，这种转换是 Internet 的一个最重要的特点，使所有不同种类的计算机都能在 Internet 上实现互联互通，消除各种网络及设备的差异，即实现开放性的特点。

(4) 电信网与 IP 网的融合，以 IP 为基础的新技术也是热门的技术，如当时用 IP 网络传送语音的技术[即 VoIP(voice over internet protocol)]，其他如 IP over ATM(asynchronous transfer mod，异步传输模式)、IP over SDH(synchronous digital hierarchy，同步数字体系)、IP over WDM(wavelength division multiplexing，波分复用)等，都是 IP 技术的研究重点。

经过多年的发展，人们发现了基于 IPv4 的 Internet 在技术上的局限性，主要可归纳为如下几点。

(1) 网络带宽不够，性能低下。

(2) 地址空间面临枯竭。

(3) 路由表急剧膨胀，路由器表过长，表现为几点：① 地址结构缺乏层次化；② 路由器安全性差；③ 路由器端口少(10~50 个)；

(4) 网络结构混乱，服务质量差，安全性差。

1.1.2 IPv4 和 IPv6 比较

现有的互联网是在 IPv4 协议的基础上运行的。IPv6 是下一版本的互联网协议，也可以说是下一代互联网的关键协议，它提出的动因是随着互联网的迅速发展，IPv4 定义的有限地址空间将被耗尽，而地址空间的不足必将妨碍互联网的进一步发展。为了扩大地址空间，拟通过 IPv6 重新定义地址空间。IPv4 采用 32 位地址长度，只有大约 43 亿个地址，已在 2011 年 2 月 3 日被分配完毕，而 IPv6 采用 128 位地址长度，几乎可以不受限制地提供地址。在 IPv6 的设计过程中除了解决地址短缺问题，还考虑了在 IPv4 中无法解决的一些问题，主要有端到端 IP 连接、服务质量(quality of service，QoS)、安全性、多播、移动性、即插即用等。

与 IPv4 相比，IPv6 主要有如下一些优势[1]。

(1) IPv6 明显地扩大了地址空间。IPv6 采用 128 位地址长度，几乎可以不受限制地提供 IP 地址，从而确保了端到端连接的可能性。

(2) IPv6 提高了网络的整体吞吐量。由于 IPv6 的数据包可以远远超过

64KB，应用程序可以利用最大传输单元(maximum transmission unit，MTU)获得更快、更可靠的数据传输，同时在设计上改进了选路结构，采用简化的报头定长结构和更合理的分段方法，使路由器加快了数据包的处理速度，提高了转发效率，从而提高了网络的整体吞吐量。

(3) IPv6 使整个服务质量得到很大改善。报头中的业务级别和流标记通过路由器的配置可以实现优先级控制和 QoS 保障，极大地改善了 IPv6 的服务质量。

(4) IPv6 使安全性有了更好的保证。采用 IPSec 可以为上层协议和应用提供有效的端到端安全保证，能提高在路由器层级上的安全性。

(5) IPv6 支持即插即用和移动性。设备接入网络时通过自动配置可自动获取 IP 地址和必要的参数，实现即插即用，简化了网络管理，易于支持移动节点。而且 IPv6 不仅从 IPv4 中借鉴了许多概念和术语，它还定义了许多移动 IPv6 所需的新功能。

(6) IPv6 更好地实现了多播功能。在 IPv6 的多播功能中增加了范围和标志，限定了路由的范围，并可以区分永久性与临时性的路由地址，更有利于多播功能的实现。

随着互联网的飞速发展和互联网用户对服务水平要求的不断提高，IPv6 在全球将会越来越受到重视。实际上，在早期并不急于推广 IPv6，只需在现有的 IPv4 基础上将 32 位扩展 8 位到 40 位，即可解决 IPv4 地址不够的问题。

1.1.3　IPv6 的凸显优势

可以形象地比喻："IPv6 可以让地球上每一粒沙子都拥有一个 IP 地址"，互联网 IPv6 地址采用 128 位标识，数量为 2 的 128 次方，相当于 IPv4 地址空间的 4 次幂。更令人欣慰的是，IPv6 具备方便寻址及支持即插即用等特性，能更好地支持物联网业务[2]。

IPv6 并非简单的 IPv4 升级版本。作为互联网领域迫切需要的技术体系、网络体系，IPv6 比任何一个局部技术都更为迫切和急需。IPv6 不仅能解决 IP 地址的大幅短缺问题，还能够降低互联网的使用成本，带来更大的经济效益，并更有利于社会进步。

在技术方面，IPv6 能让互联网变得更大。除了预留部分供过渡时期使用的 IPv4 地址，全球 IPv4 地址即将分配殆尽。而随着互联网技术的发展，各行各业乃至个人对 IP 地址的需求还在不断增长。在网络资源竞争的环境中，IPv4 地址已经不能满足需求。而 IPv6 能解决网络地址资源数量不足的问题。

在经济方面，IPv6 也为除计算机外的设备连入互联网在数量限制上扫清了障碍，这就是物联网产业发展的巨大空间。如果说 IPv4 实现的只是人机对话，而 IPv6 则可以扩展到任意事物之间的对话,它将服务于众多硬件设备,如家用电器、传感器、远程照相机、汽车等。IPv6 将无时不在、无处不在地深入社会的每个角落。如此,IPv6 的经济价值不言而喻。

从社会方面,IPv6 还能让互联网变得更快、更安全。下一代互联网将把网络传输速度提高 1000 倍以上。IPv6 使得每个互联网终端都可以拥有一个独立的 IP 地址,保证了终端设备在互联网上具备唯一真实的"身份",消除了使用 NAT 技术对安全性和网络速度的影响。IPv6 所能带来的社会效益将无法估量。

1.2 互联网发展的历程与解决方案

1.2.1 互联网发展的历程

从互联网发展的时间历程及其应用,可以将互联网发展划分为前期研究开发阶段、整合前期各网络创建互联网阶段、商业化-私有化广泛接入迈进互联网的现代化阶段、互联网服务阶段等。下面给出了互联网研究发展各时期的变迁进程。

1. 前期研究开发阶段[3](1963~1981 年)

1963 年:阿帕网(ARPANET)概念提出(网络必须经受得起故障的考验,可以维持正常的工作)。

1964 年:RAND(兰德)网络概念。

1965 年:伦敦国家物理实验室(National Physical Laboratory,NPL)网络概念。

1966 年:规划 ARPANET。

1966 年:Merit Network(价值网络)成立。

1967 年:操作系统原则讨论会。

1969 年:ARPANET 和 NPL 携带它们的第一个数据包。

1970 年:网络信息中心(network information center,NIC)。

1971 年:Tymnet 开关电路网络。

1972 年:Merit Network 的包交换网络运行。

1972 年:国际互联网号码分配机构(Internet Assigned Numbers Authority,IANA)成立。

1973 年:CYCLADES 网络演示。

1974 年:传输控制程序规范发表。

1975 年:Telenet 商业分组交换网络。

1976 年:X.25 方案批准。

1978 年：Minitel(法国小型电传网)引入。

1979 年：互联网活动委员会(Internet Activities Board，IAB)成立。

1980 年：USENET 新闻使用 UUCP(unix to unix communication protocol)。

1980 年：以太网标准推出。

1981 年：BITNET(Because It's Time network)建立。

2. 整合前期各网络创建互联网阶段(1981~1994 年)

1981 年：计算机与科学网络(computer science network，CSNET)

1982 年：TCP/IP 协议套件正式化。

1982 年：简单邮件传输协议(simple mail transfer protocol，SMTP)推出。

1983 年：域名系统(domain name system，DNS)建立。

1983 年：MILNET 从阿帕网分离。

1984 年：OSI(open system interconnect)参考模型发布。

1985 年：First.com 域名注册。

1986 年：拥有 56Kbit/s 链接的 NSFNET 诞生。

1986 年：互联网工程任务组成立。

1987 年：UUNET 成立。

1988 年：NSFNET 升级到 1.5Mbit/s(T1)。

1988 年：莫里斯蠕虫病毒事件发生。

1988 年：完整的互联网协议套件诞生。

1989 年：边界网关协议(border gateway protocol，BGP)发表。

1989 年：PSINet 成立，允许商业通信交流。

1989 年：联邦互联网交换(Federal Internet Exchanges，FIXes)出现。

1990 年：GOSIP(不含 TCP/IP)。

1990 年：ARPANET 退役。

1990 年：先进网络与服务(Advanced Network and Services，ANS)出现。

1990 年：UUNET/Alternet 允许商业通信交流。

1990 年：Archie 搜索引擎。

1991 年：广域信息服务器(wide area information server，WAIS)。

1991 年：Gopher(小田鼠)。

1991 年：商业互联网交换(commercial internet exchange，CIX)。

1991 年：ANS CO + RE 允许商业通信。

1991 年：万维网(world wide web，WWW)诞生。

1992 年：NSFNET 升级到 45Mbit/s(T3)。

1992 年：互联网协会(Internet Society，ISOC)成立。

1993 年：无类域间路由(classless inter-domain routing，CIDR)。

1993 年：InterNIC 建立。

1993 年：美国在线(american on line，AOL)增加了 USENET 访问。

1993 年：Mosaic 浏览器发布。

1994 年：全文网络搜索引擎。

1994 年：北美网络运营商集团(North American Network Operators'Group，NANOG)成立。

3. 商业化-私有化广泛接入迈进互联网的现代化阶段(1995～2016 年)

1995 年：新的互联网结构与商业 ISP 连接。

1995 年：NSFNET 退役。

1995 年：GOSIP 升级开始使用 TCP/IP 协议。

1995 年：高速骨干网服务(very high-speed backbone network service，vBNS)涌现。

1995 年：IPv6 提出。

1996 年：AOL 将定价模式从每小时改为每月。

1998 年：国际互联网名称及编号分配机构(Internet Corporation for Assigned Names and Numbers，ICANN)成立。

1999 年：IEEE 802.11b 无线网络协议发表。

1999 年：Internet2/Abilene(阿比林)网络诞生。

1999 年：vBNS + 允许更广泛的接入访问。

2000 年：Dot-com 网络泡沫破裂。

2001 年：新的顶级域名激活。

2001 年：红色代码Ⅰ、红色代码Ⅱ和 Nimda 尼姆达蠕虫病毒出现。

2003 年：联合国信息社会世界峰会(World Summit on Information Society，WSIS)第一阶段。

2003 年：美国 NLR(National Lambda Rail[4]，一个高速的科研与教育计算机网络)成立。

2004 年：联合国互联网治理工作组(Working Group on Internet Governance，WGIG-UN)成立。

2005 年：联合国世界首脑会议第二阶段。

2006 年：互联网治理论坛第一次论坛会议召开。

2010 年：首次注册国际化国家代码顶级域名。

2012 年：互联网名称与数字地址分配机构(Internet Corporation for Assigned Names and Numbers，ICANN)开始接受新的通用顶级域名的申请。

2013 年：蒙得维的亚未来互联网合作的声明发表[5]。

2014 年：NetMundial 国际互联网治理提案。

2016 年：ICANN 与美国商务部的合同结束，IANA 机构的监管于 10 月 1 日传递给全球互联网社区。

4. 互联网服务阶段(1989～2012 年)

1989 年：美国在线拨号服务提供商、电子邮件、即时消息和网络浏览器。

1990 年：IMDb 互联网电影数据库。

1994 年：Yahoo! Web 目录。

1995 年：Amazon.com 线上零售商。

1995 年：eBay 在线拍卖和购物。

1995 年：Craigslist 分类广告。

1996 年：Hotmail 免费网络电子邮件。

1996 年：RankDex 搜索引擎。

1997 年：Google 搜索。

1997 年：Babel Fish 自动翻译。

1998 年：Yahoo! 俱乐部(现称为 Yahoo!组)。

1998 年：PayPal 互联网支付系统。

1998 年：烂番茄评论聚合器。

1999 年：2ch 匿名文本板。

1999 年：i-mode 移动互联网服务。

1999 年：Napster 点对点文件共享。

2000 年：Baidu 搜索引擎。

2001 年：2chan 匿名图片板。

2001 年：BitTorrent 点对点文件共享。

2001 年：Wikipedia 免费的百科全书。

2003 年：LinkedIn 商业网络。

2003 年：Myspace 社交网站。

2003 年：Skype 网络语音通话。

2003 年：iTunes 商店。

2003 年：4chan 匿名图片板。

2003 年：海盗湾 Torrent 文件主机。

2004 年：Facebook 社交网站。

2004 年：播客媒体文件系列。

2004 年：Flickr 图片托管。

2005 年：YouTube 视频分享。

2005 年：Reddit 链接投票。

2005 年：Google Earth 虚拟地球。

2006 年：Twitter 微博。

2007 年：WikiLeaks 匿名新闻和信息泄露。

2007 年：Google 街景。

2007 年：Kindle 电子阅读器和虚拟书店。

2008 年：Amazon 弹性计算云(elastic compute cloud，EC2)。

2008 年：Dropbox 基于云的文件托管。

2008 年：生命百科全书，旨在记录所有生命物种的协作百科全书。

2008 年：Spotify，一个基于 drm 的音乐流媒体服务。

2009 年：Bing 搜索引擎。

2009 年：Google 文档，基于 Web 的文字处理器、电子表格、演示文稿和表格。

2009 年：Kickstarter，一个门槛宣誓系统。

2009 年：比特币，一种数字货币。

2010 年：Instagram，照片分享和社交网络。

2011 年：Google + 社交网络。

2011 年：Snapchat，照片分享。

2012 年：Coursera 大规模在线开放课程。

1.2.2 存在的问题与解决方案

众所周知，今天互联网设计技术源于 20 世纪 70 年代末 DARPA 互联网研究计划开发的一项连贯的技术设计——互联网架构指导。但随着当前与未来对互联网需求的不断增加及对高质量服务的渴求正在挑战原有 Internet 架构的生存能力。自 20 世纪 70 年代以来，Internet 的目标及其体系结构的要求发生了重大变化。原有架构的许多一致性在技术修饰的拼凑中丧失了，每一个都是为了满足某个特定的需求。如果这种趋势继续下去，互联网协议套件似乎会变得越来越不有效，越来越不能满足军事和民用应用的需求。

从 20 世纪 80 年代末全球互联网的兴起至今，互联网已经成为支撑现代社会发展与技术进步的重要基础。近年来，互联网在规模上呈现出惊人的扩张，无论在网络接入方式还是网络角色定位方面都出现了一系列极具意义的创新与改革。然而在整个计算机网络发展的过程中 TCP/IP 体系结构的核心地位却基本保持不变[6-9]。TCP/IP 体系结构的优势在于它能够十分简单地将子网络链接到当前骨干网络中，并且具有简洁的结构，能够有效地承载多样化的物理链路层与应用服务层的发展，然而它也给网络体系结构带来了新的问题，TCP/IP 协议栈呈现的两端粗、中间细的沙漏结构已经成为阻碍互联应用发展的重要因素。基于 TCP/IP 的互联网体系架构，除了具有：①不安全，可靠性差；②大量信息冗余，资源浪费；③系统由简变繁，复杂度高的缺点，网络 QoS 管控能力弱，网络带宽和性能不能满足用户的需求，更重要的是，网络安全漏洞多，容易遭受攻击，传输可信度不高。

　　所以，从 20 世纪末开始，以上问题开始驱动、促使业界和学术界都认为是时候重新审视互联网的架构体系，以确定是否可以改变它，使其更好地适应当前和未来的需求，或满足正在显现的未来的许多新需求。科学家在探索新的通信解决方案，希望能够解决 TCP/IP 协议的众多问题，从而更好地顺应区块链时代发展的潮流。人们在解决 TCP/IP 协议架构中细腰带来的问题上进行了大量的研究[4]，并提出了两种下一代互联网体系结构的研究方向：一种是演进式发展，另一种则是革命式发展。前者是以 IPv6 等为代表的演进式发展，演进式提倡在现有的 TCP/IP 协议的基础上不断改良、优化，以打补丁的方式令网络能够满足人们日益增长的需求，结果是演进式发展会带来一种打补丁的循环，网络结构会变得越来越复杂，同时还带来新的问题。其代表有 1996 年美国政府资助的 NGI、Internet 2、中国的 CERNET 2 等。后者是以信息中心网络(information-centric networking，ICN)体系结构为代表的革命式发展[8-16]，打破了原有网络的设计原则，颠覆了现有的 TCP/IP 通信模型，是一种全新的网络体系架构设计，并综合考虑了可扩展性、动态性、实时性、可靠性、高性能及易管理等需求。

　　同时，为了满足新型网络体系架构、协议和机制研究及大规模的部署、测试与验证的需要，许多国家为下一代互联网提供了有效的未来网络创新环境研究项目，即各种网络测试床。20 世纪 90 年代初，美国、欧盟、澳大利亚及日韩等国家和地区都开展了大规模创新型网络测试床的研究与部署，如美国的 PlanetLab、GENI，欧盟的 FIRE，日本的 JGN2plus，韩国的 FIRST 和 K-GENI 等。

　　总之，这些新技术，正在"未来网络学术与科研""试验驱动未来网络创新""网络重构与转型""未来网络与共享经济"方面发生着前所未有的推动作用。

1.3　下一代互联网及体系结构

1.3.1　下一代互联网的发展模式及特征

　　20 世纪 90 年代中期美国政府及各学术机构就开始着手互联网的演进式发展的研究，如 NGI 与 Internet2 项目，如图 1.1 所示。而革命式发展始于 20 世纪初，世界各地的学术机构和科学家展开各种项目研究试图颠覆现有的 TCP/IP 架构模型，重塑未来互联网来取代当今的互联网以适应现在和未来的需求。于是出现了"未来互联网(future internet architectures，FIA)""下一代互联网(next-generation internet，NGI)""新一代网络(new gern)"等名称各异的术语来表达与今天 Internet 的区别。2003 年以美国 CleanSlate100*100 的国家科学基金(National Science Foundation，NSF)项目为代表的革命式发展下一代互联网启动了，其目标是通过"推倒重来，从零开始"的设计方法论、全新的网络框架及网络拓扑设计、网络协议栈设计方面的研究，以构建传速率为 100Mbit/s，规模为 10 亿的未来国家级互联网。

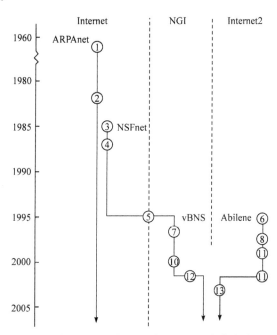

图 1.1　从 Internet 到 NGI 到 Internet2 演进式进程

FIA 或 FN(future network)或 NGI 或 NGN(new-generation network)技术研究涉及范围非常广泛，如新型网络体系结构、组网技术、大规模网络创新测试床技术、下一代互联网的接入技术等，下面主要从 NGI 的演进式与革命式两条演进发展路线进行介绍，并给出一定的实例。

下一代互联网是一个建立在 IP 技术基础上的新型公共网络，能够容纳各种形式的信息，在统一的管理平台下，实现音频、视频、数据信号的传输和管理，提供各种宽带应用和传统电信业务，是一个真正实现宽带窄带一体化、有线无线一体化、有源无源一体化、传输接入一体化的综合业务网络，即 NGI 应该实现多种业务融合、按需提供可靠 QoS 保证，实现灵活多样接入，可以进行高速、海量传输服务的多媒体网络。演进式 NGI 的更新换代是一个渐进的过程。虽然学术界对于下一代互联网还没有统一的定义，但学界已从以下几个方面达成共识、并对其进行表述。

1. NGI 的主要特征[5-9]

(1) 更大的地址空间：采用 IPv6 协议，使下一代互联网具有非常巨大的地址空间，网络规模将更大，接入网络的终端种类和数量更多，网络应用更广泛。

(2) 更快：100MB/s 以上的端到端高性能通信。

(3) 更安全：可以进行网络对象识别、身份认证和访问授权，具有数据加密和完整性，实现一个可信任的网络。

(4) 更及时：提供组播服务，进行服务质量控制，可以开发大规模实时交互应用。

(5) 更方便：无处不在的移动和无线通信应用。

(6) 更可管理：有序的管理、有效的运营、及时的维护。

(7) 更有效：有盈利模式，可以创造重大社会效益和经济效益。

下一代互联网的特征除了更快、更大、更安全、更及时、更方便，它还是一个高度融合的网络，同时也将促使经济模式从互联网络经济向光速经济变革。

2. NGI 的融合特征

下一代互联网高度融合的特征主要体现在如下几方面。

(1) 技术融合：电信技术、数据通信技术、移动通信技术、有线电视技术及计算机技术相互融合，出现了大量的混合各种技术的产品，如终端设备支持各种接入方式、路由器支持语音、交换机提供分组接口等。

(2) 网络融合：传统独立的网络，如固定网络、卫星网络、移动网络与近年兴起的星链(starlink)网络、语音和数据开始融合，逐步形成一个统一的网络。

(3) 业务融合：未来的电信经营格局绝对不是数据和语音的地位之争，而更多的是数据、语音两种业务的融合和促进，同时，图像业务也会成为未来电信业务的有机组成部分，从而形成语音、数据、图像三种在传统意义上完全不同的业务模式的全面融合。大量语音、数据、视频融合的业务，如 VoD 视频点播、VoIP、IP 智能网、Web 呼叫中心等，网络融合使得网络业务表现得更为丰富。

(4) 产业融合：网络融合和业务融合必然导致传统的电信业、移动通信业、有线电视业、数据通信业和信息服务业的融合，数据通信厂商、计算机厂商开始进入电信制造业，传统电信厂商大量收购数据厂商。

3. 从互联网经济到光速经济

自 20 世纪 90 年代初以来，Internet 商业化的巨大成功，对传统通信网络带来了深刻的影响，使得通信行业发生了巨大变化，进入了互联网络经济，如今天对互联网络经济发挥巨大推动作用的人工智能技术、大数据、互联网 + 的应用。其主要技术特点表现为对网络带宽的巨大需求，导致 2.5Gbit/s/10Gbit/s 时分复用和密集波分复用的应用；网络技术由时分复用(time division multiplexing，TDM)发展为分组交换；网络业务由简单的窄带语音业务，发展到宽带的数据业务；宽带接入技术、新的软件协议。这一切促使集多种接入技术于一身的终端设备可以充分地利用各种带宽资源叠加的技术。光速经济是互联网络经济的高级阶段，是光电子技术发展的必然趋势，是电子商务的必要条件，它具有以下主要特点。

(1) 开拓全新的信息产业领域。

(2) 网络基础设施将发生革命性改变。

(3) 通信将不受时间、空间和带宽的限制。

在互联网络经济之前，通信业务与时间、距离和带宽相关联。此外，因受网络带宽资源的限制，许多内容丰富的业务无法开展。其直接结果就是网络业务单调、网络用户数量有限及利用网络进行商务活动的能力低下。随着 Internet 的商用化，特别是 WWW 业务的普遍应用，标志着互联网络经济的到来。该阶段的业务以 WWW、网络互联、IP 电话及初级电子商务为主，在一定程度上突破了时间和空间的限制，但仍然存在这些缺陷：基于尽力服务的网络机制不足；网络时延大，且缺少有效控制；网络的可靠性和安全性非常脆弱；低速的接入手段，缺少无线接入方式。为了克服 Internet 本身的缺陷，满足商业用户对电子商务的需求，光速经济就应运而生了。该阶段的网络必须具备这些特性：高可靠性，至少达到 99.999%的可靠性；绝对的网络安全性；接近零的网络时延；无限的网络带宽和网络交换容量；普遍的、灵活的宽带接入。光速经济将使基于网络的虚拟世界与现实世界完美融合。因为该阶段的业务都体现了人性化这个主题：集图、文、音于一体的业务是 WWW 业务的本质提升；个人化业务将是光速经济的一大特色；基于网络的虚拟电子企业也将大行其道；基于网络的业务，如电子商务，将提供无间断服务；网络接入达到无处不在、无时不可的程度。因为光速经济时代网络所达到的高可靠、高性能、高容量及高安全的状态，网络用户完全可以信任网络、依赖网络，商务由传统操作方式转移为基于网络的运营模式。所以，网络托管业务将是光速经济的主流业务，其业务主要包括：主机托管、应用托管、电子商务、企业 IT 托管、企业资源管理托管。所有这些网络托管业务成功的因素，都基于这样一个事实，即网络基础设施必须具备以下特性：大容量、高带宽、零时延；高速、灵活的接入；高可靠、绝对安全。

尽管演进式发展直接解决了计算机网络中的大部分问题，并极大地提升了计算机网络的综合性能。然而，在整个计算机网络发展的过程中 TCP/IP 体系结构的核心地位仍基本保持不变，演进式发展的本质特点带来了一种打补丁式的循环，计算机网络体系结构开始变得越来越复杂。不仅如此，演进式发展在解决当前紧急问题的同时还会带来新的问题[5]。在这样的情况下，人们开始重新审视革命式发展的可行性，试图通过推翻现有网络体系结构的方法构建全新的未来互联网络。近年来，人们提出了许多革命式网络体系结构方案[6, 9-12]。在这些方案中，ICN 被认为是一个能够较好地满足用户对信息传递需求的新型网络体系结构。

1.3.2　国内外 NGI 网络发展与体系结构

什么是网络体系结构？"网络体系结构"通常用于描述计算机通信协议和工作机制的一套抽象原则。网络架构代表了许多设计方案中的一组深思熟虑的选择，这些选择是根据对需求的理解做出的[14, 15]。反过来，该体系结构为标准化网络协议和算法所需的许多技术决策提供指导。体系结构的目的是为这些决策提供连贯性和一致性，并确保满足需求。

所以网络体系结构是一套高级设计原则，指导网络的技术设计，特别是网络协议和算法的工程设计。为了充实这个简单的定义，科学家提供了体系结构的组成部分及如何应用它的示例。网络架构通常必须指定[11-16]：

(1) 状态在何处、如何维护及如何删除。

(2) 实体被命名的原因。

(3) 命名、寻址和路由功能如何相互关联，以及它们是如何执行的。

(4) 通信功能如何模块化，如从"层"形成"协议栈"。

(5) 网络资源如何在流之间分配，终端系统如何对这种分配做出反应、如何保证公平性和实现拥塞控制等。

(6) 安全边界在何处划定及如何执行。

(7) 如何划定和有选择地突破管理界限。

(8) 不同的 QoS 是如何被请求和实现的。

由于传统的互联网络在地址空间、节点处理性能、安全、功能和服务等诸多方面的扩展性不够好，所以，关于下一代互联网的研究得到了许多国家的关注，其研究项目纷纷上马，图 1.2 展示了 2000 年以来 U.S.A、EU 及 Japan 关于未来新型网络项目研究与进展的时间演进图。

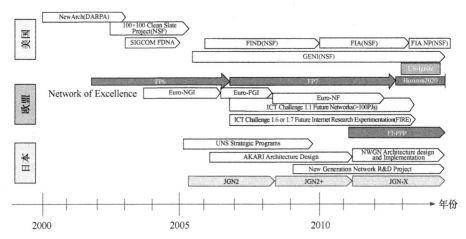

图 1.2　U.S.A、EU 及 Japan 关于未来新型网络项目研究与进展的时间演进图

1. 美国未来网络

1) 演进式发展 NGI[11-15]

NGI 项目是 1996 年由克林顿政府倡议的，目标是要大幅度地提高当时互联网的速度，突破网络瓶颈的限制，解决交换机、路由器和局域网络之间的兼容问题，计划在 2002 年实现每秒太比特的联网目标。时至今日，NGI 在诸多方面都取得了长足进展，已在多国政府网站、高校及科研机构得到了不同程度的应用，如无损失及低损失数据压缩技术[MP3(moving picture experts group audio layer III)与 MP4]降低了音、视频信息传输对带宽的需求，速度更快、成本更低的接入技术也大量涌现，从而使 Web 视频成为各类新型应用系统及操作系统的常备应用组件之一。IPv6 作为 NGI 的标志，为其发展奠定了坚实的基础。由于 IPv6 地址资源数量的重大突破，再结合多种接入技术的出现解决了万物互联的障碍问题，随着 IPv6 商业化运作进程的推进，相信 NGI 真正走入网络众生的日子已为期不远。1996 年开始定义了一系列 IPv6 的 RFC 文档，2003 年 1 月 IETF 组织发布了IPv6 测试性网络，称为 6bone 网络，该网络的目的是测试如何将 IPv4 网络向IPv6 网络迁移。作为 IPv6 问题测试的平台，6bone 网络包括协议的实现、IPv4向 IPv6 迁移等功能。6bone 操作建立在 IPv6 试验地址分配的基础上，并采用3FFE::/16 的 IPv6 前缀，为 IPv6 产品及网络的测试和商用部署提供测试环境；2012 年 6 月 6 日，国际互联网协会举行了世界 IPv6 启动纪念日，这一天，全球 IPv6 网络正式启动。多家知名网站(如 Google、Facebook 和 Yahoo 等)于当天全球标准时间 0 点(北京时间 8 点整)开始永久性地支持 IPv6 访问；截至 2013年 9 月，互联网 318 个顶级域名中的 283 个支持 IPv6 接入它们的域名系统(domain name system，DNS)，约占 89.0%，其中 276 个域名包含 IPv6 黏附记

录，共5138365个域名在各自的域内拥有 IPv6 地址记录。

Internet2 项目：1996 年 10 月由美国 120 多所大学高级互联网开发合作组织(University Cooperation for Advanced Internet Development，UCAID)发起的一个联盟，为一个新的、高速的、广泛可用的互联网研发铺平了道路。Internet2 项目主要是一个旨在促进和鼓励学术机构、协会、公司和政府之间大规模合作的项目，其目的是开发先进的互联网技术和应用，最终扩展到商业部门。后来，该项目由202 所美国大学领导，它们与其他类似的工业和联邦计划(如 NGI 计划及其他国家的计划)进行合作。

2) 革命模式发展 NGI

NewArch 项目：全称 Future-Generation Internet Architecture(新型网络体系结构)，2000 年 6 月，在 DARPA 资助下启动，由麻省理工学院(Massachusetts Institute of Technology，MIT)的 Clark 主持，见图 1.2，参加单位包括 USC/ISI、MIT LCS 和国际计算机科学研究所等，根据当时现实和未来需求重新考虑互联网架构。其主要成果包括以下几方面。

(1) 提出了新的体系架构模型：FARA(forwarding directive，association，and rendezvous architecture)。

(2) 基于角色的可组装体系结构：RBA(role based architecture)。

(3) 用户可参与路由的体系结构：NIRA(new internet routing architecture)。

(4) 路由器参与的提供 QoS 框架的拥塞控制：XCP(explicit control protocol)。

FIND 计划：全称 Future Internet Design(未来互联网络设计)，于 2005 年由美国国家科学基金会(National Science Foundation，NSF)发起，共资助了 50 余个课题。目标是考虑今后 15 年的安全性与可靠性需求，不受当时网络发展状况约束而自主设计网络体系结构。

FIA 项目：全称 Future Internet Architecture(未来互联网体系结构)，以 FIND 为基础而发起的，执行时间始于 2010 年的夏季，2013 年停止，共三年，共资助了 5 个比较有竞争力的项目，具体如下所示。

(1) 加利福尼亚大学洛杉矶分校 Zhang 主持的 NDN(name domain network)项目。

(2) 罗切斯特大学 Raychaudhuri 主持的 MobilityFirst 项目。

(3) 宾夕法尼亚大学 Smith 主持的 NEBULA 项目。

(4) 卡内基梅隆大学 Steenkiste 主持的 XIA(expressive internet architecture)项目。

(5) 宾夕法尼亚大学 Wolf 主持的 ChoiceNet 项目，2012 年作为第 5 个项目加入 FIA 项目中。

未来互联网体系架构新一期(future internet architecture-new phase，FIA-NP)

项目：2013 年，NSF 开始了新一期的 FIA 计划，称为 FIA-NP。共资助了三个项目，分别为 NDN-NP、MobilityFirst-NP 与 XIA-NP。

3) 创新测试床平台[15,16]

由于大量的新型网络体系架构、协议和机制的提出与研究，需要通过大规模部署、测试与验证。如果在实际网络中开展这些研究不仅周期长，投资大，还会影响现有网络的运行。于是测试床作为一种折中的方案应运而生，为各种新型网络、协议和算法的验证和部署提供了有效途径。

PlanetLab 项目：是由 NSF 资助的全球化测试床项目，2002 年由惠普公司、英特尔公司、普林斯顿大学、加利福尼亚大学伯克利分校等多个机构联合发起。该测试床项目是一个开放并针对演进式发展未来互联网及其应用和服务进行研究、开发和测试的全球性试验平台，其核心思想是资源虚拟化和分布式重叠网络，分布在 40 多个国家的 654 个站点，有 1341 个 Linux 服务器，是规模最大的未来互联网试验平台。

GENI 计划：全称 Global Environment for Network Innovation(全球网络创新环境)，于 2005 年由 NSF 资助，是一个针对未来互联网革命式创新的计划，目标是为各种未来互联网试验项目提供一个开放的、真实的、可编程的、支持虚拟化的、共享的大规模试验基础设施，支持相关前沿科学与工程问题的研究，可以进行大量的网络创新性实验。GENI 已进入到基于标准组件的大规模部署阶段，覆盖 50 多所高校、研究机构和企业。其部署内容包括：服务器试验床 GENI Racks、软件定义网络试验床 SDN(software defined network)和无线试验床 WiMAX 三个项目，它们都基于 GENI 制定的标准独立设计和开发自己的硬件设施、管控架构、测量框架和试验工具，并通过联邦技术实现三个项目资源的整合。

2. 欧盟未来网络

1) 演进式发展 NGI

FIRE 项目：全称 Future Internet Research and Experiment and Opportunities(欧盟未来互联网实验研究与机遇)，是欧盟第七框架计划(7th Framework Programme，FP7)下的项目之一，获得两次资助，第一次启动于 2008 年，2010 年继续研究。FP7 计划更多地考虑是在现有互联网中采用演进式的服务和应用创新。FIRE 目标是为未来互联网领域创新性和革命性研究提供实验平台，主要围绕两方面展开。

(1) 通过实验推动未来互联网领域新技术研究。

(2) 为企业界和学术界的研究人员提供持久、动态和大规模的实验设施，以方便未来互联网领域的研究和开发。

2) 革命式发展 NGI

PSIRP 项目(2008 年)：全称为 Publish-Subscribe Internet Routing Paradigm。

PURSUIT 项目(2010 年)：全称为 Publish-Subscribe Internet Technologies。PSIRP(发布-订阅互联网路由范式)是 2008 年欧盟 FP7 资助的一个项目，它为未来的互联网开发了一个全新的架构，是基于发布-订阅原语(而不是发送-接收原语)的驱动思想设计，该设计理念一直贯穿核心网络功能的实现。PSIRP 的愿景是一种纯粹的以信息为中心的互联网架构，可以为当前许多互联网问题提供补救措施。在 PSIRP 中，一切都是信息，一切都与信息有关。基于内容的身份、思想的递归应用、加密技术和信任到信任原则都广泛地用于实现设计目标。此外，保证兼容性和考虑社会经济效益从一开始就作为这一设计的指导原则，以使这种理念能在现实实施中落地扎根，并提供可信和可行的潜在部署路径。于 2010 年开始的后续欧盟 FP7 项目 PURSUIT 延续了 PSIRP 的结构，但更关注网络底层，从而在物理层和链路层提供更好的资源分配和利用，并把缓存作为网络的内在机制，所有的信息都将被智能地发布和缓存，且期待借助缓存和多播提供移动性支持。

4WARD 项目：由爱立信公司主导的 NetInf(network of information)、SAIL(scalable and adaptive internet solutions)和 ANR-CONNECT(content-oriented networking：a new experience for content transfer)组成。

ANR-CONNECT 项目：得到法国国家研究局资助。

3) 创新平台

NorNet Core/Edge 项目[17-19]：由挪威政府于 2012 年资助的一个演进式 NGI 的多路径传输的国际测试床，由 Core 与 Edge 两部分组成，其项目编号为 208798/F50。前者是一个基于固网的多宿主多路径传输测试平台，简称 NNC(NorNet Core)；后者则是针对移动宽带而设计的，是一个移动宽带网络测量和实验的专用基础设施，简称 NNE(NorNet Edge)。目前，NNC 已经部署了 11 个站点，分布在挪威、德国、中国、瑞典、韩国、澳大利亚和美国的大学与研究机构。目前海南大学的 Hainan University-NNC 是中国在此平台上的第一个，也是唯一的一个站点。

NorNet Core 基础设施的目标是提供研究人员可以在广泛的通信网络和分布式系统领域中从事多路径资源共享与并发传输研究工作的一个平台。可以从这种基础设施获益的研究领域包括路由、流量工程、内容分发、分布式多媒体应用、网络安全、中间件系统、传输协议、分布式计算、网络断层摄影、流量测量、网络经济等。

而 NNE 在规模上也是前所未有的，它由分布在挪威各地的 400 多个测量节点组成。它的主要目标是测量终端用户所看到的端到端性能。此性能受到操作系统、移动宽带(mobile broad band，MBB)调制解调器、无线接入网(radio access network，RAN)、底层传输网络和移动核心网络属性的影响。通过对所有供应商使用相同的硬件和操作系统，NNE 允许对不同的 MBB 网络进行直接比较。图 1.3 为 NNE 基础设施示意图。NNE 基础设施由两个主要组件组成：一组大型 NNE 节点和一个中央后端系统。大型 NNE 节点运行一个标准的 Linux 发行版(目前使用 3.0.8 内核的 Debian Wheezy)，在可支持的度量类型方面提供了很大的灵活性。中央后端系统由多个服务器组成，用于监视和控制节点、部署和管理测量实验、处理和存储测量数据，并将其可视化表达。中央后端系统包含一个 SSH 代理服务器，允许远程登录到 NNE 节点。

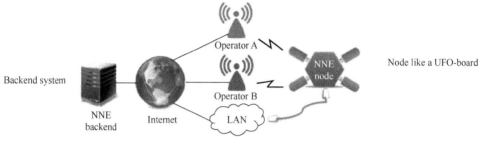

图 1.3　　NNE 基础设施示意图

FI-WARE 项目[15]：始于 2012 年之前，是欧盟未来创新型 Internet 服务系列核心开源平台工具，着眼于智慧城市项目的测试与研究，加速智能解决方案的开发，基于 Internet of Service 的理念，认为未来互联网是通用的面向服务的架构，各种服务提供商和服务都可以在其上进行合作与竞争。架构中包括 8 个项目：①ENVIROFI(公共领域内的环境数据)；②SMARTGRIFOOD(实现智能食物价值链)；③FINSENY(在社区实现电力管理的益处)；④OUTSMART(让城市公共基础设施更智能和有效)；⑤FI-CONTENT(网络化媒体)；⑥FINEST(提升国际物流价值链的效率)；⑦INSTANT MOBILITY(个人移动性)；⑧SAFECITY(使公共区域更安全)。该架构采用通用的、可重用的基本服务模块 GE(genetic enables)来构建未来网络，GE 可以完成一个完整的功能并提供可交互的 RESTful API(application programming interface)接口。

FINE 试验平台：全称 Future Network Innovating Environment，是一个基于 SDN 思想的未来网络创新试验环境，支持未来网络的技术创新和体系演进，已在转发抽象技术和网域操作等方面取得进展。

3. 日本未来网络

AKARI 项目是由日本国家信息和通信技术研究所 (National Institute of Information and Communications Technology，NICT)于 2006 年提出的未来互联网

研究计划，其目标是消除现有网络体系架构限制，计划在 2015 年之前推出一个全新的网络架构，以解决当今网络的问题，满足未来网络的需要。研究内容涉及未来网络数据包传输、交换、安全性、终端移动性、服务多元性及资源高效利用等问题。AKARI 要求遵循四项原则：①新架构要足够简洁；②真实连接原则，即新的架构要支持通信双方的双向认证和溯源；③具备可持续性和演化能力，即新架构应成为社会基础设施的一部分，满足未来 50～100 年的发展需要；④架构本身应具有演化能力。截至 2010 年，其研究成果包括以下几项。

(1) 提出了主机/标识网内分离架构。

(2) 引入了光网络技术，包括面向连接的光路技术和无连接的光交换技术。

(3) 提出了穿越网络层次的控制机制，研究层与层之间交换控制信息，实现对健壮性能的控制。

(4) 与传统的 7 层网络不同，AKARI 提出了基于用户的新型网络模型。

NGNRDP 计划：全称 New-Generation Network R&D Project(新一代网络研究与发展计划)。除 AKARI 外，日本还有 JGN-X、Network Virtualization、Service-Oriented Unified Network Operations 等项目，2010 年 NICT 在工业界、学术界及政府的协作下，将所有项目整合，形成了该新一代网络研究与发展计划，该计划覆盖了未来网络研究的各个领域及相关领域的核心技术，满足了大规模、多终端情景下的高层次用户需求，从而解决未来网络的可持续发展问题。

4. 中国未来网络 CNGI 体系结构标准——NSFCNET

1) 演进式发展 NGI[20]

NSFCNET 项目是中国下一代互联网(The China Next Generation Internet，CNGI)五年计划的项目，称为中国高速互连研究试验网络，1999 年 11 月启动，2000 年 9 月试验网络开通，有 10 多项创新成果。这是中国第一个基于密集波分多路复用 DWDM(dense wavelength division multiplexing)光传输技术的高速计算机互联学术性试验网络，并与美国及国际下一代互联网络连接，为我国开展下一代互联网络技术研究提供了实验环境，在中国国家自然科学基金委员会(National Natural Science Foundation of China，NFSC)的资助下，由清华大学、中国科学院计算机信息网络中心、北京大学、北京邮电大学、北京航空航天大学等单位承担建设的一项重大联合研究项目。总体架构包含：网络基础设施、网络服务和网络应用三个层次，如图 1.4 所示。

CERNET 2 项目：全称为 The China Education and Research Network 2(第二代中国教育与研究网)。CERNET2 项目以 CERNET 为基础，于 2001 年被提出。2003 年 8 月 CERNET2 被纳入中国下一代互联网 CNGI 示范工程。CERNET2 是中国下一代互联网示范工程 CNGI 最大的核心网和唯一的全国性学术网，是目前所知世界上规模最大的采用纯 IPv6 技术的下一代互联网主干网，为基于 IPv6 的下一代互联网技术提供了广阔的试验环境。

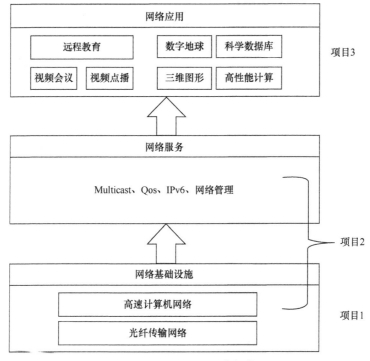

图 1.4　NSFCNET 总体架构

2003 年 10 月，连接北京、上海和广州三个核心节点的 CERNET2 试验网率先开通，并投入试运行。2004 年 1 月 15 日，包括美国 Internet2、欧盟 GEANT 和中国 CERNET 在内的全球最大的学术互联网，在比利时首都布鲁塞尔向全世界宣布，同时开通全球 IPv6 下一代互联网服务。2004 年 3 月，CERNET 2 试验网正式向用户提供 IPv6 下一代互联网服务。目前，CERNET2 已经初具规模，CERNET 2 已经接入北京大学、清华大学、复旦大学、上海交通大学、浙江大学等 100 多所国内高校，其中，2017 年 10 月，CERNET 2 正式落户海南大学，为海南大学下一代互联网新技术研究课题小组的 NorNet Core 多宿主多路径传输国际测试床站点(中国第一个，也是唯一的一个)提供了良好的基础条件，使课题组有机会向国际测试床同时贡献 IPv4 与 IPv6 两种研究资源，有效地解决了前期仅能使用国际上别的研究单位及大学资源的问题。

CERNET2 的特点：①是中国第一个 IPv6 国家主干网；②是目前世界上规模最大的纯 IPv6 主干网；③建成了中国下一代 IPv6 网交换中心；④采用了自主开发的关键设备及技术，为下一代互联网带动的产业经济打下了坚实基础。

　　IPv6 规模部署行动计划：2017 年 11 月，由中共中央办公厅、国务院办公厅印发《推进互联网协议第六版(IPv6)规模部署行动计划》发起；2018 年 7 月，百度云制定了中国的 IPv6 改造方案。2018 年 11 月，国家下一代互联网产业技术创新战略联盟在北京发布了中国首份 IPv6 业务用户体验监测报告显示，移动宽带 IPv6 普及率为 6.16%，IPv6 覆盖用户数为 7017 万户，IPv6 活跃用户数仅有 718 万户，与国家规划部署的目标还有较大的距离；2019 年 4 月 16 日，工业和信息化部发布《关于开展 2019 年 IPv6 网络就绪专项行动的通知》；2020 年 3 月 23 日，工业和信息化部发布《关于开展 2020 年 IPv6 端到端贯通能力提升专项行动的通知》，要求到 2020 年末，IPv6 活跃连接数达到 11.5 亿，较 2019 年 8 亿连接数的目标提高了 43%。在同时代，不同国家或机构，分别就 NGI 提出了不同的体系结构类型。

　　2) 革命模式发展 NGI

　　SOFIA 体系结构：全称为 Service Oriented Future Internet Architecture(面向服务的未来互联网体系结构)，由中国科学院计算机研究所提出，于 2012 年获国家重点基础研究发展计划(973 计划)的资助，是一个面向网络服务的体系结构，在 TCP/IP 网络的网络层和传输层间，新增了一个服务层，使其作为 SOFIA 体系结构模型的“细腰”。SOFIA 使用带名字的服务作为其核心，服务名字标识一组提供相同服务的进程，服务可以是内容缓存与时序控制、视频编码格式转化等。在 SOFIA 中，应用程序通过服务会话处理服务请求和服务数据。一个服务会话可以对应多个服务连接，每一个服务连接绑定两个特定的通信节点(可以是客户端主机、服务器、中间节点等)。客户通过请求服务(服务名字)对服务会话进行初始化。接收到服务请求后，路由器根据服务转发表的相应规则处理请求。这些规则可以是转发规则(如负载平衡)，也可以是处理规则(如缓存)，而规则可以由集中控制器下发，以满足网络运营者的特定要求。为了解决服务转发表规则频繁更新的问题及复杂的转发规则带来的查找性能问题，并与现有网络兼容发展，SOFIA 服务核心构建在网络层(如 IPv4/IPv6)之上，在两个层之间实现了服务处理的解耦：服务层提供灵活的服务处理，而网络层提供高效的数据传输。SOFIA 的主要特点有：①解耦合的服务发现和数据传输；②服务中继，以保证对多播、多路径和多宿主等网络基本功能的支持。其关键词是面向服务、ICN、服务会话、服务中继。

　　3) 未来网络试验基础设施

　　CERNET-IPv6 试验床：在教育部资助下于 1998 年建成。

　　CNGI 试验平台：全称为 China Next Generation Internet，可追溯到 2001 年，构建了以 IPv6 为核心的新一代互联网测试平台 CERNET。

　　DragonLab 试验平台：全称龙-实验室(是一个下一代 Internet 技术实验测试床平台)。龙-实验室融 testbed networks(测试床网络，如 CNGI-CERNET2、

Internet2、Geant)与 testbed systems(测试床系统，如 PlanetLab、NS2)为一体，是一个独立的自治系统(autonomous system，AS)，并连接到多个真实网络。另外，龙-实验室整合了自身、合作伙伴和互联网的许多资源，从而提供开放的服务。龙-实验室规模大，提供开放服务，支持远程可视化实验和可编程实验。龙-实验室分别获得 2003 年国家基础研究发展计划(编号：2003CB314807)及 2005 年国家高新技术研究开发计划(编号：2005AA112130)的资助。

1.3.3　未来网络体系结构

综上所述，国内外有很多关于下一代互联网体系结构的研究项目，并提供了众多的未来网络体系的新架构，本节给出几个有代表性的体系结构。

1. 演进式的 NGI

随着互联网需求的不断变化，一些可能影响新体系结构的重要新需求(但不限于此，因为人类的需求总是在不断地向前推进)可归纳如下。

(1) 移动性需求：互联网架构应该支持灵活、高效、高度动态的移动性。

(2) 策略驱动的自动配置需求：Internet 架构应该根据政策和管理的约束提供终端系统与路由器的自动配置。

(3) 高度时变资源需求：Internet 架构应该支持在短时间内高度可变的资源。这种需求可能发生在由于交换了主干链路，或由于在节点移动时交换了物理传输介质的移动设备等场景。

(4) 分配的能力需求：未来的体系结构必须让用户和网络管理员能够在用户与应用程序之间分配容量。在当今的 Internet 中，由于拥塞控制，分配是隐式发生的。其目标通常是公平的近似值；所有人都放慢速度，但这并不总是正确的模式。对于商业活动，人们希望根据支付意愿来分配能力。对于政府的业务活动，如救灾，需要根据任务的优先次序分配能力。网络并不是(总是)告诉用户该走多快。管理员应该能够向网络请求资源，而网络也应该能够在由于资源限制而无法满足请求时通知用户。

(5) 极长传播时延：这一要求发生在目前正在建造的像 starlink 这样的一个卫星互联网星座中。作为美国宇航局的行星探索计划之一，starlink 利用通信卫星技术与地面收发器联合工作为农村和服务不足地区的人们提供卫星互联接入。它是对传统的"高带宽时延产品"要求的扩展；这反映了时延本身和时延带宽交互使网络结构复杂化的事实。

人类在解决 TCP/IP 网络的"细腰"带来的问题上进行了大量的探索研究[4]，以演进式发展为基础解决当今互联网问题就是以 IPv6 为代表的演进式发展，提倡在现有的 TCP/IP 协议框架基础上不断地进行改良、优化，以打补丁的方式让网络能够满足人们日益增长的需求，结果是演进式发展会带来一种打补丁的循环，网络结构会变得越来越复杂，同时还会带来新问题。图 1.5 展示了当前演进式发展过程的一种路线示意图。从图 1.5 中可见，其协议栈的整体结构并没有发生根本性的变化，只是发现问题，通过增加有针对性的协议方案去解决问题。1996 年美国的 NGI、Internet2 及中国的 CERNET2 走的就是这样的演进路线。

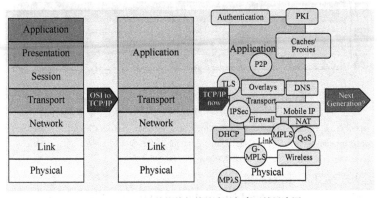

(a) Internet TCP/IP协议栈架构的昨天与今天的层次图

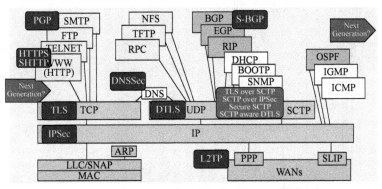

(b) Internet的TCP/IP协议栈架框的昨天与今天的展开图

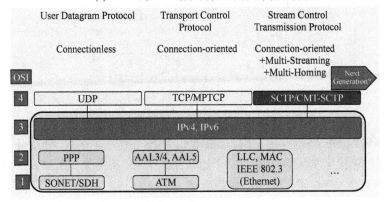

(c) 从Internet到NGI

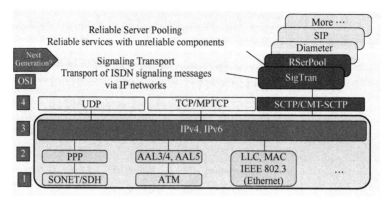

(d) 不断演进的NGI

图 1.5　NGI 的演进发展：互联网架构的昨天、今天与明天

AAL-ATM Adaptation Layer；LLC-Logical Link Control；MAC-Medium Access Control；IP-Internet Prolocol；OSI-
Open Systems Interconnection；PPP-Point to Point Protocol；SDH-Synchronous Digital Hierarchy；SONET-
Synchronous Optical Network

1）美国的 NGI 与 Internet2

图 1.6 展示了 Internet2 的结构示意图及与 NGI 的关系。

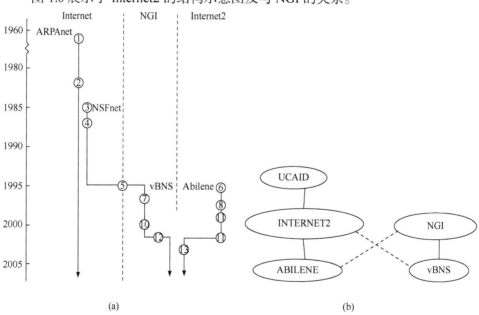

图 1.6　美国 Internet2 的结构及与 NGI 和 Internet 的关系图

（1）ABILENE 高带宽主干网。Internet2 的核心是一个名为 Abilene 的高带宽
主干网，它连接了美国各地的 11 个地区站点。15 条高速光纤线路连接着西雅
图、森尼维尔、洛杉矶、丹佛、堪萨斯城、休斯敦、芝加哥、印第安纳波利斯、
亚特兰大、纽约和华盛顿特区的核心站点。Abilene 由位于印第安纳波利斯的印

第安纳大学的网络操作中心管理，每周 7d，每天 24h 监控。

(2) vBNS 高性能骨干网。与此同时，另一个被称为 vBNS(高性能的骨干网服务)的网络也为 Internet2 做出了贡献。vBNS 是由美国国家科学基金会和微波通信公司(Microwave Communication Incorporation，MCI)于 1995 年开发的，连接了多个政府和大学的研究机构，最初是 Internet2 的主要骨干网。Abilene 和 vBNS 现在互相连接，允许任何一个网络的用户完全连接到 Internet2。2000 年，vBNS 发展成为商业服务 vBNS+。

Internet2 的建立不是为取代 Internet，也不是为普通用户新建另一个网络，而是用于教育和科研的一个测试床，其目标之一就是用于测试和实施改进的网络技术，包括 IPv6。一个 IPv6 工作组在 Internet2 组织内专门为这个任务而成立。随着 Internet2 主干网的发展，对支持新版本 IP 的设备进行了升级和选择。此外，工作组的目标是教育和激励 Internet2 机构在它们的设备与网络中支持 IPv6。今天，Abilene 主干网提供了完全的 IPv6 支持，就像许多连接到它的主机一样。

Internet2 的 UCAID(University Corporation for Advanced Internet Development) 联盟是一个拥有众多合作者的组织，需要明确定义子组，以便为特定、确定的目标而工作。该组织的核心是组织许多工作组、Internet2 成员机构和合作伙伴的委员会，负责具体的开发活动。Internet2 建立了五个核心领域，建立了相应的骨干工作组。分别是计划、工程、应用程序、中间件和网络。为了发展高速、高保真的连接，Internet2 将其努力集中在网络、中间件和工程领域，为下一代互联网奠定基础。

网络：建设先进网络基础设施的计划始于 1998 年 4 月，其中包括建设"Abilene 网络"，这是一个将区域高速网络连接在一起的跨国家的高性能光纤骨干网。Abilene 网络是对现有 vBNS 网络的补充，vBNS 网络是由 NSF 和微波通信公司开发并由 NGI 倡议赞助的高性能骨干网结构。目前，授权用户可以通过本地网络提供商访问这两个高性能网络，尽管这些信息高速公路上的交通受到监管，以防止拥堵和出现安全隐患。

中间件：是在网络基础设施和使用它的应用程序之间协调连接的软件层。中间件作为各种服务(如安全性和目录)的标准，用来防止跨平台兼容性问题并确保更高级别的可靠性。中间件工作组研究开发的软件接口包括五个主要的领域：目录、标识符、身份验证、授权及公钥基础设施。

工程：是指研究使网络更有效的程序和协议的各种项目。到目前为止工作组研究 IPv6(一种新的互联网协议)、QoS(服务质量)保证、Internet2 QBone 清除器服务、多播和现有的 IPv4(如利用 NAT 技术在本地网络中共享一个 IP 地址连接 Internet)、Future IPv6(当时有多个 IPv6 标准版本被提出，1994 年其中一个版本被采纳，并称为 IPv6)等课题。虽然目前没有意图将 Abilene 和 vBNS 网络与主流互联网整合，但这些网络充当了新时代互联网应用程序和协议正在开发与测试的平台。它们可以确保未来的发展将以最平稳的方式过渡到下一代互联网上。

有了上述三个基础技术领域的研究，就可以最大限度地使用新技术造福社会与人类了。Internet2 项目在许多领域取得了令人兴奋的进展，其中包括艺术、科学和工程，但最活跃的领域在健康科学方面。全国各地的大学和其他组织都充分地利用了新的网络技术，当时在医学教育、虚拟现实和心灵感应学的项目上进行合作，所有这些都需要先进的网络能力。以下是当时处于开发阶段的与学术相关的应用程序的部分例子：未来面向健康、面向生物科学、在医学工作台(如解剖工作台、手术工作台)方面的应用，同时仍面临的挑战之一是在仿真服务器中的实时交互，如为解剖工作台生成的手的一些部件有超过 100 万个多边形。减少多边形的数量会提高图像的处理速度，但却降低了图像的真实感。此外，网格上的每个多边形都有一个相关的力矢量。这些力矢量每秒至少计算 1000 次，才能让用户在虚拟世界中感受到真实的触觉反馈。模拟器每秒进行的计算越多，模拟速度就越慢，因此必须在图像质量和触觉反馈质量两方面进行权衡。这两种情况下的限制来自技术限制，而不是软件。

2) 中国的 CERNET2 [20]

CERNET2 又称为 CNGI-CERNET2，采用主干网和用户网二级结构，主干网采用 IPv6 协议。其中主干网具有四层结构：全国骨干网络、区域网络、省级网络和校园网。清华大学负责 CERNET 高速骨干网(传输速率为 2.5～10Gbit/s)的运营和管理，并与分布在北京、上海、广州等 20 个城市的 CERNET2 核心节点相连。2016 年底国家重大科技基础设施——未来网络试验设施项目(China Environment for Network Innovation，CENI)正式获国家发展改革和委员会立项，落户无线谷。图 1.7 分别展示了 CERNET2 的总体架构及 CERNET2 主干网接入方式。其中，图 1.7(a)中的"国际下一代互联网"处有三个国际出口，分别与欧洲 CEANT2，美国 Ineternet2 及亚太 APAN 互联。2017 年海南大学作为 CEANT2 海南省的核心结点通过广州与之联接。

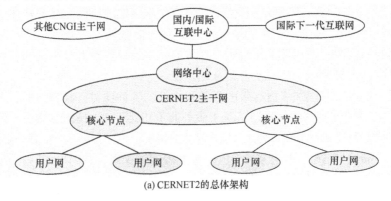

(a) CERNET2的总体架构

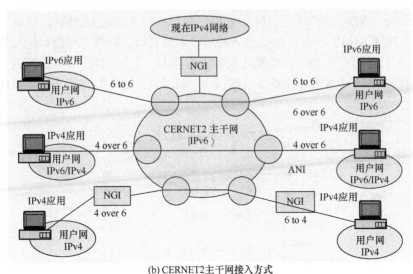

(b) CERNET2 主干网接入方式

图 1.7　CERNET2 核心节点与总体结构

2. 革命式未来网络体系架构

虽然革命式下一代互联网体系结构仍未统一，但 ICN(information-centric networking)体系结构确是一个有代表性的架构之一，它基于"信息为中心的网络架构"思想，本节通过体现 ICN 思想的 DONA、PSIRP、NetInf 和 CCN 系统来较清晰地梳理出体系结构框架思路[11-16]。图 1.8 为 ICN 重要研究里程碑时序图。

革命式未来网络的核心思想是从当前以"位置"为中心的体系架构，变革为以"信息"为中心的架构，即网络的基本行为模式应该是请求与获取信息，而非实现端到端可达，这类网络体系架构统称为 ICN。如果将以"位置"为中心的 TCP/IP 体系结构称为 Where 会话模型的话，则将 ICN 为代表的未来网络架构称为 What 模型。What 模型代替 Where 模型能突破 IP 结构的三大局限性：①What 模型中的应用程序中间组件可以令程序模型与互联网中传递的信息数据直接匹配，移除其他所有中间组件及其相关配置，大大提高了数据通信效率。②What 模型减少了单个会话持续时间，数据内容不再需要被嵌入到端到端的数据包。这样能够对数据来源安全性直接进行判断，相对于 IP 网络中所采用的 One-size-fits-all 策略能够更好地保护信息安全性。③What 模型中由于每一个数据块都是唯一命名标识的，通过在沿路路由器中增加缓存模块，能够彻底地解决路由回路问题。同时，On-demand 驱动策略能够利用所有相连的节点进行数据转发，移除了异步转发，这样能够极大地减少网络中数据生产者与消费者之间的不协调通信。ICN 的研究起源于美国和欧盟，美国的主要研究项目包括内容中心网络(content centric networking，CCN)、命名数据网络(named data networking，NDN)等[8-16]，其目标是要打破原有网络的设计原则，颠覆了现有的 TCP/IP 通信模型，设计出了全新的网络体系架构，并综合考虑可扩展性、动态性、实时性、可靠性、高性能及易管理等需求。正如 1.3.2 节中提到的，基于 ICN 的研究方面涌现出了不少方法(或者称为工程应用项目)，其具体可以划分为美、欧两大分支。

图 1.8　ICN 重要研究里程碑时序图

在美国，主要有 CCN(content centric networking)、DONA(data oriented network architecture，由加利福尼亚大学伯克利分校于 2007 年提出)、NDN (named data networking，属于 FIA 计划之一，基于 CCN 发展而来，沿用 CCN 的体系结构)和 MobilityFirst(移动网络，属于 FIA 计划之一)、NEBULA (云网络，属于 FIA 计划之一)、ChoiceNet(属于 FIA 计划之一)。

在欧盟，主要包括由赫尔辛基信息技术研究所发起的 PSIRP(Publish-Subscribe Internet Routing Paradigm)、PURSUIT(Publish-Subscribe Internet Technologies，由欧盟第 7 框架计划-信息通信技术资助，2010.9～2013.2)和

4WARD(由爱立信公司主导，2008～2010 年)。

1) ICN 体系结构

CCN/NDN 体系结构如图 1.9(a)与(b)所示，该体系结构目的是要开发一个可以自然适应当前内容获取模式的新型互联网架构，其核心思想有以下三点。

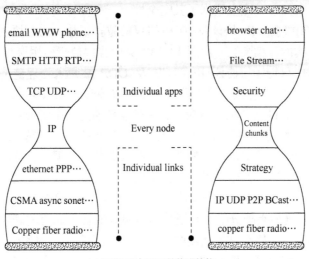

(a) TCP/IP与CCN的体系结构

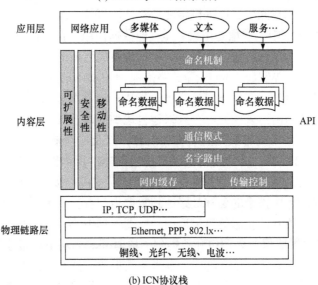

(b) ICN协议栈

图 1.9　NGI 革命式发展：ICN 架构

(1) 从图 1.9(a)中右图可见该体系结构的核心仍保持了类似于 TCP/IP 体系的沙漏型结构，但沙漏型的"细腰"采用类似统一资源定位符(uniform resource locator，URL)的层次化内容来命名，从而实现了以 IP 为中心向"内容/数据"为中心的革命性转变。

(2) 同时该架构采用全网交换节点缓存模式，以成本不断降低的缓存换取带宽，可以有效地减小流量冗余和源服务器负载，并提高服务质量。

(3) 该架构还采用对内容本身进行加密的方法，而不依赖于对信息容器或信道的加密，这在某种程度上增强了其安全性。

由图 1.9(a)可见，IP 协议及 TCP 协议的位置下移，内容块或内容层作为其沙漏型体系结构的"细腰"；由图 1.9(b)可见内容层位于应用层与物理链路层之间，而原网络层与传输层协议 IP、TCP 及 UDP 被归入物理链路层中。ICN(或CCN)系统中流动的信息被划分为两种分组：兴趣分组和数据分组，如图 1.10(a)所示，两个分组通过命名机制被命名，两类信息通过名字实现路由，而不是通过IP 地址。两个分组都不会携带主机信息，如 IP 地址等。兴趣分组依据所需内容的名称直接路由到可以提供内容的节点，而数据分组依据兴趣分组在转发过程中经过的路由器，原路返回给请求者。路由器中维护着待定兴趣表(pending interest table，PIT)[11-15]，当多个兴趣分组请求同一个内容时，只有第一个兴趣分组被转发，PIT 聚集了其他兴趣分组，并把其到达端口记录在 PIT 的表项中。当内容分组到达路由器后，再依据 PIT 表项中保存的端口信息向前一跳的接口地址发送内容分组。然后，路由器会删除 PIT 表项，并把内容分组缓存到路由器的内容存储(content store，CS)空间中，以提供给之后到达的兴趣分组。

在 NDN 网络中，通信是由接收端(即数据使用者)来驱动的。为了接收数据，消费者发送一个兴趣包，它携带一个识别所需数据的名称。例如，消费者可以请求/parc/videos/WidgetA.mpg 等。路由器记住发出请求的接口，然后通过在转发信息库(forwarding information base，FIB)中查找名称来转发兴趣包，FIB 由一个基于名称的路由协议填充。一旦兴趣包达到所请求数据的一个节点，一个数据包就会返回，包中携带数据的名称和内容，以及连同带数据生产者 key 的签名，如图 1.10(a)所示。这个数据包以兴趣包创建的反向路径跟踪，最终回归到消费者方。注意，兴趣包与数据包均不携带任何主机或接口地址(如 IP 地址)；兴趣包通过兴趣包中携带的名称被路由到数据生产者，而数据包则依据每个路由器上由兴趣包所建立的状态信息被返回，如图 1.10(b)所示。

NDN 路由器要保留兴趣包和数据包一段时间。当从下游收到相同数据的多个兴趣包时，只有第一个兴趣向上发送到数据源。然后路由器将兴趣存储在挂起的 PIT 中，其中每个条目都包含兴趣的名称和一组接口，从这些接口可以接收到匹配的兴趣。当数据包到达时，路由器找到匹配的坑入口，并将数据转发到坑入口中列出的所有接口。然后，路由器删除相应的 PIT 条目，并将数据缓存到内容库中，内容库基本上是路由器的缓冲区内存，遵循缓存替换策略。数据采用与请求它的兴趣完全相同的路径，但方向相反。在每一跳中，一个数据满足一个兴

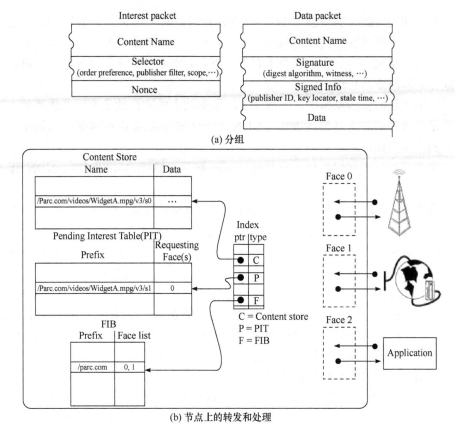

(a) 分组

(b) 节点上的转发和处理

图 1.10　NGI 革命式发展：CCN 或 NDN 架构

趣，从而实现逐跳流平衡。

　　一个 NDN 数据包是有意义的，与它来自哪里或它可能被转发到哪里无关，因此路由器可以缓存 NDN 数据包以满足潜在的未来请求。这使得 NDN 具备自动地支持各种功能，没有额外的基础设施消耗，包括内容分布(在不同的时间许多用户请求相同的数据)、多播(在同一时间许多用户请求相同的数据)、流动性(从不同的位置用户请求数据)、全新和实现容忍时延网络(用户有间歇性的连接)。例如，假设一个消费者正在移动的车辆中观看流媒体视频。消费者可能会请求一些数据，但随后会转移到一个新的本地网络。虽然数据会到达旧的位置并被丢弃，但它是沿着路径缓存的。当用户重传兴趣时，它可能会从附近的缓存中提取数据，使中断最小化。缓存在消费者附近的数据可以提高数据包传递性能，并减少了由于故障或攻击而导致失败而产生的对数据源的依赖。

　　2) ICN 或 NDN 架构设计原则

　　NDN 架构设计原则如下所示。

TCP/IP 沙漏式的架构使原来的互联网设计优雅而强大。它以通用网络层为中心，实现了全球互联所需的最小功能。这种"瘦腰"是互联网爆炸式增长的关键推动者，它允许底层和上层技术在没有不必要限制的情况下进行创新，都保持了同样的沙漏型的结构。

安全必须内置到架构中。当前 Internet 架构中的安全性是事后才想到的，不能满足当今日益恶劣环境的要求。NDN 对所有命名数据进行签名，提供了一个基本的安全构建块。

端到端的原则使得在面对网络故障时能够开发健壮的应用程序。NDN 保留并扩展了这一原则。

网络流量必须是自我调节的。流量均衡的数据传输对网络的稳定运行至关重要。由于 IP 执行开环数据传输，传输协议已被修改到腰部。

路由和转发平面分离已被证明是 Internet 发展的必要条件。它允许转发平面在路由系统随时间不断演化的同时继续发挥作用。在并行进行新的路由系统研究时，NDN 坚持同样的原则，允许 NDN 以可用的最好的转发技术进行部署。

架构应该在可能的情况下促进用户的选择和竞争。虽然在最初的互联网设计中不是一个相关的因素，但全球部署告诉我们"架构不是中立的"。NDN 作出了有意识的努力，以授权终端用户做出相应的选择和竞争。

3) ICN 或 NDN 架构关键要素

NDN 架构的关键要素包括：Names、Date-Centric Security(以数据为中心的安全性)、Routing and Forwarding、Caching、Pending Interest Table(PIT)和 Transport。

Names：NDN 名称对网络来说是不透明的，路由器不知道名称的含义(尽管它们知道在名称中组件之间的边界)。这允许每个应用程序选择适合其需要的命名方案，并允许命名方案独立于网络发展。

Date-Centric Security：在 NDN 中，安全性是构建在数据本身中的，而不是在哪里或如何获得数据的函数。每一块数据都与它的名字一起签名，安全地绑定它们。数据签名是强制性的，应用程序不能"选择退出"安全。签名与数据发布方信息结合在一起，可以确定数据的来源，从而使消费者对数据的信任与获取数据的方式(和地点)分离开来。它还支持细粒度信任，允许使用者判断公钥所有者是否是特定上下文中特定数据片段的可接受发布者。

Routing and Forwarding：NDN 根据名称路由和转发数据包，这消除了 IP 体系结构中地址所带来的四个问题：地址空间耗尽、NAT 遍历、移动性和可伸缩地址管理。不存在地址耗尽问题，因为名称空间是无限的。

Caching：在接收到兴趣包时，NDN 路由器首先检查内容储存库。如果有数据的名称属于兴趣包的名称，则数据将作为响应发送回来。

Pending Interest Table (PIT)：PIT 包含已转发但仍在等待匹配数据的兴趣包

的到达接口信息。掌握这些信息才能将数据传递给用户。

Transport：NDN 体系结构没有单独的传输层。它将当今传输协议的功能转移到应用程序、它们的支持库及在转发平面中的策略组件中。

ICN 则是以信息为中心通信方式的体系结构，它着手替代现有互联网以端为中心的通信方式，其目标是把内容与终端的位置剥离，通过对内容进行命名和基于内容名字的路由方式实现对互联网体系结构的变革，它的另一表达是CON(content oriented networking，面向内容的)体系结构。Host-Centric 方式更加强调信息传递的重要性，而通信中数据位置的重要性被渐渐淡化，但事实是相对信息数据物理或逻辑位置而言，用户更加关心的是信息数据内容本身。ICN 的设计理念则能较好地满足人们对以信息为中心的通信方式的需求，从而改变当前互联网端到端的通信机制，把内容与终端位置剥离，通过发布/订阅范式来提供存储和多方通信等服务，从而将用户的关注点由终端改为内容，即用户不用再关心从何地去获取自己想要的数据，而只需关心想要的内容是什么即可。ICN 的体系结构可以概括为四方面：对内容进行命名、路由、传输和缓存内容。ICN 特点可以归纳为①一切都是信息，信息互联；②通过信息的名字标识每一个信息；③网络的作用就是管理所有信息的流动和缓存，并用正确的信息快速响应信息的请求者。

发布/订阅范式是消息队列范式的一种，是一个更大的消息中间件系统的一部分。发布者只负责发布信息，订阅者可以订阅多个发布者所发布的信息，两者之间不用理会是谁发布和谁订阅的，而是通过一个信息管理器来处理两者之间的发布/订阅逻辑。

分布/订阅系统模型依赖于"事件服务"来为事件的订阅和高效传输提供存储与管理。订阅者通过"订阅操作"来注册其感兴趣的事件，而无须了解这些事件的有效源。发布者通过"发布操作"来产生事件。"事件服务"将事件传送给所有相关订阅者，每个符合需求的事件都将通知到订阅者。"事件服务"将信息的产生和消费进行解耦，消除了参与者间的依赖，增强了可扩展性。这极大地减少了协调工作，使不同实体实现同步，并使所产生的通信基础设施能够很好地适应异步的分布式环境，如移动环境。图 1.11(a)展示了 ICN 体系结构中发布/订阅范式思想，图 1.11(b)则给出了一个该发布/订阅范式的简单实例。

ICN 的发布/订阅系统非常适应一对多的连接传输，即多源传输的特点可以说是 ICN 与生俱来的。对于多对多的连接传输，这里有两种情况：一是 M 个不同实体传输给 N 个接收者；二是 M 个源将一个内容的不同部分传输给 N 个接收者。对于后者，其典型应用就是 P2P 系统。

P2P overlay 1 和 P2P overlay 2 是两个覆盖网，它们将下载同一份文件。因为 P2P 是应用层通信的解决方案，其提取网络拓扑信息的能力较弱，而 ICN 将向接收者($P_1 \sim P_6$)高效地传输内容文件，因为 R_2 和 R_4 节点将帮助接收者从其他覆盖网中下载文件。实际上，R_2 和 R_4 将内容进行了缓存，接收者不用再到数据源头去索取数据，所以其传输效率更高。

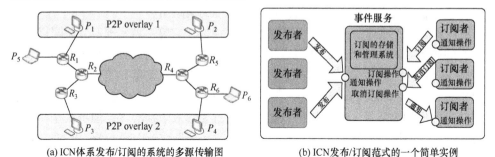

(a) ICN体系发布/订阅的系统的多源传输图 (b) ICN发布/订阅范式的一个简单实例

图 1.11　ICN 体系结构中发布/订阅范式及实例

图 1.11(b)[13-15]说明 ICN 发布/订阅系统模型依赖于"事件服务"来为事件的订阅和高效传输提供存储与管理。订阅者通过"订阅操作"来注册其感兴趣的事件，而无须了解这些事件的有效源。发布者通过"发布操作"来产生事件。"事件服务"将事件传送给所有相关订阅者，每个符合需求的事件都将通知到订阅者。"事件服务"将信息的产生和消费进行解耦，消除了参与者间的依赖，增强了可扩展性。这极大地减少了协调工作，使不同实体实现同步，并使所产生的通信基础设施能够很好地适应异步的分布式环境，如移动环境。表 1.1 从 5 个方面给出了 TCP/IP 体系结构与 ICN 体系结构组成部分的对比。

表 1.1　TCP/IP 体系结构与 ICN 体系结构组成部分的对比

信息类型	体系结构	
	TCP/IP 体系结构	ICN 体系结构
消息会话模型	基于 Host-Centric 通信方式：Where 会话模型	基于 Information-Centric 通信方式：What 会话模型
内存文件命名	嵌入信息源地址与目标地址	层次命名、平台命名、属性命名
信息数据路由	无层次路由	无层次路由或层次化路由
数据转发策略	数据 IP 地址的二重表达性转发	根据 ICN 路由中新型数据结构(PIT，FIB，CS)转发
信息数据缓存	缓存在服务器	采用 On-path 存储方式或 Off-path 存储方式将数据缓存在中间节点

所以，ICN 本质上是在网络层将内容与终端进行了剥离，其体系结构可以概括为三个方面：对内容进行命名；路由；传输的缓存内容。与传统 TCP/IP 架构相比，主要有三个方面的显著区别。

(1) ICN 节点以基于内容名字进行路由，而不是基于终端位置，这将带来两个改变。

① 识别内容取代了识别终端。

② 内容文件的位置与其名字剥离，在 TCP/IP 体系中，IP 地址既是身份识别也是位置信息。

正是因为进行了剥离，ICN 在进行内容命名和路由时不存在位置依赖，摆脱了移动性问题。

(2) ICN 采用发布/订阅范式或系统作为主要传输模型，内容发布者发布一个内容文件，用户可以以内容名字来索取这份文件内容。在 TCP/IP 体系中，用户需要知道哪个数据源持有这些文件，并且用户和数据源终端在整个数据传输过程中需要保持关联。ICN 通过发布订阅系统，将内容的产生、使用在时间和空间上进行分离，从而使内容传输效率更高，可扩展性更好。

(3) 数据的合法性可以方便地经过公钥加密来进行认证，在 TCP/IP 体系中，用户所看见的终端地址与内容名字不相干，这将导致钓鱼攻击和网络交接攻击，ICN 采用扁平化的命名方法来进行内容命名或对数据包进行签名，从而大大提高了安全性。

4) ICN 路由与转发流程

通信主要包括两种包类型：信息包和数据包。其中信息包用于记录用户请求的路径，方便内容发布者返回响应数据；数据包是发布者根据用户的请求进行回应的内容。无论是信息包还是数据包都包含三张表。

(1) CS 表用于半永久性存储接收到的数据包。

(2) PIT 储存信息包信息及接收到的匹配信息的接口集。

(3) FIB 表转发信息。

(4) 当有用户的请求信息包到达内容路由器时，图 1.12(a)与(b)给出了 ICN 与 NDN 两者体系结构信息处理流程的对比。然而遗憾的是现有互联网架构基础设施投资巨大，加之缺乏成熟广泛的应用生态链，一个全新的架构设计要取代现有的体系结构谈何容易，从架构设想到真正走向市场并不是一件容易的事，需要历经几代科学家的努力。

通过表 1.2 的比较，对 ICN 的命名和路由方法有了一个基本了解[16-21]。现对当前基于 ICN 思想的几种主要工程应用实例进行比较，如表 1.3 所示。

在表 1.3 中，CCN 和 TRIAD 采用了分层命名方法，因此它们与 IP 体系具有较好的兼容性，但其无结构路由的洪泛特性将会增大控制通信开销。在 TRIAD 中，如果同一内容发布者所提供的内容存储在一个节点上，那么这些内容的路由入口将聚合到一个节点上，因此路由规模与内容发布节点的数量将成正比。而在 CCN 中，通过内容的复制将聚合的路由入口进行了分割，在最坏的情况下，其路由规模将取决于内容的数量。

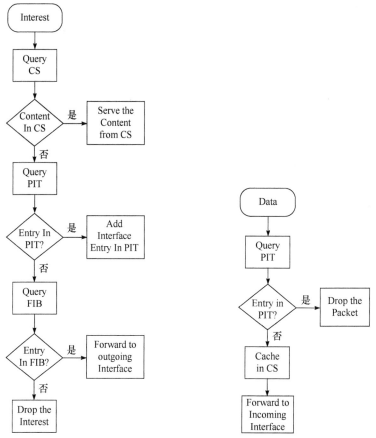

(a) ICN体系结构中的兴趣流处理流程　　　(b) NDN体系结构中的数据流处理流程

图 1.12　ICN 与 NDN 两种体系结构信息处理流程对比

表 1.2　基于 ICN 思想的各种体系结构的功能汇总异同比较

模块	方法		代表 ICN
命名机制	层次命名		CCN
	扁平命名		DONA，PSIRP，NetInf
通信模式	接收者驱动		DONA，PSIRP，CCN，NetInf
	发送者驱动		I3
	混合模式		文献[19]
路由转发	请求	基于名字的直接路由	CCN
		基于名字解析的间接路由	DONA，PSIRP，NetInf
	传输	对称路径	DONA，PSIRP，CCN
		底层路由	NetInf

续表

模块	方法		代表 ICN
网内缓存	路径无关缓存		DONA，PSIRP，CCN，NetInf
	路径相关缓存	主动缓存	DONA
		被动缓存	PSIRP，CCN，NetInf
传输控制	流量和拥塞控制		DONA，PSIRP，CCN，NetInf
	容迟/容断		DONA，PSIRP，CCN，NetInf
	多播		DONA，PSIRP，CCN，NetInf
	选播		DONA，PSIRP，CCN，NetInf
模块	方法		代表 ICN
命名机制	层次命名		CCN
	扁平命名		DONA，PSIRP，NetInf
通信模式	接收者驱动		DONA，PSIRP，CCN，NetInf
	发送者驱动		I3
	混合模式		文献[21]
路由转发	请求	基于名字的直接路由	CCN
		基于名字解析的间接路由	DONA，PSIRP，NetInf
	传输	对称路径	DONA，PSIRP，CCN
		底层路由	NetInf
网内缓存	路径无关缓存		DONA，PSIRP，CCN，NetInf
	路径相关缓存	主动缓存	DONA
		被动缓存	PSIRP，CCN，NetInf
传输控制	流量和拥塞控制		DONA，PSIRP，CCN，NetInf
	容迟/容断		DONA，PSIRP，CCN，NetInf
	多播		DONA，PSIRP，CCN，NetInf
	选播		DONA，PSIRP，CCN，NetInf

表 1.3　ICN 工程应用实例对比

项目	命名方法	命名方法优势	路由结构	路由规模	控制通信开销
CCN	分层命名	与 IP 兼容	无结构路由	N(最好情况) C(最差情况)	高

续表

项目	命名方法	命名方法优势	路由结构	路由规模	控制通信开销
DONA	扁平命名	稳固	结构路由(树状结构)	C	低
PSIRP	扁平命名	稳固	结构路由(分布式哈希表)	$\log_2 C$	低
NetInf	扁平命名	稳固	结构路由(多层分布式哈希表)	$\log_2 C$	低
TRIAD	分层命名	与 IP 兼容	无结构路由	N	高
CBCB	基于属性的命名	便于网内搜索	基于源的多播树	2^A	高

注：N 是发布(提供商)节点的数量，C 是内容的数量，A 是属性的数量。

　　DONA、PSIRP 和 NetInf 采用了扁平命名方法，在安全性等方面优势明显，同时其结构化的路由降低了控制通信开销。在 DONA 中，根路由节点要维护网内所有内容的路由信息，因此其路由规模也取决于内容数量。而 PSIRP 的分布式哈希表路由结构，将路由规模降低到所有内容数量的对数级别。

　　CBCB 独树一帜地采用了基于属性的内容命名方法，这种命名方法便于进行网内搜索，并通过基于源的多播树进行内容传输。因为每个属性存在被选中或者不在搜索查询中的情况，因此一个路由器的路由入口数量将达到 $2A$。每个新的查询必须在整个网络进行洪泛，因此其控制通信开销较高。

　　值得一提的是，命名数据网络(named data networking，NDN)体系架构项目是由加利福尼亚大学洛杉矶分校的 Zhang 主持的，是 2010 年美国 FIA 计划资助的未来互联网项目之一。NDN 是基于 CCN 发展而来的，基本沿用 CCN 体系结构，但其设计原则有 6 条。

　　(1) 保留原有 TCP/IP 网络的沙漏状体系结构。

　　(2) 安全性应当成为架构的一部分。

　　(3) 继承 TCP/IP 网络的端到端原则。

　　(4) 自动调节网络流量。

　　(5) 路由和转发平面分离。

　　(6) 有利于用户的选择和竞争。

　　在上述 6 条原则的保障下，NDN 网络就拥有了 TCP/IP 网络所不具备的优势。

　　(1) 更高的安全性。NDN 网络强制要求数据提供方在每一个数据分组上签名，请求方可以据此判断数据的来源和完整性。

　　(2) 解决了 TCP/IP 网络面临的三个问题：地址枯竭、NAT 穿透遍历和局域网地址管理。

　　(3) 支持灵活的网络流量调节。

(4) 天生具备多播、数据缓存等多种功能。

基于 NDN 网络的上述优势，为推动其部署和实验，2010 年在华盛顿大学校园内建立了 NDN Test 测试床，从最初的 8 个节点，到 2016 年扩展到 31 个节点，共计 84 条链路。我国同济大学与北京邮电大学均为 NDN 测试床的接入站点，后来，Cisco、Juniper、华为、富士通、清华大学也成为联盟参与者。

需要强调的是，NDN 模型与当今的互联网兼容，并具有明确、简单的演进策略。和 IP 一样，NDN 是一个"通用覆盖"：NDN 可以运行任何东西，包括 IP；任何东西可以运行 NDN，包括 IP。经过几十年发展的 IP 基础设施服务，NDN 可以很容易地使用。

1.4 本 章 小 结

本章通过对"为什么需要下一代互联网"、"互联网发展的历程与解决方案"及"下一代互联网及体系结构"的三个主题的综述勾勒出了从"真正意义上可以使用的互联网"到"下一代互联网"技术演进历程的宏伟画卷。从 20 世纪 60 年代互联网核心思想被提出，到可供使用，再演变到今天的互联网改变了人类生活的方方面面。但随着互联网的深入应用与发展，基于 TCP/IPv4 的 Internet 在技术上遭遇了"带宽不足""地址空间枯竭""路由表膨胀""网络结构混乱""计算机病毒""网络安全及各种攻击"等问题的挑战。这些挑战促使业界和学术界开始重新审视及评估互联网的架构体系，于是 20 世纪末，诞生了两种下一代互联网体系结构的研究方向：一种是演进式发展，另一种则是革命式发展。演进式发展以 IPv6 等为代表，在现有的 TCP/IP 协议的基础上不断改良、优化，以打补丁的方式让网络能够满足人们日益增长的需求，结果带来的是一种打补丁的循环，网络结构会变得越来越复杂，同时还会带来新的问题；而革命式演进则是要颠覆现有的 TCP/IP 通信模型，设计全新的网络体系架构，并综合考虑可扩展性、动态性、实时性、可靠性、高性能及易管理等需求。各国为下一代互联网体系结构的演进投入了大量的人力物力，经过一代又一代业界人士及科学家的努力，我们正走在下一代互联网演进的路上，希望就在前方。

参 考 文 献

[1] History of the Internet. https://en.wikipedia.org/wiki/History_of_the_Internet. [2020-07-20].

[2] Deering S, Hinden R. Internet protocol, version 6 (IPv6) specification. IETF, ISSN: 2070-1721. https://datatracker.ietf.org/doc/ html/rfc8200. [2020-07-20].

[3] Template: Internet history timeline. https://en.wikipedia.org/wiki/Template: Internet_history_timeline. [2020-07-21].

[4] National LambdaRail. https://en.wikipedia.org/wiki/National_LambdaRail. [2020-07-21].

[5] Montevideo statement on the future of internet. https://en.wikipedia.org/wiki/Montevideo_ Statement_on_the_Future_of_Internet. [2020-07-22].

[6] Ramamurthy B, Rouskas G, Sivalingam K M. Next-Generation Internet: Architectures and Protocols. Cambridge: Cambridge University Press, 2011.

[7] Braden R, Clark D, Shenker S, et al. Developing a next-generation internet architectures. https://groups.csail.mit.edu. [2020-07-25].

[8] 谢高岗, 张玉军, 李振宇, 等. 未来互联网体系结构研究综述. 计算机学报, 2012, 35(6): 1109-1119.

[9] Leiner B M, Cerf V G, Clark D D, et al. A brief history of the internet. SIGCOMM Computer Communication Review, 2009, 39(5): 22-31.

[10] Casado M, Freedman M J, Pettit J, et al. Ethane: Taking control of the enterprise. ACM Sigcomm Conference on Computer Communications, Kyoto, 2007: 1-12.

[11] 吴超, 张尧学, 周悦芝, 等. 信息中心网络发展研究综述. 计算机学报, 2015, 38(3): 17.

[12] Zhang L X, Estrin D, Burke J, et al. Named data networking Project. NDN-0001, PARC Tech Report 2010-003, The Business of Breakthoughs, 2010.

[13] 李军, 陈震, 石希. ICN 体系结构与技术研究. https://www.researchgate.net/publication/ 235248388. [2020-09-10].

[14] 李军, 陈震, 石希. 信息中心网络 ICN 体系结构研究进展. 技术研究, 2014, 4: 1-9.

[15] 洪学海, 马中胜, 范灵俊. 关于未来网络研究的调研报告. 信息技术与信息化前瞻情报分析系列报告 FIAR-01, 中国科学院计算技术研究所信息技术战略研究中心, 2016.

[16] 孙彦斌, 张宇, 张宏莉. 信息中心网络 ICN 体系结构研究综述. 北京: 电子学报, 2016, 44(8): 2009-2017.

[17] Dreibholz T. The nornet core testbed-introduction and status. Proceedings of the 2nd International NorNet Users Workshop (NNUW-2), Fornebu, 2014.

[18] Dreibholz T, Zhou X, Fu F. Multi-path TCP in real-world setups: An evaluation in the nornet core testbed. 5th International Workshop on Protocols and Applications with Multi-Homing Support, Gwangju, 2015: 617-622.

[19] Kvalbein A, Baltrūnas D, Evensen K, et al. The nornet edge platform for mobile broadband measurements. Computer Networks, 2014, 61(14): 88-101.

[20] CNGI 核心网 CERNET2 的设计. https://wenku.baidu.com/view/60651b08f78a6529647d53a4. html. [2020-09-20].

[21] Carzaniga A, Papalini M, Wolf A L. Content-based publish/subscribe networking and information-centric network. Proceedings of ACM SIGCOMM Workshop on INC, New York, 2011: 56-61.

第2章　下一代互联网相关新技术

　　未来网络技术研究涉及范围极其广泛，本章从 NGI 以演进发展模式的角度出发，结合图 1.5 体系架构思路介绍几个相关的新技术，它们分别是基于传输层的新技术 [MPTCP/SCTP(stream control transmission protocol)/CMT(concurrent nulti-path transfer)-SCTP]、与传输层新技术相关的创新测试平台(如多宿主测试床)、应用层协议新技术(NEAT)、软件定义、虚拟化技术、物联网及网络安全技术等。

2.1　多路径传输技术

　　并发多路径传输(concurrent multi-path transfer，CMT)是一种能充分地利用通信实体拥有的多个 IP 接口或多种接入标准将其通信负载分配到与其相连的多个路径，用于聚合带宽与并发传输，实现负载共享，增强可用性，提高其吞吐量的技术。负载共享可在 OSI 模型的不同层上实现，如数据链路层方法；网络层方法；传输层方法。本节中的"多宿主"系统将利用先进的"传输层协议方法"来实现 CMT。

　　从图 1.5(c)与(d)可见，NGI 在传输层上的演进变化经历了从 TCP[1]演进为 SCTP[2,3]，从 SCTP 到 CMT-SCTP[4]，再演进为 CMT-SCTP 与 MPTCP 并存的阶段。与 TCP[1]或 SCTP[2-4]相关的 RFC 文档(RFC3758/3873/4166/4960 等协议)一样，传统的多 IP 提供商服务仍用了与网络层上选定的相同路径。也就是说，即使端设备有多个网卡，适用的网络层方法"流间负载共享"也会转移到传输层，使每个连接仅支持单路径传输，并让 TCP 根据当前最新路径信息分别单独选择传出路径，下次连接将会选择另一条路径。这就意味着每次关联流的 QoS(吞吐量、延迟、Jitter、出错)特性是变化的、不确定的。实际上，"内流负载共享"方法[4]对传输层更重要，与"流间负载共享"不同的是它可以聚合一个端设备的多种接入带宽以提高其吞吐量。基于这种思想，众多的研究者提出了多种基于传输层的多路径传输协议，如 The Reliable Multiplexing Transport Protocol、pTCP (parallel TCP)、mTCP(multi-path TCP)、MPTCP(multipath TCP)[5,6]和 CMT-SCTP[3,4]。但目前比较成熟与完善的协议是 TCP 的扩展协议 MPTCP 及 SCTP 的扩展协议 CMT-SCTP。这两个协议已作为下一代互联网协议框架中多宿主、多路径传输协议的标准，并分别在 Ubuntu 和 FreeBSD 系统上完成了部署，如图 2.1(a)与(b)分别展示了 MPTCP[5,6]与 CMT-SCTP[3,4]的架构思想。2012 年以来本书作者就这两种协议的性能开展了研究，同时本书作者也是这两个协议测试研究与优化分析的重要贡献成员之一。由于 MPTCP 与 TCP 良好的兼容性，且可以充分地利用其上层应用良好的生态链，所以，近几年本书作者将其研究重点放在了 MPTCP 上，且在海南大学建立的多路径传输国际测试床站点 "HainanUniversity-NNC" 上就该协议展开大规模的测试和优化工作。

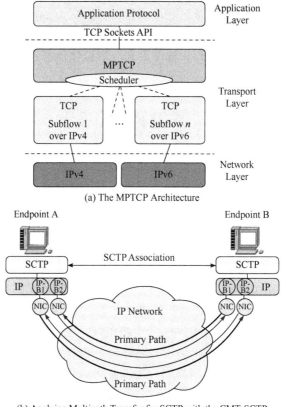

(a) The MPTCP Architecture

(b) Applying Multipath Transfer for SCTP with the CMT-SCTP

图 2.1　传输层的多路径传输新协议

除了在 NNC(NorNet core)国际固网测试床上开展 MPTCP 的研究，实际上，移动互联多路径传输也会面临 "路径管理"、"负载共享与均衡"、"拥塞控制" 与 "缓存管理机制" 等同样的难题，移动互联多路径传输有其自己的特征，如接入标准的异构性、移动性，以及在高速环境中 QoS 的不稳定性，而在传统固网上的多路径传输中没有这样的问题。例如，作为地面网络的补充、已经成为 Internet 重要组成部分的卫星网络通信也有其自身的特征，如长传播时延、链路高误码率和宽带不对称等特点。所以，不同互联标准的通信网络都有其自身特有的属性。关于多路径传输技术的进一步介绍及创新内容详见第 4 章。

2.2　NorNet 测试床平台新技术

测试床作为一种折中的方案可为各种新型网络、协议和算法的验证与部署提供有效的途径。ICN 实验平台如表 2.1 所示。本节重点介绍美国的 PlanetLab 与欧盟的 NorNet Core/Edge。

表 2.1　ICN 实验平台

实验平台	对象	环境	规模	代表 ICN
PlanetLab	通用	真实	大	DONA，PSIRP/PURSUIT，CCN/NDN，CONET
OFELIA	通用	真实	大	CONET，PSIRP/ PURSUIT
CUTEi	通用	真实	小	CCN/NDN，PSIRP/ PURSUIT
PSIRP Testbed	专用	真实	小	PSIRP/ PURSUIT
ICN-Sim	专用	模拟	大	PSIRP/ PURSUIT
Icarus	专用	模拟	大	COMET
NDN Testbed	专用	真实	小	CCN/NDN
CCNSim	专用	模拟	大	CCN/NDN
ndnSIM	专用	模拟	大	CCN/NDN

通用平台适用于多种 ICN，一般具备环境真实、大规模、分布式等特点，主要包括：未来网络实验床 PlanetLab；SDN 实验床 OFELIA；ICN 通用平台 CUTEi。PlanetLab 采用切片思想将节点资源虚拟化为多个资源分片，支持不同网络应用研究。OFELIA 采用 OpenFlow 技术，CONET 和 PSIRP 在 OFELIA 上实现部署。CUTEi 基于轻量级虚拟化 Linux 容器设计，支持应用层和网络层两种模式。相对其他平台，CUTEi 更适用于 ICN，但规模有限[7, 8]。

2.2.1　PlanetLab 测试床平台

该测试床始于 2003 年，是一个跨越几大洲、由多种网络、多种平台相融合组成的一个分布式的、开放的全球性的研究网络(又称国际测试床)。其中分布着众多不同层次的计算机，用于新型网络服务的开发，以及新网络协议的测试。目前 PlanetLab 由 1160 台机器组成，由 547 个站点托管(贡献)，分布于 25 个国家。PlanetLab 测试床目前主要由美国普林斯顿大学维护管理，任何大学、研究机构经申请并向该组织贡献相应的硬件设备和遵守组织的相关规则就可利用该测试床资源开展新型网络服务技术的测试。

在 PlanetLab 测试床上所有机器运行着一个常规软件包，该软件包是一个基于 Linux 的操作系统的工具集。具体包括配置启动节点、向各节点站点分发与更新软件，监控各节点的健康状况、审计系统活动、收集系统参数、管理用户账号与密钥分发等。软件的主要目标是支持分布式虚拟化——将 PlanetLab 测试床上的所有硬件资源以时间分片的方式分配给多个应用以实现资源的共享。互联网络研发工作者与科学家则可以使用这项基础设施来对 Internet 协议簇的修改和扩展进行试验。

尽管 PlanetLab 国际测试床具有广泛的利用价值，但仅能支持单接入方式及单路径传输的测试需求。而下一代互联网则是一个多网融合的异构通信网络，随着网络接入技术的多样性与接入设备的低廉化，越来越多的终端设备可以同时采用多种接入方式(如 IP 网络、3G 网络、WLAN、卫星通信)与 Internet 连接，仅用 PlanetLab 测试床很难满足无线移动的"多宿主"接入系统的测试需求。

2.2.2　NorNet Core/Edge 测试床平台

NorNet Core/Edge 测试床平台于 2012 年由挪威政府研究委员的基础设施计划项目提供资助，具体由挪威 Simula 国家实验室主导设计、实施并运行管理，被命名为 NorNet Testbed。目前该测试床平台是世界上第一个基于下一代互联网多宿主系统新技术的大规模多路径传输的测试床基础设施。该测试床的目标是要构建一个基于 TCP(MPTCP)/IPv4(IPv6)的架构，且支持多网融合、异构通信及多宿主接入系统的全球国际测试床，项目编号为 208798/F50。NorNet 由 NorNet Edge 和 NorNet Core 两部分组成，前者是基于无线的多路径传输，而后者是基于有线的测试床设施[9-13]。

NorNet 由 Simula 研究实验室建造和运行，由挪威政府研究委员会通过基础设施计划提供资金。

NorNet Core 测试床由硬件、Testbed management software、Testbed monitoring tools、Testbed components 与软件分发组成，具体介绍如下。

1. 站点

每个站点(site)由四个服务器节点和一个交换机硬件组成，如图 2.2 所示，其中一个服务器用于充当隧道盒。将来向中国的其他城市辐射建立新的站点。

2. 隧道盒

图 2.2 中的第一个服务器就用于充当隧道盒(tunnel box)，隧道盒负责把自己 site 的各服务器节点与其他 site 的各服务器节点相连接。更确切地说隧道盒的功能是通过各种可用的本地和异地的 ISP 在与其他 site 的隧道盒间创建 IPv4 和 IPv6 连接或通信隧道，具体有两个配置任务：①隧道设置；②NTP(network time protocol)服务配置。

3. 测试床管理

在测试床上至少需要配置一个称为 PLC(PlanetLab central)的服务器，用于测试床上的资源与用户的管理。PLC 负责管理测试床的运作，具体管理一组 site、服务器节点、用户及使用时间分片信息的数据库，PLC 服务器通常位于 central site 处，如图 2.3 所示。

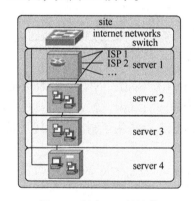

图 2.2　每个 site 的结构

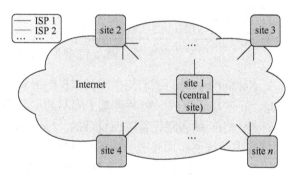

图 2.3　测试床管理

4. 监控配置

为了解决测试床的可用性，必须及早地发现问题，并尽快触发应急机制，在测试床中还必须配置相应的监控系统。其监测的基础设施是 NAGIOS 安装程序，通常部署在中心站点的虚拟机中。NAGIOS 程序可动态地获取所有运行在测试床上组件的状态。尤其是，NAGIOS 允许细化地对警告和错误情况进行配置，以及允许用插件的形式自定义服务的扩展，如使用 SNMP 来检查某些依赖于系统的 system dependent 状态值。此类插件可对 site 和隧道执行监控，其监测结果由 NAGIOS 作为测试床的状态信息被记录，并提供一个基于 Web 的管理界面。该界面应呈现整个测试床的视图细节，所以必须为此开发相应的软件模型。

5. 软件分发

当在测试床上建立了多个 site 后，接下来的问题就是要让这个分布式系统，即所有服务器工作起来，也就是说要为所有的服务器分发相应的工作软件。软件的主要目标是支持分布式虚拟化，以便将测试床网络范围之内的硬件资源的分片分配给相关的应用，这可以实现一个应用运行于分布在全球的所有(或某些)机器上，在任何给定的时间段内，多个应用可能正运行在 PlanetLab 的不同分片中，软件包及分发机制如图 2.4 所示。

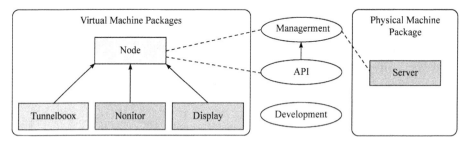

图 2.4　软件包及分发机制

NorNet Testbed 测试床由 NNC-TB (NorNet Core Test Bed)和 NNE-TB (NorNet Edge Test Bed)组成，前者是基于固网的多路径传输的测试床设施，后者则是基于标准 WiFi 的多路径传输而设计的。NorNet Testbed 就是为了测试下一代互联网多宿主系统性能而建造的国际测试床。

NNC-TB 是基于固网的多路径传输测试床的基础设施。从 2012 年研发至今，该测试规模不断扩大，已由最初的几个站点发展成跨越除非洲以外的欧洲、美洲、亚洲、澳洲的总计 20 个站点的全球测试床。图 2.5 统计了 NNC 测试床上的站点、各站点的 ISP 供应商及 IP 版本信息的情况。NorNet Testbed 测试床已为科学家及研究人员们提供了一个全球性固网多路径传输技术测试的有效平台。

从图 2.5 中看到的 HainanUniversity 站点就是于 2013 年 10 月在 NNC-TB 国际测试床上所建设的在亚洲地区上线的第一个站点。由中国教育网(CERNET)与中国联通(China Unicom)两家 ISP 为其提供了 Internet 服务。测试床站点的构建为后续广泛开展下一代互联网新技术研究向国内外大学、研究机构提供了 TCP/MPTCP|IPv4 的研究资源。HainanUniversity 站点的上线得到了国家自然科学基金项目"下一代互联网多宿系统国际测试床构建与性能分析"(编号为 61363008)的大力资助。而亚洲的第二个站点 Korea University 的上线时间为 2014 年 10 月底。2017 年，随着 CERNET2 项目在海口市设立核心节点，HainanUniversity [13] 站点在同年的 10 月实现了从 TCP/MPTCP|IPv4 到 TCP/MPTCP|IPv4/IPv6 的演进。

No	site	ISP 1	ISP 2	ISP 3	ISP 4
1	Simula Research Laboratory	Uninett6	Kvantel6	Telenor	PowerTech6
2	Universitetet i Oslo	Uninett6	Broadnet	PowerTech6	—
3	Høskolen i Gjøvik	Uninett6	PowerTech6	—	—
4	Universitetet i Tromsø	Uninett	Telenor	PowerTech6	—
5	Universitetet i Stavanger	Uninett	Altibox6	PowerTech6	—
6	Universitetet i Bergen	Uninett6	BKK6	—	—
7	Universitetet i Agder	Uninett6	PowerTech6	—	—
8	Universitetet på Svalbard	Uninett	Telenor	—	—
9	Universitetet i Trondheim	Uninett6	PowerTech6	—	—
10	Høgskolen i Narvik	Uninett6	Broadnet	PowerTech6	—
11	Høgskolen i Osol og Akershus	Uninett6	—	—	—
30	Karlstads Universitet	SUNET	—	—	—
40	Universität Kaiserslautern	DFN6	—	—	—
41	Hochschule Hamburg	DFN6	—	—	—
42	Universität Duisburg-Essen	DFN6	Versatel	—	—
43	Universität Darmstadt	DFN	—	—	—
88	Hainan University	CERNET	CnUnicom	—	—
100	The University of Kansas	KanREN6	—	—	—
160	Korea University	KERONET	—	—	—
200	National ICT Australia	AARNet	—	—	—

▮ IPv4 and IPv6

▮ IPv4 only(ISP without IPv6 support)

▮ IPv4 only(site's network without IPv6 support)

图 2.5　NNC-TB 测试床及各 site 相关信息

关于 HainanUniversity 国际测试床站点的构建方法及应用详见实践篇 9.1 节。

NNE-TB[10]主要是基于移动宽带(mobile broad band，MBB)、WiFi、Ethernet 的多路径传输的测试床设施。该测试床目前仅在挪威本土范围内有部署，其测量节点数达 400 多个，每个节点与多个 MBB 提供商相连。其中有 3~4 个 UMTS Networks，1 个 CDMA Network，此外，还可与任何可用的 WLAN 设备相连。NNE-TB 测试床的体系结构如图 2.6 所示。

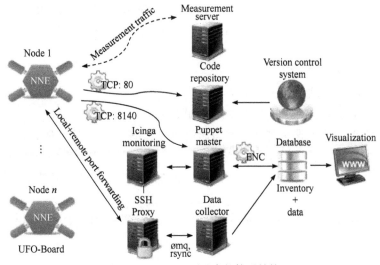

图 2.6　NNE-TB 测试床的体系结构

　　图 2.6 中的 NNE-TB 由两大部分组成：前端测量节点及后端系统组成。前端测量节点称为 NNE 节点(又称为 UFO-Board 节点)；而后端系统则由：①节点控制与管理；②数据库；③可视化界面组成。节点控制与管理又包含 SSH 代理、Puppet for nodemanagement、Icinga for monitoring、Build server and package repository、Measurement server、Data collector。

　　NNE-TB 各部分功能描述如图 2.7 所示。

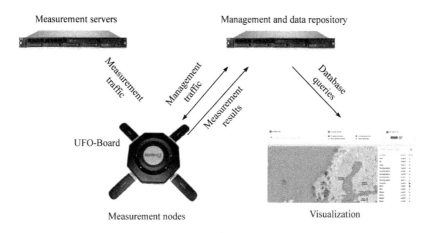

图 2.7　NNE-TB 各部分功能描述

　　图 2.6、图 2.7 中的 UFO-Board 节点实际上是一个拥有标准 Linux 系统的小型嵌入式计算机，在其上运行的软件和工具都是基于标准 Linux 库的，包括 CPU、USB 控制器、Ethernet Port 等。其上最重要的是集成了支持多种接入方式、多种移动通信标准的多个接口，如 USB Ethernet、WiFi 及 MBB，以便多路径通信数据的采集，所以 NNE-TB 是一个真正体现多宿主、多接入标准的移动互联测试床。

　　后端系统的工作过程如下。

　　(1) 使用傀儡机来管理与配置节点。

　　(2) 使用 Icinga 实现节点的健康监测服务。

　　(3) NNE 节点与服务器间的双向通信通过 SSH 代理节点实现。

　　(4) 用关系数据库存储测量数据。

　　(5) 所有来自节点网络连接状态和上下文信息的更改将被实时捕获并存储在数据库中。

　　(6) 前端可视化界面实时显示节点状态、测量结果与汇聚历史数据。

2.3　应用层 NEAT 技术

NEAT 的全称是 A New Evolutive API and Transport-Layer Architecture for the Internet，属于下一代互联网应用层新技术。NEAT 是由欧盟 Horizon 2020 Research and Innovation Programme 于 2014 年资助的一个基于应用层 API 演进而来的一个高级项目，其项目资助编号为 644334[14]。2017 年 7 月 NEAT 获得 IETF Hackathon 的最佳作品奖。

传统的传输层结构体系使用的是 Socket API，众所周知，API 是分布式计算中最普遍和长时间使用的接口技术之一，由加利福尼亚大学计算机系统研究组开发，并作为 UNIX 4.2BSD 版的部分于 1983 年发布，30 多年来得到了广泛应用，且几乎变化不大，但针对基于 IPv6 协议的应用及多宿主系统新技术的出现做了相应的改变。而 NEAT 提供了一种完全重新设计的互联网应用与网络交互的方式，致力于寻求改变互联网应用与传输层相连的接口，取代特定的协议。即它将允许灵活使用新接口下的一系列技术。为了对应用程序产生直接的帮助，NEAT 架构体系试图尽可能地沿着指定的可用网络路径使用协议/服务方式提供端到端的服务。其目标是在现有的网络配置(即当前的网络条件、硬件能力或本地策略)情况下，允许依据应用的需求动态地提供量身定制的网络质量(如可靠性、低时延通信或安全性等)服务，并且以演进的方式支持整合网络新功能，而不需要改写应用。这种体系思想会让互联网的功能得以增强。

NEAT 的目标是为应用程序开发人员提供更丰富的服务，并支持跨协议栈的创新。NEAT 确定了以下三个主要目标[14-17]。

(1) 设计一个可扩展的体系结构，将提供给应用程序的服务从协议、底层操作系统和平台中分离出来，如图 2.8 所示。

(2) 开发和测试实现其功能的 NEAT 传输系统的参考实现。

(3) 促进成果的广泛采用，推动成果的标准化，并为开源软件发布参考实现。

NEAT 将通过 Internet 使开发和部署有效通信的应用程序变得更加容易。通过设计、实现和部署来达到以下目标。

(1) 一种新的高级 API，允许应用程序声明它们对通信服务的需求。

(2) 一种能够为应用程序提供现有和新的通信服务的架构。

(3) 可以与网络交互以改进应用程序体验的体系结构。

选用四个用例来驱动 NEAT 的设计工作如下。

(1) 移动宽带场景，考虑用多宿主终端设备。

(2) 将新兴市场的移动客户端连接到一流的 Web 服务。

(3) 交互式应用程序。

(4) 具有跨网络数据中心分布式存储解决方案的云平台。

关于 NEAT 技术的进一步介绍见第 5 章。

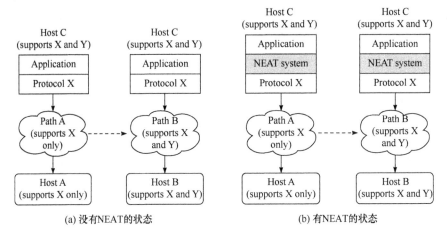

图 2.8　NEAT 在协议栈中的位置

(a) 图应用程序会被优先选择绑定到协议 X 上；当路径改变时，即使主机和新路径 B 都支持协议 Y，
协议 Y 也不会被使用；(b) 图应用程序可以透明地受益于新路径 B 支持的协议 Y

2.4　SDN 与 OpenFlow

软件定义(software defined network，SDN)属于下一代互联网研究热点中的组网技术范畴[7]，是一种新型的网络创新架构。SDN 的概念源于美国斯坦福大学 Clean Slate 研究小组提出的一种新型网络创新架构 Ethane 项目，于 2008 年提出。Ethane 初始是为了提出一个新型的企业网络架构，以简化管理模型，解决网络安全控制，并将控制策略存储在控制器中。但最终 Ethane 完整地提出了"控制平面与转发平面"分离的理念，成为 SDN 的解决思路，并在 2007 年计算机网络领域的顶级会议 Sigcomm 上发表了相关的研究工作。

2009 年斯坦福大学研究小组开发出了一个可以满足 SDN 理念的架构标准，即 OpenFlow(OF)1.0 网络通信协议，位于数据链路层，被认为是第一个 SDN 的标准之一。该标准允许 SDN 控制器与物理的和虚拟的交换机及路由器等网络设备的转发平面直接进行交互，从而更好地适应不断变化的业务需求。转发平面则采用基于流的方式进行转发。

OF1.0 问世后不久就引起了业界关注。2011 年 3 月 21 日，德国电信公司、Facebook、Google、Microsoft、Verizon 和 Yahoo 等共同成立了 ONF(Open Networking Foundation)组织，旨在推广 SDN，并加大 OpenFlow 的标准化力度。

芯片商 Broadcom，设备商 Cisco、Juniper、HP 等，各数据中心解决方案提供者
及众多运营商纷纷参与。ONF 陆续推出了 OpenFlow 1.1、OpenFlow 1.2、
OpenFlow 1.3、OpenFlow 1.4 等版本的标准，目前仍在继续完善中。随着越来越
多的公司加入 ONF，OpenFlow 及 SDN 技术的影响力也越来越大。图 2.9 给出了
OpenFlow 协议各个版本的演进过程，目前使用和支持最多的是 OpenFlow 1.4。

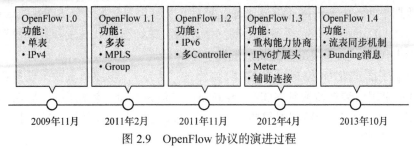

图 2.9　OpenFlow 协议的演进过程

OpenFlow 网络由 OpenFlow 交换机、FlowVisor 和 Controller 三部分组成。
OpenFlow 交换机进行数据层的转发；FlowVisor 对网络进行虚拟化；Controller
对网络进行集中控制，实现控制层的功能。OF 网络协议，具有以下四个特点。

(1) 设备具备商用的高性能和低价格的特点。

(2) 设备必须能支持各种不同的研究范围。

(3) 设备必须能隔绝实验流量和运行流量。

(4) 设备必须满足设备制造商封闭平台的要求。

SDN 是一种数据控制分离、软件可编程的新型网络体系架构，其基本架构
如图 2.10 所示。SDN 采用了集中式的控制平面和分布式的转发平面，两个平面
相互分离，控制平面利用控制-转发通信接口对转发平面上的网络设备进行集中
式控制。

这部分控制信令的流量发生在控制器与网络设备之间，网络设备通过接收控
制信令生成转发表，并据此决定数据流量的处理，如图 2.11 所示。

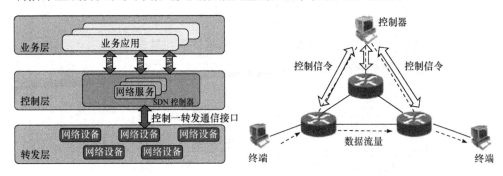

图 2.10　SDN 的基本架构　　　　　　　图 2.11　SDN 的控制信令

OpenFlow 是 SDN 中控制器控制转发平面设备的协议，而控制器、网络拓扑算法、运行环境、编程工具，以及上层应用的集成技术都属于 SDN 的组成部分，并且是架构上更为核心的部分。图 2.12 是 ONF 组织提出的 SDN 的体系结构，从中可见，SDN 由 "数据平面"、"控制平面"、"应用平面" 及 "管理平面" 组成。

数据平面：由若干网元组成，每个网元可以包含一个或多个 SDN Datapath。每个 SDN Datapath 是一个逻辑上的网络设备，单纯被用来转发和处理数据，其在逻辑上代表了全部或部分的物理资源。

控制平面：SDN 控制器是 SDN 网络的 "大脑"，主要负责两个任务：一是将 SDN 应用层请求转换到 SDN Datapath；二是为 SDN 应用层提供底层网络的抽象模型。一个 SDN 控制器包括北向 API 接口代理、SDN 控制逻辑和控制平面接口驱动三部分。

应用平面：由 SDN 应用构成，SDN 应用能够通过可编程方式把需要请求的网络行为提交给控制器，其包含多个北向接口驱动，同时可对自身功能进行抽象、封装来对外提供北向代理接口。

管理平面：负责一系列静态工作，这些工作便于在应用平面、控制平面、数据平面外实现。

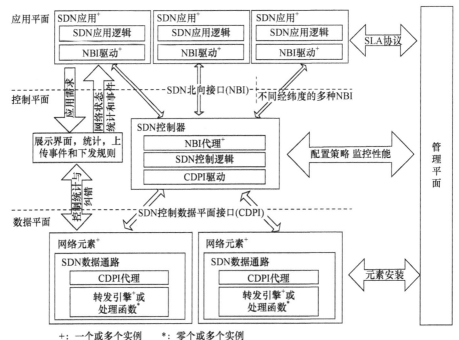

图 2.12　ONF 组织 SDN 体系结构

从 ONF 组织对 SDN 架构的定义可以发现：SDN 架构下集中式控制平面与分布式数据平面是互相分离的，SDN 控制器负责收集网络的实时状态，将其开放并通知给上层应用，同时把上层应用程序翻译成更为底层、低级的规则或者将设备硬件指令下发给底层网络设备。SDN 最大的特点是标准化的南向接口协议。

要在 OF 环境中工作，任何想要与 SDN 控制器通信的设备都必须支持 OpenFlow 协议。通过这个接口，SDN 控制器将更改推送到交换机/路由器流量表，使网络管理员能够对流量进行分区，控制流量以获得最佳性能，并开始测试新配置和应用。

2.5　网络功能虚拟化技术 NFV

网络功能虚拟化(network functions virtualization，NFV)[7]也属于下一代互联网研究热点中的组网技术的范畴。NFV 技术是为了解决现有专用通信设备的不足而产生的，它可以有效地解决网络服务与硬件紧耦合的问题。NFV 是一种利用软件和硬件相结合以实现用一套硬件设备就可虚拟出多个专用设备来构建网络，达到追求设备高可靠性、高性能的有效技术。如路由器、CDN、DPI、防火墙等专用通信设备，均采用专用硬件加专用软件的架构。NFV 技术的运用大大地降低了组网的成本、扩展了通用硬件的功能，解决了增量不增收的效能，目前正获得广泛的应用。

NFV 希望通标准的 IT 虚拟化技术，把网络设备统一到工业化标准的高性能、大容量的服务器、交换机和存储平台上。该平台可以位于数据中心、网络节点及用户驻地网等。NFV 不仅适用于控制面功能，也适用于数据层面包的处理，适用于有线和无线网络。NFV 将网络功能软件化，使其能够运行在标准服务器虚拟化软件上，通用硬件一旦灌注何种软件，则设备就具有何种功能。如在通用硬件上灌注 DPI 软件，则可以作为一台 DPI 设备来使用；如灌注 BRAS 软件，则该通用硬件变为 BRAS 设备来使用。当然在同一台通用硬件上也可以灌注不同的软件，从而同时具有几种不同的功能。图 2.13 展示了在一个移动通信网络系统中用 NFV 技术实现"基站虚拟化"、"CDN 的虚拟化"、"固定接入的虚拟化"及"家庭和企业间的虚拟化"等的用例图实例[7]。

由此可见，NFV 最大的吸引力是可以降低成本，并且可以提高管理、维护、网络级业务部署的效率，以及节能与未来的开放、创新潜力。因此 2012 年 10 月，13 个全球顶级运营商在德国的"SDN 和 OpenFlow 世界大会上发布了 NFV 白皮书"，随后在 ETSIISG 下成立了一个 NFV 项目，以加快其产业化进程。

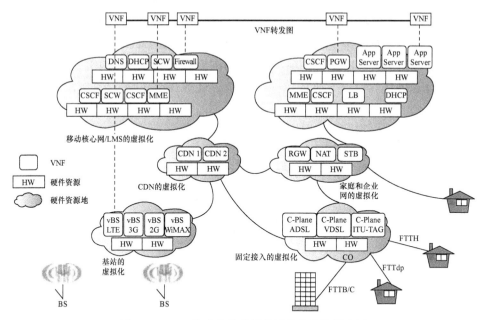

图 2.13　NFV 技术在移动通信网络中的组网应用

　　SDN 与 NFV 两者都属于未来网络的组网技术，两者具有相互促进的作用。SDN 主要解决网络控制与转发分离问题，目的是生成网络的抽象，从而快速进行网络创新，以实现集中控制、开放、协同及网络可编程；NFV 主要解决服务部署问题，帮助运营商减少 CAPEX、OPEX、场地占用、电力消耗而建立快速创新和开放的系统。二者结合可实现：高性能转发硬件+虚拟化网络功能软件，SDN 可使 NFV 服务部署和调度具有更高的动态性，NFV 则可以成为 SDN 的一个重要场景和应用，并加速 SDN 的部署进程，表 2.2 与图 2.14 分别说明了 SDN 与 NFV 二者的对比与应用场景。

表 2.2　SDN 与 NFV 的对比

SDN	NFV
承载和控制分离	强调软件和硬件分离
强调网络多个设备的集中控制	关注单个设备
强调南向接口和北向接口的规范	强调通用工业标准化的硬件
控制平面控制	软件控制
输出为各种架构、标准、规范	输出为运营商需求白皮书

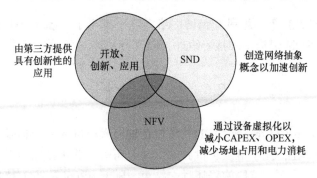

图 2.14　SDN 与 NFV 二者的应用场景

SDN 正在与 ICN 革命式未来网络体系结构融合发展，支持这类研究的项目有欧盟 FP7(7th Framework Programme)计划于 2012～2015 年资助的 OFFERTIE 研究课题、韩国首尔国立大学于 2012 年提出的 OF-CCN 架构项目及由 CONVERGENCE 项目组在 2012 年提出的 CONET 的方案。

OFFERTIE 项目的协调单位是英国南安普顿大学，参与者包括德国弗莱堡大学、西班牙 i2CAT 基金会等。OFFERTIE 采用 SDN 方式改善实时在线交互式应用，着重研究如何使用可编程网络处理影响 ROIA 可扩展和服务体验的瓶颈，并利用欧盟搭建的 OpenFlow 测试床 OFELIA 进行了有关 ROIA 的时延、QoS 等特性的大量实验；OF-CCN 是一种利用 OpenFlow 平台实施的 ICN 架构，具体通过 HTTP 协议请求检索内容。控制器端有一张内容映射表，该表维护了内容的名称和存储内容的网络节点。当某个文件被请求时，控制器把一个私有的 IP 地址分配给这个文件，用这个私有 IP 地址，就可以转发请求或数据分组。这样不仅实现了依据内容的名称进行通信，而且通过将文件映射到 IP 地址的方式实现多播和任播的功能；CONET 采用在 IP 首部增加选项的方式实现 ICN 功能，从而更加有利于 TCP/IP 网络向 ICN 网络的过渡，以达到将 SDN 与 ICN 融合的目的。在 CONET 方案中，ICN 节点位于数据平面，名称路由系统(name routing system，NRS)和提供安全功能的公钥基础设施 PKI 位于控制平台，完整的路由表保存在 NRS 中，ICN 节点只保留路由表的一部分缓存，从而节约 ICN 节点的存储空间，控制平面和数据平面通过扩展的 OpenFlow 协议进行通信。

随着 SDN 架构的提出，众多的标准化组织加入 SDN 相关标准的制订中。

开放网络基金会(Open Networking Foundation，ONF)组织制订了 OpenFlow 协议，并将其作为 SDN 接口的主流标准。

IETF 的 ForCES 工作组与互联网研究工作组(Internet Research Task Force，IRTF)的 SDNRG 工作组及 ITU-T(ITU-Telecommunication Standardization Sector)的多个工作组都在针对 SDN 的新方法和新应用等开展研究，加速了 SDN 的应

用推广进程。2013 年，思科和瞻博网络等联手推出了 OpenDayLight 的开源项目，使其成为 SDN 架构中的核心组件，以支持 SDN 业务的创新发展。

2.6　物　联　网

物联网(internet of things，IoT)技术正在加速人类进入一个物联网的时代，互联网已经无处不在，几乎触及了世界的每一个角落，并正在以难以想象的方式影响着人类生活。然而，这段旅程还远未结束。随着 IPv6 及 5G 技术的商业化进程的加速，人类正在进入一个更加普遍连接的时代，各种各样的电器及凡能被数字化的对象都将连入 NGI 网络上。

2.6.1　IoT 定义

物联网是 NGI 信息技术的重要组成部分，又可称为"泛互联"，是物物相连、万物互联的技术。物联网是一个基于互联网、传统电信网等信息的承载体，让所有能够独立寻址的普通物理对象实现互联互通的网络。关于物联网这个术语有许多不同的定义[18]。经典的定义是：①Vermesan 等[19]将物联网简单地定义为物理世界和数字世界之间的交互。数字世界通过大量的传感器和致动器与物理世界进行交互。另一种定义是由 Pena-Lopez[20]所定义的。②将物联网定义为一种范式，在这种范式中，计算和网络能力可以被嵌入到任何一种可想象的对象中。人们使用这些功能来查询对象的状态，并在可能的情况下更改其状态。③通俗的定义或说法，物联网是一个新的世界，在这个世界里，人们可以将几乎所有设备和家电与网络相连，并可协同使用它们来完成用户所需的高度智力的复杂任务。IoT 能将无处不在的终端设备和设施，包括具备"内在智能"的传感器、移动终端、工业系统、楼控系统、家居智能设施等，以及外在使能的，如贴上RFID(radio frequency identification system)的各种资产、携带无线终端的个人与车辆等"智能化物件或动物"或"智能尘埃"，通过各种无线和/或有线的长距离和/或短距离通信网络连接物联网域名实现互联互通(man to man or machine to machine or man to machine，M2M)、应用大集成及基于云计算的软件即服务(software as a service，SaaS)营运等模式，在内网、专网、和/或互联网环境下，采用适当的信息安全保障机制，提供安全可控乃至个性化的实时在线监测、定位追溯、报警联动、调度指挥、预案管理、远程控制、安全防范、远程维保、在线升级、统计报表、决策支持、领导桌面等管理和服务功能，实现对"万物"的"高效、节能、安全、环保"的"管、控、营"一体化。

2.6.2　体系结构

关于物联网的架构还没有统一的共识，但不同的研究者提出了不同的结构，如有三层和五层的，有基于人脑处理层来定义的，还有基于云与雾计算的架构、基于社会的 SIoT(social internet of things)的体系结构[21-23]。

1. 三层和五层架构

最基本的架构是三层架构[18,21-23]，如图 2.15(a)所示。三层架构是在这一领域研究的早期阶段引入的。三层架构分别是感知层、网络层和应用层。

(1) 感知层就是物理层，其感知层设备-传感器用于感知和收集有关环境的信息。感知层负责感知周边环境中所需的一些物理参数或识别环境中的其他智能对象。

(2) 网络层负责连接其他智能事物、网络设备和服务器。网络层用于传输和处理传感器数据。

(3) 应用层负责向用户提供特定的服务。应用层定义了可以部署物联网的各种应用程序，如智能家居、智能城市和智能健康。

物联网的三层架构定义了物联网的主要思想，显然这对于物联网的研究来说远不够精细，因此，人们提出了更多的分层架构，图 2.15(b)就是一种更加精细的五层架构思想的体现。这五层分别是感知层、传输层、处理层、应用程序层和业务层。感知层和应用程序层的作用与图 2.15(a)三层的体系结构相同，此处概述其余三层的功能。

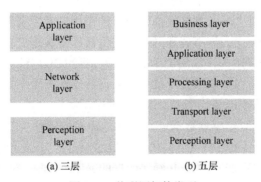

(a) 三层　　　　　　(b) 五层

图 2.15　物联网架构类型

(1) 传输层：通过无线、3G、LAN、蓝牙、RFID、NFC 等将传感器数据从感知层传输到处理层，反之亦然。

(2) 处理层：也称为中间件层。它存储、分析和处理来自传输层的大量数据。处理层可以管理并向较低层提供一组不同的服务。处理层采用了数据库、云计算和大数据处理模块等技术。

(3) 业务层：管理整个物联网系统，包括应用、业务和盈利模式、用户隐私。业务层超出了本书的范围。因此，我们不做进一步讨论。

2. 基于人脑处理层的体系结构

Ning 和 Wang[24]提出的另一个架构灵感来自于人脑的处理层。基于人脑处理层的体系结构是由人类思考、感觉、记忆、决策和对物理环境作出反应的智力和能力所激发的。

(1) 首先是人脑，它类似于数据管理单元或数据中心。

(2) 其次是脊髓，它类似于由数据处理节点和智能网关组成的分布式网络。

(3) 最后是神经网络，它与网络组件和传感器相对应。

3. 基于云计算和雾计算的架构

雾计算是云计算的延伸[18]。云计算之所以被赋予首要地位，是因为其提供了巨大的灵活性和可伸缩性。云计算提供核心基础设施、平台、软件和存储等服务，强调的是以整体且集中的高性能计算设备来完成数据处理和应用程序的部署；而雾计算更多地考虑与地面环境设备的连接，透过分布式散布在各个位置节点，实现更广泛的节点接入，使不同设备之间的数据交换和处理得到快速的响应，所以，雾计算又称为边缘计算。如以智能家居为例，不同家居设备只需透过本地网络便能达到数据之间的交换及处理，数据无须经过云端的计算再给予反馈，在本地便可即时完成。不同的设备都可成为节点，雾计算是以数量取胜，无论计算能力高低，每个节点都能发挥其应有的作用，达到资源利用效率最大化。所以，基于雾计算概念，传感器和网络网关可做部分数据处理与分析，因此，本节提出基于雾的分层架构，如图 2.16(a)所示，即可以在图 2.15(a)中的物理层和传输层之间再插入监视层、预处理层、临时存储层和安全层。

(1) 监视层：监视电源、资源、响应和服务。

(2) 预处理层：对传感器数据进行过滤、处理和分析。

(3) 临时存储层：提供了存储功能，如数据复制、分发和存储。

(4) 安全层：执行加密/解密并确保数据的完整性和私密性。在将数据发送到云之前，监控和预处理在网络的边缘完成。

图 2.16(b)则是一个具体的既有雾，又有云的物联网架构。

4. 社会性物联网

如果以人类形成社会关系的方式来考虑对象之间的社会关系形成的物与物相连就可以形成 SIoT 系统，则可以从以下三个方面来思考。

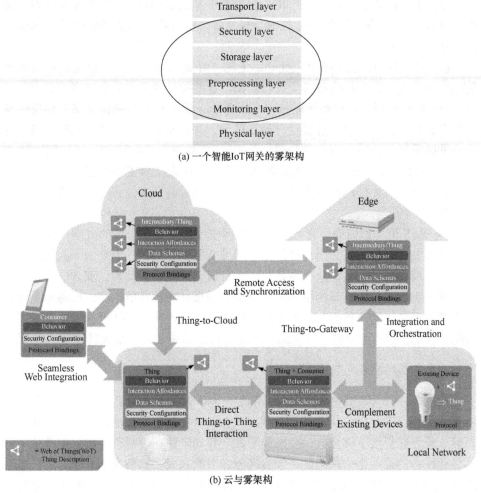

(a) 一个智能IoT网关的雾架构

(b) 云与雾架构

图 2.16　一个智能物联网网关的 Fog 架构

(1) SIoT 系统是可航的。我们可以从一个设备开始，然后浏览与它相连的所有设备。使用这种物联网设备的社交网络，很容易发现新的设备和服务。

(2) 设备之间存在可信赖性(关系强度)的需要(类似于 Facebook 上的朋友)。

(3) 人们可以使用类似于研究人类社会网络的模型来研究物联网设备的社会网络。

要构建这样的社会化物联网模型，我们将设备和服务视为机器人，它们可以在设备和服务之间建立关系，并随着时间的推移对其进行修改。这将使我们能够无缝地让设备相互协作，完成复杂的任务。要使这样的模型工作，需要有许多互操作的组件。

(1) ID 组件：每个对象都需要一个唯一的对象识别方法。

(2) 元信息组件：除了一个 ID，还需要一些关于设备的元信息来描述设备的形式和操作。这需要与设备建立适当的关系，也需要将其适当地放置在物联网设备中。

(3) 安全控制：类似于 Facebook 上的"好友列表"设置。设备的所有者可能会对可以连接到它的设备种类进行限制。这些控件通常称为所有者控件。

(4) 服务发现：这种系统就像一个服务云，需要有专门的目录来存储提供某种服务设备的详细信息，且要随时最新目录，这样设备就可以了解其他设备，这一点非常重要。

(5) 关系管理：管理与其他设备的关系。它还根据所提供的服务类型存储给定设备应该尝试连接的设备类型。例如，对于光控制器来说，与光传感器建立关系是有意义的。

(6) 服务组合：该模块将社会化物联网模型提升到一个新的高度。拥有这样一个系统的最终目的是为用户提供更好的综合服务。例如，如果一个人的空调上有一个功率传感器，并且这个设备与一个分析引擎建立了关系，那么这个集成就有可能产生大量关于空调使用模式的数据。如果社交模式更广泛，设备也更多，那么就有可能将这些数据与其他用户的使用模式进行比较，从而得出更有意义的数据。例如，用户可以被告知它们是社区或 Facebook 好友中最大的能源消耗者。

5. IoT 面临的最大挑战

物联网中最重要的挑战[22]是要建立一个标准和通用的架构。所以，人们试图基于我们日常生活来构建这个建筑。文献[24]中介绍了这种尝试，但对我们的试验来说思路仍然不够开放，存在局限性。其局限性在于对整个物联网系统中形形色色设备的处理是一视同仁，没有区分，然而在大多数情况下并非如此。事实上是在 NGI 的物联网基础设施中，会有许多具有不同目标、应用和功能的系统。因此，应该在文献[24]的体系结构上进行扩展，使 IoT 能将最常见而又不同的通信系统的体系结构纳入其中，相互通信。

2.6.3　物联网工作过程与相关技术

综上所述的几个物联网架构，下面结合图 2.17 与图 2.18 来介绍物联网架构的组成元素及相关技术[18]。

1. 感知层组件

它使用传感器收集数据，而传感器是物联网最重要的驱动因素，如图 2.17 的左边部分所示。在不同的物联网应用中有各种类型的传感器(图 2.18)。目前最常见的传感器是智能手机。智能手机本身嵌入了许多类型的传感器，如位置传感器、运动传感器(加速度计、陀螺仪)、摄像头、光传感器、麦克风、接近传感器和磁强计。这些在不同的物联网应用中被大量使用。此外，许多其他类型的传感器也开始被使用，如用于测量温度、压力、湿度、身体的医疗参数。一种突出的传感器是红外传感器。它们现在被广泛地应用于许多物联网应用，如红外摄像机、运动探测器，以及湿度传感器。

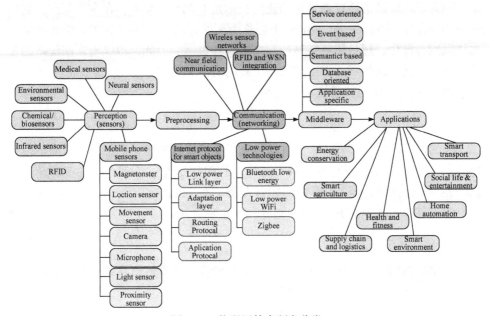

图 2.17 物联网技术研究分类

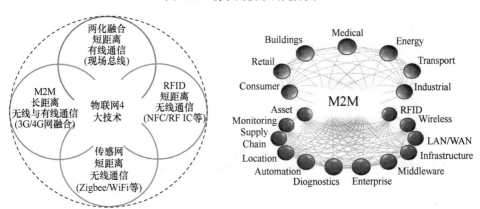

图 2.18 物联网的通信四大技术

2. 数据预处理层组件

这类应用程序(也称为 fog 计算应用程序)主要在将数据发送到网络之前对其

进行过滤和总结。这些单元通常有少量的临时存储、一个小的处理单元和一些安全特性。

3. 通信层组件

物联网中不同的实体通过网络[18-24]进行通信,使用一套不同的协议和标准。如短距离低功耗通信协议最常用的通信技术是 RFID 和 NFC;在中等范围,它们使用的是蓝牙、Zigbee 和 WiFi;而在长距离的通信中,则用 M2M 协议技术。在物联网世界中,通信需要特殊的网络协议和机制。因此,根据物联网设备的要求,针对网络栈的每一层提出并实现了新的机制和协议。

图 2.18 为物联网的通信四大技术。

4. 中间件

中间件为程序员创建了一个抽象,这样就可以隐藏硬件的细节,从而增强智能事物的互操作性,并使得提供不同种类的服务变得容易[20]。有许多商业和开源产品可以为物联网设备提供中间件服务。如 OpenIoT[21]、MiddleWhere[22]、Hydra[23]、FiWare[24]和 Oracle Fusion 中间件。

5. 应用程序

如家居自动化、环境辅助生活、健康与健身、智能汽车系统、智慧城市、智能环境、智能电网、社交生活和娱乐。

2.6.4 物联网的应用场景

随着物联网技术的应用及物联网时代的到来,互联网将变得无处不在,可以触及世界的每个角落,各行各业。如家庭自动化、智能交通、智慧水系统、社交生活及娱乐、健康与健身、智慧环境与农业、供应链与物流和节能等,图 2.19 给出了物联网的几个应用实例。

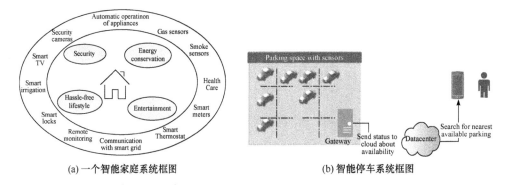

(a) 一个智能家庭系统框图　　　　　　(b) 智能停车系统框图

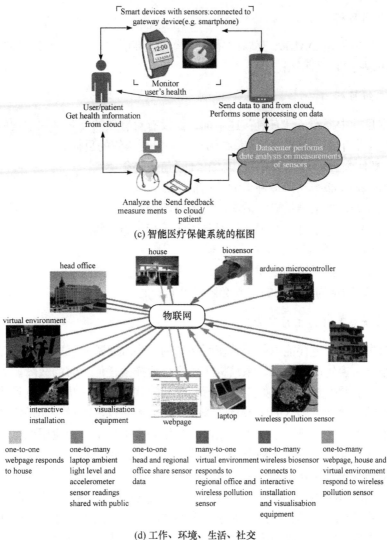

(c) 智能医疗保健系统的框图

(d) 工作、环境、生活、社交

图 2.19　物联网的几个应用实例

2.7　网络安全与安全协议新技术

1988 年麻省理工学院计算机科学实验室的 Clark 在论文[25]*The design philosophy of the DARPA internet protocols* 中将互联网体系结构的最初目标分为基本目标、二级目标、面对失败时的生存能力及其他目标，但前三个目标对架构的设计有最深远的影响。

1. 基本目标

基本目标就是 DARPA 互联网体系结构的最高层次目标，开发一种有效的技术来复用现有的互联网络。

2. 二级目标

基本目标中提到了"有效"这个词，但没有对有效的互联必须达到的目标给出任何定义。下面为 Internet 体系结构建立一组更详细的目标。

(1) 即使失去了网络或网关，Internet 通信也必须继续。

(2) Internet 必须支持多种类型的通信服务。

(3) Internet 体系结构必须适应各种各样的网络。

(4) Internet 体系结构必须允许对其资源进行分布式管理。

(5) 互联网架构必须具有成本效益。

(6) Internet 体系结构必须以较低的工作量允许主机连接。

(7) 互联网架构中使用的资源必须是可问责的。

3. 面对失败时的生存能力

面对失败时的生存能力是指即使网络和网关出现故障，互联网也仍应继续提供通信服务。换句话说，该体系结构应该完全地掩盖任何暂时的故障。为了实现这一目标，必须保护并记录好正在进行的对话的状态信息。状态信息具体应包括正在传输的包数量、确认的包数量或未完成的流控制权限数量。如果体系结构的较低层丢失了这些信息，它们将无法判断数据是否丢失了，而应用程序层将不得不处理为同步性的丢失。这种架构应坚持不会发生这种中断，这意味着必须保护状态信息不丢失，这就是替代传统"复制方案"的体系结构，它选择在网络的端点(利用网络服务的实体)收集这些信息。所以 Clark 把这种追求可靠性的方法又称为命运共享模型，其思想是：如果一个实体本身也丢失了，那么它的状态信息丢失是可以接受的。具体地说，就是将有关传输级同步的信息存储在连接到网络并使用其通信服务的主机中。与"复制方案"相比，命运共享模型有两个重要的优势：①该模型可以防止任意数量的中间故障，而"复制方案"只能防止一定数量的故障(小于复制副本的数量)；②共享比复制更容易策划与部署。命运共享的生存方式有两个后果：①中间包交换节点或网关不能有任何关于正在进行的连接的基本状态信息。相反，它们是无状态包交换机，这是一种被称为"数据报"网络的设计。②与通过网络来保证数据可靠性传递的思想相比，把更多信任放在主机上是更合理的。如果驻留在主机中确保数据排序和确认的算法失败了，则该机器上的应用程序将无法运行。

由此可见，虽然面对失败时的生存能力对互联网体系结构的鲁棒性互联与资源共享提出了相当高的要求，但并未充分考虑安全问题。从 NGI 演进发展的架构图(图 1.5)可见，为了解决安全问题，以打补丁的形式分别在 IP 层、传输层、应用层或位于 TCP/IP 与各种应用层协议之间分别出现了 IPSec、TLS(transport layer security)、DNSSec、S-BGP、PGP、SHTTP、SSL(secure sockets layer)、RADIUS(remote authentication dial in user service，远程用户拨号认证系统，是符合"验证"、"授权"与"记账"的 AAA 协议的一个实现)等解决方案，以加强网络安全性，但整个互联网的安全保障仍处于被动应对的状态，网络的安全性问题缺乏系统性的解决方案，形势不容乐观。

　　在移动互联、社交网络、定位系统、星链系统、大数据、物联网、AI 分析等技术飞速发展的今天，几乎所有电子设备都可能成为数据采集、记录的端口。生活在网络空间中人们的信息不再隐秘，随时可见，所以，如何有效地实现每个人的隐私保护成为现代社会最大的挑战。轰动世界的"棱镜门"事件让人更加深刻地感受到互联网安全的脆弱性。目前互联网所面临的各类挑战可用图 2.20 来表示，这一切促使人们思考在图 1.5 中 NGI 演进图的基础上重新设计 NGI，如图 2.21 所示。

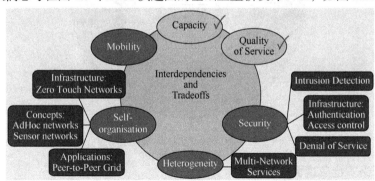

图 2.20　Internet 面临的挑战

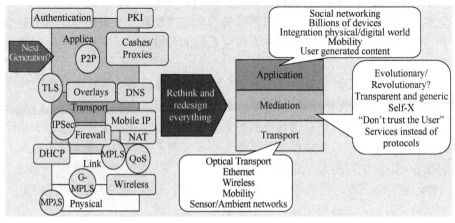

图 2.21　重新设计 NGI

2.7.1　安全架构体系的要素

而未来在一个较长的时期里，NGI 安全体系结构应包括如图 2.22 所示的各个要素[26-28]。这些要素共 10 个，包括：Auditing(审计)、Prevention(预防)、Detection（检测）、Response(响应)、Authentication(认证)、Authorization(授权)、Availability(可用性)、Confidentiality(机密性)、Integrity(完整性)、Non-Repudiation(不可否认性)。由这些要素组成的体系结构称为 legal Physical Operational Technical Architectural(合法的物理操作技术架构)。

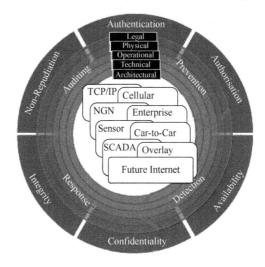

图 2.22　NGI 的安全体系架构及要素

2.7.2　网络安全应遵循的原则

尽管在 legal Physical Operational Technical Architectural 架构中涉及了 10 项安全要素，但针对每个具体的信息系统的安全解决配置方案需要遵循网络架构的三个基本原则，以避免未经授权的人改变系统的关键文档、平衡访问速度与安全控制。

(1) 最小特权原则。最小特权原则是指要求计算环境中的特定抽象层的每个模块(如进程、用户或者计算机程序)只能访问当下所需的信息或资源，否则系统要拒绝其访问。此外，还有读写权的控制。最小特权原则赋予每一个合法动作最小的权限，就是为了保护数据及功能受到错误或者恶意行为的破坏时能达到"最少的服务+最小的权限=最大的安全"的目的。

(2) 完整性原则。要确保未经授权的实体或个人不能改变或者删除信息，具体包括两个方面：未经授权的人，不得更改信息记录；若有权限修改时，必须要保存修改的历史记录，以便后续追踪查询。

(3) 速度与控制之间平衡的原则是指在对信息做了种种限制后，必然会对信息访问速度产生影响。这会对工作效率产生一定的影响，这就需要对访问速度与安全控制之间找一个平衡点，或者说是两者之间的妥协平衡点。

2.7.3　NIST SP 800-53 安全控制框架

NIST(National Institute of Standards and Technology) 是美国商务部下的一个国家标准和技术协会。该协会颁布了一系列有关网络空间安全的架构模型[26,27]。如 SP 800-53 Ver.1～5 系列版本、SP 800-171 系列各版本及"网络安全框架"系列各版本等。其中 SP 800-53 系列的框架名称为联邦信息系统和组织的安全及隐私控制 (security and privacy controls for federal information systems and organizations)，称为 Draft NIST Special Publication 800-53(SP 800-53 Rev.x)，SP 800-53 Rev.1(名称为 Recommended Security Controls for Federal Information Systems)始于 2006 年 12 月，最新修订版本为 SP 800-53 Rev.5 发表于 2017 年 8 月，成为国际标准化组织发布的补充标准，即 ISO/IEC 27001 [26,27]，并已被选为最佳实践的基础；2018 年 2 月与 2020 年 2 月又推出了 SP 800-171 Rev.1 及 Rev.2 版本初始系列，其框架内容涉及的是在非联邦系统和组织中保护受控的非机密信息；2014 年 2 月与 2018 年 4 月还分别推出了 Framework for Improving Critical Infrastructure Cybersecurity(改善关键基础设施网络安全框架，又简称为 NIST Cybersecurity Framework) 版本 1 与版本 2。

此外，还有 SP 800 系列，SP 500 系列，SP 1800 Ver.1～26，SP 1500 Ver.1～16 等涉及各类不同的安全策略标准，具体详情可访问网站 http://csrc.nist.gov/publications/PubsSPs.html。

值得注意的是，尽管在 SP 800-53 系列中并没有提到任何关于私营企业的内容。NIST 设计这个框架是为了保护美国联邦政府，但联邦信息安全管理法(The Federal Information Security Management Act，FISMA)和国防部信息安全风险管理框架 (Department of Defense Information Assurance Risk Management Framework，DIARMF)均依赖于 NIST SP 800-53 框架，因此美国联邦政府的供应商必须满足这些要求，才能通过这些严格的认证程序，相对于 NIST 800-171(保护非联邦信息系统和组织中的受控非机密信息)，NIST SP 800-53 称为政府承包商保护其系统的事实上的最佳实践标准。NIST SP 800-53 是 ISO 27002 的一个超集——这意味着你可以在 NIST SP 800-53 中找到 ISO 27002 的所有组件。但是，ISO 27002 并没有覆盖 NIST SP 800-53 的所有领域。图 2.23(a)与(b)很好地展示了通过 NIST 而不是 ISO 可以解决的附加遵从性需求。更重要的是，NIST 800-53 包括 ISO 27002 和 NIST CSF，以及一大堆其他要求。NIST SP 800-53 是 NIST 800-171/ CMMC 中发现的控制基础。NIST SP 800-53 通常用于金融、医疗和政府承包行业。图 2.23(a)与(b)分别说明了 NIST SP 800-53 与 NIST SP 800-171、NIST CSF(cyber security framework)、ISO 27002 标准与 SCF(secure controls framework)之间的关系。

在图 2.23(a)与(b)中的 SCF 的目标是提供一个全面的网络安全和隐私控制指南目录,以涵盖组织的战略、操作和战术需求。通过使用 SCF,其机构的 IT、网络安全、法律和项目团队可以就控制与需求期望达成一致。SCF 是一个开源项目,重点关注内部控制,即网络安全和隐私相关的政策、标准、程序和其他流程,旨在为实现业务目标和防止、发现和纠正不良事件提供合理保证。它是一种"一流的"方法,涵盖了 NIST 800-53、ISO 27002 和 NIST CSF。作为一个混合体,它允许你同时解决多个网络安全和隐私框架。SCF 是供企业使用的免费资源。数字安全程序(digital security program,DSP)有 1-1 映射与 SCF,所以 DSP 可以提供任何 ComplianceForge 产品的最全面的覆盖。

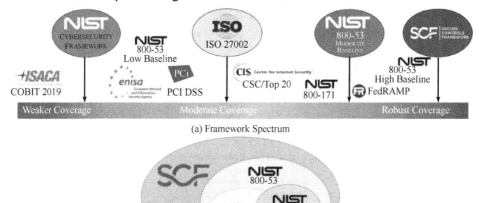

(a) Framework Spectrum

(b) Secure Controls Framework

图 2.23　NIST SP 800-XX 系列与 SCF 间的关系

1. 确定适合业务的安全框架的一般原则

在图 2.23(a)中如何选择适合自身业务的安全框架[26-29],需要明白是,NIST SP 800-53 基于最小特权原则和严格的职责分离模型,是一种枚举实施的控制措施。事实上,在选择一个网络安全框架时在很大程度上取决于一个商业决策,而不是技术决策。实际上,选择一个网络安全框架的过程中,你的组织机构必须对相关法定机构有基本的了解,并与之合作时应遵守监管条例,从而建立一组符合最低要求的组合:①不考虑过失与合理的对安全与隐私的期望;②遵守适用的法律、法规和合同;③实施适当的控制,以保护你的系统、应用程序和过程免受威胁。这种理解让我们很容易地就能确定在"框架范围"(图 2.23)中选择一套要遵循的网络安全原则时需要关注的重点。图 2.23(a)中给出了 Weaker Coverage(弱保护)、Moderate Coverage (适度保护)和 Robust Coverage(稳健保护)各安全范围内的所适用的安全框架,NIST 800-53 Low Baseline 介于"弱保护"与"适度保护"之间;NIST 800-53 Moderate Baseline 介于"适度保护"与"稳健保护"之间;NIST 800-53 High Baseline 则与 SCF 属于"稳健保护"。

在选择何种网络安全框架时,一个关键的考虑因素是要理解每个框架提供安全内容的水平,因为这直接影响到现有的安全和隐私控制。NIST 与 ISO 都是受欢迎的框架,但越来越受欢迎的是 NIST 网络安全框架(NIST CSF)。

图 2.23(b)通过可视化的集合方式给出了各架构的安全级别的关系如下:

NIST CSF < ISO 27002 < NIST 800-53 < Secure Controls Framework

ISO 27002 本质上是 NIST 800-53 的一个子集,其中 ISO 27002 安全控制的 14(14)部分适用于 NIST 800-53 Rev.4 安全控制的 26(26)族。NIST CSF 是 NIST 800-53 的一个子集,也共享 ISO 27002 中的部件。NIST CSF 取得部分 ISO 27002 和部分 NIST 800-53,但不包括两者。这使得 NIST CSF 成为需要一套"最佳实践"来校准的小型公司的一个不错的选择,而 ISO 27002 和 NIST 800-53 更适合大型公司或那些有独特的遵从性要求的公司。不幸的是,常见的要求,如支付卡行业数据安全标准(the payment card industry data security standard,PCIDSS)比 NIST CSF 所要求的更全面,所以你会选择使用 ISO 27002 或 NIST 800-53 以符合 PCIDSS 框架,否则,就需要增加 NIST CSF 的额外控制工作。

SCF 是一个"元模型",它是框架的框架。SCF 是一个超集,涵盖了 NIST CSF、ISO 27002、NIST 800-53 和 100 多个其他法律、法规和框架的控制集。这些领先的网络安全框架往往涵盖网络安全项目相同的基本构建模块,但在某些内容和布局上有所不同。在选择框架之前,了解每种框架都有其优缺点是很重要的。因此,安全框架的选择应该由所在行业的类型及其组织机构需要遵守的法律、法规和合同义务来驱动。

2. 需要什么文档来符合 NIST CSF、ISO 27002 或 NIST 800-53?

要正确执行 NIST CSF、ISO 27002 或 NIST 800-53,不仅仅需要一套政策和标准。尽管这些是建立与该框架相一致的网络安全计划的基础,但仍需要具体项目指导,以帮助实施这些政策和标准(如风险管理计划、第三方管理、漏洞管理等)。理解符合 NIST CSF、ISO 27002 和 NIST 800-53 的要求是很重要的,因为每个期望的水平有很大的不同。当开始考虑"我应该购买什么来符合 X 框架"时,理解不同框架的期望是很重要的。沿着图 2.23(a)的框架范围(从较弱的控制范围到较健

壮的控制范围)，随着期望的增加，从左向右前进，需求会有所增加。如符合
NIST CSF 的要求较少，而 ISO 27002 的要求较多。但是，ISO 27002 的要求比
NIST 800-53 要少。

图 2.24 给出了网络安全与隐私所需的文档示例[26,27]。包括 6 个部分内容，
每部分内容的含义如下所示。

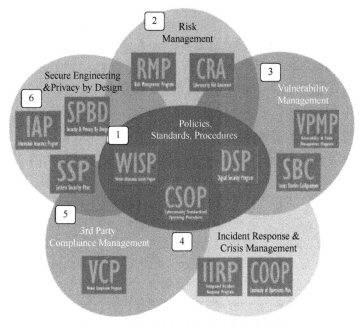

图 2.24　网络安全与隐私所需的文档示例

(1) Foundational: Cybersecurity Policies，Standards，Procedures(基础：网络
安全政策，标准、程序过程)。

DSP(digital security program) + WISP(written information security program)-ISO
27002 version + WISP-NIST SP 800-53 rev4 + WISP-NIST CSF version + CSOP
(cybersecurity standardized operation procedures)-DSP version + CSOP-WISP version
(ISO 27002/NIST 800-53/NIST CFS)。

(2) Risk Management(风险管理)。

RMP(risk management program) + CRA(cybersecurity risk assessment)
Template。

(3) Vulnerability Management(脆弱性管理)。

VPMP(vulnerability and patch management program，漏洞和补丁管理程序) +
SBC(secure baseling configurations，安全基线配置)。

(4) Incident Response(事件响应)&Crisis Management(危机管理)。

IIRP(integrated incident response program，综合事件应变计划) + COOP(continuity of operations plan，营运计划的连续性)。

(5) Third-Party Compliance Management(第三方合规性管理)。

VCP(vendor compliance program)-ISO 27002+NIST 800-53+NIST CSF versions。

(6) Secure Engineering & Privacy By Design(安全工程与隐私设计)。

SPBD(security and privacy by design) + SSP(system security Plan)& POA&M(plan of action and milestones) Templates + IAP (information assurance program)。

其中

DSP(数字安全程序)：一个在综合了目前同类解决方案基础上，设计最全面的网络安全解决方法。它涵盖了数十项法定的监管和合同框架，适用于创建一套全面的网络安全策略和度量的标准。DSP 与 SCF 有 1-1 映射关系，已经有超过 100 个领先的实践应用案例表明了 DSP 的有效性。

WISP-ISO 27002 版本：基于 ISO 27002: 2013 框架。它包含符合 ISO 27001/ 27002 的网络安全政策和标准。用户可以获得可完全编辑的 Microsoft Word 和 Excel 文档，用户可以根据特定需要定制这些文档。

WISP-NIST 800-53 版本：基于 NIST 800-53 rev4 框架。WISP-NIST 800-53 版本包含符合 NIST 800-53(包括 NIST 800-171 的要求)的网络安全政策和标准。用户可以获得可完全编辑的 Microsoft Word 和 Excel 文档，用户可以根据特定需要定制这些文档。

WISP-NIST CSF 版本：基于 NIST 网络安全框架(CSF)。WISP-NIST CSF 版本包含与 NIST CSF 一致的网络安全政策和标准。用户获得可以完全编辑的 Microsoft Word 和 Excel 文档，用户可以根据特定需要定制这些文档。

PCI-PCI DSS v3.2 信息安全策略和标准：完全集中于 PCI DSS v3.2 的遵从性。PCI-PCI DSS v3.2 信息安全策略和标准包含一个策略和支持标准，用于满足商家的所有 PCI DSS v3.2 需求。

CSOP-DSP 版本包括两个主要版本：①数字安全程序和②书面信息安全程序。这些版本包含不同级别的覆盖率，因此，用户需要购买适合需要的 CSOP。CSOP 本质上是一个模板化的过程目录，用户可以根据需要对其进行编辑。尽管选用该版本可帮助用户达到大约"80%要求的解决方案"，但用户在定制安全解决方案时仍需结合自己具体组织与业务流程来确定好余下的定制工作。这可以加快启动工作的过程，并节省数百小时的开发时间。

CSOP-WISP 版本(ISO 27002/NIST 800-53/NIST CSF)有三种风格：①ISO 27002；②NIST 800-53；③NIST 网络安全框架。这些版本基于框架包含不同的覆盖级别，因此可以购买正确的 WISP CSOP 来满足需求。CSOP 本质上是一个模板化的过程目录，可以根据需要对其进行编辑。我们在编写过程中做了大量工作，以达到大约"80%的解决方案"，所以用户只需要做最后的定制过程。这可以加快启动工作的过程，并节省数百小时的开发时间。

RMP(risk management plan)：无论用户的网络安全计划是否与 NIST、ISO、COBIT、ENISA 或其他框架合作都需要用 RMP，RMP 的设计是为了解决风险管理的战略、操作和战术实施的几部分问题。策略和标准对于一个组织来说是绝对必要的，但是它们不能描述如何实际管理风险。RMP 在高层策划与日常工作风控执行者的实操程序间提供了一个空间。

CRA 模板：根据自己风险管理计划设计 RMP 的风险管理策略结构，可以为用户提供一种生成高质量风险评估报告的格式。CRA 提供了一个高质量的模板来实现对策略执行、标准和程序的操作所需的风险评估。这允许用户拥有一个可重复的、看起来很专业的风险评估模板。

VPMP(漏洞和补丁管理程序)：提供关于如何实际管理补丁和漏洞的程序级指导，包括漏洞扫描和渗透测试。策略和标准对于一个组织来说是绝对必要的，但是它们不能描述如何实际管理漏洞。VPMP 在高层策划与日常漏洞管理执行者的打补丁、扫描实操间提供了一个可操作的空间。

IIRP(综合事故应变计划)：提供关于如何实际管理事件响应操作(包括取证和报告)的程序级指导。政策和标准对于一个组织来说是绝对必要的，但是他们不能描述如何实际管理事件响应。IIRP 在高级策略和实际过程之间提供了一个中间地带，这些中间地带就是给予了事件响应执行者如何去具体执行事件响应计划的一个可操作的空间。IIRP 提供了丰富的指导，包括基于场景的指导、示例 IRPs、如何识别暴露指标(IoE)和妥协指标(IoC)等。

COOP(营运计划的连续性)：是一个针对如何实际规划与响应业务连续性和灾难后恢复(business continuity，BC/disaster recovery，DR)的操作方案的指导性策略。但是它们不能描述 BC/DR 是如何实际计划和管理的。COOP 在高层策略和实际过程之间提供了一个中间地带，这些过程是由具有 BC/DR 职责的个人贡献者执行的。COOP 提供了丰富的指导，包括基于场景的指导、行动后审查模板、业务线重构步骤等。

VCP(供应商遵从程序)：有三种版本，如①ISO 27002；②NIST 800-53；③NIST 网络安全框架。这些版本根据框架包含不同的覆盖级别，因此用户需要购买与本组织所使用的网络安全框架保持一致的 VCP。VCP 本质上是一个"迷你 WISP"，它向供应商和第三方服务提供商提供组织期望它们的需求，而不必与它们共享用户的策略和标准。VCP 可以剪切粘贴到合同附录中，也可以作为一个独立的文档来演示用户期望从供应链中得到的要求。

SPBD(安全与隐私设计)：是一个用于解决如何实际管理网络安全和隐私

原则的项目级指导策略，因此安全流程是采用默认设计和实现的。策略和标准对于一个组织来说是必要的，但是它们没有描述如何实际管理隐私及运用安全原则。SPBD 在高级策略和开发人员、项目经理、系统集成商和系统管理员如何完成设计、实现和维护技术解决方案的实际过程之间提供了一个可操作的空间。

SSP(系统安全计划)和 POA&M(行动计划和里程碑)模板：SSP 基于 FedRAMP 使用的现有格式，但是专门为 NIST 800-171 标准而设计的，用于记录影响受控非机密信息和非联邦组织控制的用户。SSP 旨在成为一个"活文档"，解决安全程序的"谁"、"什么"、"为什么"、"何时"、"何处"、"谁"及"如何"等问题。

NIST 颁布了一系列有关网络空间安全的架构模型，其中 7 个 NIST 控制系列中就实施了 41 项技术控制，这 7 个控制系列包括：Access Control(访问控制)、Configuration Management(配置管理)、Dev Config Management(设备配置管理)、Audit and Accountability(审计和问责)、Identification and Authentication（身份识别和身份验证)、Incident Response(事件响应)和 Controlled Maintenance(控制维护)，表 2.3 列出了 17 个安全控制项的识别符、族及技术类别。

表 2.3　安全控制类、族和标识符

标识符	族	技术类别
AC	Access Control(访问控制)	Technical
AT	Awareness and Training(意识和训练)	Operational
AU	Audit and Accountability(审计和问责)	Technical
CA	Certification, Accreditation, and Security Assessments (认证，认可和安全评估)	Management
CM	Configuration Management(配置管理)	Operational
CP	Contingency Planning(应急计划)	Operational
IA	Identification and Authentication(身份识别和身份验证)	Technical
IR	Incident Response(事件响应)	Operational
MA	Maintenance(维护)	Operational
MP	Media Protection(媒体保护)	Operational

标识符	族	技术类别
PE	Physical and Environmental Protection(物理及环境保护)	Operational
PL	Planning(规划)	Management
PS	Personnel Security(人员安全)	Operational
RA	Risk Assesment(风险评估)	Management
SA	System and Services Acquisition(系统及服务收购)	Management
SC	System and Communications Protection(系统与通信保护)	Technical
SI	System and Information Integrity(系统及资讯完整性)	Operational

3. NIST SP 800-53 Ver.1~5 安全框架

1) 框架基础

安全框架基础主要包括：①安全控制的结构和控制目录的组织；②安全控制基线；③查明和使用共同安全管制；④外部环境的安全控制；⑤安全控制保证；⑥对安全控制、控制目录和基线控制的未来修订。

(1) 安全控制的结构与组织：为了便于在控制选择和规范过程中使用，安全控制被组织为类和系列。有三类安全控制(即管理、操作和技术)和 17 个安全控制系列。每个系列都有与系列安全功能相关的安全控制。分配一个双字符标识符来唯一地标识每个系列。

(2) 安全控制基线[26,27,30]：组织机构必须采用安全控制，以满足适用法律、行政命令、指令、政策、标准或法规定义的安全需求。为帮助一个组织机构为其信息系统选择适当的安全控制，必须遵守基线控制的概念。安全控制基线概念就是前面提到的最小特权原则，即是在信息系统的基础上建议的最小安全控制集合，但符合 FIPS 199.20 定制的安全控制基线，表 2.4SP800-53rev 1 列出了信息系统的基础安全控制的三个级别："低影响"、"中等影响"和"高影响"，就安全控制基线而言，这三个安全控制基线级别在本质上是分层的。定义安全控制基线的目的旨在作为广泛适用的起点，随着时间的推进，又发布了针对此版本的补充与增强版本，详情见 http://csrc.nist.gov/sec-cert。表 2.4 也按表 2.3 中的 17 个安全控制系列进行了安全控制基线的定义。

表 2.4　SP 800-53 安全控制基线

CNTL NO.	Control Name	Control Baselines		
		Low	Mod	High
Access Control				
AC-1	Access Control Policy and Procedures	AC-1	AC-1	AC-1
AC-2	Account Management	AC-2	AC-2(1)(2)(3)(4)	AC-2(1)(2)(3)(4)
AC-3	Access Enforcement	AC-3	AC-3(1)	AC-3(1)
AC-4	Information Flow Enforcement	Not Selected	AC-4	AC-4
AC-5	Separation of Duties	Not Selected	AC-5	AC-5
AC-6	Least Privilege	Not Selected	AC-6	AC-6
AC-7	Unsuccessful Login Attempts	AC-7	AC-7	AC-7
AC-8	System Use Notification	AC-8	AC-8	AC-8
AC-9	Previous Logon Notification	Not Selected	Not Selected	Not Selected
AC-10	Concurrent Session Control	Not Selected	Not Selected	AC-10
AC-11	Session Lock	Not Selected	AC-11	AC-11
AC-12	Session Termination	Not Selected	AC-12	AC-12(1)
AC-13	Supervision and　Review—Access Control	AC-13	AC-13(1)	AC-13(1)
AC-14	Permitted Actions without Identification or Authentication	AC-14	AC-14(1)	AC-14(1)
AC-15	Automated Marking	Not Selected	Not Selected	AC-15
AC-16	Automated Labeling	Not Selected	Not Selected	Not Selected
AC-17	Remote Access	AC-17	AC-17(1)(2)(3)(4)	AC-17(1)(2)(3)(4)
AC-18	Wireless Access Restrictions	AC-18	AC-18(1)	AC-18(1)(2)
AC-19	Access Control for Portable and Mobile Devices	Not Selected	AC-19	AC-19
AC-20	Use of External Information System	AC-20	AC-20(1)	AC-20(1)
Awareness and Training				
AT-1	Security Awareness and Training Policy and Procedure	AT-1	AT-1	AT-1
AT-2	Security Awareness	AT-2	AT-2	AT-2
AT-3	Security Training	AT-3	AT-3	AT-3
AT-4	Security Training Records	AT-4	AT-4	AT-4
AT-5	Contacts with Security Groups and Associations	Not Selected	Not Selected	Not Selected
Audit and Accountability				
AU-1	Audit and Accountability Policy and rocedures	AU-1	AU-1	AU-1
AU-2	Auditable Events	AU-2	AU-2(3)	AU-2(1)(2)(3)
AU-3	Content of Audit Records	AU-3	AU-3(1)	AU-3(1)(2)

续表

CNTL NO.	Control Name	Control Baselines		
		Low	Mod	High
Audit and Accountability				
AU-4	Audit Storage Capacity	AU-4	AU-4	AU-4
AU-5	Response to Audit Processing Failures	AU-5	AU-5	AU-5(1)(2)
AU-6	Audit Monitoring，Analysis and Reporting	Not Selected	AU-6(2)	AU-6(1)(2)
AU-7	Audit Reduction and Report Generation	Not Selected	AU-7(1)	AU-7(1)
AU-8	Time Stamps	AU-8	AU-8(1)	AU-8(1)
SA-9	External Information System Services	SA-9	SA-9	SA-9
SA-10	Developer Configuration Management	Not Selected	Not Selected	SA-10
SA-11	Developer Security Testing	Not Selected	SA-11	SA-11
后续…				
System and Communications Protection				
SC-1	System and Communications Protection Policy and Procedures	SC-1	SC-1	SC-1
SC-2	Application Partitioning	Not Selected	SC-2	SC-2
SC-3	Security Function Isolation	Not Selected	Not Selected	SC-3
SC-4	Information Remannance	Not Selected	SC-4	SC-4
SC-5	Denial of Service Protection	SC-5	SC-5	SC-5
SC-6	Resource Priority	Not Selected	Not Selected	Not Selected
SC-7	Boundary Protection	SC-7	SC-7(1)(2)(3)(4)(5)	SC-7 (1)(2)(3)(4)(5)(6)
SC-8	Transmission Integrity	Not Selected	SC-8	SC-8(1)
SC-9	Transmission Confidentiality	Not Selected	SC-9	SC-9(1)
SC-10	Network Disconnect	Not Selected	SC-10	SC-10
SC-11	Trusted Path	Not Selected	Not Selected	Not Selected
SC-12	Cryptographic Key Establishment and Management	Not Selected	SC-12	SC-12
SC-13	Use of Cryptography	SC-13	SC-13	SC-13
SC-14	Public Access Protections	SC-14	SC-14	SC-14
SC-15	Collaborative Computing	Not Selected	SC-15	SC-15
SC-16	Transmission of Security Parameters	Not Selected	Not Selected	Not Selected
SC-17	Public Key Infrastructure Certificates	Not Selected	SC-17	SC-17
SC-18	Mobile Code	Not Selected	SC-18	SC-18
SC-19	Voice over Internet Protocol	Not Selected	SC-19	SC-19
SC-20	Secure Name/Address Resolution Service(Authoritative Source)	Not Selected	SC-20	SC-20

续表

CNTL NO.	Control Name	Control Baselines		
		Low	Mod	High
System and Communications Protection				
SC-21	Source Name/Address Resolution Service(Recursive or Caching Resolver)	Not Selected	Not Selected	SC-21
SC-22	Architecture and Provisioning for Name/Address Resolution Service	Not Selected	SC-22	SC-22
SC-23	Session Authenticity	Not Selected	SC-23	SC-23
System and Information Integrity				
SI-1	System and Information Integrity Policy and Procedures	SI-1	SI-1	SI-1
SI-2	Flaw Remediation	SI-2	SI-2(2)	SI-2(1)(2)
SI-3	Malicious Code Protection	SI-3	SI-3(1)(2)	SI-3(1)(2)
SI-4	Information System Monitoring Tools and Techniques	Not Selected	SI-4(4)	SI-4(2)(4)(5)
SI-5	Security Alerts and Advisories	SI-5	SI-5	SI-5(1)

(3) 查明和使用共同安全管制：适用于所有组织信息系统；特定场址的一组信息系统；在多个操作地点部署的通用信息系统、子系统或应用程序(即通用硬件、软件和/或固件)。常见的共同安全控制具有以下属性。

① 公共安全控制的开发、实施和评估可以分配给负责的组织官员或组织机构(信息系统所有者除外，其系统将实施或使用公共安全控制)。

② 通用安全控制的评估结果可以用于支持已应用控制的组织信息系统的安全认证和认可过程。

(4) 外部环境中的安全控制：各组织机构越来越依赖外部服务商提供的信息系统服务来执行重要的任务和职能。外部信息系统服务是在系统的认证范围之外实现的服务，即由组织机构信息系统使用，但不是组织机构信息系统一部分的服务。与外部服务提供商建立关系的方式多种多样，如通过合资企业、商业伙伴关系、外包安排(即通过合同、代理协议、业务线安排)、许可协议和/或供应链交换等方式。日益依赖外部服务及与这些服务提供商建立的新关系给本组织机构带来了新的挑战，特别是在信息系统安全领域。这些挑战包括但不限于：

① 定义向组织提供的外部服务的类型；

② 描述如何根据组织的安全需求保护外部服务；

③ 要确保因使用外部服务而对本机构的经营、资产及对个人造成的风险处于可接受的水平。

　　由此可见最终目标是要减轻因使用外部信息系统服务而对本组织机构的业务和资产及对个人造成的风险的程度。在处理与信息系统安全相关的许多问题时，授权官员必须要求与外部服务提供者建立适当的信任链。对于组织机构外部的服务，信任链要求组织机构建立并保持一定程度的信任，即应对那些参与复杂消费者-提供者关系中的服务提供商提供充分的信任链保护。由于参与消费者-提供者关系的实体数量及各方之间关系的类型很多，信任链可能非常复杂。外部服务提供者也可能反过来将服务外包给其他外部实体，从而使信任链更加复杂和难以管理。根据服务的性质，组织完全信任提供者可能是不明智的，不是因为提供者本身有任何固有的不可信任性，而是因为服务中固有的风险级别。如果不能在外部服务和/或服务提供者中建立足够的信任，参与消费与服务的组织或机构就会采用补偿控制或接受其操作和相应的资产或让个人遭受更大的风险。

　　(5) 安全控制保证：是指使人相信在一个信息系统中实施的安全控制在其应用中是有效的，也就是说安全控制的开发人员与实施者间相关保证是有效的。可以通过多种方式获得保证，包括：①安全控制的开发人员和实施者在设计、开发和实现技术与方法方面采取的行动；②安全控制评估人员在测试和评估过程中采取的行动，以确定控制在何种程度上得到了正确实施、按照预期运行，并产生了符合系统安全要求的预期结果。

　　NIST SP 800-53A 给出了与安全控制评估人员(包括认证代理人员、评估人员、审核员、检查长)有关的注意事项，即最低保证要求[26,27,31]，如表 2.5 所示。

表 2.5　最低保证要求(适用于低、中等、高基线的情况)

Control Baseline	Assurance Requirement	Supplemental Guidance
Low	The security control is in effect and meets explicitly identified functional requirements in the control statement.	For security controls in the low baseline, the focus is on the controls being in place with the expectation that no obvious errors exist and that, as flaws are discovered, they are addressed in a timely manner.
Mod	The security control is in effect and meets explicitly identified functional requirements in the control statement. The control developer/implementer provides a description of the functional properties of the control with sufficient detail to permit analysis and testing of the control. The control developer/implementer includes as an integral part of the control, assigned responsibilities and specific actions supporting increased confidence that when the control is implemented, it will meet its required function or purpose. These actions include, for example, requiring the development of records with structure and content suitable to facilitate making this determination.	For security controls in the moderate baseline,the focus is on actions supporting increased confidence in the correct implementation and operation of the control. While flaws are still likely to be uncovered (and addressed expeditiously), the control developer/implementer incorporates, as part of the control, specific capabilities and produces specific documentation supporting increased confidence that the control meets its required function or purpose. This documentation is also needed by assessors to analyze and test the functional properties of the control as part of the overall assessment of the control.

续表

Control Baseline	Assurance Requirement	Supplemental Guidance
High	The security control is in effect and meets explicitly identified functional requirements in the control statement. The control developer/implementer provides a description of the functional properties and design/ implementation of the control with sufficient detail to permit analysis and testing of the control (including functional interfaces among control components). The control developer/ implementer includes as an integral part of the control, assigned responsibilities and specific actions supporting increased confidence that when the control is implemented, it will continuously and consistently (i.e., across the information system) meet its required function or purpose and support improvement in the effectiveness of the control. These actions include, for example, requiring the development of records with structure and content suitable to facilitate making this determination.	For security controls in the high baseline, the focus is expanded to require, within the control, the capabilities that are needed to support ongoing consistent operation of the control and continuous improvement in the control's effectiveness. The developer/implementer is expected to expend significant effort on the design, development, implementation, and component/integration testing of the controls and to produce associated design and implementation documentation to support these activities. This documentation is also needed by assessors to analyze and test the internal components of the control as part of the overall assessment of the control.
Additional Requirements Enhancing the Mod & High	The security control is in effect and meets explicitly identified functional requirements in the control statement. The control developer/implementer provides a description of the functional properties and design/implementation of the control with sufficient detail to permit analysis and testing of the control. The control developer/implementer includes as an integral part of the control, actions supporting increased confidence that when the control is implemented, it will continuously and consistently (i.e., across the information system) meet its required function or purpose and support improvement in the effectiveness of the control. These actions include requiring the development of records with structure and content suitable to facilitate making this determination. The control is developed in a manner that supports a high degree of confidence that the control is complete, consistent, and correct.	The additional high assurance requirements are intended to supplement the minimum assurance requirements for the moderate and high baselines, when appropriate, in order to protect against threats from highly skilled, highly motivated, and well-financed threat agents. This level of protection is necessary for those information systems where the organization is not willing to accept the risks associated with the type of threat agents cited above.

　　表 2.5 列出了"低"、"中"、"高"及"增强的中高"四个档次对应的安全控制的最低保证要求。对于"低"档的安全控制，重点是要控制到位，期望不存在明显的错误，当发现缺陷时应会被及时处理。对"中"档，要强调实施控制操作的正确信心。虽然缺陷仍可能被发现(并能迅速解决)，但是开发和实施人员必须通力合作，制定相关的支持文档以满足其预设的功能或目标。而这些文档可以作为总体评估的一部分以供分析和测试所设控制的功能属性。对于"高"档的安全控制，重点是保护需求扩展（但需在受控范围内），并要求控制系统应具备一种能持续、一致、有效改进的能力。同时安全控制的开发和实施人员需要在设计、开发、实施组件/集成测试上花费大量的精力，并生成相关的设计和实施文档来支持这些活动，以支撑评估人员分析、测试与控制内部组成部分的各功能。"增强中高"档保护要求旨在补充比"中"和"高"档的最低保证要求更高的保护需求，以保护免受来自高技能、有破坏动机和资金充足的代理人的威胁。对于一些不愿意

接受这种高风险的组织或机构的信息系统选择这种保护级别是非常有必要的。

(6) 对安全控制、控制目录和基线控制的未来修订。表 2.4、表 2.5 中列出了信息系统现行的保安措施及对策，但随着时间推移与技术的发展，各组织或机构应定期审查和修订安全控制措施，以充分地反映出现的下列情况：

① 从运用安全控制中获得的经验；

② 各组织或机构内部存在不断变化的保安要求；

③ 新出现的威胁和攻击方法；

④ 新安全技术的可用性。

随着控制被取消或修改及添加新控制，控制目录中的控制预计会随着时间的推移而改变。在低、中、高基线中定义的最小安全控制也会随着安全性水平提高或降低组织机构内部风险的尽职调查的增加而改变。除需要改变外，还需要稳定，这就要求对安全控制目录进行修改(如增加、删除或修改)都经过严格的公共审查程序，以获得政府和私营部门的反馈，并就这些改变达成共识。安全控制目录中要维护一组稳定的、灵活的、技术上严格的安全控制策略。

2) 安全控制的选择与规范

一个信息系统选择和规定安全控制的过程包括：①确定本组织机构管理风险的总体办法；②按照 FIPS 199 将系统分类；③选择和调整或定制最初的一套安全控制基线策略；④根据组织机构对风险进行评估，必要时补充安全控制基线的内涵；⑤作为全面持续监测过程的一部分，更新控制措施。

3) 风险管理

风险管理是组织机构信息安全计划中的一个关键环节，而风险管理框架则可为信息系统选择一组适当的安全控制策略。安全控制选择和规范是基于风险的方法来考虑其有效性、效率和适用的法律、行政命令、指示、政策、标准或法规而产生的一组约束规则。与风险管理的相关活动或工作过程可以用图 2.25 来表示，称为 NIST 风险管理框架[26,27,31]。

从图 2.25 可见，NIST 的风险管理框架给出了风险管理的具体的工作流程，以及与每个活动相关的信息安全标准和指导文件。风险管理工作始于“Categorize Information System”，终于“Monitor Security Controls”共计 8 个工作步骤，可描述如下。

(1) 分类信息：根据 FIPS 199 影响分析对信息系统和系统内的信息进行分类。

(2) 选择初始安全控制集：根据 FIPS 199 安全分类和 FIPS 200 中定义的最低安全要求，为信息系统选择一套初始安全控制；再适当地应用本节第 5 点“选择和定制初始基线”的指导原则，以获得作为与系统使用相关的风险评估的初始控制集。

(3) 补充初始安全控制集：根据风险评估和当地实际情况(包括组织或机构特定的安全需求、特定威胁)，补充初始的定制安全控制信息、成本效益分析或特殊情况。

(4) 记录商定的安全控制集：在系统安全计划中记录商定的一套安全控制，包括组织或机构对最初始控制集进行任何改进或调整的基本原理。

(5) 实施信息系统的安全控制：对于现有遗留系统，所选择的部分或全部安全控制可能已经到位就绪了。

(6) 用适当的方法和程序评估安全控制，以确定安全控制被正确实施，按照预期操作，并产生所需的结果，以满足系统的安全要求。

(7) 当确认信息系统运行对组织或机构运营、资产或个人造成的风险是可接受时，就可以授权让信息系统运行。

(8) 持续监控和评估信息系统中选定的安全控制措施，包括记录系统变化，对相关变化进行安全影响分析，并定期向适当的组织官员报告系统的安全状态。

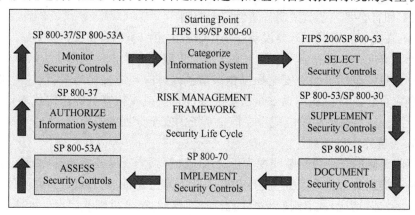

图 2.25　NIST 风险管理框架及风险管理活动流程

4) 安全分类

FIPS 199 是强制性联邦安全分类标准，其目标就是要为组织或机构信息系统确定适当的优先级，随后应用适当的措施来充分地保护这些系统。如果存在机密性、完整性或可用性的损失，应用于特定信息系统的安全控制也应该与对机构的操作、资产或个人的潜在损失影响是相称的。FIPS 199 要求组织选出机密性、完整性和可用性的安全目标，将其信息系统分类为低影响、中等影响或高影响。分配给相应安全目标的潜在影响值是为驻留在这些信息系统上的每种类型的信息确定的安全类别中的最高值(即高水位标记)。表达信息系统的安全类别的通用格式是

$$SC_{\text{information system}} = \{(\text{confidentiality}，\text{impact})，(\text{integrity}，\text{impact})，(\text{availability}，\text{impact})\}$$

式中，impact 的因子可取低、中等或高。

由于机密性、完整性和可用性的潜在影响值对于一个特定的信息系统可能并

不总是相同的，所以为了从三个安全控制档次中选择一组初始安全控制，要先使用 high water mark 概念来确定信息系统的影响级别(保护需求级别)。因此，"低"档保护需求系统被定义为三个安全目标都很低的信息系统。然后，"中"档保护系统是一种信息系统，其中至少一个安全目标是中等的，并且没有安全目标大于中等。最后，"高"档保护需求系统是指至少有一个安全目标是高的信息系统。

5) 选择和定制初始基线

一旦确定了信息系统的总体影响水平，就可以从表 2.5 中的 Security Control Baselines 中相应的低度、中度或高度基线选择一组初始的安全控制策略组织或机构就可以灵活地依照规定的条款和条件定制安全控制基线。定制活动包括以下几点。

(1) 对最初基线进行适当范围界定。

(2) 如有必要，还应说明补偿性安全控制。

(3) 在允许的情况下，要说明安全控制中由组织机构自定义的参数。

为了实现一种具有成本效益、基于风险策略的方法来保证整个方案既经济又有足够信息安全的等级。安全控制档次增减修订应与适当的组织官员(例如，首席信息官员、高级机构信息安全官员、授权官员或授权官员的指定代表)协调并获得批准，修订后的决策应记录在信息系统的安全计划中。

6) 补充定制的基线

应将定制的安全控制基线视为信息系统选择适当安全控制的基础或起点。对一个特定类别的信息系统(即符合 FIPS 199 安全分类标准，且被适当地修改满足本系统的实际情况)，定制的基线代表确定所需的安全级别的起点，证明一个组织机构对其业务运作和资产的保护。正如在"管理风险"中所述，最终确定合适的安全控制基线就是要为信息系统提供足够的安全控制的策略集合，该策略集合要充分地降低组织或机构的运营风险与成本。

在许多情况下，需要额外的安全控制，以解决信息系统中的特定威胁和漏洞，或满足适用法律、行政命令、指令、策略、标准或法规的要求。安全控制选择过程中的风险评估阶段要提供重要的输入信息，以确定安全控制基线的充分性。也就是说，安全控制策略要充分地保护组织或机构的各种运作操作(包括任务、功能、形象和声誉)。鼓励组织或机构最大限度地利用安全控制目录，以促进增强安全控制或向定制基线添加控制的过程。

在某些情况下，组织或机构可能发现其使用的信息技术超出了其充分保护关键和/或基本任务的能力。也就是说，组织或机构不能在信息系统中应用足够的安全控制来充分地降低任务风险。在这种情况下，需要一项替代战略来保护组织或机构不受妨碍；一种积极做法是使用信息技术所带来的任务风险的战略。信息系统使用限制提供了降低风险的替代方法，例如：①在技术和资源有限的情况下无法实施安全控制；②安全控制对已查明的威胁来源缺乏合理有效的预期。对信息系统的使用加以限制有时是面对确定对手实施任务的唯一谨慎或可操作的行动方针。

关于系统使用的限制措施应由组织或机构业务完成的既得利益的机构官员来做出。这些官员通常包括(但不限于)信息系统所有者、任务所有者、授权官员、高级机构信息安全官员和首席信息官。使用限制的例子包括以下几个。

(1) 限制信息系统能够处理、存储或传输的信息，或限制自动执行任务的方式。

(2) 禁止外部信息系统接触组织或机构的关键信息，办法是从网络中删除选定的系统组成部分(即空隙)。

(3) 禁止公众访问信息系统组件上提供的具有中等影响或高影响的信息，除非做出明确决定授权的访问。

组织或机构记录在安全控制选择过程中所做出的决策是很重要的，只要可能，就为这些决策提供一个合理的理由。大家一致同意的安全控制的结果集，以及控制选择决策的支持原理和任何对信息系统使用的限制都要记录在信息系统的安全计划中。

图 2.26 总结了安全控制的选择过程[26,27,31]，包括初始安全控制基线的定制，以及针对组织机构的风险评估后对基线所需的任何额外的修改。

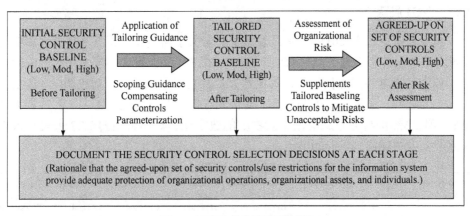

图 2.26　安全控制的选择过程

7) 更新安全控制

作为一个全面综合的持续监控计划的一部分，所在机构应该采取具体的行动，以确定是否需要更新当前的在安全计划中记录并在信息系统中实施的大家已商定的安全控制集合。具体地说，组织或机构应定期回顾图 2.25 中风险管理框架中所述的风险管理活动。除此外，还有一些事件会触发评估信息系统的安全状态的即时需求，如果需要，应立即更新当前的安全控制策略。下面列举几个这样的事件。

(1) 如一个意外事件导致信息系统遭到破坏，使信息的处理、储存或传送的机密性、完整性或可用性受到损坏。

(2) 当发现一些执法、情报或其他可靠组织或机构或个人的信息受到可信威胁时。

(3) 通过移出或添加新的或升级的硬件、软件或固件的操作导致对信息系统的配置产生重大变化，或操作环境的变化可能会降低系统的安全性。

当发生如上所述的事件时，所在组织或机构至少应该采取以下措施。

(1) 再次确认信息系统和该系统处理、存储和/或传输的信息的临界性/敏感性。

(2) 评估系统当前的安全状态，并重新评估组织或机构的资产和个人的当前风险。

(3) 计划和发起任何必要的纠正措施。

(4) 考虑重新认证信息系统。

2.8 NGI 展望与小结

2.8.1 NGI 展望

世界经济论坛于 2015 年 9 月发布了一份关于信息技术拐点及其社会影响的预测报告。其中涉及了 21 项有望在 2018～2027 年间会发生的技术拐点的时间节点，归纳起来这些拐点技术可以构成六大对社会产生影响的宏观趋势[7]，包括：①人与互联网；②随处可见的计算、通信及存储；③物联网；④人工智能和大数据；⑤共享经济与分布式信任；⑥物质的数字化，具体可用图 2.27 来表示未来技术拐点及可能出现的时间节点。

2018	2021	2022	2023	2024	2025	2026	2027
- Storage for All	- Robot and Services	- The Internet of and for Things - Wearable Internet - 3D Printing and Manufacturing	- Implantable Technologies - Big Data for Decisions - Vision as the New Interface - Our Digital Presence - Governments and the Blockchain - A Supercomputer in Your Pocket	- Ubiquitous Computing - 3D Printing and Human Health - The Connected Home	- 3D Printing and Consumer Products - AI and White-Collar Jobs - The Sharing Economy	- Driverless Cars - AI and Decision-Making - Smart Cities	- Bitcoin and the Blockchain

图 2.27 未来技术拐点及发展进程

2.8.2　小结

　　尽管下一代互联网有两种演进的发展模式，并已取得了相当的研究进展，但革命式演进模式仍然有很漫长的路要走，加之也没相应的应用生态链。演进式发展 NGI 虽然目前仍采用 TCP|MPTCP/IPv4|IPv6 细腰架构，然而随着应用的深入，业界与科学家提出了众多的相关新技术以解决现有互联网面临的各种挑战，如在物理层、网络层、传输层、应用层方面，以及在创新实验平台、组网技术、网络虚拟化、万物互联、网络安全等方面都有了重大的研究进展、成果与应用面试。所以本章以演进式发展为基础，以第 1 章中图 1.5 的演进架构思路综述了与 NGI 相关的部分新技术与本书作者的创新研究成果。

参 考 文 献

[1] Postel J B. Transmission control protocol. IETF, Standards Track RFC 793, ISSN 2070-1721. 1981.

[2] Stewart R R. Stream control transmission protocol. IETF, RFC 4960, ISSN 2070-1721. 2007.

[3] Amer P D, Becke M, Dreibholz T, et al. Load sharing for the stream control transmission protocol(SCTP). IETF, Individual Submission, Internet Draft draft-tuexen-tsvwg-sctp-multipath-10, 2015.

[4] Dreibholz T. Evaluation and optimisation of multi-path transport using the stream control transmission protocol. Habilitation Treatise, University of Duisburg-Essen, Faculty of Economics, Institute for Computer Science and Business Information Systems, Duisburg-Essen，2012.

[5] Ford A, Raiciu C, Handley M, et al. TCP extensions for multipath operation with multiple addresses. IETF, RFC 6824, ISSN 2070-1721. 2013.

[6] Braun M B. Threat analysis for TCP extensions for multipath operation with multiple addresses. IETF, Informational RFC 6181, ISSN 2070-1721. 2011.

[7] 洪学海, 马中胜, 范灵俊. 关于未来网络研究的调研报告. 信息技术与信息化前瞻情报分析系列报告 FIAR-01, 中国科学院计算技术研究所信息技术战略研究中心, 北京, 2016: 1-93.

[8] 孙彦斌, 张宇, 张宏莉. 信息中心网络 ICN 体系结构研究综述. 电子学报, 2016, 44(8): 2009-2017.

[9] Dreibholz T. The nornet testbed: A platform for evaluating multi-path transport in the real-world internet. https://www.ietf.org/proceedings/87/slides/slides-87-mptcp-4.pdf. [2013-07-20].

[10] Kvalbein A, Baltrūnas D, Evensen K,et al.The nornet edge platform for mobile broadband measurements. Computer Networks, 2014, 61(14): 88-101.

[11] Dreibholz T, Gran E G. Design and implementation of the nornet core research testbed for multi-homed systems. Proceedings of the 3nd International Workshop on Protocols and Applications with MultiHoming Support (PAMS), Barcelona, 2013: 1094-1100.

[12] Gran E G, Dreibholz T, Kvalbein A. NorNet core: A multihomed research testbed. Computer Networks, 2014, 61(14): 75-87.

[13] Dreibholz T, Zhou X, Fu F. Multi-path TCP in real-world setups-an evaluation in the NORNET CORE testbed. 5th International Workshop on Protocols and Applications with Multi-Homing Support(PAMS), Gwangju, 2015: 617-622.

[14] A new, evolutive API and transport-layer architecture for the internet. https://www.neat-project.org. [2020-06-15].

[15] Grinnemo K J, Jones T, Fairhurst G, et al. NEAT-A new, evolutive API and transport-layer architecture for the internet. https://www.neat-project.org/wp-contentuploads/2015/05/sncw_2016.pdf. [2020-06-15].

[16] Khademi N, Ros D, Welzl M, et al. NEAT: A platform-and protocol-independent internet transport API. IEEE Communications Magazine, 2017, 55(6): 46-54.

[17] 毕军. 未来网络体系结构与 SDN. 高等教育信息化创新论坛, 广州, 2013.

[18] Sethi P, Sarangi S R. Internet of things: Architectures, protocols, and applications. https://doi.org/10.1155/2017/9324035. [2020-05-20].

[19] Vermesan O, Friess P, Guillemin P, et al. Internet of things strategic research roadmap. Internet of Things: Global Technological and Societal Trends, 2011, 1: 9-52.

[20] Pena-Lopez I. ITU internet report 2005: The internet of things. international telecommunication union, Geneva. https://ictlogy.net/works/reports/projects.php?idp=501. [2020-05-25].

[21] Mashal I, Alsaryrah O, Chung T Y, et al. Choices for interaction with things on internet and underlying issues. Ad Hoc Networks, 2015, 28: 68-90.

[22] Said O, Masud M. Towards internet of things: Survey and future vision. International Journal of Computer Networks, 2013, 5(1): 1-17.

[23] Wu M, Lu T J, Ling F Y, et al. Research on the architecture of internet of things. Proceedings of the 3rd International Conference on Advanced Computer Theory and Engineering, Chengdu, 2010: 484.

[24] Ning H, Wang Z. Future internet of things architecture: Like mankind neural system or social organization framework?. IEEE Communications Letters, 2011, 15(4): 461-463.

[25] Clark D D. The design philosophy of the DARPA internet protocols. Proceedings of SIGCOMM 1988, 18(4): 106-114.

[26] Computer Security Resource Center(CSRC). http:// csrc.nist.gov/publications/PubsSPs.html. [2020-06-17].

[27] Comprehensive, editable & cost effective cybersecurity privacy documentation. https://www.complianceforge.com. [2020-06-17].

[28] Framework for improving critical infrastructure cybersecurity: Cybersecurity framework. NIST, Ver1.0,2014: 41.

[29] Newhouse W, Keith S, Scribner B, et al. National initiative for cybersecurity education cybersecurity workforce framework. NIST Special Publication 800-181, 2017: 144.

[30] Blank R M, Gallagher P D. Joint task force transformation initiative: Security and privacy controls for federal information systems and organizations. NIST Special Publication 800-53 Rev.4, 2013: 462.

[31] Ross R, Katzke S, Johnson A, et al. Recommended security controls for federal information systems: Information security. NIST Special Publication 800-53 Rev.1, 2006: 174.

第 3 章　IPv6 技术

当前，Internet 广泛采用的 IP 协议是 IPv4 版本。伴随 Internet 的迅速发展，在意识到 IPv4 协议简单、高效的同时，人们也意识到了 IPv4 的 32 位地址空间数量上的设计缺陷，地址空间短缺问题突显。在过去的 10～15 年间，连接至 Internet 的网络终端数量每隔不到一年的时间就会增加一倍[1]。另外 IPv4 本身存在的一些安全漏洞和设计缺陷，也在一定程度上影响了网络的发展，因此，建立一套新的 IP 协议标准成为必然趋势。

IPv6 协议早期被称为 IPng，即 Internet Protocol Next Generation，是目前 IP 协议的最新版本。IP 协议作为一种网络层协议，为采用 IP 协议构建的数据通信网络提供高效的数据、语音和图像的传输服务。

为扩大地址空间、提高网络安全性，1995 年底，IETF 的 IPng 工作组确定了 IPng 的协议规范，命名为 "IP 版本 6" (IPv6)[1]。最重要的改进是将现有 32 位地址增加到 128 位，使得 IP 地址变得几乎无限可用，它将成为下一代网络的核心协议。除了永久性地解决了地址数量空间不足的问题，还规划设计并解决了很多 IPv4 协议中的问题。IPv6 主要优势在于它具有无限扩大了的地址空间和提高了整体数据吞吐量，改善了服务质量，使安全性有了完善的保证，并支持即插即用和移动性，更好地改进了多播方面的功能。

互联网数字分配机构(Internet Assigned Numbers Authority，IANA)在 2016 年已向 IETF 提出建议，要求新制定的国际互联网标准只支持 IPv6，不再兼容 IPv4。

3.1　IPv6 的主要标准与进展

IPv6 标准主要分为 5 类，即资源类、网络类、应用类、安全类、过渡类。

资源类标准是区分 IPv6 与 IPv4 的核心标准，主要包括编址技术标准及域名技术标准。网络类标准是涉及 IPv6 网络层技术的标准，主要包括路由技术标准及移动 IPv6 标准。应用类标准是 IPv6 技术应用于移动互联网、物联网时所需遵循的标准规范。过渡类标准是 IPv4 向 IPv6 过渡过程中涉及的技术标准。

在各类标准中，资源类、网络类、安全类、过渡类标准主要是在 IETF 中研究制定的，BBF(broadband forum)也在制订涉及接入汇聚网的 IPv4/IPv6 网络过渡标准；移动互联网标准主要是在 3GPP 中制定的；涉及 IPv6 应用于物联网的标准目前主要是在 IETF 及 IPSO(IP for Smart Objects)联盟中制定的；ITU-T 主要制订涉及 NGN 的 IPv6 标准。

3.1.1 国际标准

IETF 是国际上 IPv6 标准化的主体。自 1995 年以来，IETF 已经制定了 200 多项 IPv6 相关 RFC 标准，IPv6 核心标准已经完成。目前的工作主要集中在 IPv4 向 IPv6 的过渡，以及对现有的 IPv6 标准进行补充和完善上。除了 IETF，其他国际组织，如 3GPP(Third Generation Partnership Project)、3GPP2 (Third Generation Partnership Project2)、ITU-T(ITU's Telecommunication Standardization Sector)等，也制定了一些 IPv6 应用的标准。3GPP/3GPP2 标准中也确定了 IPv6 是 3G/B3G 网络承载、业务应用的发展方向。在 3G/B3G 的 IMS 阶段，网络系统(包括分组域和电路域)将全面基于或兼容 IPv6。传输网络、用户设备和 IMS 子系统(IP multimedia subsystem)设备，以及接口和协议都支持 IPv6 及移动 IPv6 等；ITU-T 偏重于 IPv6 应用于 NGN 的场景和需求标准。

1. 资源类标准

1) 编址标准

IETF 已经完成了涉及 IPv6 基本协议、地址结构、邻居发现机制、地址分配机制等技术的标准化工作，发布了 118 个相关 RFC。该类标准基本完善，目前在该领域的标准化工作重点是对原有协议标准的维护及补充完善。

2) 域名标准

IETF 已经基本完成了对 DNS 扩展支持 IPv6 的标准化工作，发布了 11 个相关 RFC，该类标准基本完善，目前在该领域的标准化工作重点是对原有协议标准的维护及补充完善。

2. 网络类标准

1) 路由标准

与 IPv4 路由协议对应，IETF 已经完成了应用于 IPv6 网络中的路由协议标准的制定工作，发布了路由协议(RIP、OSPF、BGP、IS-IS)、多宿主技术、IPv6 MPLS(multiprotocol label switching)、VPN(virtual private network)在内的 29 个 RFC 标准。该类标准已经完善，现有 IPv4 网络应用的路由协议已经有对应的 IPv6 版本。

IETF 目前正在研究制定下一代的路由机制标准，该类标准在制定过程中已经考虑到 IP 版本的兼容性，其能直接应用于 IPv6 网络中。

2) 移动 IPv6 标准

IETF 目前已经完成了移动 IPv6 体系架构、协议、快速切换等主要标准，发布了 35 个相关 RFC。该类标准基本完善，IETF 的研究重点是对移动 IPv6 的性能进行优化。

3. 应用类标准

1) 移动互联网

3GPP 方面，与 IPv6 相关的标准已经基本完成，主要标准有 TS 24.303/TS 29.275/TS 29.282。3GPP 的标准，一旦涉及跟 IETF 有交互，是由 3GPP 提出相应的需求，给 IETF 发出联络函，然后由 IETF 来完成。在 3GPP 中，主要与 IETF 有交互的项目是 IMS 相关的及 SAE(system architecture evolution)相关的标准。

在移动网络过渡方面，中国移动通信集团公司于 2009 年 5 月在 3GPP SA2 新成立了一个研究课题，名称是 "Study on IPv6 Migration"，课题号为 TR 23.975。主要研究 IPv4 网络如何向 IPv6 网络演进，包括演进场景、解决方案、对网元的影响、对兼容性和互通性的影响等方面的研究。

2) 物联网

IETF 目前有 3 个工作组(6lowpan、Roll 及 Core)涉及该领域的标准化工作，已经发布了 3 个正式的 RFC，涉及需求、场景描述及承载方式等内容。IPSO 产业联盟于 2008 年 9 月成立，主要致力于在智能物体联网时应用 IPv6 技术，起产业协调的作用。目前，IPSO 发布了 4 个白皮书，涉及框架、地址、邻居发现、协议栈需求等，该联盟将主要基于 IETF 的 6lowpan 及 Roll 工作组的成果展开工作。总体来看，虽然涉及 IPv6 的物联网的标准尚处于起草初期，但发展较快，相关的标准组和产业联盟比较活跃。

3) NGN

ITU-T 已经完成了基于 IPv6 的 NGN、NGN 中 IPv6 多归属框架、IPv4/IPv6 演进功能需求和基于 IPv6 的 NGN 中的信令框架 4 篇推荐标准。

ITU-T 目前正在研究推进基于 IPv6 的 NGN 中的垂直多归属、基于 IPv6 的 NGN 中的 ID/Locator 分离框架、基于 IPv6 的 NGN 中网络接入功能需求和 NGN 运营商 IPv6 演进路标等多个项目。

4. 安全类标准

IPv6 安全机制与安全标准体系与 IPv4 相比没有明显改变。原有涉及 IPSec 的标准基本适用于 IPv6，IPv6 安全标准的成熟度和 IPv4 基本一致。

由清华大学推动成立的 SAVI(source address validation implementation)工作组目前正在研究制定基于源地址验证的网络安全机制，该机制同样适用于 IPv6

网络。

5. 过渡类标准

IPv4 向 IPv6 的过渡技术主要分为双栈、隧道及翻译技术。

(1) 对于双栈技术，只需设备或终端分别支持 IPv4 和 IPv6 协议栈，分别遵循相应的标准即可。

(2) 对于隧道技术，IETF 已经制定完成多个隧道技术标准，主要包括手工隧道、GRE(generic routing encapsulation)隧道、隧道代理、6to4 隧道、6over4 隧道、ISATAP(intra-site automatic tunnel addressing protocol)隧道及 TEREDO 隧道等。

(3) 对于翻译技术，目前 IETF 的研究重点是支持 IPv6 的翻译技术标准和大规模 NAT 技术的研究，虽然已经有多种的备选技术方案如 CGN(carrier-grade network)技术等，但是这些技术本身尚未成熟且未经过大规模网络应用的验证。

总体来看，在 IPv6 国际标准方面，目前网络层标准主要由 IETF 制定，核心标准已经成熟，基本可以满足纯 IPv6 组网的需要，但在过渡标准方面尚未完全成熟；应用类标准中，与传统电信业务(如 NGN、软交换、移动等)对应的标准由相应的标准组织承担，进度不一，部分互联网业务(如 Web 2.0 等)与底层承载协议无关，不需要标准的支撑。在具体的标准类别方面，资源类及网络类协议标准较为完善，基本可以满足纯 IPv6 组网的需要；安全类标准在网络安全可信方面尚不成熟；互通类标准中，双栈和隧道技术标准较为完善，但是 IPv4/IPv6 翻译机制的标准不成熟。在应用类标准中，移动互联网应用标准方面，在 3GPP 中，跟 IPv6 相关的标准已经基本完成，但关于 IPv4/IPv6 过渡的标准研究刚刚起步，尚不成熟；涉及 IPv6 的物联网的标准尚处于起草初期，但发展较快。

3.1.2　国内标准

中国的 IPv6 标准化工作在 2001 年全面启动，由中国通信标准化协会(China Communications Standards Association，CCSA)具体负责，正在制定和完成的标准有 30 余项。

1. 资源类标准

1) 编址标准

在该领域中，国际标准比较成熟，CCSA 的主要工作是国际标准的本地化，目前已经完成了涉及 IPv6 基本协议、地址结构、邻居发现机制、地址分配机制等技术的标准化工作，发布了 7 项行业标准，该类标准已基本完善。

2) 域名标准

CCSA 尚未制定与域名相关的行业标准。

2. 网络类标准

1) 路由标准

CCSA 已经完成了应用于 IPv6 网络中的路由协议标准的制定工作,发布了包括 OSPF(open shortest path first)、BGP(border gateway protocol)等路由协议及 IPv6 MPLS VPN 在内的 7 个行业标准;依据国际标准现状制定完成了 IPv6 核心路由器、边缘路由器等 8 项设备技术要求及测试方法的行业标准。在该类标准中,除了跟随国际标准,还依据国内现状制定了一系列的协议测试标准、设备技术及测试标准,具有一定的创新性,这些标准有力地支撑了国内 IPv6 网络的建设。目前,路由类标准已经完善,现有 IPv4 网络应用的路由协议已有对应的 IPv6 版本,可以满足国内 IPv6 网络建设的要求。

CCSA 目前正在研究制定下一代网络体系架构标准,该类标准在制定过程中已考虑到 IP 版本的兼容性,将直接应用于 IPv6 网络中。

2) 移动 IPv6 标准

CCSA 目前完成了一项移动 IPv6 的行业标准。该领域国际标准较为成熟,因此国内网络建设过程中可以直接参考国际标准。

3. 应用类标准

1) 移动互联网

CCSA 即将启动 SAE 系统中与 IPv6 相关的标准项目立项。

2) 物联网

CCSA 目前尚未开展该领域行业标准的制定工作。

4. 安全类标准

CCSA 目前的工作重点是制定 IPv6 网络设备安全技术要求,目前已经制定完成了一系列 IPv6 网络设备安全技术要求及相应的测试方法,包括核心/边缘路由器、三层交换机及宽带网络接入服务器等,基本可以满足国内 IPv6 网络建设时对设备的安全要求,但目前在 IPv6 网络的安全可信方面尚未制定相应的标准。

5. 过渡类标准

在过渡类标准方面,CCSA 已经完成了 6 项行业标准的制定,涉及 IPv4 与 IPv6 网络互通时的隧道技术及翻译技术。在隧道技术方面,以跟随国际标准为主,较为成熟。其中,清华大学主导制定的"采用边界网关协议多协议扩展(BGPmultiprotocol, BGP-MP)的基于 IPv6 骨干网的 IPv4 网络互联(4 over 6)技术要求"是创新型的技术标准,其技术内容已经成为 IETF 的 RFC 标准。在翻译技术方面,CCSA 目前的成果较少,不能完全满足国内 IPv4/IPv6 网络过渡的需要。清华大学主导制定的"基于无状态地址映射的 IPv4 与 IPv6 网络互联技术概述和基本地址映射"是业界较成熟的过渡技术方案之一,其技术内容已经成为 IETF 的 RFC 草案。

总体来看,我国 IPv6 标准整体上仍处于跟随国际标准的地位,IPv6 标准进展与国际标准基本一致,在过渡类标准方面有所创新(如软线技术标准和 IVI 技术标准等),并已进入国际标准。另外,我国制定了一系列的设备技术要求及测试方法,具有一定的创新性,有力地支撑了国内 IPv6 网络的建设。

3.2　IPv6 的组成结构

3.2.1　表示方法

IPv6 的地址长度为 128 位,是 IPv4 地址长度的 4 倍。于是 IPv4 的点分十进制格式不再适用,采用十六进制表示[2,3]。

IPv6 有 3 种表示方法。

1) 冒分十六进制表示法

格式为 X：X：X：X：X：X：X：X,其中每个 X 表示地址中的 16b,以十六进制表示,例如:

ABCD：EF01：2345：6789：ABCD：EF01：2345：6789

这种表示法中,每个 X 的前导 0 是可以省略的,例如:

2001：0DB8：0000：0023：0008：0800：200C：417A → 2001：DB8：0：23：8：800：200C：417A

2) 0 位压缩表示法

在某些情况下,一个 IPv6 地址中间可能包含很长的一段 0,可以把连续的一段 0 压缩为 "::"。但为保证地址解析的唯一性,地址中 "::" 只能出现一次,例如:

FF01：0：0：0：0：0：0：1101 → FF01:: 1101

0：0：0：0：0：0：0：1 → :: 1

0：0：0：0：0：0：0：0 → ::

3) 内嵌 IPv4 地址表示法

为了实现 IPv4 与 IPv6 互通,IPv4 地址会嵌入 IPv6 地址中,此时地址常表示为 X：X：X：X：X：d.d.d.d,前 96b 采用冒分十六进制表示,而最后 32b 地

址则使用 IPv4 的点分十进制表示，例如，　::192.168.0.1 与::FFFF:192.168.0.1
就是两个典型的例子，注意在前 96b 中，压缩 0 位的方法仍旧适用。

3.2.2　报文内容

　　IPv6 报文的整体结构分为 IPv6 报头、扩展报头和上层协议数据 3 部分。IPv6
报头是必选报文头部，长度固定为 40B，包含该报文的基本信息；扩展报头是可
选报头，可能存在 0 个、1 个或多个，IPv6 协议通过扩展报头实现各种丰富的功
能；上层协议数据是该 IPv6 报文携带的上层数据，可能是 ICMPv6 报文、TCP
报文、UDP 报文或其他可能的报文。

　　IPv6 的报文头部结构如图 3.1 所示。

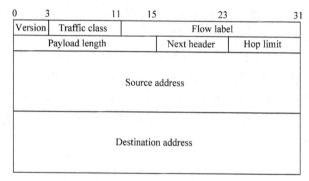

图 3.1　IPv6 的报文头部结构

　　Version(版本号)：表示协议版本。

　　Traffic class(流量等级)：主要用于 QoS。

　　Flow label(流标签)：用来标识同一个流里面的报文。

　　Payload length(载荷长度)：表明该 IPv6 报文头部后包含的字节数，包含扩展
头部。

　　Next header(下一报头)：该字段用来指明报头后接的报文头部的类型，若存
在扩展头，表示第一个扩展头的类型，否则表示其上层协议的类型，它是 IPv6
各种功能的核心实现方法。

　　Hop limit(跳数限制)：该字段类似于 IPv4 中的 TTL，每次转发跳数减一，该
字段达到 0 时报文将会被丢弃。

　　Source address(源地址)：标识该报文的来源地址。

　　Destination address(目的地址)：标识该报文的目的地址。

　　扩展头部：IPv6 报文中不再有"选项"字段，而是通过"下一报头"字段配
合 IPv6 扩展报头来实现选项的功能。使用扩展头时，将在 IPv6 报文下一报头字
段表明首个扩展报头的类型，再根据该类型对扩展报头进行读取与处理。每个扩

展报头同样包含下一报头字段，若接下来有其他扩展报头，即在该字段中继续标明接下来的扩展报头的类型，从而达到添加连续多个扩展报头的目的。在最后一个扩展报头的下一报头字段中，则标明该报文上层协议的类型，用于读取上层协议数据。

3.3 IPv6 地址类型

IPv6 协议主要定义了三种地址类型：单播地址(unicast address)、组播地址(multicast address)和任播地址(anycast address)。与原来的 IPv4 地址相比，新增了任播地址类型，取消了原来 IPv4 地址中的广播地址，因为 IPv6 中的广播功能是通过组播来完成的。单播地址是用来唯一标识的一个接口，类似于 IPv4 中的单播地址。发送到单播地址的数据报文将被传送给此地址所标识的一个接口。组播地址是用来标识一组接口的(通常这组接口属于不同的节点)，类似于 IPv4 中的组播地址。发送到组播地址的数据报文被传送给此地址所标识的所有接口。任播地址是用来标识一组接口的(通常这组接口属于不同的节点)。发送到任播地址的数据报文被传送给此地址所标识的一组接口中距离源节点最近(根据使用的路由协议进行度量)的一个接口。

3.3.1 单播地址

IPv6 单播地址与 IPv4 单播地址一样，都只标识了一个接口。为了适应负载平衡系统，RFC3513 允许多个接口使用同一个地址。单播地址包括四个类型：全局单播地址、本地单播地址、兼容性地址、特殊地址。

(1) 全局单播地址：等同于 IPv4 中的公网地址，可以在 IPv6 Internet 上进行全局路由和访问。这种地址类型允许路由前缀的聚合，从而限制了全球路由表条目的数量。

(2) 本地单播地址：链路本地地址和唯一本地地址都属于本地单播地址，在 IPv6 中，本地单播地址就是指本地网络使用的单播地址，也就是 IPV4 地址中局域网的专用地址。每个接口上至少要有一个链路本地单播地址，另外还可以分配任何类型(单播、任播和组播)或范围的 IPv6 地址。

① 链路本地地址(FE80::/10)：仅用于单个链路(链路层不能跨 VLAN)，不能在不同子网中路由。节点使用本地地址与同一个链路上的相邻节点进行通信。例如，在没有路由器的单链路 IPv6 网络上，主机使用链路本地地址与该链路上的其他主机进行通信。

② 唯一本地地址(FC00::/7)：唯一本地地址是本地全局的，它应用于本地

通信，但不通过 Internet 路由，将其范围限制为组织的边界。

③ 站点本地地址(FEC0∷/10，新标准中已被唯一本地地址代替)。

(3) 兼容性地址：在 IPv6 的转换机制中还包括了一种通过 IPv4 路由接口以隧道方式动态传递 IPv6 包的技术。这样的 IPv6 节点会被分配一个在低 32 位中带有全球 IPv4 单播地址的 IPv6 全局单播地址。另有一种嵌入 IPv4 的 IPv6 地址，用于局域网内部，这类地址用于把 IPv4 节点当作 IPv6 节点。此外，还有一种称为"6to4"的 IPv6 地址，用于在两个通过 Internet 同时运行 IPv4 和 IPv6 的节点之间进行通信。

(4) 特殊地址：包括未指定地址和环回地址。未指定地址(0∶0∶0∶0∶0∶0∶0∶0 或∷)仅用于表示某个地址不存在。它等价于 IPv4 未指定地址 0.0.0.0。未指定地址通常被用做尝试验证暂定地址唯一性数据包的源地址，并且永远不会指派给某个接口或被用作目标地址。环回地址(0∶0∶0∶0∶0∶0∶0∶1 或∷1)用于标识环回接口，允许节点将数据包发送给自己。它等价于 IPv4 环回地址 127.0.0.1。发送到环回地址的数据包永远不会发送给某个链接，也永远不会通过 IPv6 路由器转发。

3.3.2　组播地址

IPv6 组播地址可以识别多个接口，对应于一组接口的地址(通常分属于不同的节点)。发送到组播地址的数据包被送到由该地址标识的每个接口。使用适当的组播路由拓扑，将数据包根据组播地址发送给该地址识别的所有接口。任意位置的 IPv6 节点可以侦听任意 IPv6 组播地址上的组播通信。IPv6 节点可以同时侦听多个组播地址，也可以随时加入或离开组播组。IPv6 组播地址的最明显特征就是最高的 8 位固定为 1111 1111。IPv6 地址很容易区分组播地址，因为它总是以 FF 开始的。

3.3.3　任播地址

一个 IPv6 任播地址与组播地址一样也可以识别多个接口，对应一组接口的地址。大多数情况下，这些接口属于不同的节点。但是，与组播地址不同的是，发送到任播地址的数据包被送到由该地址标识的其中一个接口。

通过合适的路由拓扑，目的地址为任播地址的数据包将被发送到单个接口(该地址识别的最近接口，最近接口的定义依据路由距离最近的原则)，而组播地址用于一对多通信，发送到多个接口。一个任播地址必须不能用作 IPv6 数据包的源地址；也不能分配给 IPv6 主机，仅可以分配给 IPv6 路由器。

3.4　IPv6 使用协议

3.4.1　地址配置协议

IPv6 使用两种地址自动配置协议，分别为无状态地址自动配置协议(stateless address autoconfiguration，SLAAC)和 IPv6 动态主机配置协议(dynamic host configuration protocol v6，DHCPv6)。SLAAC 不需要服务器对地址进行管理，主机可以直接根据网络中路由器的通告信息与本机 MAC 地址相结合计算出本机 IPv6 地址，实现地址自动配置；DHCPv6 由 DHCPv6 服务器管理地址池，用户主机从服务器请求并获取 IPv6 地址及其他信息，达到地址自动配置的目的。

1. 无状态地址自动配置

无状态地址自动配置的核心是不需要额外的服务器管理地址状态，主机可自行计算地址，进行地址自动配置，具体包括 4 个基本步骤。
(1) 链路本地地址配置。主机计算本地地址。
(2) 重复地址检测，确定当前地址唯一。
(3) 全局前缀获取，主机计算全局地址。
(4) 前缀重新编址，主机改变全局地址。

2. IPv6 动态主机配置协议

IPv6 动态主机配置协议 DHCPv6 是由 IPv4 场景下的 DHCP 发展而来的。客户端通过向 DHCP 服务器发出申请来获取本机 IP 地址并进行自动配置，DHCP 服务器负责管理并维护地址池及地址与客户端的映射信息。

DHCPv6 在 DHCP 的基础上，进行了一定的改进与扩充。其中包含 3 种角色：DHCPv6 客户端用于动态获取 IPv6 地址、IPv6 前缀或其他网络配置参数；DHCPv6 服务器负责为 DHCPv6 客户端分配 IPv6 地址、IPv6 前缀和其他配置参数；DHCPv6 中继是一个转发设备。通常情况下。DHCPv6 客户端可以通过本地链路范围内组播地址与 DHCPv6 服务器进行通信。若服务器和客户端不在同一链路范围内，则需要 DHCPv6 中继进行转发。DHCPv6 中继的存在使得在每一个链路范围内不必都部署 DHCPv6 服务器，节省了成本，并便于集中管理。

3.4.2　路由协议

IPv4 初期对 IP 地址规划的不合理，使得网络变得非常复杂，路由表条目繁多。尽管通过划分子网及路由聚集一定程度上缓解了这个问题，但这个问题依旧存在。因此 IPv6 设计之初就把地址从用户拥有改成运营商拥有，并在此基础上，路由策略发生了一些变化，加之 IPv6 地址长度发生了变化，因此路由协议发生了相应的改变。

与 IPv4 相同，IPv6 路由协议同样分成内部网关协议(interior gateway protocol，IGP)与外部网关协议(exterior gateway protocol，EGP)，其中 IGP 包括由 RIP 变化而来的 RIPng，由 OSPF 变化而来的 OSPFv3，以及由 IS-IS 协议变化而来的 IS-ISv6。EGP 则主要是由 BGP 变化而来的 BGP4＋。

1. RIPng

下一代 RIP 协议(RIPng)是对原来的 RIPv2 的扩展。大多数 RIP 的概念都可以用于 RIPng。为了在 IPv6 网络中应用，RIPng 对原有的 RIP 协议进行了修改。

UDP 端口号：使用 UDP 的 521 端口发送和接收路由信息。

组播地址：使用 FF02::9 作为链路本地范围内的 RIPng 路由器组播地址。

路由前缀：使用 128 位的 IPv6 地址作为路由前缀。

下一跳地址：使用 128 位的 IPv6 地址。

2. OSPFv3

RFC 2740 定义了 OSPFv3，用于支持 IPv6。OSPFv3 与 OSPFv2 的主要区别如下所示。

(1) 修改了 LSA 的种类和格式，使其支持发布 IPv6 路由信息。

(2) 修改了部分协议流程。主要的修改包括用 Router-ID 来标识邻居，使用链路本地地址来发现邻居等，使得网络拓扑本身独立于网络协议，以便于将来扩展。

(3) 进一步理顺了拓扑与路由的关系。OSPFv3 在 LSA 中将拓扑与路由信息相分离，在一、二类 LSA 中不再携带路由信息，而只是单纯的拓扑描述信息，另外增加了八、九类 LSA，结合原有的三、五、七类 LSA 来发布路由前缀信息。

(4) 提高了协议适应性。通过引入 LSA 扩散范围的概念进一步明确了对未知 LSA 的处理流程，使得协议可以在不识别 LSA 的情况下根据需要做出恰当处理，提高了协议的可扩展性。

3. BGP 4+

传统的 BGP 4 只能管理 IPv4 的路由信息，对于使用其他网络层协议(如 IPv6 等)的应用，在跨自治系统传播时会受到一定的限制。为了提供对多种网络层协议的支持，IETF 发布的 RFC2858 文档对 BGP 4 进行了多协议扩展，形成了 BGP4+。

为了实现对 IPv6 协议的支持，BGP 4+必须将 IPv6 网络层协议的信息反映到 NLRI(network layer reachable information)及下一跳属性中。为此，在 BGP4+中引入了下面两个 NLRI 属性。

MP_REACH_NLRI：多协议可到达 NLRI，用于发布可到达路由及下一跳信息。

MP_UNREACH_NLRI：多协议不可达 NLRI，用于撤销不可达路由。

BGP 4+中的 Next Hop 属性用 IPv6 地址来表示，可以是 IPv6 全局单播地址或者下一跳的链路本地地址。BGP 4 原有的消息机制和路由机制没有改变。

4. ICMPv6 协议

ICMPv6 协议用于报告 IPv6 节点在数据包处理过程中出现的错误消息，并实现简单的网络诊断功能。ICMPv6 新增加的邻居发现功能代替了 ARP 协议的功能，所以在 IPv6 体系结构中已经没有 ARP 协议了。除了支持 IPv6 地址格式，ICMPv6 还为支持 IPv6 中的路由优化、IP 组播、移动 IP 等增加了一些新的报文类型。

3.5 IPv6 过渡技术

IPv6 不可能立刻替代 IPv4，因此在相当一段时间内 IPv4 和 IPv6 会共存在一个环境中。要提供平稳的转换过程，使得对现有的使用者影响最小，就需要有良好的转换机制。这个议题是 IETF ngtrans 工作小组的主要目标，有许多转换机制被提出，部分已被用于 6Bone 上。

IETF 推荐了 IPv6/IPv4 双协议栈技术、隧道技术及网络地址转换技术等[4,5]。

1. IPv6/IPv4 双协议栈技术

双协议栈机制就是使 IPv6 网络节点具有一个 IPv4 栈和一个 IPv6 栈，同时支持 IPv4 和 IPv6 协议。IPv6 和 IPv4 是功能相近的网络层协议，两者都应用于相同的物理平台，并承载相同的传输层协议 TCP 或 UDP，如果一台主机同时支持 IPv6 协议和 IPv4 协议，那么该主机就可以和仅支持 IPv4 协议或 IPv6 协议的主机通信。

2. 隧道技术

隧道技术就是必要时将 IPv6 数据包作为数据封装在 IPv4 数据包里，使 IPv6 数据包能在已有的 IPv4 基础设施(主要是指 IPv4 路由器)上传输的机制。随着 IPv6 的发展，出现了一些运行 IPv4 协议的骨干网络隔离开的局部 IPv6 网络，为了实现这些 IPv6 网络之间的通信，必须采用隧道技术。隧道对于源站点和目的站点是透明的，在隧道的入口处，路由器将 IPv6 的数据分组封装在 IPv4 中，该 IPv4 分组的源地址与目的地址分别是隧道入口和出口的 IPv4 地址，在隧道出口处，再将 IPv6 分组取出转发给目的站点。隧道技术的优点在于隧道的透明性，IPv6 主机之间的通信可以忽略隧道的存在，隧道只起到物理通道的作用。隧道技术在 IPv4 向 IPv6 演进的初期应用非常广泛。但是，隧道技术不能实现 IPv4 主机和 IPv6 主机之间的通信。

3. 网络地址转换技术

网络地址转换(network address translator，NAT)技术将 IPv4 地址与 IPv6 地址分别看作内部地址和全局地址，或者相反。例如，内部的 IPv4 主机要和外部的 IPv6 主机通信时，在 NAT 服务器中将 IPv4 地址(相当于内部地址)变换成 IPv6 地址(相当于全局地址)，服务器维护一个 IPv4 地址与 IPv6 地址的映射表。反之，当内部的 IPv6 主机和外部的 IPv4 主机进行通信时，则 IPv6 主机映射成内部地址，IPv4 主机映射成全局地址。NAT 技术可以解决 IPv4 主机和 IPv6 主机之间的互通问题。

3.6　优 势 特 点

与 IPV4 相比，IPV6 具有以下几个优势。

(1) IPv6 具有更大的地址空间。IPv4 中规定 IP 地址长度为 32，最大地址个数为 2^{32}；而 IPv6 中 IP 地址的长度为 128，即最大地址个数为 2^{128}。

(2) IPv6 使用更小的路由表。IPv6 的地址分配一开始就遵循聚类的原则，这使得路由器能在路由表中用一条记录表示一片子网，大大减小了路由器中路由表的长度，提高了路由器转发数据包的速度。

(3) IPv6 增加了增强的组播支持及对流的控制，这使得网络上的多媒体应用有了长足发展的机会，为服务质量控制提供了良好的网络平台。

(4) IPv6 加入了对自动配置的支持。这是对 DHCP 协议的改进和扩展，使得网络(尤其是局域网)的管理更加方便和快捷。

(5) IPv6 具有更高的安全性。在使用 IPv6 网络中用户可以对网络层的数据进行加密并对 IP 报文进行校验，IPV6 中的加密与鉴别选项提供了分组的保密性与完整性，极大地增强了网络的安全性。

(6) 允许扩充。当新的技术或应用需要时，IPV6 允许协议进行扩充。

(7) 更好的头部格式。IPV6 使用新的头部格式，其选项与基本头部分开，如果需要，可将选项插入到基本头部与上层数据之间。这就简化和加速了路由选择过程，因为大多数的选项不需要由路由选择。

(8) 新的选项。IPV6 有一些新的选项来实现附加的功能。

3.7 IPv6 协议的安全

无论 IPv4 网络还是 IPv6 网络，安全威胁是一直存在的问题。IPv6 协议在增加安全性的同时，也引入了一些特有的问题。目前 IPv6 各运营商开始大规模部署 IPv6 网络，但是相应的 IPv6 安全研究和实践没有得到足够的重视与发展。本节从 IPv6 协议相对 IPv4 协议变化、IPv6 协议安全改进、IPv6 网络中新的安全威胁三个方面阐述一下 IPv6 网络的安全性。

3.7.1 IPv6 协议相对 IPv4 协议变化

原来的 Internet 安全机制只建立于应用程序级，如 E-mail 加密、SNMPv2 网络管理安全、接入安全(HTTP、SSL)等，无法从 IP 层来保证 Internet 的安全。IP 级的安全保证分组的鉴权和私密特性，其具体实现主要由 IP 的 AH(authentication header)和 ESP(encapsulating security payload)标记来实现。IPv6 实现了 IP 级的安全。

(1) 安全协议套：是发送者和接收者的双向约定，只由目标地址和安全参数索引(safety performance indicator，SPI)确定。

(2) 包头认证：提供了数据完整性和分组的鉴权。

(3) 安全包头封装：ESP 根据用户的不同需求，支持 IP 分组的私密和数据完整性。它既可用于传送层(如 TCP、UDP、ICMP)的加密，称传送层模式 ESP，同时又可以用于整个分组的加密，称隧道模式 ESP。

(4) ESPDES-CBC 方式：ESP 处理一般必须执行 DES-CBC 加密算法，数据分为以 64 位为单位的块进行处理， 解密逻辑的输入是现行数据和先前加密数据块的与或。

(5) 鉴权加私密方式：根据不同的业务模式，两种 IP 安全机制可以按一定的顺序结合，从而达到分组传送加密的目的。按顺序的不同，分为鉴权之前加密和加密之前鉴权。

IPv4 协议报文头结构冗余，影响转发效率；同时缺乏对端到端安全、QoS、移动互联网安全的有效支持。IPv6 协议重点针对上述几个方面进行了改进，采用了更加精简有效的报文头结构。IPv6 协议选项字段都放在扩展头中(表 3.1)，中间转发设备不需要处理所有扩展报文头，可以提高数据包处理速度，并且通过扩展选项实现强制 IPSec 安全加密传输和对移动互联网安全的支持。

表 3.1 IPv6 扩展头说明

选项值	英文含义	中文含义
0	Hop-by-Hop Options Header	逐跳选项报头
6	TCP	
17	UDP	
41	Encapsulated IPv6 Header	封装的 IPv6 报头
43	Routing Header	路由报头
44	Fragment Header	分片报头
50	Encapsulating Security Payload	封装安全载荷报头
51	Authentication Header	认证报头
58	ICMPv6	
59	No Next Header	没有下一报头
60	Destination Options Header	目的选项报头

表中，Fragment Header 用于分片报文传输；Encapsulating Security Payload 和 Authentication Header 用于实现 IPSec 加密传输；ICMPv6 扩展头在 IPv6 协议中地位举足轻重，承载了 IPv6 基础协议：邻居发现协议(neighbor discovery protocol，NDP)。

3.7.2 IPv6 协议安全改进

IPv6 具备巨大的地址空间，并且设计之初就考虑了各种应用的安全，具体包括如下几个方面。

1. 可溯源和防攻击

在 IPv4 网络中，由于地址空间的不足，普遍部署 NAT，CGN 技术更是引入了多级 NAT。NAT 的存在一方面破坏了互联网端到端通信的特性，另一方面 NAT 隐藏了用户的真实 IP，导致事前基于过滤类的预防机制和事后追踪溯源变得尤为困难。IPv6 网络地址资源丰富，不需要部署 NAT，每一个终端都可以分配到一个 IP 地址并和个人信息进行绑定。安全设备可以通过简单的过滤策略对节点进行安全控制，进一步提高网络安全性。

在 IPv4 网络中，黑客攻击的第一步通常是对目标主机及网络进行扫描并搜集数据，以此推断出目标网络的拓扑结构及主机开放的服务、端口等信息从而进行针对性地攻击。在 IPv6 网络中，每一个 IPv6 地址是 128 位，假设网络前缀为 64 位，那么在一个子网中就会存在 2^{64} 个地址，假设攻击者以 100 万每秒的速度扫描,需要 50 万年才能遍历所有的地址。这使得网络侦察的难度和代价都大大增加,从而进一步防范了攻击。

2. IPv6 的默认 IPSec 安全加密机制

IPv4 协议设计时为考虑效率并没有考虑安全机制, IPSec 是独立于 IP 协议族之外的, 这使得目前互联网上的大部分数据流都没有加密和验证, 攻击者很容易对报文进行窃取和修改。另外 IPv4 网络中, NAT 和 IPSec 二者协议上冲突性也给 IPSec 的部署带来复杂度。

IPv6 协议中集成了 IPSec , 通过 AH 和 ESP 两个扩展头实现加密、验证功能。其中 AH 协议实现数据完整性和数据源身份认证功能, 而 ESP 在上述功能基础上增加安全加密功能。 IPv4 协议中 IPSec 抗重放攻击等安全功能在 IPv6 协议中同样被继承。集成了 IPSec 的 IPv6 协议真正实现了端到端的安全, 中间转发设备只需要对带有 IPSec 扩展包头的报文进行普通转发, 大大减轻转发压力。

3. NDP 和 SEND

在 IPv6 协议中, 采用 NDP 协议取代现有 IPv4 中 ARP 及部分 ICMP 控制功能如路由器发现、重定向等。

NDP 协议通过在节点之间交换 ICMPv6 信息报文和差错报文实现链路层地址及路由发现、地址自动配置等功能;并且通过维护邻居可达状态来加强通信的健壮性。

NDP 协议独立于传输介质, 可以更方便地进行功能扩展;并且现有的 IP 层加密认证机制可以实现对 NDP 协议的保护。

此外, 下一代互联网的安全邻居发现协议(secure neighbor discovery protocol, SEND)通过独立于 IPSec 的另一种加密方式(cryptographically generated addresses, CGA), 保证了传输的安全性。

真实源 IPv6 地址验证体系结构(source address validation architecture, SAVA)分为接入网、区域内和区域间源地址验证三个层次, 从主机 IP 地址、IP 地址前缀和自治域三个粒度构成多重监控防御体系, 该体系不但可以有效地阻止仿冒源地址类攻击;而且能够通过监控流量来实现基于真实源地址的计费和网管。目前基于 SAVA 实现的系统在 CNGI-CERNET2 网络上进行了实验性部署、运行和测试, 已经形成标准 RFC。

3.7.3　IPv6 网络中新的安全威胁

虽然 IPv6 协议从设计之初就增加了安全方面的考虑,但是任何协议都不可能是完美的, 网络中同样存在针对 IPv6 协议的攻击。安全威胁主要分为三类。

① 针对 IPv6 协议特点进行的攻击。

② IPV6 新的应用下带来的安全风险。

③ 针对 IPv4 向 IPv6 过渡过程中的翻译和隧道技术的攻击。

1. 根据协议特点进行的攻击

部署 IPv6 后，由于 IP 网络传输的本质没有发生变化，所以 IPv6 同样会面临一些现有 IPv4 网络下的攻击如分片攻击和地址欺骗攻击等。同时会出现一些针对专门针对 IPv6 协议新内容的攻击。

1) 分片攻击

IPv4 协议的分片攻击主要有以下两种：在首片中不包含传输层信息从而逃避防火墙的安全防护策略；产生大量分片使得防火墙为实现重组耗费大量资源，或者发送不完整的分片报文强迫防火墙长时间等待集合中的其他分片。

IPv6 环境下攻击方法类似，可以通过严格限制同一片报文的分片数目，设置合理的分片缓冲超时时间等手段来预防此类攻击。

2) NDP 协议攻击

IPv6 采用 NDP 协议替代 IPv4 中的 ARP 协议，二者虽然协议层次不同但实现原理基本一致，所以针对 ARP 的攻击如 ARP 欺骗、ARP 泛洪等在 IPv6 协议中仍然存在，同时 IPv6 新增的 NS、NA 也成为新的攻击目标。NDP 协议寄希望于通过 IPSec 来实现安全认证机制，但是协议并没有给出部署指导，另外，SEND 协议可以彻底地解决 NDP 协议的安全问题，但是目前终端及设备还普遍不支持该协议。

因此现阶段对 ND 欺骗的防护可以参考现有 ARP 的防范手段，其基本思路就是通过 ND detection 和 DHCP Snooping 得到主机 IP、MAC 和端口的绑定关系，根据绑定关系对非法 ND 报文进行过滤，　配合 RA Trust 和 DHCP Trust 对 RA 报文与 DHCP 报文进行限制。当然，通过配置端口的最大 ND 表项学习数量也可以避免 ND 泛洪攻击。

3) 扩展头攻击

当前协议对 IPv6 扩展头数量没有做出限制，同一种类型的扩展头也可以出现多次。攻击者可以通过构造包含异常数量扩展头的报文对防火墙进行 DoS 攻击，防火墙在解析报文时耗费大量资源，从而影响转发性能。这种攻击可以通过限制扩展头的数量和同一类型扩展头实例的数量来避免。

4) IPv6 DNS 攻击

目前针对 DNS 的攻击较多，如"网络钓鱼""DNS 缓冲中毒"等，这些攻击会控制 DNS 服务器，将合法网站 DNS 记录中的 IP 地址进行篡改，从而实现 DoS 攻击(denial-of-service attacks)或钓鱼攻击。IPv6 的 SLACC(stateless address auto-configuration)协议支持任意节点上报 DNS 域名和 IP 地址,本意是通过该协议提高 DNS 的更新速率,但是这样带来了冒用域名的风险。DNS 安全扩展协议基于 PKI(public key infrastructure)公私钥体系实现对 DNS 记录的认证及完整性保护,除了可以预防上述攻击,对现存的 DNS 攻击同样有效。

2. IPv6 新的应用带来的安全风险

IPv6 网络不支持 NAT,这就意味着任何一台终端都会暴露在网络中。虽然 IPv6 巨大的地址空间使得攻击者的扫描变得困难,但是攻击者仍然可以通过 IPv6 前缀信息搜集、隧道地址猜测、虚假路由通告及 DNS 查询等手段搜集到活动主机信息从而发起攻击,对于这种攻击需要制定完善的边界防护策略。

IPv6 强制使用 IPSec,使得防火墙过滤变得困难,防火墙需要解析隧道信息。如果使用 ESP(encapsulating security payload)加密, 三层以上的信息都是不可见的,控制难度大大增加,在这种情况下,无法实现端到端的 IPSec,需要将安全设备作为 IPSec 网关。

3. 针对 IPv6 过渡过程中的翻译及隧道技术的攻击

在 IPv4 向 IPv6 演进过程中,不同阶段存在不同过渡技术,这些技术基本上分为三类:双栈技术、隧道技术和翻译技术。

目前针对各种过渡技术无成熟应用经验,设备商到运营商对安全的考虑欠周全,所以很可能存在以下三种安全威胁。

许多操作系统都支持双栈,IPv6 默认是激活的,但并没有像 IPv4 一样加强部署 IPv6 的安全策略。由于 IPv6 支持自动配置,即使在没有部署 IPv6 的网络中,这种双栈主机也可能受到 IPv6 协议攻击。

几乎所有的隧道机制都没有内置认证、完整性和加密等安全功能,攻击者可以随意截取隧道报文,通过伪造外层和内层地址伪装成合法用户向隧道中注入攻击流量;像 6to4 和 ISATAP(intra site automatic tunnel addressing protocol)隧道的 IPv6 地址是通过特殊前缀内嵌 IPv4 地址构成的,攻击者还可以据此推测主机的 IPv4 地址进行扫描攻击。

协议转换技术如 NAT64\NAT-PT 涉及载荷转换,无法实现端到端 IPSec,就会受到 NAT 设备常见的地址池耗尽等 DDoS 攻击。

针对上述威胁有以下几种预防方法:主机或防火墙需要关闭不用的 IPv6 服务端口,必要时可以关闭 IPv6 协议栈;通过配置静态隧道防止非授权隧道接入;使用反电子欺骗技术拒绝来自错误隧道的数据包;使用 IPSec 保护隧道流量防止嗅探;翻译设备做好自身的 DDoS 攻击防护。

从协议层面来看 IPv6 相比 IPv4 对互联网安全有了更多的考虑，但是任何协议都不是完美的。可以预见在 IPv6 部署伊始，很可能会爆发各种各样的安全问题。从用户角度看需要提高对网络安全的重视。从运营商角度看，作为下一代互联网的承建者，在建设之初就应该结合下一代互联网的特点制定相应的安全措施，包括建立完善真实源地址检查机制，同时做好网络监管，提供事后溯源。作为设备商需要紧密跟踪网络安全动态，提升设备本身的 IPv6 协议防护的稳定性，并完善相应的安全防护功能。

3.8　移动 IPv6

3.8.1　移动 IPv6 主要作用

移动 IPv6(MIPv6)[6]技术主要用于实现移动终端在移动过程中进行网络无缝切换，保持通信畅通，使用户终端始终处于互联网中。

移动 IPv6 允许移动节点从一个链接移动到另一链接，而无须更改该移动节点的"家乡地址"。可以使用此地址将数据包路由到移动节点，而不管移动节点当前与 Internet 的连接点如何。移动到新链接后，移动节点还可以继续与其他节点(固定或移动)通信。因此，移动节点远离其本地链路的移动对于传输层及更高层的协议和应用程序而言是透明的。

移动 IPv6 协议适用于同质媒体及异质媒体之间的移动。例如，移动 IPv6 有助于节点从一个以太网段移动到另一个以太网段，也有助于节点从以太网段移动到无线 LAN 单元，尽管移动节点的 IP 地址保持不变。

可以将 Mobile IPv6 协议视为解决网络层移动性管理问题的方法。某些移动性管理应用程序(例如，无线收发器之间的切换，每个收发器仅覆盖很小的地理区域)已经使用链路层技术解决了。例如，在许多当前的无线 LAN 产品中，链路层移动性机制允许移动节点从一个小区切换到另一个小区，从而在每个新位置重新建立到该节点的链路层连接。

家乡地址是在其家乡链接的家乡子网前缀内分配给移动节点的 IP 地址。当移动节点在其家乡地址时，使用常规 Internet 路由机制将寻址到其家乡地址的数据包路由到移动节点的家乡链接。

当移动节点连接到远离家乡的某个外部链接时，它也可以在一个或多个转交地址处寻址。转交地址是与具有特定外部链接的子网前缀的移动节点关联的 IP 地址。移动节点可以通过常规 IPv6 机制(如无状态或有状态自动配置)获取其转交地址。只要移动节点停留在该位置，寻址到此转交地址的数据包将被路由到移动节点。移动节点还可以接收来自多个转交地址的数据包。

移动节点的家乡地址和转交地址之间的关联称为移动节点的"绑定"。当离开家乡时，移动节点在其家乡链路上的路由器上注册其主要转交地址，从而请求该路由器充当该移动节点的家乡代理。移动节点通过向家乡代理发送"绑定更新"消息来执行此绑定注册。家乡代理通过返回"绑定确认"消息来答复移动节点。

与移动节点通信的任何节点均被称为移动节点的对端节点，并且其本身可以是固定节点或移动节点。移动节点可以将有关其当前位置的信息提供给对端节点。这是通过代理注册进行的。作为此过程的一部分，将执行返回路由测试以授权建立绑定。

MIPv6 建立了家乡地址和转交地址的对照表，家乡地址是移动节点在家乡网络获得的固定地址，转交是移动节点移动到外地网络时获得的地址。通信节点对家乡地址的通信及网络层路由对转交地址的通信可以通过一定标识建立起来。通信对端发送给移动节点的报文可通过路由优化的方式直接发给转交地址；之后通信节点发给移动节点报文目的地址并使用转交地址，但附带家乡地址的路由选择头，以保证节点在移动过程中报文还能发送成功；移动节点发生网络切换时，会向原接入点发送重定向报文，使得它能够被重新找到。MIPv6 通过这一流程向通信节点证明转交地址和家乡地址都属于同一移动节点，优化三角路由，节约网络资源，提高通信效率。

在移动节点和对端节点之间有两种可能的通信模式。第一种模式是双向隧道，它不需要来自对端节点的移动 IPv6 支持，并且即使移动节点尚未向对端节点注册其当前绑定也可以使用。来自对端节点的数据包被路由到家乡代理，然后通过隧道传输到移动节点。到对端节点的数据包从移动节点隧道传输到家乡代理(反向隧道)，然后从家乡网络正常路由到对端节点。在这种模式下，家乡代理使用代理邻居发现来拦截寻址到家乡链路上移动节点家乡地址的所有 IPv6 数据包。每个截获的数据包都通过隧道传送到移动节点的主要转交地址。双向隧道是使用 IPv6 封装执行的。

第二种模式是路由优化，要求移动节点执行以下操作。

在对端节点注册其当前绑定。来自对端节点的数据包可以直接路由到移动节点的转交地址。当将数据包发送到任何 IPv6 目的地时，对端节点会检查其缓存的绑定以查找该数据包的目的地址的条目。如果找到此目标地址的缓存绑定，则该节点将使用新的 IPv6 类型路由头，以通过此绑定中指示的转交地址将数据包路由到移动节点。

将数据包直接路由到移动节点的转交地址可以使用最短的通信路径。它还消除了移动节点的家乡代理和家乡链路的拥塞。另外，减少了家乡代理或网络的临时故障对去往或来自家乡代理的路径的影响。

当直接将数据包路由到移动节点时，对端节点将 IPv6 标头中的目的地址设置为移动节点的转交地址。新型的 IPv6 路由报头也添加到了数据包中，以携带所需的家乡地址。同样，移动节点将数据包的 IPv6 标头中的源地址设置为其当前转交地址。移动节点添加了一个新的 IPv6 家乡地址目的地选项以携带其家乡地址。这些分组中包括家乡地址，从而使得转交地址的使用在网络层之上(如在传输层)是透明的。

移动 IPv6 还为多个家乡代理提供支持，并为家乡网络的重新配置提供了有限的支持。在这些情况下，移动节点可能不知道其自己的家乡代理的 IP 地址，甚至家乡子网前缀也可能随时间变化。在"动态家乡代理地址发现"机制中，即使移动节点不在家乡，移动节点也可以在其家乡链路上动态地发现家乡代理的 IP 地址。移动节点还可以通过"移动前缀发现"机制来学习有关家乡子网前缀的新信息。

3.8.2　移动 IPv6 和移动 IPv4 的主要区别

移动 IPv6 中的移动 IP 支持的设计既受益于 IPv4(移动 IPv4)中的移动 IP 支持的开发中获得的经验，又受益于 IPv6 提供的机会。因此，移动 IPv6 与移动 IPv4 共享许多功能。这些功能已集成到 IPv6 中，并有许多其他改进。

下面是移动 IPv6 和移动 IPv4 之间的主要区别。

(1) 不需要像移动 IPv4 中一样将特殊路由器部署为外部代理。移动 IPv6 可以在任何位置运行，而无须家乡路由器的任何特殊支持。

(2) 支持路由优化是协议的基本部分，而不是非标准扩展集。

(3) 即使没有预先安排的安全关联，移动 IPv6 路由优化也可以安全地运行。预期可以在所有移动节点和对端节点之间的全球范围内部署路由优化。

(4) 支持还集成到移动 IPv6 中，以允许路由优化与执行入口过滤的路由器有效地共存。

(5) IPv6 邻居不可访问性检测可以确保移动节点与其当前位置的默认路由器之间具有对称可访问性。

(6) 在移动 IPv6 中，大多数在离开家乡时发送到移动节点的数据包都是使用 IPv6 路由头发送的，与移动 IPv4 相比，移动 IPv6 减少了产生的开销。

(7) 移动 IPv6 可以与任何特定的链路层进行分离，因为它使用 IPv6 邻居发现而不是地址解析协议(address resolution protocol，ARP)。这也提高了协议的鲁棒性。

(8) IPv6 封装消除了移动 IPv6 中管理隧道的软状态。

(9) 移动 IPv6 中的动态家乡代理地址发现机制将单个答复返回给移动节点。移动 IPv4 中使用的定向广播方法从每个家乡代理返回单个答复。

3.8.3　移动 IPv6 的切换技术

在移动 IPv6 切换过程中,检测网络层的移动、执行转交地址配置和检测有效性、绑定更新等操作会造成切换时延;无线信号强度的动态变化和无线链路的高误码率等因素会导致数据丢失。为实现无缝切换,提高 MIPv6 通信效率和服务质量,IETF 提出了多种 MIPv6 切换技术。

1. 快速 MIPv6 切换技术

快速 MIPv6 切换技术增加了链路层的触发机制,能提前预测网络切换的发生,允许移动节点在离开当前网络前,获得新接入网络的子网前缀信息,并自动配置新转交地址 NCoA,进行切换预处理,加快切换过程。

2. 层次 MIPv6 切换技术

层次 MIPv6 切换技术的核心思想是将网络划分为不同的管理域,每个管理域指定一个移动锚点(mobility anchor point,MAP)进行管理。MAP 是行使部分家乡代理功能的路由器,负责帮助 MN(mobile node)无缝地在不同 AR(access router)间移动。每个 MN 拥有区域转交地址 RCoA 和链路转交地址 LCoA。

3. F-HMIPv6

F-HMIPv6 将层次切换技术和快速切换技术进行了结合。当 MN 在 MAP 域内的不同路由器之间进行移动切换时采用快速切换,以便进一步减少切换时延。

3.9　6LoWPAN

6LoWPAN 是一种基于 IPv6 的低速无线个域网标准,即 IPv6 over IEEE 802.15.4。

6LoWPAN 是低功耗无线个人局域网上 IPv6 的首字母缩写。6LoWPAN 概念源于即使在最小的设备上可以将 Internet 协议应用于互联网,并且处理能力有限的低功耗设备也能够参与物联网的想法。

6LoWPAN 已定义了封装和报头压缩机制,这些机制允许 IPv6 数据包在基于 IEEE 802.15.4 的网络上进行发送和接收。IPv4 和 IPv6 是用于局域网、城域网和广域网进行数据传递的主要工具。同样,IEEE 802.15.4 设备在无线域中提供传感通信能力。但是,这两个网络的固有性质是不同的。

6LoWPAN 开发的基本规范是 RFC 4944(由具有标头压缩的 RFC 6282 和具有邻居发现优化的 RFC 6775 更新)。问题声明文档为 RFC4919。RFC 7668 中定义了低功耗蓝牙(bluetooth low energy，BLE)上的 IPv6。

低功耗无线电通信的 IP 网络的目标是，对于尺寸非常有限的设备，需要以较低的数据速率进行无线 Internet 连接的应用程序。一个示例是家庭、办公室和工厂环境中的自动化与娱乐应用程序。 RFC6282 中标准化的包头压缩机制可以在此类网络上提供 IPv6 数据包头压缩。

IPv6 还可以用于智能电网，从而使智能电表和其他设备能够在将数据发送回使用 IPv6 主干网的计费系统之前，建立微网状网络。这些网络中的一些网络通过 IEEE 802.15.4 无线电运行，因此使用 RFC6282 指定的包头压缩和分段。

将 IP 协议引入无线通信网络一直被认为是不现实的。IP 协议对内存和带宽要求较高，要降低它的运行环境要求以适应微控制器及低功率无线连接很困难。

基于 IEEE 802.15.4 实现 IPv6 通信的 6LoWPAN 有望改变这一局面。6LoWPAN 所具有的低功率运行的潜力使它很适合应用在手持机到仪器的设备中。

IEEE 802.15.4 标准用于开发可以靠电池运行 1～5 年的紧凑型低功率廉价嵌入式设备(如传感器)。该标准使用工作在 2.4GHz 频段的无线电收发器传送信息，使用的频带与 WiFi 相同，但其射频发射功率只有 WiFi 的 1%。这限制了 IEEE 802.15.4 设备的传输距离，因此，多台设备必须一起工作才能在更长的距离上逐跳传送信息和绕过障碍物。

IETF 6LoWPAN 工作组的任务是定义在利用 IEEE 802.15.4 链路支持基于 IP 的通信的同时，遵守开放标准及保证与其他 IP 设备的互操作性。

这样做将消除对多种复杂网关(每种网关对应一种本地 802.15.4 协议)及专用适配器和网关专有安全与管理程序的需要。然而，利用 IP 并不是件容易的事情：IP 的地址和包头很大，传送的数据可能过于庞大而无法容纳在很小的 IEEE 802.15.4 数据包中。6LoWPAN 面临的技术挑战是发明一种将 IP 包头压缩到只传送必要内容的小数据包中的方法。这些方法可以去除 IP 包头中的冗余或不必要的网络级信息。IP 包头在接收时从链路级 802.15.4 包头的相关域中得到这些网络级信息。

最简单的使用情况是一台与邻近 802.15.4 设备通信的 802.15.4 设备将非常高效率地得到处理。整个 40 字节 IPv6 包头被缩减为 1 个包头压缩字节(HC1)和 1 字节的剩余跳数。因为源和目的 IP 地址可以由链路级 64 位唯一 ID(EUI-64)或 802.15.4 中使用的 16 位短地址生成。8 字节用户数据报协议传输包头被压缩为 4 字节。

随着通信任务变得更加复杂，6LoWPAN 也相应调整。为了与嵌入式网络之外的设备进行通信，6LoWPAN 增加了更大的 IP 地址。当交换的数据量小到可以放到基本包中时，可以在没有开销的情况下打包传送。对于大型传输，6LoWPAN 增加分段包头来跟踪信息如何被拆分到不同段中。如果单一跳 802.15.4 就可以将包传送到目的地，数据包可以在不增加开销的情况下传送。多跳则需要加入网状路由包头。

IETF 6LoWPAN 取得的突破是得到一种非常紧凑、高效的 IP 实现，消除了以前造成各种专门标准和专有协议的因素。这在工业协议(BACNet、LonWorks、通用工业协议和监控与数据采集)领域具有特别的价值。这些协议最初开发是为了提供特殊的行业特有的总线和链路(从控制器区域网总线到 AC 电源线)上的互操作性。

6LoWPAN 的出现把 IP 选择扩展到新的链路(如 802.15.4)。因此，自然而然地可与专为 802.15.4 设计的新协议(如 ZigBee 和 ISA100.11a)进行互操作。受益于此协议，各类低功率无线设备能够加入 IP 家庭中。

物联网技术的发展，将进一步推动 IPv6 的部署与应用。I6LoWPAN 技术具有无线低功耗、自组织网络的特点，是物联网感知层、无线传感器网络的重要技术，Zigbee 新一代智能电网标准中 SEP2.0 已经采用 6LoWPAN 技术，随着美国智能电网的部署，6LoWPAN 将成为事实标准，全面替代 Zigbee 标准。

与 IP 的所有链路层映射一样，RFC4944 提供了许多功能。除了 L2 和 L3 网络之间的通常区别，从 IPv6 网络到 IEEE 802.15.4 网络的映射还带来了其他设计挑战。

(1) 调整两个网络的数据包大小。IPv6 要求最大传输单位(maximum transmission unit，MTU)至少为 1280 个 8 位位组。相反，IEEE 802.15.4 的标准数据包大小为 127 个 8 位位组。25 个 8 位位组的最大帧开销在媒体访问控制层保留了 102 个 8 位位组。链路层的可选择但强烈推荐的安全功能带来了额外的开销。例如，AES-CCM-128 消耗了 21 个 8 位位组，而上层仅占用了 81 个 8 位位组。

(2) 地址解析。通过任意长度的网络前缀，为 IPv6 节点分层分配 128 位 IP 地址。IEEE 802.15.4 设备可以使用 IEEE 64 位扩展地址中的一个，也可以在关联事件之后使用 PAN(personal area network)中唯一的 16 位地址。还有一组物理并置的 IEEE 802.15.4 设备的 PAN-ID。

(3) 不同的设备设计。IEEE 802.15.4 设备在外形尺寸上受到有意限制，以降低成本(允许使用许多设备的大规模网络)，降低功耗(允许使用电池供电的设备)并允许安装的灵活性(如用于穿戴式网络的小型设备)。另外，IP 域中的有线节点不受这种方式的约束。它们可以更大，并可以使用主电源。

(4) 对参数优化的关注不同。IPv6 节点目标是能高速工作。较高层实现的算法和协议(如 TCP/IP 的 TCP 内核)已得到优化，能处理典型的网络问题(如拥塞)。在符合 IEEE 802.15.4 的设备中，节能和代码大小优化仍然是首要任务。

(5) 互操作性和数据包格式的适配层。允许 IPv6 域与 IEEE 802.15.4 之间互操作的适配机制可以最好地看作一个层问题。识别该层的功能并定义新的数据包格式是一个诱人的研究领域。RFC 4944 提出了一个适配层，以允许在 IEEE 802.15.4 网络上传输 IPv6 数据包。

(6) 解决管理机制。跨 IPv6 和 IEEE 802.15.4 的两个不同域通信的设备的地址管理很麻烦，需要相应地解决管理机制。

(7) 6LoWPAN 中网状拓扑的路由。路由本身是一个两阶段的问题，低功耗 IP 网络正在考虑：个人局域网(personal area network，PAN)空间中的网状路由，以及 IPv6 域和 PAN 域之间的数据包的可路由性。6LoWPAN 社区已经提出了几种路由协议，如 LOAD、DYMO-LOW 和 HI-LOW。 但是，目前只有两种路由协议对大规模部署是合法的：由 ITU 根据 ITU-T G.9903 建议书标准化的 LOADng 和由 IETF ROLL 工作组标准化的 RPL。

(8) 设备和服务发现。由于启用 IP 的设备可能需要自组织网络的形成，因此需要知道相邻设备的当前状态及此类设备托管的服务。

(9) 安全。IEEE 802.15.4 节点可以在安全模式或非安全模式下运行。规范中定义了两种安全模式以实现不同的安全目标：访问控制列表(access control list，ACL)和安全模式。

3.10　IPv6 的应用

IPv6 具有广泛的应用前景[7]。下面列出一些可能的应用。

1. 移动终端业务

IPv6 协议的许多优点可能带来大规模经济效益，在世界发展趋势的影响下，4G 和 5G 网络演变成全 IP 网络的趋势更加明显，永远在线成了下一代互联网终端的梦想，所以任何一个接入 Internet 的终端设备都需要 2 个 IP 地址来满足其移动联网的需求，本地网络具有一个 IPv6 静态地址，接入点再分配给终端一个 IPv6 地址满足漫游需求。IPv6 协议正是适应了这种需求。5G 和 6G 技术是未来移动通信中的核心技术，对 IP 地址数量的需求量是巨大且很难估算的。

2. 新智能终端的应用

近年来人们的个人智能终端的发展趋势呈急速膨胀趋势，智能个人终端平台如 Android、Widows mobile 等越来越多的系统平台具有了 IPv6 联网能力，再经过几年的发展，规模发展就会逐步壮大，有人预测，包括小型家庭局域网应用在内的家用网关的数量也将大量出现，相当数量的厂商已经进入家庭智能互联网项目方面的研究，如 IEEE1394、蓝牙等技术被用于家庭互联网和人们的移动通信领域，这些独立处理器终端都将具备联网基础，包括汽车、智能家电、云电视等对IPv6 协议的依赖性将越来越明显。

IPv6 协议巨大地址空间、对即插即用的支持和对移动性的内在支持，使得IPv6 在实际运行中非常适合拥有巨大数量的各种细小设备网络，而不仅仅是单一的、价格不菲的计算机终端组成的网络，各种终端网络功能的成本也在逐步降低，各种小型而且简单的设备将会良好地融入 NGN 超大型网络，这些简单设备除了智能手机、PDA(personal digital assistant)，还可能是家用电器、智能汽车、信用卡等。

3. 在 WiFi 网络的应用

WiFi 是廉价无线接入解决方案的一种，很方便地满足人们关于 24h 在线的梦想，但需要开发出一种自动管理成千上万个接入点的机制，以解决手工配置所带来的各种麻烦，IPv6 则正好满足了 WiFi 的各种需求，尽管各大中型企业和事业机关单位在短期内还不会大规模普及 IPv6，但 IPv6 确实为服务运营商提供各种新服务提供了平台。

4. 在物联网的应用

物联网应用服务将面临设备 IP(物联网节点)地址不足的问题，尤其是在近期，越来越多设备连接入网让本已陷入枯竭危机的 IPv4 捉襟见肘。好的寻址方案可以降低网络互连复杂度与维护管理成本，IPv6 将有机会成为物联网应用的基础网络技术。除此之外，更快的路由机制、更高的安全性、更好的业务性能，这些先进之处同样对物联网的发展意义重大。在未来物联网应用中，网络将不再是被动地满足用户的需求，而是要主动地感知用户场景的变化，并进行信息交互，为用户提供个性化的服务。根据现阶段技术和业务的发展情况，结合终端设备对地址的大量需求，以简化网络结构和端到端的业务管理为出发点，考虑在相对封闭的物联网中应用 IPv6 技术，实现智能物体的泛在互连，同时带动整个 IPv6 产业的成熟，为下一代互联网大规模部署 IPv6 技术奠定基础。

3.11　本 章 小 结

IPv6 的使用能解决网络地址资源数量短缺的问题，而且也排除了多种接入设备连入互联网的障碍。本章介绍了 IPv6 的主要标准与进展、IPv6 的组成结构、IPv6地址类型、IPv6 使用协议、IPv6 过渡技术及协议安全。另外，本章也介绍了支持移动设备的移动 IPv6 和物联网设备的 6LoWPAN。IPv6 的普及成为互联网演进发展的必然趋势。技术优势和发展背景共同驱动了基于 IPv6 的下一代互联网的发展，也将有助于共享全球资源，支持未来经济。

参 考 文 献

[1] Deering S, Hinden R. Internet Protocol, Version 6 (IPv6) Specification, Internet Engineering Task Force (IETF), RFC 8200, 2017: 1-42.

[2] Graziani R. IPv6 技术精要. 夏俊杰译. 北京: 人民邮电出版社, 2013: 1-95.

[3] Davies J. 深入解析 IPv6. 3 版. 汪海霖译. 北京: 人民邮电出版社, 2014: 48-108.

[4] 崔勇, 吴建平. 下一代互联网与 IPv6 过渡. 北京: 清华大学出版社, 2014: 19-52.

[5] 戴源, 杨建, 袁源, 等. 下一代互联网 IPv6 过渡技术与部署实例. 北京: 人民邮电出版社, 2014: 45-76.

[6] Perkins C, Arkko J. Mobility Support in IPv6. IETF RFC 6275, 2011: 1-30.

[7] 伍孝金. IPv6 技术与应用. 北京: 清华大学出版社, 2010: 87-98.

第 4 章　下一代互联网传输层的新技术

随着网络技术的进步，互联网逐渐呈现出新的特性。一方面，随着接入技术的不断多样化，各种接入技术如个域网、局域网和广域网的接入技术不断成熟并且商用，从有线到无线的接入技术(如 xDSL、3G、4G、802.11x 等)越来越普及；另一方面，接入设备的成本不断降低，更多的网络设备开始配置多个网络适配器，如笔记本电脑通常有 LAN 接口和 WiFi 接口，也可以使用 3G 接入，一般的智能手机也都支持 WLAN 和 3G 接入。因此，基于多种接口和接入技术的多宿终端正成为下一代网络的主要特征。

现代终端设备配备的网络接口多样性不断增加及用户对于网络传输的速率和可靠性要求也越来越高，在多条路径上分流传输数据的研究受到了越来越多的关注。可是传统意义上的传输层协议只能实现端到端的单路径数据传输，如 TCP/UDP 协议，这种传输层协议阻碍了多种接入方式发挥优势。特别是当路径发生故障时，单路径传输的弊端尤为凸显，它会在多次重传后仍不能接收到应答信号后停止发送数据，导致通信链路中断，大大影响了传输的可靠性。互联网是一个基于统分复用的分组交换网络，它为了应对传输时可能出现的突发流量，允许最大限度地使用链路的容量。当网络中的某条链路成为瓶颈链路时，就可能面临持续的拥塞而引起的丢包率上升和传输延时增大，严重的拥塞会导致网络瘫痪，有效的数据传输能力丧失。虽然一些措施如负载均衡和流量分配可以均衡网络流量，但以损失端到端性能和网络的路由可扩展性为代价。另外，虽然现在接入网络的带宽持续增加，但较骨干网而言，它仍然是带宽瓶颈，不能满足高带宽业务的需求，尤其是 WiFi 和 3G 等无线接入带宽仍然较低，使得移动业务停留在网页浏览和即时通信等数据业务上。

因此，采用多路径并行传输的思路可以最大程度地使用带宽资源，为传输层的协议设计创造了更多的可能。同时发现网络中的路径多样性、高效地利用多条端到端路径以提高服务的可靠性，也是下一代网络需要考虑的重要问题。

多路径是指在源节点和目的节点之间建立多条不相关路径，节点可以在多条传输路径之间合理地进行选路，以提高网络资源的利用率和端到端的吞吐量。多路径的前提是多宿主，多宿是指网络节点可以同时接入多个网络服务提供商。多宿分为多宿主机和多宿网络，多宿主机是指具有多个网络接口的主机，由多宿主机组成的网络称为多宿网络。

多宿终端可以同时接入多个网络，但传统的 TCP/IP 协议栈在端到端上传输数据时，只能建立一个基于网络地址的连接，无法充分地利用多种接入网络带来的优势。因此，端到端的多路径传输技术得到了研究人员的广泛关注。

图 4.1 是多宿主网络的基本结构，多宿主机 A 和 B 分别有两条可选路径传输数据。主机 A 通过两个网卡分别经过无线和有线接入网络与远端主机 B 进行通信。当其中某条路径出现物理链路故障、路由协议失效或由于其他原因使连通性发生变化时，主机 A 能够在两条路径之间进行切换。这种多宿结构增加了链路的冗余性，提高了节点之间通信的可靠性[1]。

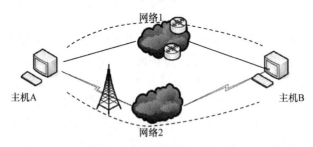

图 4.1　多宿主网络的基本结构

多路并行传输在多路径传输的基础上进行扩展，既有路径冗余、故障切换的功能，还增加了可用路径并行传输的功能。如上述网络拓扑中，经过网络 1 和经过网络 2 的两条路径不仅仅是互为备用路径，而且可以作为并行路径，完成同时传输数据的功能。这将大大提高网络中资源利用率和协议鲁棒性。

端到端的并行多路径传输可以带来如下几个优势。

(1) 带宽聚合：可有效地聚合多条接入路径的带宽，使得主机获得更大的吞吐量，更好地满足用户对带宽的需求。

(2) 可靠性：由于同时使用多条端到端的路径，某条路径的失效不会影响服务的连续性，为主机提供网络层冗余的同时，保证了传输的可靠性。

(3) 安全性：属于同一应用的数据从多条路径传输，加大了从某些路径窃听数据进而尝试恢复初始数据的难度，保证更好的数据私密性。

(4) 负载均衡：多条端到端路径同时使用，可以根据网络中的拥塞情况动态地调整不同路径的数据发送速率，实现在网络接入侧的负载均衡。

多路径传输是以提高网络数据利用率、数据吞吐量及增强网络鲁棒性等为目的的技术，当各个端设备具备多端口资源或多种接入方式时，该技术支持在端设备间建立多条子路径并发传输数据，这就是多路径传输的一种方式[2]。当前，学术界对基于传输层多路径传输技术的研究集中在两个方向：以非 TCP 协议为基础的多路径传输和以 TCP 协议为基础的多路径传输。

以非 TCP 协议为基础的多路径传输研究主要围绕 SCTP 和 CMT-SCTP 协议展开。IETF 于 2007 年前后提出了 SCTP 协议(RFC 4960)和 CMT-SCTP 协议,并对 SCTP 协议进行了改进。

以 TCP 协议为基础的多路径传输研究主要围绕 MPTCP[3,4]协议展开。2010年,IETF 提出了 MPTCP 协议标准即多路径传输控制协议,能够兼容当前应用程序和 TCP 协议。

4.1　SCTP 协议

SCTP 协议是由 IETF SINGTRAN 工作组提出的一种传输流控制协议,SINGTRAN 在 2000 年发布的 RFC2960 中对 SCTP 的相关结构和信令传输等做出了详细定义。我国于 2002 年 6 月 21 日发布了关于 SCTP 的标准,规定了 SCTP协议所使用的消息格式编码和程序。SCTP 协议主要用于在 IP 网中传送 PSTN 的信令消息,同时 SCTP 协议还可以用于其他信息在 IP 网内的传送。

SCTP 位于应用层和无连接网络业务层之间,这种无连接的网络可以是 IP 网络或者其他网络。SCTP 协议主要是运行在 IP 网络上,它通过在两个 SCTP 端点间建立的偶联,来为两个 SCTP 用户之间提供可靠的消息传送业务。SCTP 最大的特点是对多宿主特性的支持,使得一个接入设备可以支持多个 IP 地址同时接入网络,从而可以在主机之间增加额外的容错备援链路。SCTP 最初被设计用于 IP上传输电话协议(SS7),后期又借鉴 SS7 信令网络的一些可靠特性将 SCTP 引入 IP网络中。SCTP 能够在传输层提供类似于 TCP 的可靠传输服务,同时借鉴了 UDP协议的简单、高效的特点,兼具了 TCP 和 UDP 两个协议的优点。

4.1.1　SCTP 体系结构

SCTP 在 IP 网络协议栈所处的层级如图 4.2 所示,处于传输层,向上可以为应用层提供端到端的数据传输服务,向下一层为网络层,它负责基础数据包的转发。

应用层	SMTP, HTTP, FTP, Telnet, etc
传输层	TCP, UDP, SCTP
网络层	IPv4, IPv6
链路层	Ethernet, Serial

图 4.2　SCTP 在 IP 网络协议所处的层级

虽然 SCTP 和 TCP 都是面向连接的传输协议,但是不同于 TCP 中连接的概念,SCTP 以偶联的方式提供端到端的传输服务,其网络结构示意图如图 4.3 所示。

相比 TCP 的连接，SCTP 的偶联有着更加泛化的概念，一个偶联可以同时包含具有多个源地址和目的地址的对端连接组合，并以传输地址列表的形式保存所有的连接组合。

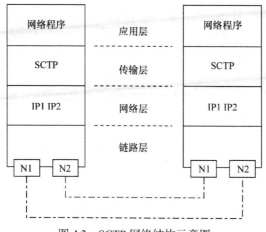

图 4.3　SCTP 网络结构示意图

4.1.2　SCTP 连接

SCTP 协议也是面向连接的端到端传输协议，能够实现全双工的数据传输，并且有着类似 TCP 的流量控制和拥塞控制机制。不同的是，SCTP 的偶联需要通过四次握手建立连接，相对于 TCP 通过三次握手建立连接，四次握手提高了连接的安全性，能够有效地抵御来自外界的拒绝服务攻击(denial of service，DoS)。然而不同于 TCP 通过四次握手关闭连接，SCTP 仅仅需要三次握手就可以关闭偶联，因此 SCTP 关闭连接的过程中不存在半关闭状态，偶联的两端任意一方关闭连接都标志着整个偶联的关闭。

整个 SCTP 连接过程如图 4.4 所示。

(1) 当 A 与 B 建立 SCTP 连接时，会向 B 发送一个 INIT 请求消息。在发送 INIT 之后，A 会启动初始化定时器并进入 COOKIE-WAIT 状态，如果在时限内没有收到响应则放弃本次信令协商。

(2) B 在收到 INIT 消息后，会回送一个 INIT ACK 响应。与传统 TCP 不同，B 在收到连接请求后不会为这个连接分配任何资源，增强了连接的安全性。

(3) A 在收到 INIT ACK 响应后，将计时器从 COOKIE-WAIT 状态改为 COOKIE-ECHOED 状态，并回送 ACK 响应。

(4) B 在收到再次确认的消息后，打开端口进入连接状态并回送 ACK 响应。A 在收到这个 ACK 响应后建立连接，SCTP 连接成功。

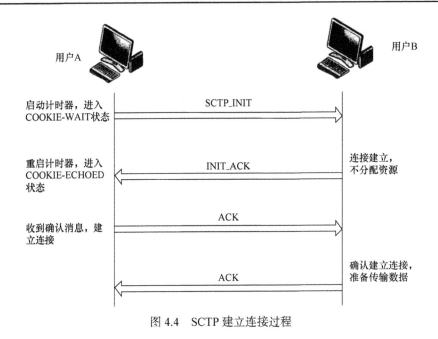

图 4.4　SCTP 建立连接过程

　　这种四步连接方式相比于 TCP，连接过程中不会出现半连接状态，连接过程拥有更好的安全性。

　　端点退出服务时，应当停止它的连接。连接的停止可以使用中止程序和关闭程序。中止程序可以在有未证实的数据时就中止，会话两端都舍弃数据，并且不递交到对端。关闭程序可以认为是一个正常的关闭程序，这样队列中所有的数据都可以递交到对端。但是在关闭的情况下，SCTP 不支持半开放状态(类似 TCP)，即半关闭状态可以由一方继续发送数据，而另一方已经处于关闭状态。任何一个端点执行了关闭程序，则会话两端都将停止接收从其用户发来的新数据，并且在发送或接收到 SHUT DOWN 数据块时，把队列中的数据递交给对端。

4.1.3　SCTP 特性

　　SCTP 协议最初被提出是为了使实时信令在多宿主环境下也能实现可靠而高效的数据传输。而 SCTP 协议与 UDP/TCP 协议在 TCP/IP 协议栈的位置方面存在类似，因此 SCTP 协议事实上与 TCP 协议有许多相似处：①是面向连接的、可靠而有序递交的；②实现了快速、超时重传及慢启动等调节机制；③能够使用拥塞控制机制根据网络运行状况进行数据传输速率调节。同时，SCTP 协议在 TCP 协议基础上又增加了新的特性，包括初始化保护、多宿主性和多流特性。

1. 初始化保护

在传统 TCP 协议下，通常通过三次握手建立收发端的通信机制，如图 4.5 所示。TCP 请求端首先输出一项 SYN(synchronize)报文递交接收端后，接收端输出一项 SYN-ACK(synchronize-acknowledge)报文予以回应，之后请求端再输出一项 ACK 报文表示确认接收。而在此过程中，TCP 协议接收端收到来自请求端的请求后，需要先将接收到的请求信息予以缓存。而这种不通过验证即缓存的机制恰恰存在较大的网络风险，即很容易遭受恶意客户机虚假源地址的 DoS 攻击。这些攻击者通过发送大量请求信息到接收端，接收端不加验证的缓存将耗尽存储资源，从而影响新请求信息的处理，造成网络通信瘫痪。

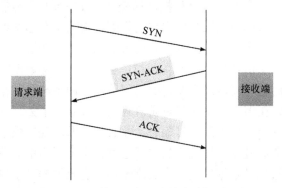

图 4.5　TCP 协议下报文交换三次握手机制

与 TCP 协议相比，SCTP 协议增加了初始会话机制，需要经过四次报文交换才能建立通信，即四次握手机制，如图 4.6 所示。接收端收到请求端的报文后，会首先回应一项包含 Cookie 的 INIT-ACK 报文，需要请求端通过重新发回 COOKIE-ECHO 对报文进行检验。只有接收端通过验证后，才能真正建立通信连接，有效地避免虚假源地址的恶意攻击，提高了网络安全性能。

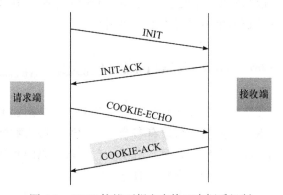

图 4.6　STCP 协议下报文交换四次握手机制

2. 多宿主性

伴随网络接入技术优化而来的是多接口移动设备的普及。借助多网络接入技术，能够实现多网络接入的多宿主终端，可以通过多个 IP 地址访问。但是，在 TCP 协议下，两台终端设备的网络接口之间只有一条通信信道，多网络接入技术的优势难以得到发挥。当信道发生拥塞或数据包丢失时，整个网络将进入故障状态。基于此，SCTP 协议实现了多宿主性，使两个终端间能够通过多接口完成协同通信，从而提高了应用程序的稳定性，避免网络服务因拥塞或数据丢失而中断。

3. 多流特性

在 TCP 协议下，数据传输严格按序递交，当数据包产生传输超时或者数据包传输丢失时，后序数据包按照按序递交的原则将无法按时递交到应用层，这将造成数据传输效率的显著降低。而 SCTP 协议下的多路径传输有效地弥补了这一短板，增加了有效的多流特性。虽然在 SCTP 协议下，传递数据时仍然按照按序递交的顺序，但同时也支持流间数据包的无序传输，即多流机制在一个连接中得以实现。SCTP 协议在多个独立的逻辑通道将数据包分发下去，且为每个流制定了不同的流编号，只有在向上网络传输时，才必须按顺序提交数据包，即在请求端和接收端之间建立起几条逻辑独立的数据通道，当某通道中的数据发生了乱序或丢失时，其他通过内的数据传输不会受到影响，有效地提高了数据传输的效率。

因此，其与 TCP 协议的不同主要体现在：①SCTP 协议实现了多路径传输，而 TCP 协议只能实现单路径传输；②SCTP 协议传输数据时以数据块为单位，而 TCP 协议以字节为单位；③SCTP 协议支持有序或无序的多流传输，而 TCP 协议只支持有序的单流传输；④在连接链路时，SCTP 协议需要四次握手，而 TCP 协议只需要三次握手。基于 SCTP 协议的多路径传输场景中，可以实现多宿主终端下的多接口特性，在终端设备之间建立的多条链路开始数据传输时，多宿主终端基于 SCTP 协议可以从多条通信链路中选择一条传输数据，其余作为备用链路，当主链路失效或发送数据重传时启用备用链路[5-10]。

4.2　CMT-SCTP 协议

SCTP 协议对多宿主和多流特性的支持，非常适合应用到多路径传输的场景中。多宿主特性使得一个连接中可以有多个不同的通道进行数据传输，从而大大提高了传输网络的可靠性和传输效率。由于一台设备可以同时使用多个网络服务接口，这就大大提高了数据传输在网络服务范围交界处的连续性与可靠性，同时由于多条链路的存在，很大程度上提高了网络的容错能力和可靠性能，即使有一条连接线路因故障中断，其他连接线路可以快速作为备用线路提供服务，保障了网络的快速恢复能力。而且，多路径传输可以充分地利用不同路径的传输能力，从而获得比以往更加高效快速的传输性能，达到聚合带宽的目的。这种网络负载共享的功能在很大程度上提高了传输系统的可靠程度和传输效率。

　　然而，SCTP 协议虽然能同时建立多条数据通道，但只有一条主路径能实现数据传输。因此，SCTP 协议并未实现真正的多路径并行传输。CMT-SCTP 协议的提出才使得 SCTP 协议下的多条可用路径能够同时分发数据，真正实现了多路径数据的并行传输。CMT-SCTP 协议实现了以下性能：①带宽聚合，通过多条可用链路的带宽资源实现并行传输数据，提高数据传输吞吐量和网络资源利用效率；②负载均衡，请求端会向多条链路均衡分发应用数据，而每条链路也都均衡地参与到数据发送，由此实现了网络资源的合理分配和负载均衡，降低了网络拥塞等因素导致的数据重传，提高了数据传输效率。

4.2.1　CMT-SCTP 协议短板及改进

　　虽然 CMT-SCTP 协议实现了真正意义上的多路径传输，但仍存在以下短板：每条路径在网络传输性能上具有明显差异，这将会导致多路径并行传输的负面效果，如多余的快速重传、接收端缓冲拥塞等。

　　(1) 多余的快速重传。多路径并行传输中，不同的传输路径具有不同的抖动、往返时延和传输吞吐量，因此每条路径在传输性能上具有显著的差异化。如果当数据传输发生超时，请求端未接收到数据包的确认消息时，即会认为该数据包发生丢失并启动数据重传。但其实该数据包尚处于传输中，这就造成了多余的快速重传，将极大地占用并浪费有限的网络资源。针对经常发生的多余快速重传，CMT-SCTP 协议根据请求端收到的数据包目的地址和数据确认包(selective acknowledgment，SACK)来判断是否发生数据包丢失。具体而言，首先在请求端建立一个队列，存放已经成功发送出的每条路径数据包的最大化 TSN；如果请求端能收到 SACK，再将 SACK 信息与每条路径的最大 TSN 进行比对。如果 SACK 信息小于某路径上的最大 TSN，则说明此条路径的数据包发生丢失，立即启动数据重传；否则将不启动数据重传，等待其余路径发送的数据包。由此减少了多余的数据包快速重传，提升了网络传输的效率。

　　(2) 接收端缓冲拥塞。由于每条路径具有不同的抖动、传输速率、往返时延，而 CMT-SCTP 协议也是按照有序递交规则进行传输，因此路径间传输性能的差异化可能会导致前序数据包还未到达时，后序数据包已经到达。此时，在缓冲区内就存有大量乱序数据包，CMT-SCTP 协议无法按既定时间和顺序将数据信息传递到应用层中，由此在接收端会发生缓冲拥塞的严重问题。针对以上问题，Chen 等[10]提出了按传输性能分配数据包的思路，即根据不同路径的传输能效，令其传输相应数量的数据包，传输能效高的路径负责传输更多数据包，传输能效低的路径负责传输较少的数据包。

4.2.2　CMT-SCTP 路径选择

多路径传输的路径选择是影响多路径传输性能的关键因素，只有通过详细地分析两个连接对端之间所存在的不同路径的性能特征，合理地分配不同路径的传输负载，才能够获得更高的吞吐量性能。

CMT-SCTP 是基于 SCTP 标准协议对多流特性和多宿主特性的支持而扩展实现的多路径传输协议[5,6]。CMT-SCTP 路径连接示意图如图 4.7 所示，其中设备 A 有 IP_{A1} 和 IP_{A2} 两个 IP 地址，设备 B 也有 IP_{B1} 和 IP_{B2} 两个 IP 地址。当设备 A 和设备 B 开始建立初始连接时，设备 A 先通过 IP_{A1} 经过 SCTP 的四次握手与设备 B 的 IP_{B1} 建立 SCTP 偶联。在 SCTP 中这一条首先建立起来的偶联将会被选作主路径，即 P_{A1-B1} 用来向对端传输数据，其他路径作为备选路径保持连接就好。但是在 CMT-SCTP 中，将会使用 P_{A1-B1} 和 P_{A2-B2} 两条不相交的路径同时传输数据。如图 4.7 所示，P_{A1-B1} 和 P_{A2-B2} 两条传输子路径将会共同承担设备 A 和设备 B 之间的数据流量负载。

与 CMT-SCTP 协议不同的是，另一种备受关注的多路径传输协议 MPTCP 会使用对端之间所有可用的传输路径进行数据传输，从而实现负载共享提升整体的网络吞吐量性能。在 MPTCP 中，每台设备都将本机所拥有的口地址接口保存到一个口地址列表中进行维护，口地址列表中的任意一个口地址都可以和对端的任何一个口地址建立连接，从而建立 TCP 子流。如图 4.8 所示，使用 MPTCP 的多路径传输系统在各有两个 IP 地址条件下，可以同时建立 4 条连接路径。

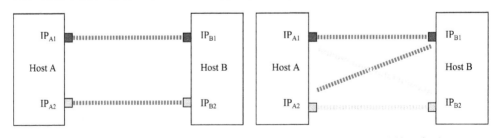

　　　　图 4.7　CMT-SCTP 路径连接示意图　　　　　　图 4.8　MPTCP 连接示意图

4.2.3　CMT-SCTP 拥塞控制

在传统的单路径传输系统中，现有 TCP 协议的拥塞控制机制经过长时间的改进和实际应用，已经可以很好地解决单路径传输过程中拥塞控制的问题，但是由于多条路径的存在，TCP 的拥塞控制机制并不适用于多路径的传输系统[5,6]。在多路径传输系统中就需要根据不同路径的负载情况，动态地调整拥塞路径与非拥塞路径之间的负载情况，从而保证整体链路的负载平衡，防止链路出现过忙或者过闲的情况，一个良好的适用于多路径传输系统中的拥塞控制机制应该满足如下三点要求。

(1) 提高吞吐量：合理的拥塞调控机制应该能够使多路径传输发挥出优于单路径的传输性能，提高整体的传输吞吐量。

(2) 平衡拥塞：所有的调整应该尽可能地做到负载均衡，使得每条链路都能在合适的范围内发挥最大的传输效力，不会出现忙者越忙，闲者越闲的情况。

(3) 避免过度争用：多路径传输过程中，应该尽量地避免对资源过度的抢占争用，高性能链路与较低性能链路之间应该合理地进行资源分配。

SCTP 的拥塞控制算法是基于 RFC 2581 提出的，和传统 TCP 的拥塞控制算法类似，SCTP 使用接收端窗口 Rwnd(receiver advertised window)、发送端窗口 Cwnd(congestion control window) 及发送端的慢启动阈值 ssthresh(slow start threshold)来实现拥塞控制。因此，SCTP 也同样具有慢启动、拥塞避免和超时重传三种状态，具体处于那种状态就需要综合多条路径中的 Rwnd、Cwnd 和 ssthresh 来决定。

SCTP 中将主路径作为传输数据的第一选择，只有在主路径失效或者发生丢包时，才会启用其他路径作为备援链路保障数据的正常传输。这时的 SCTP 拥塞控制更加类似于单路径的 TCP 传输，而在 CMT-SCTP 中不分主次地将每条路径都作为主路径进行数据传输，由于多条路径的存在，不同的路径将拥有各自不同的拥塞控制变量，很可能当主路径正处于拥塞避免状态，而备用路径才刚刚启动处于慢启动状态，这就需要更加细致而全面的拥塞控制机制。

4.2.4　CMT-SCTP 缓存管理

在 CMT-SCTP 多路径传输中，由于 SCTP 多流的特点及消息分帧和无序发送的特性，接收端需要使用缓存保存接收到的乱序数据帧，经过进一步排序重组之后才能够提交给上层应用进行处理。与 TCP 相比，SCTP 多流和消息分帧无序发送的特性无疑大大提高了传输系统的灵活性和即时性，但同时为了应对各子流中的大量无序消息的存储排序任务,在发生消息丢失和消息失序时缓存就尤为重要，所以必须保证有足够大的缓存空间。

由此可知,接收缓存的大小是影响多路径传输系统传输性能的重要指标参数。假设多路径传输系统中共有 n 条路径，其中已知每条路径的带宽(bandwidth，BW)BW_i 和往返时延(round-trip time, RTT)RTT_i，则可以求得接收端最小的缓存大小为

$$B_{\min} = 2 \times \left[\max_{1 \leqslant i \leqslant n}\{\mathrm{RTT}_i\} \times \sum_{i=1}^{n}\mathrm{BW}_i \right] \tag{4.1}$$

当出现拥塞或者丢包重传时，最差的情况下需要三倍的最大 RTT(第一次传输，快速重传，定时重传)加上最大 RTO(retransmission timeout)的缓存时间，因此此时需要的最小缓存空间为

$$B_{\min} = \left(3 \times \max_{1 \leqslant i \leqslant n}\{\mathrm{RTT}_i\} + \max_{1 \leqslant i \leqslant n}\{\mathrm{RTO}_i\} \right) \times \sum_{i=1}^{n}\mathrm{BW}_i \tag{4.2}$$

所以对于多路径传输，使用越多的缓存就能够获取更好的性能，但是由于设备本身存储空间的限制，在配置较大可用缓存的同时，还应该尽可能地保持发送和接收双方的缓存平衡。

4.3　MPTCP 协议

MPTCP(multi-path TCP)允许 TCP 协议同时连接使用多个路径来最大化信道资源的使用，其试验标准 RFC-6824 于 2013 年 1 月由 IEFT 发布。MPTCP 协议是

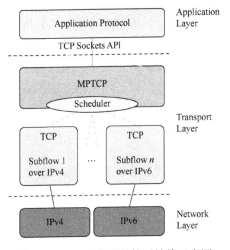

TCP 协议的扩展，它是在传输层上的一种多路径并行传输数据的技术方案，传统 TCP 协议在两台主机之间的通信只会建立一条 TCP 链接，而 MPTCP 协议会根据设备的多种接入方式，动态地进行多路径连接，且开始并发传输。图 4.9 是 MPTCP 协议的体系结构示意图，从图中可见，MPTCP 会为用户提供透明的端到端并发数据传输服务，以达到聚合带宽提高网络性能的目的。MPTCP 协议对 TCP 协议是兼容的，当前绝大多数网络应用都是基于 TCP 协议的，且 TCP 有成熟而广泛的生态应用系统，所以对于新协议 MPTCP 而

图 4.9　MPTCP 协议的体系结构示意图

言，不需要目前的网络应用做任何改变就可以应用，这也是 MPTCP 的优势之一。

目前关于 MPTCP 的技术研究仍处在试验阶段。表 4.1 是 2011 年以来 IETF 的 MPTCP 协议工作组制定发布的 7 个 MPTCP RFC 文档。

表 4.1　IETF MPTCP 标准

标准编号	名称	发布时间
RFC 8041	Use Cases and Operational Experience with Multipath TCP	2017.01
RFC 7430	Analysis of Residual Threats and Possible Fixes for Multipath TCP (MPTCP)	2015.07
RFC 6897	Multipath TCP (MPTCP) Application Interface Considerations	2013.03
RFC 6824	TCP Extensions for Multipath Operation with Multiple Addresses	2013.01
RFC 6356	Coupled Congestion Control for Multipath Transport Protocols	2011.10
RFC 6182	Architectural Guidelines for Multipath TCP Development	2011.03
RFC 6181	Threat Analysis for TCP Extensions for Multipath Operation with Multiple Addresses	2011.03

MPTCP 协议在功能上的预期目标包括以下几个方面[7]。

(1) 吞吐量：MPTCP 聚合冗余的网络接口资源的主要目的之一就是提高网络整体的吞吐量，理论上 MPTCP 协议端到端传输的吞吐量应当不低于端到端单条 TCP 连接的吞吐量。

(2) 网络的鲁棒性：即网络的健壮性，当部分网络发生暂时不可恢复的故障时，MPTCP 能利用未故障的路径继续传输数据，保证网络的畅通。

(3) 公平性：MPTCP 传输过程中任何子流相比较 TCP 的传输不能占用更多的带宽，和其他用户一样合理地获取互联网资源。

(4) 拥塞平衡：在数据传输时，需要避免在同一条路径上过载传输数据，造成网络拥塞，要平衡每条路径的拥塞情况，以保证吞吐量及传输数据的公正。

与 TCP 协议相比，MPTCP 协议在传输层上逻辑划分为 MPTCP 的控制层和子流 TCP 层，控制层为应用层提供服务及管理子流 TCP 层。子流 TCP 层为网络层提供服务，每条子流对应 MPTCP 多路径中的一条路径。每个路径的数据提交到 MPTCP 管理层进行汇总和处理并提交到应用层。图 4.10 为 TCP 和 MPTCP 的对比图。MPTCP 的设计基于传统 TCP 协议，对传统 TCP 协议进行扩展，并且完全兼容传统 TCP 协议[4]。

当通信双方都是多宿主机并且能对 MPTCP 扩展消息进行处理时，即可以建立一个 MPTCP 连接。第一次建立的连接称为主连接，后续的连接称为子连接。主连接和子连接使用与传统 TCP 连接相同的方式进行通信。在图 4.10 中，MPTCP 层主要功能包含：分流，把 TCP 数据进行数据分配，分别在不同的子流上传输；

路径管理，用来检测和管理通信双方的可用路径。具体来说，MPTCP 按功能可以分为路径管理(PM)和包调度(PS)，如图 4.11 所示。路径管理负责通信双方的路径发现；包调度功能包括包的调度、子流接口和拥塞控制。包调度和子流连接与拥塞控制算法密切相关，而路径管理的主要任务是管理那些可以参与到端到端的数据传输中去做贡献的子路径。通过路径管理算法，我们可以动态地添加或者删除参与并发传输的子路径。

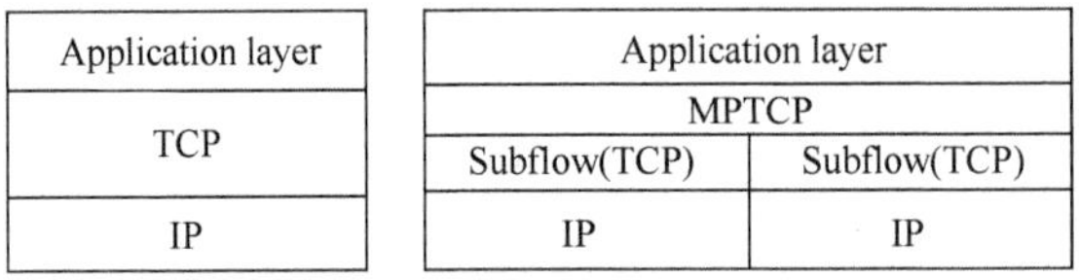

Application layer
TCP
IP
Application layer
MPTCP
Subflow(TCP)
Subflow(TCP)
IP
IP

图 4.10　TCP 和 MPTCP 的对比图

Application A
Application B
Applications
Packet Scheduling(PS)
Process
Path Management(PM)
TCP Subflow 1 over IPv4
TCP Subflow n over IPv4
TCP Subflow m over IPv6
Subflow
IPv4
IPv4
IPv6

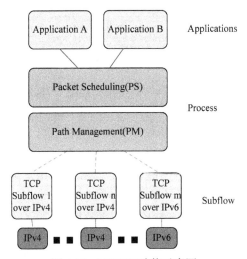

图 4.11　MPTCP 功能示意图

4.3.1　MPTCP 技术概要

为了能同时利用发送端和接收端之间的多条路径进行数据的并行传输，2011 年 IETF 提出了 MPTCP 协议。MPTCP 具有协调使用多条路径的能力，其在每条路径上会建立一个类似 TCP 的连接，称为 MPTCP 子流。MPTCP 具有拥塞控制、数据调度、路径管理等功能，保证数据按序可靠地传输。为了能够快速部署，MPTCP 具有完全后向兼容传统 TCP 应用的能力，提供相同的 API，应用程序无须任何改变即可使用 MPTCP，当通信对端不支持 MPTCP 时通信双方仍然可以回退使用 TCP 继续通信。

MPTCP 协议是对 TCP 协议的扩展，完全兼容目前 TCP 协议的上层应用，并支持中间件，如路由器等。MPTCP 协议支持端到端的多条路径进行数据通信，

并且完全兼容现有的网络及应用,同时 MPTCP 协议支持多宿主、端到端的连接,
具有安全性和可靠性。MPTCP 将传统 TCP 流量划分为多个子流,然后通过多条
路径将不同的子流分别传输到对端的节点,这种协议机制保证了对上层应用的透
明性,作为传统 TCP 协议的扩展,使其更易部署应用。而且,使用多条路径同时
进行数据传输,提高了各个链路的利用率,充分地利用了网络资源,提高了 TCP
的传输速度,增强了协议的鲁棒性,增加了网络的吞吐量。

　　MPTCP 协议位于应用层和传输层之间,原有 TCP 层只对子流起作用,所以
对于数据发送端和接收端,传输层仍属于单路通信。图 4.12 为 MPTCP 的内部结
构图,为了能够实现多宿,每一个 MPTCP 的发送端和接收端都具有维护检查其
他端口 IP 地址列表的功能,每个“源-目的”口地址对在两个 MPTCP 端之间构
成一个路径。如果只使用 MPTCP 的一个子流来传输数据,与使用 TCP 传输数据
时是一样的。MPTCP 将传递的信息的字节流划分成多个数据段,使用多个子流
来发送这些数据段。一个 MPTCP 连接包含所有 MPTCP 子流。

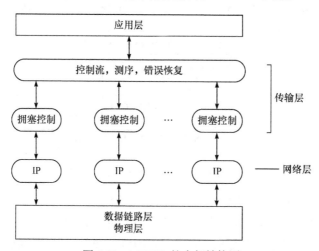

图 4.12　MPTCP 的内部结构图

　　MPTCP 致力于通过对 TCP 协议的扩展修改以达到同时使用多个 IP 地址/接
口实现多路径并发传输的目的, MPTCP 协议仍然向上层应用程序提供常规的
TCP 接口,而实际上是在多个子路径中并发传输数据。由于 TCP 的上层应用的生
态已经十分完善,相比较其他的(如 SCTP 协议)多路径传输技术而言,MPTCP 对
TCP 的兼容性体现了其重要的研究价值。目前 MPTCP 的稳定版本是 2019 年 6 月
22 日发布的 v0.95。

　　MPTCP 的连接建立过程是从单一的 TCP 连接开始的,连接初始化过程与传
统 TCP 连接类似,通过三次握手完成。唯一不同的是发送方在发送 SYN 消息时,
会在可选字段加入 MP_CAPABLE 选项,询问对方是否能够建立一个多径 TCP 连

接，这个 MP_CAPABLE 选项除了包含 MPTCP 连接初始化的必要信息，还包含本用户可用于进行多径通信的其他 IP 地址和端口信息。如果接收方能够进行 MPTCP 传输，会在回送的 SYN/ACK 响应中添加 MP_CAPABLE 消息，这个 MP_CAPABLE 消息中也会包含接收方可用的地址和端口信息。发送方在收到 SYN / ACK 消息后回送 ACK 响应，这个 ACK 响应中同样含有 MP_CAPABLE 消息。三次握手成功后，双方就建立了一个 MPTCP 主连接。

支持 MPTCP 的通信双方 A、B 完成初始化连接后，在 A、B 之间便建立起一条通信链路。如果仅这一条链路上通信，那么仍然是 TCP。A、B 可以通过新建子流来建立其他通信路径。A、B 任意一方可以采用一对当前没有使用的地址来建立一个子流。子流的建立通过传统的 SYN，SYN / ACK 交付完成，如图 4.13 所示。

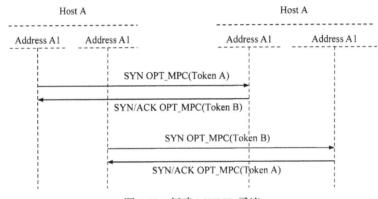

图 4.13　新建 MPTCP 子流

OPT_JOIN 选项用来新建子流，与初始化连接一样，该选项只包含在 SYN，SYN/ACK 数据段里，其格式如图 4.14 所示。在 OPT_JOIN 选项里，Receiver Token 的值等同于收到 MP_CAP 里 Sender Token 的值，Address ID 只具有局部意义且具有唯一性。采用 Address ID 的好处在于如果一方发现自己当前 IP 地址不可用时，可以通过其他 IP 地址通知对方移除该不可用 IP 地址。为了路径管理的需要，通信双方需要在各自主机上保存一个 Address ID 到 IP 地址的映射——<Address ID，(Source IP Address，Token)>。

```
0 1 2 3 4 5 6 7 8 9 0 1 2 3 4 5 6 7 8 9 0 1 2 3 4 5 6 7 8 9 0 1
┌──────────────────┬──────────────────┬──────────────────────────────┐
│ Kind = OPT_JOIN  │   Length = 7     │  Receive Token(4 octets total)│
├──────────────────┴──────────────────┼──────────────────────────────┤
│     Receiver Token(continued)        │          Address ID          │
└──────────────────────────────────────┴──────────────────────────────┘
```

图 4.14　加入连接选项

　　MPTCP 连接的关闭方式有三种：子流关闭、连接关闭和意外关闭。子流的正常关闭过程与传统 TCP 连接相同，通过四次握手完成，四次协商完毕后断开子流。

　　连接关闭一般用在用户已经将所有数据传输完毕之后。用户希望关闭整个多径连接时，会发送一个 DATA FIN 消息，对方在收到这个消息后会通过所有的子流发送 FIN 消息。使用子流关闭方式关闭所有子流连接。

　　主连接遇到协商意外时，通话双方会忽略 TCP 头部中的 MPTCP 扩展选项，将这个会话变为一个普通的 TCP 连接。当子流遇到意外时，用户会发送 RST 消息强制将出问题的子流关闭，舍弃子流缓冲区中所有的数据，这种关闭称为意外关闭。

4.3.2　MPTCP 拥塞控制

　　网络拥塞是一种持续过载的网络状态，是指网络负荷的增加导致网络性能下降的情况。若主机发送的分组数量不超过它的最大传输容量，除了某些由于传输错误而无法到达目的地的分组，主机发送的分组都会到达目的地。然而随着用户对网络资源需求量的持续不断增加，若需求量大于固有容量，网络拥塞现象就会发生。当网络拥塞现象发生时，若没有拥塞控制机制，尽管引发拥塞现象的原因已解决，网络拥塞现象也会持续下去，后果是造成网络的瘫痪，这种情况下能够到达目的地的分组几乎为零。

　　针对 Internet 体系结构而言，产生网络拥塞的现象是它固有的属性。在资源共享网络中，可能存在这样的情况，没有启用请求许可的机制，也没有提前协商达成一致，却要求 IP 分组能够在同一时间发送到路由器，且希望能够从同一个端口进行分组转发。在上述情况中，并不是所有的分组都能够接收这种处理并及时响应，因此需要有一个顺序，此时中间节点上的缓存队列可以为这些等候服务的分组提供一定的帮助。然而，如果这样的状况持续一段时间，使得缓存空间被耗尽，此时路由器只能丢弃分组。

　　如图 4.15、图 4.16 所示，初始负载较小时，网络负载和吞吐量大致呈线性增长，响应时间缓慢增加；网络负载超过 K 点后，吞吐量的增加开始变得缓慢，而响应时间开始快速地增加；网络负载过 C 点后，吞吐量开始快速减小，而响应时间快速增加。一般情况下，将 K 点附近称作拥塞避免区，K 点与 C 点之间的区域称作拥塞恢复区，C 点过后称作拥塞崩溃区。分析可知，网络负载在 K 点时的网络性能是最好的。

　　网络拥塞产生的根本原因在于用户提供给网络的负载大于网络资源容量和处理能力，这些资源包括链路带宽容量、缓存空间大小、内存大小及中间节点处理能力等。虽然产生网络拥塞的主要原因是网络资源的不足，但是只用增加网络资源的方式并不能避免拥塞现象的发生，若把缓存空间增大到一定的程度，不但不会缓解拥塞现象，反而会使拥塞现象变得严重。因为若缓存增大可能导致数据包排队时间过长，数据包到达路由时，可能发送端已经超时重发，而排队转发的数据包会继续传到下一个路由器，引发资源的浪费。这种情况下，拥塞现象不会减轻，反而会加重。产生网络拥塞的原因有很多，除了根本原因，还有一些直接原因，主要有以下几方面[8]。

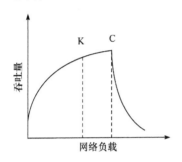

图 4.15　网络负载和吞吐量的关系

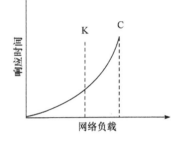

图 4.16　网络负载和响应时间的关系

(1) 输出队列缓存空间不足。几个输入数据流从同一个输出端口转发，则输入数据流就会在该输出端口的缓存中排队。若缓存空间的内存容量短缺，数据包就会被丢弃处理。对 HTTP 等突发数据流，更是如此。

(2) 带宽容量不足。当高速的数据流在速度较低的链路上传输时，也会引发网络拥塞的现象发生。根据香农定理，所有信源发送的速率 R 应该小于信道容量 C，即 $R < C$。如果 $R > C$，原则上不能正常传输，当源端带宽要求不能满足时，网络拥塞就会发生。

(3) CPU 的速度慢、处理能力弱。若路由器的 CPU 在执行任务，如数据包在缓存中排队等任务时，其执行速度远小于链路的速度，也可能引起数据在缓存中排队数量过多，从而造成网络拥塞现象的发生。

如果只是改进这三个指标中的其中一个，并不能够缓解网络拥塞的现象，有时可能会使网络拥塞更加严重，有时候可能得到适得其反的效果。如果只单纯增加缓存的存储空间，可能在某种程度上避免分组引发的丢包现象，解决缓存排队问题，但此时随着缓存区间中数据包的不断增多，网络时延会增大，不仅会引起分组重传现象的发生，而且浪费了网络带宽资源，从而使网络拥塞现象更加严重；同样，如果只增加带宽，会对其他链路产生影响，使网络瓶颈链路改变，并不能够真正地解决网络拥塞现象。此外，网络系统的混沌、分叉现象或用户恶意攻击等均可能引发网络拥塞现象的发生，所以，为了有效地控制网络拥塞现象，必须采取拥塞控制机制。

拥塞控制是控制网络中数据流量的重要机制，它可以避免网络由于传输数据包控制不当而引发网络堵塞甚至网络瘫痪，导致正常的线路也无法使用。拥塞控制根据当前网络的拥塞状况协调控制链路的滑动窗口，以动态地改变发送数据的多少，避免网络因拥塞而导致网络服务不可用。

在 TCP 单路径传输中，只需要考虑一条路径的滑动窗口的调整问题，然而，在 MPTCP 协议拥塞控制中，每个子路径具有不同的拥塞窗口。所以，要做到资源共享，需要耦合各个子路径的拥塞窗口以达到减少发送到拥塞路径的数据包数量。为了更好地控制拥塞，不同的吞吐量、公平性和稳定性性能要求对应有不同的拥塞控制算法。目前 MPTCP 拥塞控制算法与 TCP 协议几乎相同，这些算法适用于不同的网络环境，如 Cubic、Reno、BIC、Hybla、BALIA、LIA、OLIA 和 Vegas 等。

4.4　MPTCP 多路径传输关键技术改进

与非 TCP 协议为基础的多路径传输(SCTP、CMT-SCTP)技术相比，以 TCP 协议为基础的多路径传输(MPTCP)技术由于其良好的 TCP 上层应用生态而获得了大量的研究。本节以 4.3 节为基础，结合国家自然科学基金(61662020、61363008)、教育部(NGII2016110)及国际合作资助项目(DF：KJHZ 2013-20)的理论研究成果，介绍 MPTCP 多路径传输关键技术的改进及新算法。首先在多路径传输协议的基础上定义子路径影响因子的概念，以此概念为基础提出基于路径特征和数据特征的(path characteristic and data characteristic based，PCDC)路径管理算法；同时用数学的方法创新地提出多路径传输缓存耗量模型构建法；进而提出路径管理、拥塞控制、缓存配置等多参数综合优化多路径传输网络性能的算法；最后将有线多路径传输技术扩展到基于无线移动通信的多路径传输中，针对移动通信中随机丢包被误认为拥塞丢包的特点提出移动多路径通信传输丢包区分的(differentiation based opportunistic linked-increases algorithm，D-OLIA)拥塞控制算法。

4.4.1　PCDC 路径管理算法

MPTCP 目前还处于研究阶段，各方面的性能都需要在网络实践中进行充分的验证和提高，路径管理也是如此。现有的路径管理算法在添加子流加入传输时，不会考虑它们是否真能提高整体传输性能。实践表明，在实际的设置中，只使用并发多路径传输的子流的一个子集，性能才会得到明显改善。而当前的算法不考虑子流的性能和底层网络路径的特性，不加区分地连接并使用子路径集全集中的所有子路径进行通信。它们要么被连接起来，要么被动地接受，这在路径特征相差很大的情况下会大大降低性能，因此许多研究者对 MPTCP 路径管理算法进行了一系列的研究[9,10]。

1. 传统的路径管理算法

　　多路径管理算法可以在使用 MPTCP 协议的两台主机间利用多接口 ISP 来创建、添加和删除子流。其工作原理是在建立连接时告诉对方可以使用多路径传输并告知本机可用的地址，然后可以建立新子流并将其添加到 MPTCP 管理。目前传统的路径管理算法有 Default、Fullmesh、Ndiffports 和 Binder。

　　Default 算法：MPTCP 协议的默认算法，它不主动告知对方多余的 IP 地址，也不主动地添加新路径，而是被动地接收创建的新路径，它主要的特点是能无缝切换到其他多路径进行传输。

　　Fullmesh 算法：利用所有可以利用的子路径进行并发传输。若通信的两端分别有 M 和 N 个 IP 地址，那么在两端就可以建立 $M \times N$ 条子路径，如图 4.17 所示，当连接双方均有 2 个 IP 地址时，能够建立 4 条子路径进行传输。如图 4.18 所示，当一方有 2 个 IP 地址，另一方有 3 个 IP 地址时，能够建立 6 条子路径进行传输。Fullmesh 算法是 MPTCP 的主流算法。

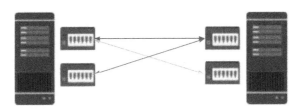

图 4.17　MPTCP Fullmesh 算法示意图 1

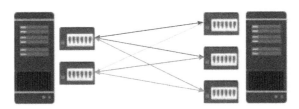

图 4.18　MPTCP Fullmesh 算法示意图 2

　　Ndiffports 算法：通过使用多个端口号实现并行传输，但是 IP 地址不会改变，即在同一个 IP 地址上创建多个传输路径，达到通过端口号来模拟不同的 TCP 连接以规避带宽限制的目的，其工作原理如图 4.19 所示。

　　Binder 算法：MPTCP 通过路由来选择到达目的端的路径，无法确保子路径遍历全部的有效网关。Binder 路径管理算法将松散源路由选项附加到 MPTCP 可选项中，保证子路径遍历所有源地址端网关，即采用松散源路由对子流的数据包进行分发。依靠 MPTCP 和包中继，Binder 算法保证用户终端上的应用程序直接从网关聚合获得更多的吞吐量，而不必采取任何修改，从而确保 MPTCP 连接的稳定性和可靠性。

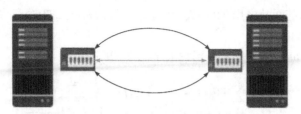

图 4.19　MPTCP Ndiffports 算法示意图

2. PCDC 算法

1) 路径特征

研究实践表明，在多路径传输中，各个子路径的性能差异对多路径并发传输总体性能影响较大，选择最佳路径的关键点是要考察各子路径本身的性能会对整体网络性能产生什么样的影响？其影响可以分为两种情况：①有贡献，提高整体性能；②没有贡献就是拖累，降低整体性能。通过研究观察到子路径影响因子可以用于定量说明当前子路径对于网络通信整体传输性能的贡献率。那什么是子路径影响因子呢？子路径影响因子是根据建立 MPTCP 连接的双方在多条子路径并发传输中每一条子路径对整体传输的重要程度来定义的。换言之，就是考虑 MPTCP 连接中某个子路径不参与传输时对整个网络的吞吐量的影响程度，这种影响程序可分为积极的或者消极的两种。当某子路径不参与传输后，吞吐量有所增加，说明该子路径对于整体传输性能来说是起消极作用的；反之，当该子路径不参与传输后，吞吐量有所下降，说明该子路径对于整体传输性能来说是起积极作用的。

MPTCP 子路径影响因子通过量化每条路径的吞吐量在整体传输的比例就可以证明其子路径对于网络整体性能是积极的，还是起消极作用的。为了更好地说明子路径影响因子的量化公式，给出了测量子路径影响因子的时序图。如图 4.20 所示，在 $0 \sim T$，所有的路径都参与传输，计算每个时刻的吞吐量 $TP_0(t)$，是关于

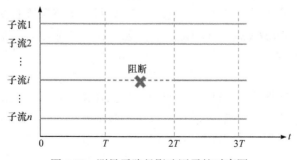

图 4.20　测量子路径影响因子的时序图

时间 $t(t\in[0,T])$ 的函数；当时间到了 T 时刻，子路径 i 不参与传输，其他路径继续传输数据，此时的吞吐量用 $TP_i(t)$ 表示，也是时间 $t(t\in[T,2T])$ 的函数，则可用式(4.3)计算其子流影响因子。

从图 4.20 可见，子流 i 的影响因子 Ω_i 可以定义为

$$\Omega_i = \frac{\sum_{t=0}^{T}TP_0(t) - \sum_{t=T+1}^{2T}TP_i(t)}{\sum_{t=0}^{T}TP_0(t)} = 1 - \frac{\sum_{t=T+1}^{2T}TP_i(t)}{\sum_{t=0}^{T}TP_0(t)} \tag{4.3}$$

Ω_i 可用于定量地描述子路径 i 对于整体传输的影响因子，具体计算子路径的影响因子的步骤如下。

(1) 在时间长度 $[0,T]$ 内采集全路径开通时网络的总吞吐量，记为 TP_0。

(2) 切断第 i 条路径，在同样时间长度 $[T,2T]$ 内采集网络的总吞吐量，记为 TP_i。

(3) 把数据代入式(4.3)中计算 Ω_i。

Ω_i 是代表第 i 条子路径对于整体传输的贡献率，对于其值小于 0 的路径，不推荐加入传输，避免拖累整体性能。

MPTCP 路径影响因子的意义在于通过公式量化了每条路径的吞吐量在整体吞吐量中的比值。其值为正时，表明该路径对整体是积极作用，其值为负时，表明其对整体性能是消极作用，本节后续对路径特征的应用，只关注其值的正负。

2) 数据特征

在互联网中流量特征的研究中，TCP 流量占据了总流量的 80%，UDP 约为 15%，其他协议不足 5%。从 TCP 数据流的字节大小上看，99%的 TCP 数据流字节大小在 1MB 以内。另外，MPTCP 小数据流传输时延的主要原因为重传超时和子流的不同特性导致的数据等待。

由于在 TCP 中，丢失的数据包将通过重传机制重新发送。TCP 有两种重传机制，即快速重传和超时重传。MPTCP 的重传机制类似于 TCP 的重传机制。如果某个子流中存在分组丢失且传输的数据很小，则每个子流保持的发送窗口非常小。当数据包丢失时，重传超时(RTO)将由于发送端未能收到接收端的确认(ACK)报文而发生。如果此时发送方无法启动快速重传机制，则只能等待超时重传。然而，通过超时重传机制的数据重传将增加该传输的完成时间。如图 4.21 所示，当数据包 4 丢失时，由于接收方未能发送三次重复的 ACK = 4，无法启动快速重传，这只能触发超时重传，导致 RTO 现象，以及小数据流传输时间的增加。

对于小数据流的传输，如果 MPTCP 同时启动所有子流进行传输，则会增加丢包的概率并导致 RTO 现象。另外，当子流的特性(即带宽、时延、丢失率)大不

相同时，每个子流传输的分组的到达时间也将显著不同，导致分组已经提前到达以等待稍后到达的分组。这还导致小数据流的完成时间增加。如图 4.22 所示，路径 1 上的数据包 1、2 和 4 已经到达，路径 2 上的数据包 3 的往返时间比路径 1 上的要长得多。因此，包 1、2 和 4 需要等待包 3 完成数据传输。对于小数据流传输，由于等待时间长，性能损失可能很大。因此，对于没有高吞吐量要求的小数据流的传输，应避免增加传输完成时间。

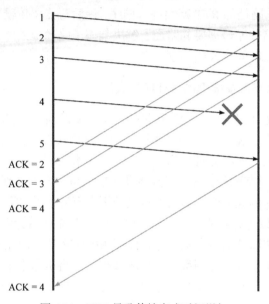

图 4.21　RTO 导致传输完成时间增加

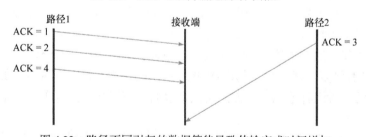

图 4.22　路径不同引起的数据等待导致传输完成时间增加

因此针对不同大小的数据请求，我们需要选择不同的子路径集合。根据经验，我们将数据流分为三类，然后根据类别选择传输的子路径。首先获取传输数据的大小，然后对需要传输的数据定位类别。

(1) 当数据流大小满足(0，500KiB]时，属于 L1 类，此时选择 RTT 最小的一条可用子路径传输数据。

(2) 当满足(500KiB，1000KiB]时，属于 L2 类，此时选择 RTT 最小的两条可用子路径传输数据。

(3) 当数据流大于 1000KiB 时，属于 L3 类，此时选择所有的可用子路径传输数据。

结合路径特征和数据特征，针对不同大小的数据流，选择合适的子路径集合进行并发传输，这就是 PCDC 路径管理算法[10]。PCDC 从子路径的贡献率和数据体量特征两个方面考虑，利用子路径的影响因子将子路径区分为可选路径或备用路径；进而对可选路径的 RTT 特性进行排序；最后对需要传输的数据大小进行分类，选择当前网络传输最需要的路径，解决某些子路径拖累整体传输性能的问题及小数据传输完成时间增长的问题。

4.4.2　MPTCP 缓存耗量模型的统计学构建法

在 MPTCP 协议研究中，缓存耗量是一个重要的研究方向。传统 MPTCP 协议的缓存配置，是根据 TCP 单路径传输缓存计算公式直接扩展而来的，而该扩展公式计算的 MPTCP 缓存耗量会随着子路径数的增加而增大，其最终结果远远高于 TCP 协议下的缓存配置，这对于网络设备来说是非常不合理的，尤其是对于有着成千上万条连接的大型服务器来说造成的缓存资源浪费是不可想象的。

使用 TCP 协议进行编程时，人们一般不对缓存耗量做特殊的配置，总是习惯性地使用操作系统默认的缓存耗量值，使用 MPTCP 协议时也是如此。但是，互联网技术高速发展至今，使用系统默认的缓存值大小是非常不合适的，因为若系统默认缓存值过小，则会是系统带宽得不到充分利用，达不到最高吞吐量，造成带宽资源的浪费；若系统默认缓存值过大，大于实际需要的值，则会造成缓存资源的浪费。这种浪费情况在使用 MPTCP 协议时会更加明显，因为 MPTCP 协议整合了端设备多种网络接入方式，可以达到更大的吞吐量，但是由于 MPTCP 连接有多条子流，这些子流共享缓存区，若每条子流都浪费一部分缓存值，则会使 MPTCP 浪费更多缓存，所以使用 MPTCP 协议时对缓存值的配置应更加谨慎。合理而有效的设置缓存值大小的方法应该是根据当前网络及设备实际情况动态地配置缓存值大小。

传统的 TCP 协议通过使用滑动窗口机制及拥塞控制算法计算缓存大小，TCP 发送缓存区存储两类数据。

(1) 发送方应用程序传送给发送方 TCP 准备发送的数据。应用程序可以通过调用 send(write、sendmsg 等)接口利用 TCP Socket 向网络发送应用数据，而 TCP/IP 协议栈再通过网络设备接口把已经组织成 TCP 数据报的应用数据真正发送到网络上，由于应用程序调用 send 的速度跟网络介质发送数据的速度存在差异，所以，一部分应用数据被组织成 TCP 数据报之后，会缓存在 TCP 的发送缓存队列中，等待网络空闲时再发送出去。

(2) 发送方 TCP 已经发出但尚未收到确认的数据。TCP 协议要求接收端在接收到 TCP 数据报后，要对其序列号进行 ACK 确认，只有收到一个 TCP 数据报的 ACK 之后，才可以把这个 TCP 数据报从发送缓存区清除。

TCP 接收缓存区也是存储两类数据。

(1) 按序到达的、但尚未被接收应用程序读取的数据。与发送缓存区相同，由于应用程序调用 write 的速度与网络介质发送数据的速度存在差异，所以 TCP 将已经接收到的数据暂存在接收缓存区。

(2) 不按序到达的数据。由于网络数据传输并不十分稳定，数据传输过程中可能存在丢包或者数据包不按序到达的情况，此时 TCP 需要将提前到达的数据包存储在接收缓存区，等待所有数据包到达后提交给应用程序。

从文献[11]中可以得知，考虑到网络传输中丢包重传的情况，TCP 协议发送和接收缓存值计算应遵循如下公式：

$$B \geqslant (3 \times \text{RTT} + \text{RTO}) \times \text{BW} \tag{4.4}$$

MPTCP 协议是由 TCP 协议拓展而来的，但缓存耗量该如何计算与配置？这个问题比 TCP 协议下要复杂得多，因为 MPTCP 协议是多路径传输的，每个 MPTCP 连接都有多个 TCP 子连接，发送和接收缓冲区在所有子流之间共享。当路径特性(即带宽、时延、丢失率和错误率)变得不同时(这在使用互联网时很可能发生)，就会出现阻塞问题。也就是说，一些低性能子流可能占据缓冲区的主要份额，没有充分地利用其他子流的空间。为了避免这些问题，需要诸如缓冲区拆分、不可撤销的选择性确认、块重调度、机会主义重传、缓冲区膨胀缓解和智能调度决策等机制。然而，在任何情况下，缓冲器必须足够大，以应对任何子流的最大 RTT。考虑到一个有数百个、数千个甚至更多并发连接的服务器，这将变得既昂贵又低效。人们很自然地就想到 MPTCP 多路径传输所需的缓存耗量可以从式(4.4) 扩展而来，式(4.2)为传统的 MPTCP 缓存耗量计算公式，从式(4.2)可见，该缓存耗量公式考虑了多路径在传输过程中的最差情况，即最大的 RTT 值、RTO 值，以及所有子流带宽。

式(4.2)表明 MPTCP 协议环境中缓存耗量值应不小于各子流最大 RTT 的三倍与最大 RTO 之和乘以各子流带宽之和。根据式(4.2)，假设发送端和接收端存在两条子流，信息如下所示。

子流 1：高速上网，带宽为 100Mbit/s，10ms RTT，1s RTO。

子流 2：低速上网，带宽为 1Mbit/s，200ms RTT，1s RTO。

在这个场景中，两条子流的总带宽之和为 101Mbit/s，$\text{RTT}_{max} = 200\text{ms} = 0.2\text{s}$，$\text{RTO}_{max} = 1\text{s}$，使用式(4.2)计算缓存耗量值为 $B \geqslant (3 \times 0.2 + 1) \times 101 = 161.6\text{MB}$。从这个计算结果来看是非常不合适的，缓存值过大，尤其对于一些公司大型服务器

来说造成的浪费是不可估量的，因为这些服务器与成千上万个用户保持着连接，若为每条连接分配如此大的缓存值，将使服务器不堪重负。

显然，式(4.2)仅仅讨论了所有路径中最大 RTT 和 RTO 的情况，也就是考虑了网络传输中各条路径的最坏情况，并把这种最坏情况作为每条子流的计算依据，但是，这种最坏情况并不是所有路径的表现，如果依照式(4.2)进行配置，将忽略网络性能较好的子流，造成缓存资源的极大浪费。实际上，多路径传输场景中各条子流有不同的表现，在实际传输过程中应该根据实际情况配置缓存耗量。

回归分析在多个研究领域都有很多成功的应用案例。回归分析最初的思想是由高尔顿提出来的，该思想的基本出发点是一个事物的表现和状态必然与相关联的事物之间存在某种关系，回归分析的目的就是找出这种关系，从数理统计的角度来说，所研究的目的数据或性质称为因变量 Y，影响到 Y 的表现的数据或性质称为自变量 X，自变量与因变量之间存在某种关系：$Y=f(X)$，回归分析就是在有限的已知的数据前提下，尽可能地逼近自变量与因变量的这种关系。由于网络传输的不确定性，网络性能可能与诸多因素(缓存耗量、拥塞控制算法、带宽)有关，所以本节介绍通过回归分析的方法对缓存耗量与网络吞吐量进行建模分析，并最终实现特定场景下缓存耗量的最优配置[12,13]。

回归分析从不同的角度有不同的分类，从自变量的数量角度，可以分为一元回归分析和多元回归分析；从因变量的数量角度，可以分为简单回归分析和多重回归分析；从自变量与因变量的关系模型角度，可以分为线性回归和非线性回归。对于非线性回归，可以通过数学的手段使其转变为线性回归问题。由于本书所研究的自变量并不单一，从前期实验结果来看也并非线性关系，所以本书主要使用的是多元非线性回归分析法，旨在找出 MPTCP 环境中网络吞吐量与多个影响因子之间的函数关系，基于该函数关系找出该场景下的最优配置。

在回归分析中，有两个重要的指标专门用于评价回归模型的回归分析质量，它们分别是 R-Square(R 的平方，简称 R^2，又称为决定系数)与 P-value (probability value，假定值、假设概率)。

R^2 的定义如下：

$$
\begin{cases}
R^2 = \dfrac{\text{SSR}}{\text{SST}} \\
\text{SST} = \displaystyle\sum_{i=1}^{n} (y_i - \bar{y})^2 \\
\text{SSR} = \displaystyle\sum_{i=1}^{n} (\hat{y}_i - \bar{y})^2
\end{cases}
\tag{4.5}
$$

R^2 通常用来描述回归曲线对观测值的拟合程度，R^2 越小，表明拟合程度越差，说明回归曲线不足以代表观测数据。

一元回归分析中 R^2 的物理意义可以用图 4.23 来描述，图中空心圆点为原始离散数据，实心圆点为预测数据，实心圆点所在直线为回归方程线，虚线圆点为各空心圆点均值。式(4.5)中的 SSR(sum of squares of the regression)为预测数据(实心圆点)与原始数据均值(虚线圆点)之差的平方和，即为将原始数据自变量代入回归模型之后求得的预测值(实心圆点)，即为原始数据因变量的均值(虚线圆点)；SST(total sum of squares)为原始数据(空心圆点)与其均值(虚线圆点)之差的平方和，即为原始数据因变量(空心圆点)；R^2 为二者的比值。R^2 通过数据的变化来表示一个回归模型对数据拟合的好坏，由式(4.5)可以看出 R^2 正常的取值范围为 [0，1]，越接近 1，表明该模型对原始数据的解释力越强，也就是说模型对数据的拟合程度更高。

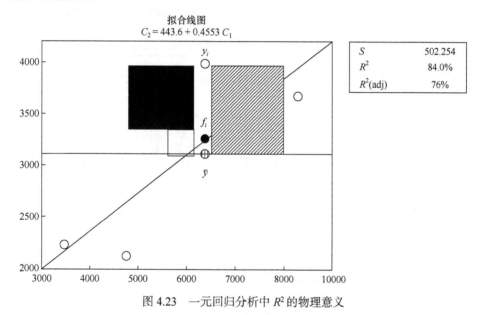

图 4.23　一元回归分析中 R^2 的物理意义

另一个重要的模型评价指标为 P-value，它表示一种概率值，是统计学中根据显著性检验方法所得到的，一般 $P < 0.05$ 表示显著，$P < 0.01$ 表示非常显著，其根本含义是样本间的差异由抽样误差所导致的概率小于 0.05 或者 0.01。P-value 是假设检验理论中用于判断原始假设是否正确的重要依据，在本书中，首先是假定了自变量(吞吐量、拥塞控制算法等)与因变量(吞吐量)存在某种关系，在这个假定前提下对实验数据做回归分析，但是如果某个自变量的 $P > 0.05$，就可以推翻之前的假设，即可以认为该自变量不会对因变量产生影响，也就没有必要将该自变量代入回归模型之中。一般来说，在数理统计领域中 P-value 的值在 0.05 以下是可以被接受的范围。

　　要找出 MPTCP 缓存与吞吐量的关系模型，进而确定 MPTCP 缓存的最优配置，但是，由于网络传输的复杂性，影响吞吐量的并不单单只有缓存这一个因素，所以为了尽可能准确地研究 MPTCP 协议下的数据传输网络性能，更好地对缓存耗量和吞吐量进行回归建模分析，我们以 NorNet Core 国际测试床为基础进行了大量数据传输实验，在建模分析之前，首先对实验结果进行定性分析，将结果数据绘图进行可视化表达，这样做的目的是对实验结果有一个感性认识，更加明确地看出缓存与吞吐量的数据关系，为后续回归分析明确方向，同时，在数据传输中使用不同的拥塞控制算法，可以对比出拥塞控制算法对吞吐量的影响。下面几幅图像表示 HiN-UiB 站点的数据传输结果，每张图分别代表不同的拥塞控制算法下的结果，横坐标表示缓存值，纵坐标表示吞吐量，每张图中的点则表示该拥塞控制算法下缓存值对应的网络吞吐量，这里只对数据做简单介绍，不做深入分析。

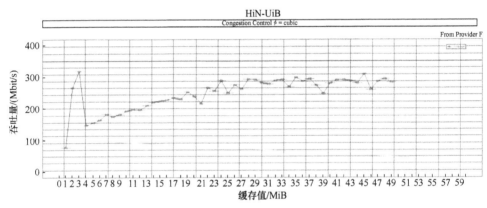

图 4.24　Cubic 算法下多路径传输结果

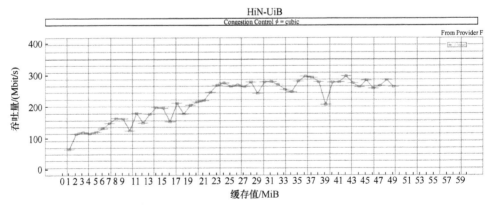

图 4.25　Hybla 算法下多路径传输结果

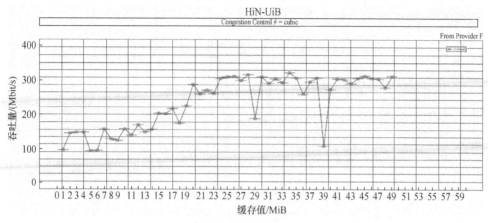

图 4.26　OLIA 算法下多路径传输结果

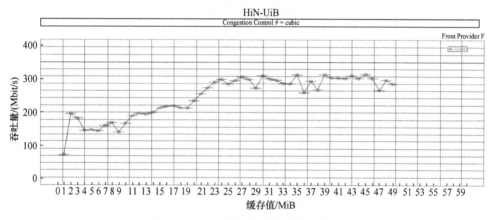

图 4.27　Reno 算法下多路径传输结果

从图 4.24～图 4.27 来看，MPTCP 协议下的数据传输中吞吐量与缓存值在后者较小的情况下基本呈现出正相关的趋势，但随着缓存值的持续增加，吞吐量基本不再变化，四种拥塞控制算法下的数据表现基本一致，这说明缓存值的确会影响吞吐量，但是这影响只是在一定范围内，若超过了这个范围，即使增加缓存值吞吐量也不会再上涨。

图 4.28 与图 4.29 分别表示 Scalable 算法与 Vegas 算法下的多路径传输结果，但是与上述四种结果不同，这两种拥塞控制算法下吞吐量与缓存耗量并没有表现出明显的正相关性，即使在缓存值较小时也是如此。相反，Vegas 算法下吞吐量甚至与缓存耗量呈现出并不十分明显的负相关性，而 Scalable 算法下的结果表明缓存值较小时吞吐量已达到较大值，增加缓存值并不能明显地提高吞吐量。这种结果足以表明拥塞控制算法对吞吐量有很大影响，所以在模型构建时应把拥塞控

制算法也作为一个自变量考虑。

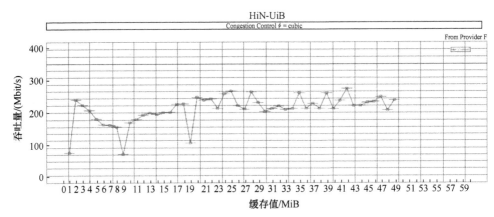

图 4.28　Scalable 算法下多路径传输结果

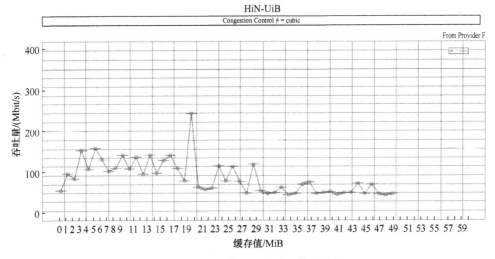

图 4.29　Vegas 算法下多路径传输结果

基于以上的初步定性分析，基本可以确定 MPTCP 吞吐量与缓存耗量大小存在直接关系，并且不同拥塞控制算法下的吞吐量表现不同也说明吞吐量与拥塞控制算法也存在直接关系，所以这里考虑将吞吐量 T 作为因变量，将以下因子作为模型自变量。

B：缓存耗量大小，单位为 byte。

E_k：其中 $k = 1, \cdots, 6$，代表不同的拥塞控制算法，即①Cubic；②Hybla；③OLIA；④Reno；⑤Scalable；⑥Vegas。

在实验部分共采用了上面六种拥塞控制算法，这六种拥塞控制算法是多路径传输领域中使用最广、研究最多的算法，由于一次网络传输只能使用一种拥塞控制算法，所以 E_k 只有一个值为 1，其余为 0，即如果 $E_1 = 1$，则 $E_2=E_3=E_4=E_5=E_6=0$，表示使用的拥塞控制算法为 Cubic。所以吞吐量与缓存耗量的初始模型可以用以下公式表示：

$$T = f\left(B, E_1, E_2, E_3, E_4, E_5, E_6\right) \tag{4.6}$$

实验的最终目的就是根据具体的实验场景和数据，使用回归分析方法找出该函数具体表达式，以确实该实验场景下吞吐量与缓存耗量的数学关系，从而找出该场景下缓存耗量的最优配置。

4.4.3　MPTCP 多参数综合优化算法

随着各种接入技术、移动通信、卫星通信和星间链路技术的飞速发展，多网融合已成为未来网络发展的必然方向。因此，下一代互联网的异构融合通信是一种普遍情况，而同构融合网络通信是一种特殊情况。当 MPTCP 将不同的路径属性和路径质量合并到一个并发传输中，在多路径传输系统中会出现许多问题。

问题 1：Fullmesh 路径管理算法使用所有可用子流并发传输，而不考虑子流和流量的特性。PCDC 算法引入了每个子流的影响因子(impact factor，IF)，只有 IF 大于 0 的子流才能参与并发传输。实践证明，同时使用所有子流并不一定会提高网络的整体性能，甚至不会拖累系统，导致吞吐量降低，在异构聚合网络中尤其如此。但是，仅访问 IF 大于 0 的子流并不是最佳方式，因为网络环境和负载正在快速变化。某一时刻的 IF 大于 0，下一时刻的 IF 可能小于 0。因此，根据传输场景，只有动态选择路径管理算法才符合实际场景，但如何选择仍有待解决。

问题 2：在异构网络中，使用传统公式[式(4.4)]来计算一个多径并发传输所需要的 B 值将大大增加每个端设备的缓冲区大小。然而，大量的测试研究表明，在多径传输中按照式(4.4)进行配置会造成大量缓冲资源的浪费。

问题 3：目前多径传输系统中使用了许多拥塞控制算法，如 Cubic、Hybla、OLIA、Reno、Scalable 和 Vegas 等。实践发现，为了在异构多径传输的不同场景中获得最佳传输性能，所使用的拥塞控制算法也不同。如何根据不同的传输场景动态选择不同的拥塞控制算法，一直没有得到解决。

目前，还没有人提出一种全面的技术来解决上述问题。因此，本节提出一种同时优化多径传输系统性能指标(如吞吐量、缓冲区大小、路径管理和拥塞控制)的算法，即多参数综合优化算法(MPCOA)[14]，以实现整体改进。MPCOA 可以在保证更好吞吐量的前提下，找到更小的缓冲区大小并选择合适的拥塞控制和路径管理算法。

该算法的输入/输出参数集可以表示如下。

输入参数设置：

$$\text{IPS} := [\text{TOP}, \text{PM}, \text{CC}]$$

式中，TOP: = [站点名称、互联网服务提供商、带宽]，异构传输网络拓扑结构信息集；PM: = {PCDC，Fullmesh}，一组路径管理策略，枚举值；CC: = {Cubic，OLIA，Hybla，Reno，Scalable，Vegas}，一组拥塞控制算法，枚举值。

优化性能指标的输出集：

$$\text{OOPS} := [\text{OTP}, \text{OBS}, \text{OCC}, \text{OPM}]$$

式中，OTP: = 相对最大吞吐量，这是该算法的主要约束条件；OBS: = 相对最小缓冲区大小；OCC: = 合适的 CC 算法，CC 中的一种；OPM: = 合适的 PM 策略，PM 中的一种。这四个参数同时输出。

根据上述 IPS 和 OOPS 两个集合的定义，MPCOA 可以用以下函数表示：

$$\text{OOPS} = F(\text{ips}), \quad \text{ips} \in \text{IPS} \tag{4.7}$$

函数 F 可分解为以下五个子函数 $f_1 \sim f_5$，相应的算法执行步骤如图 4.30 所示。

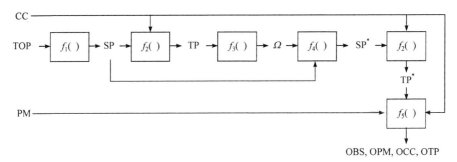

图 4.30　MPCOA 的执行步骤

该算法包括以下关键步骤。

(1) 根据 MPTCP 网络的拓扑结构，得到可用的子流集合

$$\text{sp} = f_1(\text{top}), \quad \text{sp} \in \text{SP}, \text{top} \in \text{TOP}$$
$$\text{SP} = \{\text{sp}_1, \cdots, \text{sp}_i, \cdots, \text{sp}_N\}, \quad N = N_s \times M_r \tag{4.8}$$

式中，N_s 是发送端接口的数量(即本地 ISP 的数量)；M_r 是接收端的接口的数量(即远程 ISP 的数量)。

(2) 根据输入参数集，测量每个可用子流的吞吐量 TP：

$$\text{tp} = f_2(\text{sp}, \text{cc}), \quad \text{tp} \in \text{TP}, \text{cc} \in \text{CC}$$
$$\text{TP} = \{\text{TP}_1, \cdots, \text{TP}_i, \cdots\}, \quad i = 1, 2, \cdots, N \tag{4.9}$$

(3) 通过计算得到的所有可用子流的 TP 和 IF:

$$\text{IF:} = \{ \varOmega_i \}$$

i 根据式(4.3)计算。

(4) 根据 IF 值,将可用的子流集 SP 分为可选的子流子集 SP* 和备用的子流子集。SP* 的可选子流用于 PCDC 中的传输,表示为

$$\begin{aligned} &\text{osp} = f_4\left(\text{sp}_i, \varOmega_i\right), \quad \text{osp} \in \text{SP*} \\ &\text{SP*} = \{\text{sp}_1, \cdots, \text{sp}_i, \cdots, \text{sp}_N\} \setminus \{\text{sp}_i \mid \varOmega_i < 0\} \end{aligned} \tag{4.10}$$

(5) 根据步骤(4)和 CC 中获得的 SP* 集,重新测量获得 TP* 的吞吐量,并在这一步计算 PM 和所有 CC 的缓冲回归模型。

$$\text{rtp} = f_2\left(\text{osp,cc}\right), \quad \text{rtp} \in \text{TP*} \tag{4.11}$$

(6) 根据步骤(5)的结果,以输入参数集 CC、PM、TP* 和 BS 为输入,使用多元回归分析方法,可以建立缓冲区大小 BS 和吞吐量 TP 之间的预测模型,该模型与 CC 和 PM 的预测模型具有相似的函数关系。N 次运行后当 R^2 和 P 值达到理想范围时($R^2 \geqslant 0.90$(区间为[0,1])和 $P \leqslant 0.05$),表示该预测模型是统计社会普遍接受的。模型构建的细节详见文献[15]。

$$\text{tp} = \varphi\left(\text{bs, pm, cc}\right)\big|_{\substack{\text{pm}=\text{PM}_i \\ \text{cc}=\text{CC}_j}} = f_5\left(\text{bs}\right)\big|_{(\text{PM}_i, \text{CC}_j)} \tag{4.12}$$

$$\text{PM}_i \in \text{PM}(i = 1, 2), \quad \text{CC}_j \in \text{CC}(j = 1, 2, \cdots, 6)$$

(7) 获得综合的优化输出。MPCOA 的最终目标是找到最小缓冲区 BS 与最大吞吐量 TP 之间的关系,并据此确定相应的 PM 和 CC:

$$\begin{cases} f_5\big|_{(\text{PM}_i, \text{CC}_j)} : \text{BS} \to \text{TP} \\ \text{s.t.} \quad \text{bs} \in \text{BS}\left(\text{BS} = \{0.5, 1.0, 1.5, \cdots, 30.0\}\right), \quad \text{tp} \in \text{TP} \\ \min_{\text{bs}}\left(\arg\max\left(f_5\big|_{(\text{PM}_i, \text{CC}_j)}\right)\right) \end{cases} \tag{4.13}$$

但是,当吞吐量为最大值时,相应的 BS 并不是最小值。因此,我们需要在最大吞吐量的一定范围(如$(1-\delta)\text{TP} \sim \text{TP}$)内通过牺牲一定量的吞吐量得到 BS 的最小值,经验值 $\delta = 7\%$,可以用数学描述:

$$\text{obs}_{i,j} = \min_{\text{bs}}\left\{ \text{bs} \in f_5^{-1}\big|_{(\text{PM}_i, \text{CC}_j)}\left[(1-\delta)\max f_5\big|_{(\text{PM}_i, \text{CC}_j)}, \max f_5\big|_{(\text{PM}_i, \text{CC}_j)}\right] \subset \text{BS}\right\}$$

$$\tag{4.14}$$

$$\text{OBS} = \min_{i,j}\left\{\text{obs}_{i,j}\right\} \tag{4.15}$$

根据相应的 i 和 j，得到相应的输出如下：

$$\begin{cases} \text{OPM} = \text{PM}_i \\ \text{OCC} = \text{CC}_j \\ \text{OTP} = f_5(\text{OBS}) \end{cases} \tag{4.16}$$

值得注意的是，MPCOA 可以控制用于传输用户数据的子流。无论是否使用子流，都会始终建立它们。也就是说，普通 MPTCP 的弹性仍然存在：只要每个方向上至少有一个工作子流，连接就不会中断。如果检测到用于数据传输的子流已断开，则可以使用根据其 IF 值进行评价的当前未使用的最佳子流。

4.4.4　D-OLIA 拥塞控制算法

前面介绍的技术都是属于有线多路径传输技术的内容，在有线异构网络中，网络的连接方式单一。而无线异构网络是一种借助各种无线通信技术来进行通信的网络，相比于有线网络，无线异构网络采用无线电波传输。同时也可以根据其不同连接方式，将其主要分为以下四种类型。

(1) 蜂窝网络：是目前应用较为广泛的网络。主要是由移动终端、基站和有线网络组成的通信系统，日常使用的手机通信便采用了该网络。

(2) WiFi 网络：覆盖广、速度快、可靠性高，同时也不需要布线。该网络通常可以设置密码，也可以是开放的，任何在 WLAN 范围内的设备都能连接上。

(3) 卫星网络：可以提供任意多点对多点广域的复杂连接。卫星网络覆盖范围大、可部署性强、成本低廉。但卫星网络也存在着如传输误码率高及大带宽时延等突出问题。

(4) Ad hoc 网络：该网络不同于其他网络，其中的终端设备既可以是接收端，同时也可能是发送端，其网络拓扑结构变化的速度和方式都是无法预期的。各节点均能够迅速地跟其他节点自动构成一个网络，即使某节点出现故障，也不可能波及整个网络。

如图 4.31 和图 4.32 所示，在移动终端所在的无线异构通信网络中，MPTCP 的有效吞吐量将显著降低。这是因为 MPTCP 协议直接将数据分成几个块，然后找到往返时延最小的路径来实现数据传输。如果某个子流由 MPTCP 连接，它首先通过固定路由器，然后根据固定线流返回发送方，且数据包相同，则排队时延的变化会对传输产生很大影响。同时，无线异构网络信道误码率较高，如果仍使用默认的拥塞控制算法，可能将随机丢包误认为是网络拥塞的结果，降低了传输速率和有效吞吐量，不能充分地利用网络资源。因此，由于缺乏对丢包原因的分析，无法准确地区分丢包的类型，利用传统的拥塞策略错误地调整拥塞窗口的尺寸，从而导致拥塞控制算法性能下降。

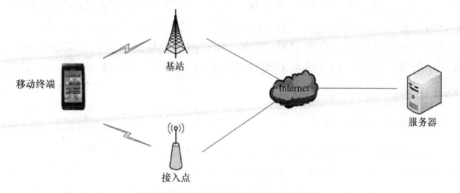

图 4.31　MPTCP 移动终端应用场景

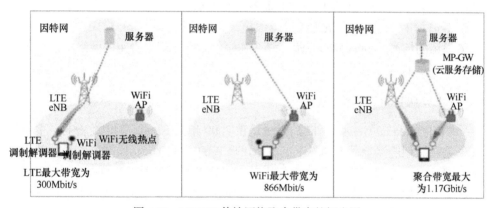

图 4.32　MPTCP 传输网络聚合带宽的概念图

多路径传输拥塞控制的目标是将数据从拥塞路径切换到非拥塞路径，降低丢包率，使网络性能整体稳定。作为对常规 TCP 的一组扩展，MPTCP 允许一个 TCP 连接跨多个路径传播。MPTCP 通过跨潜在的路径创建单独的子流来分配负载，但作为多路径拥塞控制的要求之一，应该满足瓶颈链路的公平性。因此，一个良好的多路径拥塞控制机制应该遵循以下三个属性。①提高吞吐量：一个 MPTCP 流在所有路径上获得的吞吐量必须不小于一个单路径 TCP 流在最好路径上传输的吞吐量，来保证实施多路径 TCP 的必要性。②保证公平性：一个多路径 TCP 流必须保证在任何一条路径或者所有路径的链路容量占有率不高于单路径 TCP 流在最好路径上的占有率，来保证多路径协议对传统 TCP 的公平性。③子流间的负载均衡：MPTCP 各个子流承载的数据传输量之间应该有一个平衡，减少出现一条流很忙，而另一条流空闲的状态。

目前，MPTCP 中使用的大多数拥塞控制算法都是通过调节子流的拥塞窗口的大小来控制拥塞的。在 MPTCP 协议中，每个子流必须为拥塞控制维持一个窗口，可以在子流水平上实现流量控制。每次在子流上接收到确认(ACK)响应时，就会增加窗口，当丢包发生时就会减小窗口。但在不同的拥塞控制算法下，窗口减少和增加的具体值会有所不同。因此，窗口值的变化将受到所有路径的 RTT 和窗口的影响。同时，通过结合不同子流的窗口来实现拥塞平衡和控制，可以提高网络的性能。

1. Uncoupled TCP 算法

Uncoupled TCP 算法[16]的工作原理跟传统的 TCP Reno 一样，是目前较为简单的 MPTCP 拥塞控制算法。当每次收到一个 ACK 时，子流 r 的拥塞窗口 w_r 会增加 $1/w_r$；当每次检测到一次丢包时，则当前的拥塞窗口会减小一半。其所有的子流都独立采用与传统 TCP 一样的拥塞控制方法。

由于 MPTCP 采用多条子流进行传输，如果使用 Uncoupled TCP 算法，每条子流采用的拥塞控制策略都一样，那么其侵略性高，而且占用的网络资源更多，表现出严重的不公平[17]。

2. EWTCP 算法

EWTCP(equal weighted TCP)算法是在 2009 年由 Honda 等[18]提出的，主要的改进是在瓶颈链路上采用加权限制其 MPTCP 的吞吐量。具体的方法是对其每个子流都设置一定的权重，能够降低对 TCP 的侵略性。当每次收到一个 ACK 时，当前窗口增加 α/w_r，其中 $\alpha = 1/n^2$，n 为路径的数量；每次检测到一次丢包时，窗口同样减小一半。

EWTCP 算法对 TCP 流与 MPTCP 的每个子流的权重分别设置为 1 和 D_n，那么 MPTCP 吞吐量为 D_n 倍，如果其 n 个子流的吞吐量与 TCP 一样，就要其子流权重满足：

$$\sum_{i=1}^{n} D_i = 1$$

如果每个子流都能得到一样的权重，则 $D_n=1/n$。此外，根据相关文献资料，如果 TCP 流出现一次往返时延 RTT，那么其窗口就相比增加 C。则 TCP 流的吞吐量模型为

$$T = \cfrac{1}{\text{RTT}\sqrt{\dfrac{2bp}{3C}} + T_0 \min\left(1,3\sqrt{\dfrac{3bp}{8C}}\right)p(1+32p^2)} \tag{4.17}$$

式中，T_0 为重传超时时间；b 为每次 ACK 确认的分组数目；p 为丢包率；C 为拥塞窗口增长参数。则每次经过一个 RTT，窗口加 1，也就是 $C = 1$，那么

$$T = \frac{1}{\mathrm{RTT}\sqrt{\frac{2bp}{3}} + T_0 \min\left(1, 3\sqrt{\frac{3bp}{8}}\right) p(1 + 32 p^2)} \tag{4.18}$$

而在 MPTCP 中，每个子流的权重为 D，吞吐量为 TCP 的 D 倍，也就是

$$T_d = \frac{D}{\mathrm{RTT}\sqrt{\frac{2bp}{3}} + T_0 \min\left(1, 3\sqrt{\frac{3bp}{8}}\right) p(1 + 32 p^2)} \tag{4.19}$$

也就是说每个 RTT 拥塞窗口要增加 D^2，所以发送端每次收到 ACK，其窗口相对应地就增加

$$\frac{1/n^2}{w_r}$$

而在移动终端所处的无线异构网络中，每个子路径的 RTT 是不一样的，而且差异大，所以该算法也没办法做到平衡拥塞。

3. Coupled 算法

针对 Uncoupled TCP 算法和 EWTCP 算法存在的不足之处，Raiciu 等[19]提出了 Coupled 算法，主要的改进方式是先耦合多个子流的拥塞窗口，而对于其流量的分配，是根据其路径上的网络拥塞状况来进行动态调整的，从而使其性能提升。当每次收到一个 ACK 时，当前窗口增加 $1/w_{\text{total}}$；每次检测到一次丢包时，则当前窗口减少 $w_{\text{total}}/2$，其中

$$w_{\text{total}} = \sum_{r=1}^{n} w_r$$

可以发现 Uncoupled 算法的缺点在于每条子流拥塞窗口的变化都会受别的子流影响。而且只有把多条子流视为一条路径的情况下，才能实现更好的拥塞平衡。

4. LIA

为了能够实现公平性，Raiciu 等[19]提出了链路增长算法(linked increases algorithm，LIA)，其是在 Coupled 拥塞控制算法上加入了一个 α。LIA 每次收到一个 ACK 时，窗口增加 α/w_{total}；每次检测到一次丢包时，则窗口减小一半。其中 α 为一个常量，用于控制 MPTCP 对传统的 TCP 的侵略性：

$$\alpha = w_{\text{total}} \frac{\max_{r \in S} \left(\dfrac{w_r}{\text{RTT}_r^2} \right)}{\left(\sum_{r \in S} \dfrac{w_r}{\text{RTT}_r} \right)^2} \tag{4.20}$$

式中，RTT_r 为第 r 条子路径的 RTT 值。

可以发现，LIA 虽然能够降低其侵略性和平衡拥塞，但是不能完全实现拥塞平衡。同时每次检测到一次丢包时，还是依然将拥塞窗口进行减半。

5. RTT-Compensator 算法

根据上面对 LIA 算法的研究，发现 RTT-Compensator 算法中的 α 值，含有 r，说明其很容易受到路径 RTT 的影响，当应用到 RTT 差异较大的环境中时，可能会导致 α 值过大，就会出现对其他路径侵略性过高的现象。因此，Raiciu 等[20]针对这一现象进行了改进，提出了 RTT-Compensator 算法。

每次收到一个 ACK 时，当前窗口增加

$$\min \left(\frac{\alpha}{w_{\text{total}}}, \frac{1}{w_r} \right)$$

每次检测到一次丢包时，则窗口减半。相比于 LIA 算法，该算法将后面的 α/w_{total} 修改为取 α/w_{total} 和 $1/w_r$ 的最小值，这种改进方式只能在一定程度上解决 α 值过大的问题，但还是没办法实现完全的平衡拥塞。

6. OLIA

OLIA(opportunistic linked increases algorithm)是由 Khalili 等[21]提出的，还是为了解决 LIA 不能实现完全拥塞平衡的问题。首先统计前两次丢包之间在路径 r 成功传输的数据 $l_{1r}(t)$。然后统计上一次丢包后在路径 r 成功传输的数据 $l_{2r}(t)$。那么

$$l_r(t) = \max \left\{ l_{1r}(t), l_{2r}(t) \right\}$$

能够表明路径的网络状况。

而 $M(t)$ 和 $B(t)$ 是 OLIA 定义的两个集合：

$$M(t) = \left\{ i(t) \mid i(t) = \arg\max_{r \in S} w_r(t) \right\} \tag{4.21}$$

$$B(t) = \left\{ j(t) \mid j(t) = \arg\max_{r \in S} \frac{l_r(t)}{\text{RTT}_r(t)^2} \right\} \tag{4.22}$$

分别为在 t 时刻可以使用的所有路径当中拥塞窗口最大的路径集合和可以使用的

最好的路径集合。在 OLIA 中每次收到一个 ACK 时，就增加拥塞窗口：

$$w_r = \frac{w_r/\mathrm{RTT}_r^2}{\left(\sum\limits_{i \in S} w_i/\mathrm{RTT}_i\right)^2} + \frac{\alpha_r}{w_r} \tag{4.23}$$

$$\alpha_r = \begin{cases} \dfrac{1/|P|}{|B \backslash M|}, & r \in B \backslash M \neq \varnothing \\[3mm] -\dfrac{1/|P|}{|B \backslash M|}, & r \in M, B \backslash M \neq \varnothing \\[3mm] 0, & \text{其他} \end{cases} \tag{4.24}$$

可以发现 OILA 相比于 LIA 进行了较大的改进，能够实现拥塞的转移，满足平衡拥塞的目标。但是每次检测到一次丢包时，OLIA 与以上提到的算法处理的方式都是一样的，即拥塞窗口减半。如果在 WiFi 高丢包率的环境中使用 OLIA，就只能盲目地降低拥塞窗口进行流量控制，而无法根据丢包类型来动态地调整拥塞窗口，只能导致 MPTCP 有效吞吐量的下降。

7. 基于丢包区分的拥塞控制方法

由于移动终端所在的无线异构网络具有带宽不对称、吞吐量低和误码率高等弊端，那么就会出现数据包损坏甚至丢失的现象发生。同时对于 MPTCP 在无线异构网络中的相关研究，可以发现其在无线链路上会出现数据包乱序、Bufferbloat、负载失衡等诸多问题。

传统 TCP 吞吐量模型如式(4.18)所示，而移动终端所处的无线异构网络中存在随机丢包和拥塞丢包。那么丢包率 $p = p_R + p_C$，p_R 为随机丢包率，p_C 为拥塞丢包率，二者为独立变量。则 LTE 的子流吞吐量如下所示：

$$T(p_R, p_C)$$
$$= \frac{1}{\mathrm{RTT}\sqrt{\dfrac{2b(p_R + p_C)}{3}} + T_0 \min\left(1, 3\sqrt{\dfrac{3b(p_R + p_C)}{8}}\right)(p_R + p_C)\left(1 + 32(p_R + p_C)^2\right)} \tag{4.25}$$

我们可以发现 LTE 子流吞吐量受到拥塞丢包率和随机丢包的影响，会导致其子流的吞吐量下降。而在 WiFi 子流中丢包率更高，那么就会导致基于 MPTCP 协议的移动通信的总吞吐量出现明显的下降。

如果移动通信过程也采用 LIA 或者 OLIA，那么就有可能导致将非拥塞引起的丢包(即随机丢包)错误地判断为拥塞丢包，然后就直接降低拥塞窗口和发送的速率，导致 MPTCP 的有效吞吐量的下降。虽然 OLIA 相比于 LIA 解决了多路径传输的公平性问题，其拥塞平衡能力更好。但 OLIA 没考虑无线通信网络中非拥塞引起的随机丢包误判问题。因此，有必要在基于多路径传输的移动终端拥塞控制算法中添加一种有效的丢包区分机制，可以判断它是拥塞丢包还是随机丢包，进而改变相应的拥塞窗口。

　　每次检测到一个丢包时，丢包判决都会考虑时延抖动和窗口抖动[22]。时延抖动在一定程度上反映了网络的拥塞状态。为了判断当前丢包是属于拥塞丢包还是随机丢包，应结合当前窗口的大小，以提高判断的准确性。定义 R 为当前网络时延抖动的特征值：

$$R = \frac{\text{RTT}_r - \overline{\text{RTT}_r}}{\text{RTT}_r^{\max} - \text{RTT}_r^{\min}} \tag{4.26}$$

式中，RTT_r、$\overline{\text{RTT}_r}$、$\text{RTT}_r^{\max}$ 和 $\text{RTT}_r^{\min}$ 分别为子流 r 的当前 RTT 值、平均 RTT 值、最大 RTT 值和最小 RTT 值。根据 R，我们可以得到当前往返时延与平均往返时延的偏差，然后预测网络的拥塞状态。为了提高评价的准确性，在丢包发生时对拥塞窗口进行采样。将 W 定义为当前窗口抖动的特征值，这是预测当前网络拥塞状态的另一个参数：

$$W = \frac{w_r - \sum_{i=-1}^{-5} \frac{w_r^i}{5}}{w_r^{\max} - w_r^{\min}} \tag{4.27}$$

式中，w_r 为当前的窗口，w_r^i $(i = -1, -2, \cdots, -5)$分别为前 5 个丢包发生时的窗口值。在 6 个窗口值中，$w_r^{\max}$ 表示最大值，$w_r^{\min}$ 表示最小值。

　　当 $R+W$ 之和小于或等于 0 时，就认为已经发生了随机丢包。关于 $R+W \leqslant 0$ 有三种情况：①$R \leqslant 0$ 和 $W \leqslant 0$，即丢包发生，窗口减少，但时延不大，因此丢包不是由拥塞造成的；②$R \leqslant 0$ 和 $W \geqslant 0$，这意味着丢包发生了，但窗口增加了，时延不大，因此丢包不是由拥塞造成的；③$R \geqslant 0$ 和 $W \leqslant 0$，这意味着丢包发生，窗口减少，时延较大，但由于总和小于 0，延迟不那么大，因此丢包不是由拥塞造成的。判断基础是，当随机丢包发生在路径上时，网络拥塞不严重，网络尚未达到或正处于稳定状态。该方法以 $R+W$ 之和为网络拥塞状态的综合评价基础，可以弥补仅基于时延抖动或窗口抖动的判断不足，并准确检测子流丢包的原因。

　　基于以上的丢包区分方法并结合 OLIA，我们提出了 D-OLIA[23,24]。每次接收到 ACK 时，窗口的值将根据 OLIA 增加。每次检测到一个丢包时，计算当前网

络时延抖动 R 的特征值和当前窗口抖动 W 的特征值的和。如果和小于或等于 0，则将丢包视为随机丢包，将窗口减小为当前窗口的 80%；如果和大于 0，则将丢包视为拥塞丢包，将窗口减小为当前窗口的 70%：

$$w_r = \begin{cases} w_r - \dfrac{w_r}{5}, & R + W \leqslant 0 \\[2mm] w_r - \dfrac{3w_r}{10}, & R + W > 0 \end{cases} \tag{4.28}$$

对于子流 RTT 值大于 400ms 的拥塞窗口，本节将会使用 EWMA 滤波法，即指数加权移动平均，可以稳步提高 MPTCP 的有效吞吐量，避免不必要的吞吐量下降。

$$w_r = \beta w_r + (1 - \beta) \frac{w_r}{\theta_r}, \quad \mathrm{RTT}_r \geqslant 400\mathrm{ms} \tag{4.29}$$

式中，β 为加权系数，根据实验值取 0.3，θ_r 为子流 RTT 限制因子：

$$\theta_r = \frac{\mathrm{RTT}_r}{\mathrm{RTT}_r^{\min}} \tag{4.30}$$

因为目前大多数用户使用的手机都是安卓系统，　默认的拥塞控制算法为 TCP Cubic，其具有 TCP 友好性与 RTT 公平性，实时保持窗口的增长率不受 RTT 的影响。所以在判断为拥塞丢包后，考虑跟 Cubic 算法一样，将拥塞窗口减小到当前窗口的 70%，而不是窗口减半。

4.5　本　章　小　结

本章首先讨论了当前多路径传输的两个主流协议，即以非 TCP 协议为基础的 SCTP 和 CMT-SCTP 多路径传输技术及以 TCP 协议为基础的 MPTCP 多路径传输技术的发展演变、协议结构及工作原理。由于 MPTCP 与 TCP 协议的良好兼容性及生态应用，本章重点呈现了课题组就 MPTCP 协议的研究成果：①基于路径特征和数据特征的路径管理算法 PCDC 可以利用子路径的特征对子路径进行区分，只让对整体性能起积极作用的子路径参与并发传输，从而提高了网络性能；②基于回归分析建模的缓存配置模型大大节省了缓存资源，通过所得的模型可以根据实际的通信场景进行配置，在保证吞吐量性能的前提下减小缓冲区的大小；③多参数综合优化算法可以对路径管理、拥塞控制、缓存配置进行综合优化，在保证吞吐量性能的基础上选择合适的路径管理算法和拥塞控制算法，并尽可能地减小缓冲区的大小；④基于丢包区分的拥塞控制算法 D-OLIA 可以有效地区分随机丢包和拥塞丢包，并根据丢包情况进行拥塞窗口的调整，有效地提高了网络性能。

参 考 文 献

[1] 朱京玲. 多路径传输的流量分配与控制技术研究. 南京: 南京邮电大学, 2014.

[2] 刘佩, 任勇毛, 李俊. 多路径 TCP 拥塞控制算法研究. 通信学报, 2012, 33(z2):1-6.

[3] 刘鹏. 基于 MPTCP 的路径管理研究. 重庆: 重庆邮电大学, 2013.

[4] 刘玥霄. 多径实时传输控制机制与协议研究. 沈阳: 东北大学, 2013.

[5] 符发, 周星, 杨雄, 等. MPTCP 与 CMT-SCTP 多路径传输协议性能分析. 计算机工程与应用, 2013, 49(21): 79-82, 105.

[6] 符发, 周星, 谭毓银, 等. 多场景的 MPTCP 协议性能分析研究. 计算机工程与应用, 2016, 52(5): 89-93.

[7] 薛开平, 陈珂, 倪丹, 等. 基于 MPTCP 的多路径传输优化技术综述. 计算机研究与发展, 2016, 53(11): 2512-2529.

[8] 韦云. 多路径传输协议拥塞控制算法分析与研究. 南宁: 广西大学, 2017.

[9] 杨雪雷. 基于 MPTCP 多路径管理算法的改进与实现. 海口: 海南大学, 2020.

[10] Chen M, Dreibholz T, Zhou X, et al. Improvement and implementation of a multi-path management algorithm based on MPTCP. 2020 IEEE 45th Conference on Local Computer Networks, Sydney, 2020.

[11] 周峰. 基于 MPTCP 协议 Hybla 算法及其他拥塞控制算法研究. 海口: 海南大学, 2017.

[12] 耿亚奇. 多路径传输缓存耗量模型的实现与性能评价. 海口: 海南大学, 2020.

[13] 周星, 耿亚奇. MPTCP 多路径传输缓存耗量的回归模型计算方法和系统: 中国, ZL 201911060937.7, 2020-12-01.

[14] Chen M, Raza M W, Zhou X, et al. A multi-parameter comprehensive optimized algorithm for MPTCP networks. Electronics, 2021, 10: 1942.

[15] Tan Q, Yang X, Zhao L, et al. A statistic procedure to find formulae for buffer size in MPTCP. Proceedings of the 3rd IEEE Advanced Information Technology, Electronic and Automation Control Conference (IAEAC), Chongqing, 2018: 900-907.

[16] Patel S, Shukla Y, Kumar N, et al. A comparative performance analysis of TCP congestion control algorithms: Newreno, westwood, veno, BIC, and cubic. 2020 6th International Conference on Signal Processing and Communication (ICSC), Noida, 2020: 23-28.

[17] 黄宏程, 陆卫金, 刘建星, 等. 基于丢包区分及共享瓶颈的 MPTCP 拥塞控制算法. 计算机工程与设计, 2016, 37(3): 571-576.

[18] Honda M, Nishida Y, Eggert L, et al. Multipath congestion control for shared bottleneck. Proceedings of Workshop on Protocols for Fast Long-Disatance Networks, New York, 2009: 19-24.

[19] Raiciu C, Handley M, Wischik D. Coupled congestion control for multipath transport protocols. RFC 6356, IETF, ISSN 2070-1721, 2011.

[20] Raiciu C, Wischik D, Handley M. Practical congestion control for multipath transport protocols.

London: University College London, Technical Report, 2009.

[21] Khalili R, Gast N, Popovic M, et al. MPTCP is not pareto-optimal: Performance issues and a possible solution. IEEE/ACM Transactions on Networking, 2013, 21(5): 1651-1665.

[22] Huang H, Lu W, Liu J, et al. MPTCP congestion control algorithm based on packet loss differentiation and shared bottleneck link. Computer Engineering and Design, 2016, 37(3): 571-576.

[23] 余帅. 基于多路径传输移动终端拥塞控制算法研究与性能分析. 海口: 海南大学, 2020.

[24] 周星, 余帅. 一种基于时延和窗口抖动的多路径拥塞控制方法和装置: 中国, ZL 202010405965. 4, 2021-09-30.

第 5 章　下一代互联网应用层 NEAT 技术

NEAT 协议技术是 A New Evolutive API and Transport-Layer Architecture for the Internet 的缩写，该项目由欧盟 "Horizon 2020" 研究和创新基金资助，编号为 H2020-ICT-05-2014644334，预算为 400 万欧元，于 2015 年 3 月启动[1]。NEAT 提供一种全新的互联网应用与网络交互的方式，彻底改变了互联网上的数据传输，同时为应用程序开发人员提供了易于使用的 API。NEAT 的目标是在现有的网络配置(即在当前的网络条件、硬件能力或本地策略)情况下，允许依据应用的需求动态地提供量身定制的网络质量(如可靠性、低时延通信或安全性等)服务，并且以演进的方式支持整合网络新功能，而不需要改写应用。这种体系思想会让互联网的功能得以增强，让应用可以无缝且更容易地利用不断推陈出新的网络功能及新特征。

NEAT 系统试图改变向 Internet 应用程序公开传输层接口，使应用程序可以指定和选择各种传输服务，而不是指定一个具体的传输协议。这种看似简单的变化却会对应用开发产生巨大的优势，因为这一改变将允许在新接口下灵活地使用一系列技术。为了对应用程序产生直接的好处，NEAT 提出了一种新的体系结构，该体系架构试图尽可能地利用给定网络路径上端到端可用的协议/服务。传统的 Socket API(套接字 API)是分布式计算中最普遍且使用时间最长的接口技术之一。该技术由加利福尼亚大学计算机系统研究小组开发，并作为 UNIX 4.2BSD 版的部分于 1983 年发布，30 多年来得到了广泛应用。尽管 API 应用如此广泛，但这么多年来它基本上没有升级变化，主要变化是增加了对 IPv6 及 SCTP 的支持。

5.1　NEAT 协议与传统 Socket API 体系结构

套接字 API 是大多数应用程序通过网络堆栈进行通信的编程接口。从概念上讲，套接字就是一个通信终结点的抽象，通过这个终结点，一个应用程序可以采用大致相同的方式发送和接收数据到一个普通文件中。在 UNIX 系统中，文件和套接字之间几乎没有区别，所以，套接字描述符实际上被看作文件描述符来实现。套接字 API 从一开始就被设计为独立于基础协议堆栈，这个事实在创建套接字的过程中是可见的。但套接字 API 的一个重大的缺陷是传输(和网络)的决策通常由设计时的应用程序或在主机上运行的网络堆栈来决定，默认情况下，关于应用程序需求的信息很少涉及。如网络堆栈并不知道当前应用计划下载流量的大小或通信格式，也不知道其传输需求，而实际应用程序通常至少知道其中的一些信息而没加以利用；如果一个应用程序不了解网络功能的属性(可用接口的集合及它们支持的速率，也不知道哪些传输是有效/可用的)及可以使用的特定网络路径的特征，这就会导致应用程序开发人员在设计阶段做出的响应决策不一定是最佳的，而这些最佳决策本应该在运行阶段使用网络堆栈中的可用信息后做出才能更好地反映真实网络的运行状态。

Internet 最初的设计是灵活的，具有端到端操作的传输功能，且中间网络设备仅支持端到端的方式与其传输交互。然而，随着时间的推移，业务需求的驱动，其早期设计的灵活性已发生了演进变化。如防火墙、NATs、负载均衡和一系列其他一些中间设备在大多数 Internet 通信路径上已普遍使用导致其灵活性受到影响。理由是：当这些中间设备与传输协议进行交互时，就意味着这些中间设备必须要能够解释传输协议，并且在许多情况下还要能实现该协议的某些部分功能。所以，当要部署新协议或扩展协议时，通常需要更改中间件配置或设计，从而导致 Internet 变得不灵活，就违背了 Internet 设计的初衷，这个过程被称为"僵化"。为了克服这种僵化问题，一些应用程序必须嵌入大量相关的代码以适应网络的变化。例如，如果一个 IP 供应商为用户提供了 IPv4 和 IPv6 的资源，那么 Web 浏览器必须使用"Happy eyeballs"的技术方式[2-5]来选择是否启用 IPv4 或 IPv6 或 IPv4 和 IPv6，而这个"Happy eyeballs"就是关于如何启用这两种资源的代码集，但当前的方法并不足以防止网络堆栈的这种持续僵化问题。为了解决这些缺陷，NEAT 技术提出了一种新的传输架构，即用一种新的 API 替换 Socket API，而这个新的 API 可使任何一个应用程序都能根据当前网络资源情况来表达其自身的通信需求。一个应用程序就可以利用当前的网络资源信息做出前瞻性策略来选择适当的传输、IP 协议版本、选择接口或调整网络参数，这样的 API 还可以向应用程序报告网络的状态。

基于新 API 的应用程序可以提供相关所需传输服务需求的信息，并确定所提供的传输服务的特性。正是这些附加的信息使 NEAT 能够超越传统的 Socket API 的限制，因为这样的堆栈就能够感知到每个交通流量实际的期望或需求。因此，这些附加信息可以用于自动识别传输组件(如协议和其他传输机制)。通过 NEAT 系统可以为应用选择最佳组件与之配合，并按需求配置这些组件。在进行决策时，NEAT 系统可以利用配置时提供的策略信息及之前发现的路径特征和探测技术，而只有当远程端点和到达它的路径都有实际支持的证据时，传输组件才会被启用。

5.1.1　对可持续发展传输层的通用要求

对任何可持续发展的传输层架构的设计都必须考虑一系列的通用需求，而不仅仅满足那些特定用例的需求，如 Mozilla Firefox Web 浏览器用例、Cisco(众所周知，思科的主要业务是网络基础设施、硬件、软件和控制产品，以及广泛的网络设计、解决方案和管理服务，包括服务提供商、企业和物联网网络)用例、Celerway(是一家中小型企业，为路由器和智能手机等网络设备开发软件，以实现更快、更可靠的互联网连接。其软件包括：对可用网络性能的主动与被动评估；为特定服务选择最佳网络；选择和操作传输协议，以适应所选网络和优化吞吐量；路径择优与故障切换；支持多路径传输等功能)用例、EMC(专注考虑传输服务的抽象，其抽象过程基于应用程序的需求与当前网络运行的状态条件。EMC 希望利用这种传输系统提供的传输优化，并结合来自管理数据中心网络的 SDN 控制器/协调器的性能反馈。反馈来提高数据中心内部和跨数据中心的数据传输性能，使用下一代智能传输系统，通过对底层网络的知识进行增强，实现无缝连接，或者对网络上运行的应用程序的影响最小。因此，NEAT EMC 用例着重设计用于传输大型数据集的应用程序。如果这些应用程序能够通过新的传输系统将其需求映射到网络，那么它们将获得显著的好处)用例，而是要考虑未来发展的通用性，这些通用的设计需求可概括为以下五类[2]。

(1) 部署性(deployability)。

(2) 可扩展性(extensibility)。

(3) API 的灵活性(API flexibility)。

(4) 引导参数化(guided parametrization)。

(5) 可伸缩性(scalability)。

满足上面五个通用设计需求的应用就可以达成一个与 NEAT 架构主要目标相一致的系统。需要进一步强调的是，即使只要实现了这些通用需求中的几个，也可以充分地利用好现有可用设备或网络的特性，获得一个良好的解决方案。

图 5.1 为 NEAT 可能部署的 4 种组合场景: 从最佳部署情况(箭头 A)到最坏部署情况(箭头 D)[2]。A 与 D 是两种极限情况，A 是在支持 NEAT 路径上启用 NEAT 功能端设备之间的直接连接(如箭头 A 是最好的)，D 是在不支持 NEAT 路径上未启用 NEAT 功能主机接收端点的连接情况(如箭头 D 是最差的情况)，但所有的组合都需至少要对一个端点的栈做出改变。新的传输层体系结构的代理还可以代表不支持新体系结构的端点提供这些功能。为了清楚起见，图 5.1 中并没有显示此类代理，在图 5.1 中，这样一个代理所支持的发送方将被视为"启用了 NEAT"。

除遵循上面列出的需求外，还要保证 NEAT 系统不能降低当前可用的传输功能。例如，安全性和移动性必须与新体系结构一起工作，就像它们与不支持此体系结构的系统一起工作一样。然而 NEAT 架构有望为安全性和机动性提供机会(将在 5.4 节中举例说明)。

A-在支持 NEAT 路径上启用 NEAT 功能端设备之间的直接连接; B-在不支持

NEAT 路径上启用 NEAT 功能端设备间的连接；C-在支持 NEAT 路径上未启用 NEAT 功能端设备的连接；D-在不支持 NEAT 路径上未启用 NEAT 功能端设备的连接；

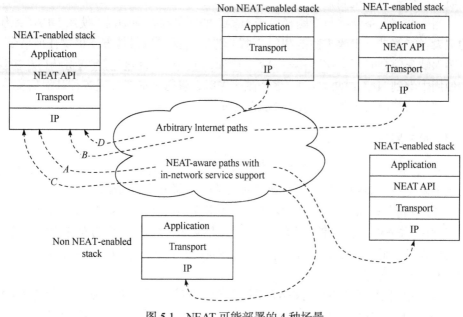

图 5.1　NEAT 可能部署的 4 种场景

5.1.2　部署性

NEAT 的主要目标之一是创建一个传输层架构，以便可以在 Internet 上进行部署，并且尽可能地减少中断，以避免对 Internet 体系结构、网络设备或端设备(主机)进行全面大修检查。此外，NEAT 系统的设计应该考虑单边增量部署(可能以提供较少的好处为代价)，使发送端能够在目标端和/或代理更新之前就可以开始使用 NEAT 系统。此举可进一步让 NEAT 系统能够被快速推广使用。因此，可部署性可以转化为以下具体需求[2]。

(1) 应用焦点。演进化体系结构可以要求 NEAT 系统能够在现有的主机操作系统上使用。对于没有特定特权的用户，该系统必须是可安装、可用和可升级的。这使得 NEAT 系统的演进与操作系统(operating system，OS)的演进是可以分别进行的，并使其能够在部署的平台上得到支持。

(2) 主机操作系统容错特性。NEAT 系统不仅能充分地利用协议和在主机操作系统中所拥有的特性，而且还应该提供对任何附加的协议和特性的支持，并作为它的组成部分(例如，应该支持用户级传输堆栈，以及部署新的传输协议和/或传输协议组件)。

(3) 对等特性容错能力。该设计不必要求所有通信方使用同一个版本的 NEAT 系统。此健壮性原则还可以扩展到用于实现传输服务的组件(协议和机制)。

(4) 网络特性容错能力。使用 NEAT 系统不能要求网络支持特定的特性(如服务质量或代理交互机制)。

当一个端设备能够与沿路径启用 NEAT 的网络设备通信时，使用 NEAT 系统的端设备能够进一步改进性能和/或互操作性。还必须以最佳方式提供任何信令，以确保缺乏信令时不会妨碍传输服务。例如，通过信令促进连接(如将端口和协议的使用中继到 NAT 或防火墙)、信令流优先级，或通过信令发送各种其他信息(例如，将端口和协议的使用转发到 NAT 或防火墙)。

5.1.3　可扩展性

NEAT 的一个关键目标是对抗 Internet 传输层的僵化特点。因此，NEAT 系统必须能够支持无缝的、独立的端到端通信链的不同组件的演化进程。

(1) 支持传输系统的演进。NEAT 系统必须能做到：①为将来新添组件(协议和特性)提供一种方法；②允许将新的(可能是实验性的)组件作为对它们的支持引入网络设备，而不必更新应用程序；③允许将组件的实现移动到主机操作系统(如 OS 内核)中，反之亦然。

(2) 支持操作系统进化。NEAT 系统和操作系统之间的接口必须能够使用标准的方法。这些方法可能会随着时间的推移而改变，以改进 NEAT 系统提供的服务。但是，这并不要求对使用 NEAT 系统的应用程序进行更改。

(3) 支持网络的演进发展。NEAT System 必须允许与网络设备交互的方法的演进。NEAT 系统必须允许集成新机制，并允许使用系统的应用程序从新机制中获益，而不需要修改应用程序。

5.1.4　API 的灵活性

NEAT 系统必须支持不同的抽象级别来访问所提供的服务；应该可以将提供的传输服务与特定的选择(例如，选择传输协议和实现服务的选项)解耦。设计还应该允许未来的使用，并为移植现有应用程序提供一个简单的途径。这意味着 API，与系统交互的唯一方式必须是灵活的，满足以下要求。

(1) 向后兼容性。NEAT 应该允许系统的演进，而不影响使用它的程序。API 必须提供向后兼容性，以支持不同版本的 NEAT 系统。

(2) 支持高级配置。NEAT 还必须允许配置使用比 Socket API 更高的抽象级别。

① 它应该提供一种机制，以通用的方式描述应用程序的需求。这需要定义一组 API 参数来描述所需的传输服务。可能的需求包括面向消息、保存消息顺序、可靠性、低时延、移动性支持、相对优先级和安全特性。

② 应用程序可以假设所选的传输服务实例化满足 API 请求(或返回一个错误指示),但不应该隐式地假设有其他请求。这为 NEAT 系统提供了一种最佳的方式来做出任何必要的进一步决定,以建立与对等端点的通信。

③ 它应该允许进化。这应该允许选择提供更适合服务的新选项,而不需要更改应用程序。

(3) 支持低级别配置。NEAT 应该继续允许经典 Socket API 提供的详细配置。当需要与默认值不同的值时,Socket API 要求应用程序指定网络和传输协议,并选择特定于协议参数。这种选择规范在 NEAT 中也应该是可行的。

(4) 可理解性。尽管它自动化了组件的选择,但 API 必须使应用程序可以使用低级信息,以了解为什么要选择和配置特定组件。

5.1.5　引导参数化

一个 NEAT 系统必须提供有指导的参数化。当前传输和网络栈被明确地参数化。例如,使用套接字 API,应用程序可以选择 IPv4 或 IPv6,选择 DCCP、SCTP、TCP、UDP-lite 或 UDP,可以通过显式套接字或协议级套接字选项指定几个参数。

这与在 NEAT 中开发的方法不同,NEAT 系统必须同时考虑应用程序需求和可能需要在整个 end-to-end 路径中支持的特性,从而创建适当的传输服务实例,以充分地利用可用特性。这种导向参数化要符合以下要求。

(1) 参数的推导。NEAT 系统必须将应用程序提供的高级需求映射到实际使用的低级参数。执行的映射由应用程序提供的需求和适当的策略指导。其结果是输出传输协议栈、网络协议、使用的接口及每个组件的参数化的选择。

(2) 依赖本地工具。如果可能,在做出选择决策时应该使用操作系统提供的工具/技术。

(3) 对对等端点的依赖。NEAT 需要考虑本地和远程端点支持的组件(如协议)。这需要发现特定端点地址上可用的一组传输协议(和特性)。

(4) 依赖于网络路径。选择合适的路径需要考虑当前的网络状态。本地端点需要验证对等端点支持的组件实际上是由到端点的当前网络路径支持的。

此外,所选的协议和路径需要对位于网络路径上的任何代理都具有健壮性。这可能包括发现路径上的代理并确定与它们交互的合适方法,以及检测网络特性支持的可选机制,如提供服务质量或流优先级的机制。

(5) 依赖于时间。NEAT 系统必须能够有选择地支持希望系统响应网络状态变化的应用程序。应用程序允许 NEAT 系统选择一个替代路径来提高正在进行的通信的性能(如通过使用 MPTCP、SCTP、SCTP-cmt 或其他方法)。

(6) 与应用程序协议无关。发现路径和受支持组件的机制不需要对应用程序协议进行任何更改或由应用程序协议提供特定支持。

5.1.6　可伸缩性

任何实现都将受到其自身设计选择的限制。然而，NEAT 系统的架构本身必须具备以下几方面的可扩展性。

特性集的大小：它应该支持各种协议、配置选项和网络交互的组合。在这些组合中进行选择的过程必须能够容纳大量的可能性，同时提供可接受的通信设置时间。

通信量：它必须支持需要具有高容量或低时延(或两者兼备)的路径的通信。这就需要将对处理器负载的影响降到最低。

对等点的数量：架构必须允许大量的整洁流得到有效的支持，尽管同时需要支持的整洁流的数量取决于用例。

5.2　NEAT 体系结构的设计

NEAT 是一个分层的体系结构，它提供了一个灵活、可演进扩展的传输系统。由 NEAT 提供服务的应用程序和中间件使用一个新的 NEAT User API 来抽象网络传输行为。NEAT 可以以一种允许应用程序使用最佳传输协议的方式提供传输服务，而应用程序不必处理来自应用程序代码的选择。

5.2.1　NEAT 架构概述

图 5.2 与图 5.3 分别展示了 NEAT 系统组成与各组件组间的关系及 NEAT 架构在协议栈中高层的一个概况[2,4,6]。

从图 5.2 可见，NEAT 系统由 NEAT Application Support(NEAT 应用支持模块)与 NEAT User Module(NEAT 用户模块)两大部分组成，NEAT User Module 又包含 Framework、Transport、Signalling、Selection 与 Policy 五个组件。

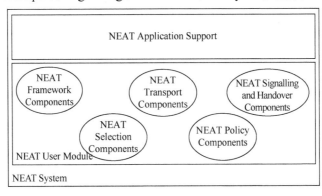

图 5.2　NEAT 系统组成与各组件组间的关系

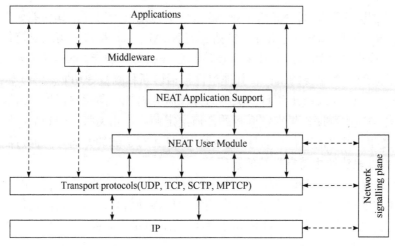

图 5.3　NEAT 架构在协议栈中高层的一个概况

以下先给出几个 NEAT 术语。

NEAT System 包含所有用户空间和内核空间组件，这些组件是实现跨网络应用程序通信所必需的，也包括 NEAT User Module 和 NEAT Application Support 的所有模块。

Application 代表一种实体，该实体可以是一个程序或一个协议模块，它使用传输层进行跨网络的端到端数据传输(也可以是上层协议或隧道封装)。在 NEAT 中，应用程序数据通过网络使用 NEAT 用户 API 直接进行通信或通过中间件进行通信或通过 NEAT 用户 API 之上的一个 NEAT 应用程序进行通信。

NEAT Component 是 NEAT 系统中一个特性的实现。例如，前面提供的传输服务可选的 Happy Eyeballs 组件就是一个具体的例子。通常组件被设计成是可移植的，即与平台无关。

NEAT User API 用于交换应用程序数据的 NEAT User 模块的 API。它提供了与套接字 API 类似的传输服务，但使用的是事件驱动的交互方式原理。NEAT 用户 API 提供必要的信息，允许 NEAT 用户模块选择适当的传输服务，它是 NEAT 组件框架的一部分。

(1) NEAT Application Support Module(NEAT 应用支撑模块)。NEAT Application Support 组件*模块：代表示例代码或库，它们为应用程序使用 NEAT User API 提供了更抽象的方法。这可能包括直接支持中间件库或成为模拟传统 Socket API 的一个接口。

(2) NEAT User Module(NEAT 用户模块)。NEAT User Module：是由 NEAT 系统提供传输服务所需的所有组件的一个集合，它在用户空间中实现，并被设计为具有跨平台的可移植性。该组模块负责为 NEAT 流创建传输服务实例化所需的所有方面，如图 5.2 所示，NEAT User Module 又包括五个组件，其功能如下所示。

(1) NEAT Framework 组件。包括实施 NEAT User 模块所需的支持代码和数据结构。该组件调用其他组件来实现传输服务所需的功能。NEAT User API 是 NEAT 框架的一个重要的组件，其他组件包括诊断和测量等功能。

(2) NEAT Transport 组件。又称为传输服务组件，向用户提供一组端到端特性，不与向应用程序提供完整服务的任何给定帧协议相关联。端到端特性的例子包括保密性、可靠的交付、有序的交付、消息相对于流的方向等。通过简洁的用户 API 可以表达使用特定特性的愿望。

(3) NEAT Signalling and Handover 组件。该组件提供了扩展功能，补充了 NEAT 传输组件的功能。这些功能向网络提供咨询信号，与中间件通信，支持故障转移或移交，以及在 NEAT Flow 过程中使用的其他机制。

(4) NEAT Policy Manager 组件。该组件是 NEAT User Module 的一部分，负责服务选择策略的管理，又称策略管理器，是通过可跨平台移植的(用户空间)策略接口访问的。

(5) NEAT Selection 组件。该组件负责选择合适的传输端点和协议/机制集。它利用了通过 NEAT 用户 API 传递的信息，并将其与来自 NEAT Policy Manager 的输入相结合，通过用户空间策略接口进行访问。这将为系统或单个应用程序(在指定时)定义一组默认策略，这些策略与信息的组合一起用于派生出一组候选传输服务集。在确定候选服务集之后，NEAT Selection 组件将利用关于路径的已知信息(也可以通过 Policy Interface 获得)来尝试建立端点连接以测试候选服务的适用性。该过程可以使用“Happy Eyeballs”机制来并行执行，以避免不必要的时延。如果找不到可行的传输服务，则 NEAT 连接失败。Selection 和 Policy 组件使 NEAT 能够根据应用程序需求与网络端点可用的信息做出适当的决定。在 NEAT User Module 的运行阶段(而不是设计应用程序阶段)做出这些决定可以确保是最佳的选择，为考虑多种(可能相互冲突的)约束提供了机会，从而可避免每个应用程序编码的路径不支持特定机制或机制组合的可能性。

从图 5.3 可见 NEAT 系统介于 TCP/IP 协议栈的应用层与传输层之间。图 5.3 对比展示了在协议栈使用 NEAT 技术的应用程序和中间件(如图 5.3 中的实线箭头)与使用不支持 NEAT 技术的传统套接字 API 的应用程序和中间件(虚线箭头)两者的关系。

NEAT 系统的主要组成部分是 NEAT User Module。它提供了一组实现 NEAT 系统传输服务所需的组件，并在用户空间中实现，旨在跨多种平台进行移植。NEAT Application Support 组件包含各种帮助库和函数，应用程序可以使用这些帮助库和函数访问更抽象的传输系统，以便使用底层的 NEAT User Module 的服务。

图 5.4 为 NEAT 系统的组件及接口关系[2, 4-7]。其中，NEAT User Module 用浅

灰色表示的组件块(NEAT 框架、传输、选择、信令和切换,以及策略)和用中灰色表示的相关 API(NEAT User API、Policy Interface 策略接口、诊断和统计接口)组成。由图 5.4 可知,应用程序通过 NEAT User API 及其相关接口就可以访问 NEAT 系统。NEAT User API 提供了与套接字 API 类似的传输服务,但是采用事件驱动的交互方式获得服务。NEAT User API 会提供必要的信息允许 NEAT 系统选择适当的传输服务。

NEAT User API 提供了应用程序访问 NEAT 系统的 NEAT User Module 的接口。这个 API 和它相关的诊断与统计接口一起构成了访问 NEAT 系统的部分。

NEAT Policy Manager 是 NEAT User Module 的一部分,负责服务选择策略管理。通过(user-space)策略接口访问策略管理器,可跨平台移植。Policy Manager 的具体实现有可选的两种方式,即可以从接口到内核函数或就在内核中实现新函数(如与特定网络接口或协议相关的信息)。服务选择是通过策略信息与 NEAT User API 和探测/信号机制传递的信息相结合,以完成协议和机制的选择,然后实现所需的传输。

用于配置和管理传输服务所需的组件也构成了 NEAT User Module 的一部分。一些协议(如 TCP 和 UDP)通常在平台操作系统的内核中提供,其他传输协议在用户空间中提供,但是也可以在内核中提供。NEAT 系统的一个关键目标是要以相同的方式提供传输服务,而不管传输协议是如何实现的,或者操作系统网络栈是如何提供传输协议的。

NEAT User Module 可以使用可选的信令组件,具体在 NEAT Signalling and Handover 组件中实现。NEAT User Module 及其组件将在 5.3.3 节中进行详细介绍。

NEAT 系统易于扩展以加入新的和实验性的传输,也就是说,只要新功能在 Internet 上使用成为可能,应用程序就可以吸纳这一新功能为其所用,当没有其他替代方法时,它将后退并模拟应用程序所需的特性。图 5.4 中分别用深灰色和中灰色显示的内核接口与实验机制是 NEAT 架构的可选组件。

正是由于 NEAT 架构的分层设计,使它能够为应用程序提供优化的传输,这些应用程序通常必须提供兼容层或以库的形式提供完整传输。

5.2.2 上层应用与 NEAT 系统

基于 NEAT 系统的应用程序可以根据它们所使用访问网络 API 方式的不同而将应用程序分为不同的类来表达,从图 5.4 可见,可以将应用分为 Application Class-0~Application Class-4,共 5 类[2]。

(1) Application Class-0。使用传统套接字 API 的应用程序就属于该类。这是在引入 NEAT 系统之前的默认行为。定义 Application Class-0 这类应用程序的目的是与其他应用程序类形成对比。

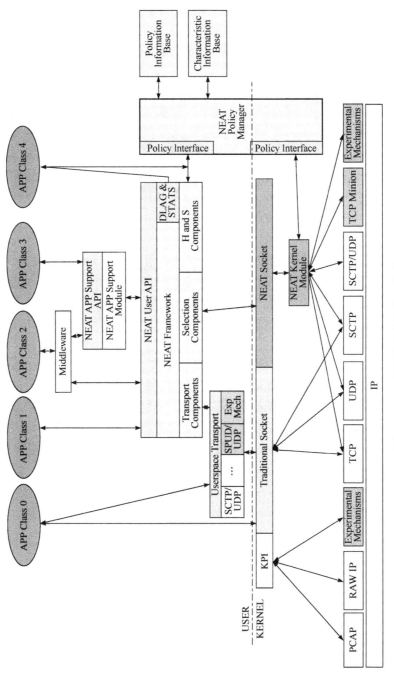

图5.4 NEAT系统的组件及接口关系

(2) Application Class-1。直接使用 NEAT User API 的应用程序就属于 Application Class-1。从长远的角度看，这类应用将成为 Internet 应用程序的默认设置。

(3) Application Class-2。使用中间件间接地访问 NEAT User API 或 NEAT Application Support API 的应用程序属于 Application Class-2。一旦中间件被更新为支持 NEAT User API，此类应用程序就使用 NEAT 系统。这类应用程序可能无法识别任何级别的 NEAT 系统。

(4) Application Class-3。此类应用程序可以使用 NEAT Application Support API，也可以直接使用 NEAT Application Support 提供的函数和示例代码。可以使用 NEAT Application Support Module 提供的帮助功能，还可以重写 Application Class-0 应用程序使其能够使用 NEAT 系统。

(5) Application Class 4。NEAT 提供了一个诊断接口，允许应用程序收集有关 NEAT 系统和 NEAT 流的统计信息。这个接口还可以提供对调试信息的访问。除了 NEAT User API，Application Class-4 是专门开发用来利用这个接口的应用程序。作为 Application Class-4 应用程序的一个例子就是用于监视和控制其他应用程序的网络行为，如在 SDN 环境中操作时就需要与 SDN 控制器进行交互。

5.2.3　NEAT 架构设计原则

NEAT 架构将其所有功能分配到两大空间来组织管理，一个是操作系统(即内核空间)，另一个是用户空间组件。本节从设计和实现的角度来阐述 NEAT 架构的设计原则。

1. 在用户空间的 NEAT

正如人们预期的那样，NEAT 部署成功的一个关键因素是能跨多个操作系统平台(如 Linux、FreeBSD、Mac OS X 和 Windows)运行。因此，NEAT 中需要的所有核心组件(包含在 NEAT User Module 中)都在用户空间中实现。这种设计思路使 NEAT 技术可以跨多个操作系统和硬件平台的可移植性与可部署性成为可能。

在 NEAT 的 User-space 实现传输服务选择可降低在 NEAT 中引入新的(或现有的)传输协议复杂程度及成本，因为修改内核空间代码在部署方面成本很高。在 NEAT 的 User-space 实施应用的移植性更强，可跨多个操作系统平台运行，而且还可以更容易部署新传输协议及引入新功能、新特性并进行测试。这有可能使以前许多没有条件实施的互联网标准有机会得到部署，从而推动创新，但这个话题远远超出了该项目将开发的目标内容。

然而，用户空间传输的使用带来了一系列的挑战。其中一个主要的挑战是与用户内核处理的网络 I/O 操作相比，源于用户空间的网络 I/O 操作可能会导致更高的时延。类似的解决方案可以提供快速的包处理(即通过 KPI 在 Linux 用户空间中更有效)，并且可以缓和这种缺陷带来的不利[8-11]。例如，MultiStack(多栈)[12]可为商业级操作系统提供专业的用户级网络栈的支持。可以并发地托管大量独立的堆栈，并在必要时可以回退到内核。MultiStack 提供速率为 10Gbit/s 的高速包I/O 的传送。

2. 对 NEAT 和 NEAT 内核模块的内核支持选项

NEAT 系统允许在操作系统内核中部署一些组件。由图 5.4 与图 5.5 可见，水平虚线穿越其间的两部分分别是内核空间与用户空间，水平虚线之上为用户空间，水平虚线之下则为内核空间，内核空间指的就是操作系统的内核空间。从图 5.5 可见，NEAT User Module 中用户可以选择使用内核编程接口(kernel programming interface，KPI)，即有选择性地启用传统 Socket API 或可选的 NEAT Socket API，保证了其向后应用的兼容性。

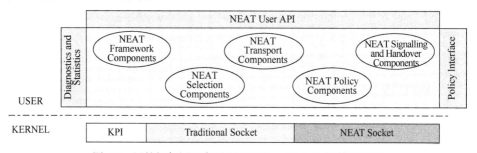

图 5.5　组件组与用于实现 NEAT User Module 的外部接口

有些协议已经作为内核实现被广泛使用，并且被各种操作系统(如 UDP 或TCP)普遍支持。NEAT User Module 可以通过 Socket API 访问这些协议。

一个 NEAT 系统可以选择在 NEAT Kernel Module 中引入额外的 NEAT 组件，并通过相关 NEAT Socket Interface 进行访问。在内核中实施功能扩展的原因有多种，NEAT Kernel Support 需要支持的四个情况如下所示。

(1) 当需要跨多个进程而不是每个进程执行函数时。

(2) 在 5.3.1 节所述的解决方案可能不足够的情况下，为提升性能，如利用硬件加速等。

(3) 当访问权限禁止发送/接收数据时，如 TCP 的新用法。

(4) 访问新的或实验性的功能时(如某些网络信令协议包的传输/接收)。

在图 5.4 中，策略管理器还可以在控制平面内引入内核组件(参见 5.3.2 节中的 NEAT Policy Components)。

NEAT Kernel Module Support 在 NEAT 系统中是可选的。内核组件的实施因操作系统(如 Linux、FreeBSD、Android 和 Windows) 而异。这些模块的更改通常意味着内核的更改、接口的更新，以及创建 NEAT 实体。这些增强并不是 NEAT

系统的核心部分，因此为了确保期望的可移植性，所有不能广泛使用的组件也将在用户空间中使用。

5.3　NEAT 的工作机制

5.3.1　传统 Socket API 的结构与工作方式

传统的 Socket API 也包括内核与用户空间两种传输协议，图 5.6 为应用程序、中间件、传统用户空间与内核空间协议间的关系[2]。

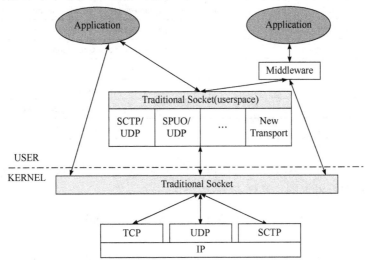

图 5.6　应用程序、中间件、传统用户空间与内核空间协议间的关系

传统的 Socket API 构成了大多数应用程序与网络堆栈通信的编程接口。从概念上讲，一个 Socket 就是一个通信端点的抽象，应用程序可以通过这个通信端点以一个普通文件相同的方式发送和接收数据。在 UNIX 系统中，文件和 Socket 之间的区别甚至更加模糊，Socket 描述符实际上可以作为文件描述符来使用。

图 5.6 还显示了 Socket API 的层和代码可以对其调用的路径。该图也表明了当前的应用程序可以直接使用 Socket API(浅灰色部分)，也可以使用中间件(Middle ware)间接使用 Socket API。Socket API 提供的抽象使得替换传输协议的不同实现成为可能，而不需要应用程序(或中间件)了解其更改或变化。

图中用两种使用最为广泛的传输层协议(TCP 和 UDP)来表达其关系，这二者与流控制传输协议(SCTP)一起都是在操作系统内核中实现的。SCTP 也可以在用户空间中实现，分层于 UDP(SCTP/UDP)，就像其他传输一样，如实验性用户数据报会话协议(session protocol for user datagrams，SPUD)。当使用传输时，一个应用程序不需要知道它们是使用本机(内核)还是用户空间协议。

尽管 Socket API 包含相当多的函数，但其核心函数不到 12 个。一个服务器应用程序通常只需顺序执行表 5.1 中的前四个函数就行了，而客户机应用程序在创建套接字之后尝试连接到服务器；客户机和服务器都可以调用 send( )和 recv( )函数，然后客户机和服务器就都可以用 close( )函数将其连接关闭。

表 5.1　基本 TCP Socket API 函数

函数	描述
socket()	Creates a new communication endpoint
bind()	Binds communication endpoint to local IP address and port number
listen()	Makes a socket listen to incoming connections
accept()	Blocks a socket until a connection request arrives
connect()	Makes a connection request
send()	Sends a message over a connection
recv()	Receives a message over a connection
close()	Releases the connection

事实上，Socket API 从一开始就被设计为独立于底层协议堆栈，这在创建套接字的方式中是可见的，具体如下：

int socket(int domain, int type, int protocol)

式中

(1) domain(域)参数确定一个 Socket 的通信域或协议族。例如，协议家族有用于 IPv4 互联网域的 AF_INET；支持 IPv6 互联网域的 AF_INET6；支持本地或 UNIX 域的 AF_UNIX。

(2) type(类型)参数用于确定一个 Socket 的类型，或者更具体地说，决定了传输服务的语义。

(3) protocol(协议)参数允许一个应用程序指定使用哪个传输协议来提供 type 参数所指定的传输服务。

此外，一个应用程序还可以使用选项来进一步优化 Socket 的属性。这些可选项可能会影响 Socket 的一般属性，或通过 Socket API 来影响一个特定协议的行为。针对最初的标准化来看，人们对 Socket API 功能提出了许多扩展。

基本上有三种操作 Socket 选项的方法：setsockopt()和 getsockopt()两个函数允许程序访问大多数可用的 Socket 选项；而函数 fcntl()主要用于非阻塞和异步 I/O；函数 ioctl()是访问依赖于实现的 Socket 属性的传统方法。

5.3.2　NEAT Application Support 模块

NEAT Application Support 模块：代表示例代码或库，它们为应用程序使用 NEAT User API 提供了更抽象的方法。这可能包括直接支持中间件库或成为模拟传统套接字 API 的一个接口。

5.3.3　NEAT User Module 组成与工作方式

从图 5.2 与图 5.3 可见，NEAT 系统主要由 NEAT Application Support 和 NEAT User Module 两部分组成。其中，NEAT User Module 负责为 NEAT 流创建传输服务实例化所需的方方面面，它由一组 NEAT 的组件来具体实施其功能。从图 5.5 可以看见，该模块由三个外部接口，再加五个 NEAT 组件构成，如表 5.2 所示[2]。三个外部接口是 NEAT User API(上层协议/应用程序间接口)；Diagnostics and Statistics interface(支持测量、跟踪和调试接口)和 Policy Interface(策略管理器接口)。

表 5.2　The five groupings of components provided by the NEAT User Module

No.	Name	Description
1	NEAT Framework	Things relating to the system: API/Statistics/Diagnostics
2	NEAT Selection	Choice of Transport Service
3	NEAT Policy	Default, application, path information
4	NEAT Transport	Components to configure and manage transport protocols
5	NEAT Signalling and Handover	Components that support on-going usage of the service

1. NEAT Framework 组件

表 5.2 中的 NEAT Framework 组件包含了使用 NEAT 系统所需的功能。该组件定义 NEAT User API 结构和 NEAT 逻辑的接口，而该逻辑可以实现 NEAT 所需的基本机制。

基于 NEAT 的应用程序使用 NEAT User API 来提供有关所需传输服务需求的信息，并确定所提供的传输服务的属性。正是这些额外的信息使 NEAT 系统能够超越传统的 Socket API 的限制，因为传输系统随后会知道每个 NEAT 流实际需要什么。

NEAT Framework 还包括用于诊断、调试和测量接口的组件。这些组件允许访问统计数据和类似于传统 Socket API 的信息，且与 NEAT 端点相关。NEAT 报告的附加信息可以用于确定正在使用哪些 NEAT 组件，以及这些组件是如何配置的。

2. NEAT Selection & NEAT Policy 组件

这两个组件是 NEAT 系统的核心，它们一起决定了为应用程序提供服务的协议/机制的组成。其中 Selection 组件负责选择适当的传输端点和一组协议/机制。它通过 NEAT User API 传递信息，并将这些信息与通过 User-space 策略接口访问的 NEAT Policy Manager(策略管理器)的输入相结合。这会将其相结合的信息定义为系统的默认策略集，或为某个特定的应用程序定义策略集。它们一起用于派生一组候选的传输服务集。

在识别候选服务之后，NEAT Selection 组件将使用关于路径的已知信息(也通过策略接口提供)，并通过尝试建立端点连接来测试候选服务的适用性。为了避免不必要的时延，这个算法的某些部分可以使用 Happy Eyeballs(快乐眼球)机制并行执行。如果找不到可行的传输服务，则 NEAT 连接失败。

3. NEAT Transport 组件

NEAT User API 针对标准化传输协议的特点提供了应用程序的无缝访问，同时确保数据包通过当前不支持的中间件网络，并无缝引入新的路径传输协议(如 Less-Than-Best Effort(LBE)运输服务，即考虑数据交货期限的运输服务)。而传输协议的选择由 NEAT Selection 组件来处理，NEAT Transport 组件则负责配置和管理传输协议。

NEAT 系统有望可为以下的标准化传输协议提供访问，它们包括：

(1) TCP/IP (Native)。

(2) MPTCP/IP (Native)。

(3) UDP/IP (Native)。

(4) SCTP/IP (Native)。

(5) SCTP/UDP/IP (Encapsulated)。

(6) TLS/TCP/IP (Native)。

(7) SCTP/DTLS/UDP/IP (Encapsulated)。

众所周知，上面的许多传输协议可以提供不止一种服务，而 NEAT Transport 组件负责以正确的方式配置这些协议。NEAT Transport 组件管理使用协议的组合参数(如使用 Nagle 和其他套接字选项创建一个低时延的 TCP 服务)和可用的 Transport Protocol 组件(例如，分别激活 SCTP-PR 或 SCTP-PF 来创建部分可靠性服务或支持快速路径故障转换的服务)的组合。

4. NEAT Signalling and Handover 组件

一个尽力工作的 IP 网络不依赖于网络层设备的任何信令。信令是 NEAT 系统的可选的扩展，扩展功能可以实现下面的各种交互作用。

(1) Application Signalling(应用信令)：端到端控制/管理(如 RTSP 或 SIP 等协议)。

(2) NEAT Transport Signalling(NEAT 传输信令)：NEAT 到 NEAT 的能力发现(例如，发现支持的远程传输集来填充 CIB)；NEAT 到 NEAT 的控制/管理(例如，使能与远程对等端交互)。

(3) Network Path Signalling(网络路径信令)：从端设备到指定网络路径(允许指示到网络设备的流，如 DSCP-Differentiated Services Code Point，PCP-Port Control Protocol，消息流优先级，与中间体的交互)；从当前网络路径到端设备(允许网络通知终端可用资源，如容量提示)。

由上面可知，当两个候选设备都支持 NEAT 系统时，可以在体系结构中使用 NEAT Transport Signalling(NEAT 传输信号)。如果受支持，这可以在端设备之间交换功能信息，从而向 Policy Manager 提供关于对等端的那些功能信息。

当一个 NEAT 系统能够在网络中与一个支持 NEAT 的中间件通信，或者在 NEAT 对等体之间的端到端路径上控制通信时，NEAT Transport Signalling 就可以发挥作用了。

Application Signalling(应用程序信令)逻辑上运行在 NEAT 系统之上，由应用程序控制。然而，这可能与 NEAT Components 交互，因为它经常包含传输和网络协议参数的描述(例如，在 SDP 中)。

Network Path Signalling(网络路径信令)用于与存在于两个 NEAT 端设备之间的网络上各设备的通信。这可能像引入特定的差异化服务码点一样简单，也可能像使用专门设计的网络信令协议一样复杂。

通过将这些模块的接口从应用程序中进行抽象化，再到传输系统，这有助于增强应用程序的可扩展性并简化系统的部署。

5.4　NEAT 协议的优势及实践案例

本节将通过几个示例来说明 NEAT 技术的优势。首先，了解应用程序如何使用 NEAT User API 来提供信息，以便主动策划使用这些信息来选择适当的传输协议与 IP 协议版本，以及选择接口、调整网络参数或报告网络条件；其次，NEAT 提供了一个易于使用的 API，这使得现有的应用程序可以很容易地移植到 NEAT 库中，从而简化网络通信并降低代码的复杂性[7]。

NEAT 还使用快乐眼球(happy eyeballs，HE)机制提供自动回退。HE 是一种通用术语，用于测试协议 X 的端到端支持，简单地尝试使用 X，然后在发现 X 不工作(如在适当的超时之后)时还可以返回到已知的默认选择 Y。与其他通信任务相比，这种增加的功能是轻量级的，成本可以忽略不计。它允许应用程序利用可用的最佳传输解决方案，并反过来支持传输创新(如应用程序不需要重新编码，使用可用的新传输特性或协议)。

　　NEAT 不仅推动了传输协议的发展和新的传输机制的引入，它还可以帮助实现网络层的创新。NEAT User API 提供的高抽象级别易于支持基于 UDP 应用对传输路径的服务质量的要求，并可以用于访问其他网络服务(如通过利用 IPv6 provisioning-domain information，选择最具成本效益的或安全的路径)。应用程序和网络还可以利用策略组件提供的灵活控制，如提供一个通用接口，用于在外部 SDN 控制器和 NEAT 应用程序之间交换信息。

5.4.1　一个移动应用程序示例

　　这个示例展示了如何使移动应用程序能够超越传统 Socket API 的限制，响应网络条件的变化。

　　当系统支持多个接口时，使用 NEAT System 构建的移动应用程序可以从网络的移动性中受益。通过应用程序来表达其对网络服务的需求(如最小化时延、优化吞吐量、优化可用性)，NEAT 就会在选择合适的接口方面提供帮助，即允许 NEAT 系统在运行时决定选择哪个接口，而不是将决策逻辑编译到应用程序中。这允许更新策略[即通过更改 PIB(policy information base)中的条目]，或依赖于当前的网络条件[反映在 CIB(characteristics information base)中]。

　　在 NEAT User Module 中传输服务的选择包括功能需求(如对消息可靠性、排序、完整性保护的需求)，并选择满足多个约束的最佳路径。

　　NEAT System 还可以帮助应用程序更健壮地应对故障或网络条件的变化。它可以选择提供路径故障转移或多路径通信的传输(如 MPTCP、SCTP、SCTP-CMT)。这允许一个 NEAT 数据流受益，而不需要特定的应用程序代码来实现这些功能。当网络支持信令(如简化切换或通知路径失败)时，NEAT 数据流也可以使用它，而不需要重写应用程序。

5.4.2　一个改进应用程序安全性的示例

　　NEAT 更多的是可以帮助实现那些可预测和可用性更好的网络安全。安全选择通常与协议选择相关联，但取决于本地和远程端点所支持的内容。通过提供更丰富的 API，NEAT 系统能够在传输系统中做出更明智的决策(如发送是否需要安全功能需求的信令等)。这可以提高网络服务的健壮性和机制的选择性。

　　基于 NEAT User API 的应用程序可以从传输系统的演进中受益。它可以利用提供安全服务的底层组件。例如，当需要 UDP 封装来与端点设备通信时，SCTP

会话可以通过选择使用支持 SCTP/DTLS/UDP 的传输系统来利用 DTLS；当本地 SCTP 有效可用时，NEAT 系统可以选择用 DTLS/SCTP 替换它。

在某些情况下，可能需要同时尝试多个方法以确定远程端点上实际可用的安全选项及当前路径是否支持这些选项。将此类决策移动到传输系统可以使用于选择传输组件的策略变得显式，并可以使决策得到审计(如通过 NEAT 数据流的端点统计和诊断)。了解如何做出决策和可重复的选择有助于减少意外选择的机会(如避免降级攻击)。

5.4.3　一个使用中间件的应用程序示例

一个使用中间件库访问网络的应用程序可以通过使用一个已经更新过的与 NEAT User API 一起工作的中间件库，来立即有效地使用 NEAT 函数。大多数情况下，我们不认为这样的应用程序需要重新设计，也不需要重新编译，因为它到中间件库的接口预计将保持不变。

图 5.7 就展示了一个使用中间件的应用(如属于 Class-2 的应用程序)。应用层和应用程序使用的中间件 API 中没有任何更改。

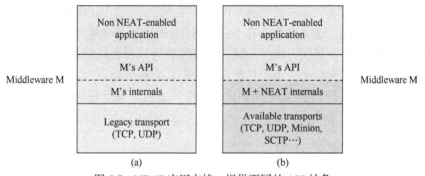

图 5.7　NEAT 应用支持：提供不同的 API 抽象

一些应用程序或中间件(Class-3)可以从 NEAT 应用程序支持模块提供的更抽象或不同的 API 中获益。这为访问 NEAT User API 提供了另一种方法。NEAT 应用程序支持模块的函数或示例提供了更多的抽象，可以为不熟悉 NEAT User API 的应用程序开发人员简化编程流程。

通过在中间件中使用 NEAT User API 的方式，应用程序可以间接且立即从使用 NEAT System 中获益。这种情况允许中间件表达如何使用网络的信息，以便 NEAT User Module 可以选择合适的传输参数，反映它期望体验的网络路径(这些路径是基于 PIB 中配置的信息及在 CIB 中收集的信息)。

当新的组件可用时，应用程序还有更多的机会利用它们。有些机会是单向的，如启用不同服务的能力；有的是双向的，其中远程端点还必须支持组件，如选择使用 SCTP-PR 代替 TCP 进行消息传输。通过在中间件库中启用 NEAT，任何使用这个中间件在 NEAT 系统上运行的应用程序都将立即获得优势。

5.4.4 一个使用 NEAT 代理的例子

NEAT Proxy (NEAT 代理) 可以被理解为是为系统提供的一种过渡机制，即可使尚未更新的设备或应用能够立即获得 NEAT 的特性成为可能。所以，这类客户机系统和应用程序可以通过 NEAT Proxy 进行通信，在代理和预期服务器之间的网络路径上启用 NEAT 特性，从而获得 NEAT System 的一些关键好处。

一个 NEAT 代理是一个网络设备，该设备可以实现两个网络接口：一个面向客户端，另一个面向服务器端。第一个接口是传统的网络接口，第二个接口使用了 NEAT。连接和数据在两个接口之间中继。一个已配置的策略将允许 NEAT 推断应用程序需求，并通过 NEAT User API 来通知 NEAT Transport System 的配置。

在一个支持 NEAT System 上运行的客户机还可以使用代理来帮助优化客户机和代理之间的性能。对于使用具有挑战性特征的网络路径(如利用无线/移动链路)的应用程序借助 NEAT System 可以获得性能优势。其关键所在是 NEAT 的选择决策可以利用主动和被动的测量 CIB 库中创建的条目，以反映代理所经历的当前网络路径的属性。这将有助于在 NEAT System 中选择合适的传输组件(例如，选择一种合适的传输协议，以提高链路故障的弹性或对丢失的健壮性，或者一种在移动环境中特别有利于应用程序的传输协议)。它还可以通过添加实验机制和远程服务器不支持的扩展功能(例如，针对特定用途定制的新传输组件和协议)来支持传输系统的演进发展。

5.4.5 移植应用程序到 NEAT

NEAT User API 提供了一种独立于底层网络协议或操作系统的访问网络功能的统一方法。许多常见的网络编程任务，如地址解析、缓冲区管理、加密、连接建立和处理，都内置在 NEAT 库中，任何使用 NEAT 的应用程序都可以使用这些任务。

开发人员使用异步和非阻塞的 NEAT 用户 API 编写应用程序，使用 libuv[13] 库实现，该库提供跨多平台的异步 I/O。

图 5.8 为代码示例[7]，用户可以通过提供一组可选的属性来控制库的行为，以便从网络请求用户期望的服务(如低时延、可靠的交付、特定的 TCP 拥塞控制算法)。

然后，NEAT 库使用一组内部组件在网络上建立连接。为了做出适当的选择，策略管理器将用户属性映射到策略，并计算一组能够满足请求的候选传输。NEAT 还可以利用用户、系统管理员或开发人员直接设置的策略信息。

```
static neat_error_code
on_connected(struct neat_flow_operations *ops)
{
// set callbacks to write and read data
ops->on_writable    = on_writable;
ops->on_all_written = on_all_written;
ops->on_readable    = on_readable;
neat_set_operations(ops->ctx, ops->flow, ops);
return NEAT_OK;
}

int
main(int argc, char *argv[])
{
// initialization of basic NEAT structures
struct neat_ctx *ctx;
struct neat_flow *flow;
struct neat_flow_operations ops;
ctx  = neat_init_ctx();
flow = neat_new_flow(ctx);
memset(&ops, 0, sizeof(ops));

// callback when connection is established
ops.on_connected = on_connected;
neat_set_operations(ctx, flow, &ops);

// optional user requirements in JSON format
static char *properties = "{\"transport\":[\"SCTP\", \"TCP\"]}";
neat_set_property(ctx, flow, properties);

// connect
if (neat_open(ctx, flow, "127.0.0.1", 5000, NULL, 0)) {
fprintf(stderr, "neat_open failed\n");
return EXIT_FAILURE;
}

// start libuv loop
neat_start_event_loop(ctx, NEAT_RUN_DEFAULT);

neat_free_ctx(ctx);

return EXIT_SUCCESS;
}
```

图 5.8　一个使用 NEAT API 的简单客户机的代码示例

到对等端点的连接是通过创建一个新的流来实现的，该流是两个端点之间的双向链接，这两个端点类似于传统 Berkeley Socket API 中的套接字，但并没有严格地绑定到底层传输协议。

当来自底层传输的事件发生时，NEAT 的 API 将在应用程序中执行回调，从而创建一种比使用传统套接字 API 更自然、更少出错的网络编程方式。NEAT 的 API 中最重要的三个回调函数：on_connected，在流连接到远程端点时调用；n_readable 和 on_writable，当数据可以写入或从流中读取时调用。

经验表明，基于 NEAT 的应用程序代码量会减少约 20%，因为 NEAT 简化了许多连接建立步骤。例如，调用 neat_open 的单个函数请求名称解析的函数就包含了通信开始前所需的所有其他函数，从而隐藏了复杂的样板代码。经移植的应用程序仍然与常规的基于 TCP/IP 的实现完全互操作，同时还能使用 NEAT 的功能。此外，如果可以的话，它们还可以从替代传输的支持中受益，从而使程序员不必处理协议之间的回退问题。最后，在 NEAT 系统中还有一个传统的基于套接字的 shim 层，该层允许没有移植的应用程序通过策略来使用 NEAT 的功能，而不需要直接移植成为 NEAT 的 API。

5.4.6　Happy Eyeballs：一个轻量级的传输选择机制

Selection Components 采用 HE(happy eyeballs)机制，使源主机能够确定当前网络路径是否支持传输协议。这使得应用程序可以从可能只部分部署在 Internet 上的传输中获益。NEAT 使用的 HE 机制类似于为促进 IPv6 采用而引入的机制[14]，但它工作在传输层，以选择一组面向连接的传输解决方案。Selection Components 接收由 PM 生成的潜在候选列表，其中排名越高表示与应用程序和策略需求的匹配越好。然后，HE 机制并发地从列表中尝试每个传输解决方案，推迟低优先级传输解决方案的启动。

图 5.9 显示了一个使用 HE 机制的场景，在这个场景中，到目的地的最佳传输方式未知，并且当前策略指示使用 HE 进程在 TCP 和 SCTP 之间进行选择，但

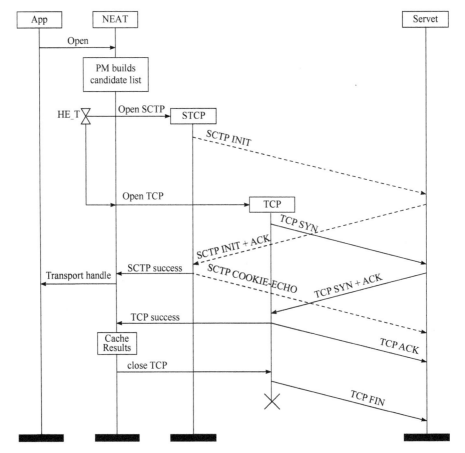

图 5.9　消息序列图说明了当在 TCP 和 SCTP 之间进行选择时，
NEAT HF 传输选择过程会首选 SCTP

首选 SCTP。TCP 连接的发起被推迟了一段时间，其时间间隔由策略决定，指定了候选协议之间的优先级差异。如果 SCTP 连接没有在这个时间间隔内完成，TCP 连接也会启动。完成连接的第一个传输被选中并成为选择的传输。一旦建立了连接，就会放弃其他方法，并关闭它们的连接。图 5.4 中的 PM(policy manager)的职能就是生成符合当前应用程序所需的连接候选的属性列表，该列表同时要满足系统和网络的约束条件，并遵守已配置的策略。所有的 Policy Components 都按 NEAT 属性定义来操作，这些属性的集合表达了整个 NEAT 系统当前应用的需求和特征。每个属性都是一个键-值元组，带有指示相关属性的优先级(是强制的或是可选的)和权重的附加信息。

为了避免常规尝试并发连接而浪费网络资源，HE 指示策略组件在 CIB 中缓存每个选择结果的结果，时间长度可配置。时间过期后，所选内容将从缓存中移除，重新启用 HE。

考虑图 5.9 中的场景。当没有现有缓存项时，尝试选择需要额外的资源，这可能导致为每个候选传输协议打开连接。在本例中，SCTP 首先完成，TCP 连接没有发送任何数据就关闭了。对于典型的 Web 流量和最坏情况下的数据包大小，字节开销只有 1%。对于 80%的缓存命中率，则进一步降低为 0.2%。在文献[15]中可以找到关于 HE 在内存和 CPU 利用率方面的影响的详细评估，其中显示 CPU 成本相对较小(尤其是考虑到 TLS 加密的成本)，而 HE 对内存消耗的影响很小。

5.5　本 章 小 结

NEAT 系统定义了一个新的体系结构,它改变了向 Internet 应用程序公开传输层接口。通过允许应用程序提供允许堆栈选择所需服务属性的信息，这使堆栈能够自动选择适当的协议。在 NEAT 系统中，这个看似很简单的变化却能产生巨大的影响，因为它允许在新的用户界面下灵活地使用一系列协议组件。这可以在给定的网络路径上最大限度地使用端到端可用的协议/服务。

本章概述了 NEAT 系统的体系结构、工作原理，解释了如何通过 NEAT User API 访问 NEAT 系统，且通过例子介绍了 NEAT 系统的操作、使用 NEAT 系统可获得的好处，以及它为不断演进、可持续发展提供机会。NEAT 项目的一个关键目标是定义了一个可扩展、灵活、可伸缩的基础架构，为下一代互联网有线与无线移动各类应用的开发提供广泛的前景。

参 考 文 献

[1] NEAT: A New, Evolutive API and Transport-Layer Architecture for the Internet.

https://www.neat-project.org/project/information-material. [2020-05-10].

[2] Fairhurst G, Jones T, Bozakov Z, et al. ANEAT architecture. Deliverable D1.1, Work Package: 1 / Use Cases, System Architecture and APIs, Rev.1.0, R, Public, 2015: 61.

[3] Welzl M, Brunstrom A, Damjanovic D, et al. First version of services and APIs. Deliverable D1.2, Work Package: 1/Use Cases, System Architecture and APIs, Rev.1.0, R, Public, 2016: 76.

[4] Khademi N, Bozakov Z, Brunstrom A, et al. First version of low-level core transport system. Deliverable D2.1, Work Package: 2/Core Transport System, Rev.1.0, R, Public, 2016: 40.

[5] Khademi N, Bozakov Z, Brunstrom A, et al. Core transport system, with both low-level and high-level components. Deliverable D2.2, Work Package: 2 / Core Transport System, Rev.1.0, R, Public, 2017: 116.

[6] Grinnemo K J, Jones T, Fairhurst G, et al. NEAT-A new, evolutive API and transport-layer architecture for the internet. https://www.neat-project.org/wp-contentuploads /2015/05/sncw_ 2016.pdf. [2020-06-15].

[7] Khademi N, Ros D, Welzl M, et al. NEAT: A platform-and protocol-independent internet transpor API. IEEE Communications Magazine, 2017, 55(6): 46-54.

[8] Camaró U A, Baudy J. PACKET-MMAP. https://www.kernel.org/doc/Documentation/ networking/ packet_mmap.txt. [2020-06-15].

[9] Data plane development kit. Intel. https://www.dpdk.org . [2020-06-15].

[10] Rizzo L. netmap: A novel framework for fast packet I/O. http:s//info.iet.unipi.it/ ~luigi/netmap [2020-06-15].

[11] Rizzo L, Lettieri G. VALE, a switched Ethernet for virtual machines. Proceedings of ACM CoNEXT, New York，2012: 61-72.

[12] Honda M, Huici F, Raiciu C, et al. Rekindling network protocol innovation with user-level stacks. ACM SIGCOMM Computer Communications Review, 2014, 44(2): 52-58.

[13] Libuv: Cross-platform Asynchronous I/O. https://libuv.org. [2020-05-20].

[14] Wing D, Yourtchenko A. Happy eyeballs: Success with dualstack hosts. https://www.ietf.org/rfc/ rfc6555.txt. [2020-06-20].

[15] Papastergiou G, Grinnemo K J, Brunstrom A, et al. On the cost of using happy eyeballs for transport protocol selection. Proceedings of the 2016 Applied Networking Research Workshop, Berlin, 2016: 45-51.

第6章 下一代互联网接入技术

下一代互联网网络基础设施建设会大大促进互联网产业的发展，还将为车联网、物联网、工业互联网、云计算、大数据、人工智能等产业的发展奠定网络基础，进而推动业务和行业的快速成长。用户和设备将能通过更多的接入技术连接至下一代互联网，实现人与人、人与物、物与物的互联互通。下一代互联网的接入方式将更为丰富，包括有线接入和无线接入。有线接入如光纤宽带接入、局域网网卡和网线接入等。本章将主要介绍互联网无线接入技术，包括 3G、4G、5G移动通信技术，以及 WiFi 技术、卫星通信网技术及多网络接入技术。

6.1 移动通信技术

从无线通信技术的发展方向来看，无线通信技术可以分为两类：移动通信系统和无线接入技术。到目前为止，移动通信系统的发展大致可以分为五代，其中第五代正处于研发和建设阶段[1]，同时无线接入技术(radio access technology，RAT)也经历了从无线个域网(wireless personal area network，WPAN)到无线广域网(wireless wide area network，WWAN)的发展历程。对于下一代互联网而言，移动通信系统和无线接入技术均可视为下一代互联网的接入技术。

6.1.1 3G 接入技术

第三代移动通信系统(third generation，3G)出现于 20 世纪 90 年代中后期，能够同时传送声音及数据信息，速率一般在几百 kbit/s 之上，最高可达 2Mbit/s，可以实现实时视频、高速多媒体和移动 Internet 访问业务。代表制式有流行于欧美地区的宽带码分多址(wideband code division multiple access，W-CDMA)、中国自主研发的时分同步码分多址(time division-synchronous code division multiple access，TD-SCDMA)及 CDMA2000。UMTS(universal mobile telecommunications system，通用移动通信系统)是典型的 3G 移动通信技术标准，支持 1920kbit/s 的传输速率。

1. 3G 接入技术的概述

1) 3G 的特征
能实现全球漫游，用户可以在整个系统甚至全球范围内漫游，且可以在不同速率、不同运动状态下获得有质量保证的服务。能提供多种业务，提供语音、可变速率的数据、视频会话等业务特别是多媒体业务能适应多种环境，可以综合现有的公众电话交换网(public switched telephone network，PSTN)、综合业务数字网(integrated services digital network，ISDN)、无绳系统、地面移动通信系统、卫星通信系统来提供无缝隙的覆盖、足够的系统容量、强大的用户管理能力、高保密性能和高质量的服务。

2) 3G 无线接入

3G 的无线接入以宽带的码分多址技术为特征,码分多址技术可以提供更高的通信质量及频谱利用率、更低的辐射水平。以 WCDMA 无线接入为例，经过一组正交码的扩频，信号带宽被扩展至 5MHz，单位频谱内的辐射能量大大下降。WCDMA 系统在抗多径干扰和频率选择性干扰上性能优越,CDMA 系统在频率复用上也有优势。

3) 3G 业务

3G 的无线接入可以提供更高的带宽，这就给高速数据业务提供了很好的基础。目前 3G 业务以电路域的视频电话和分组域的流媒体为特征，在引入 IP 多媒体子系统(IP multimedia subsystem，IMS)之后，对多媒体业务的管理、控制、服务质量都将达到更高的水平，业务开发将更为有效和快捷。更有吸引力的业务和合理的价格策略将会给 3G 业务带来良好的发展。

4) 3G 的承载网络

3G 的网络承载技术全面走向 IP。首先是应用层，分组域的应用是基于 IP 技术的，并已经可以支持 IPV6(R5 标准的 IMS 规范中，IPv6 是强制要求);从承载层看，RNC(radio network controller)向上，分组域的传送基于 IP 技术；然后是信令在 IP 上的承载，目前技术已经基本成熟；最后是电路域媒体网关之间的 Nb 接口，Nb 在 IP 上承载是目前 WCDMA 系统中的热点技术之一。

5) 3G 的安全性

第三代移动通信系统在无线接入网、核心网 PS 域等多个方面全面提高了安全性。为用户利用 3G 网络进行更安全的交流和交易提供了条件。在无线空中接口中,WCDMA 系统的扩频信号较之 GSM(global system for mobile communication)系统而言，更不易被截获。在核心网 PS 域，一系列的安全策略使得可能的入侵者难以窃取网络或用户信息。另外，WCDMA 采用了双向鉴权，即网络和终端之间可以互相鉴权，而 GSM 只实现了单向鉴权(网络对终端)。

6) 中国提出的 3G 标准和 3G 频段

TD-SCDMA 是由中国无线通信标准组织 CWTS 提出的第三代移动通信标准，并正式被接纳为 3GPP R4 标准的一部分。无线接口相应的主要专利技术掌握在中国企业大唐电信和其合作伙伴手中。但整个标准体系中的绝大部分专利仍然属于几个主要的 GSM/WCDMA 厂商，因为 TD-SCDMA 采用与 WCDMA 相同的核心网，无线网的空中接口采用 TDD(time division duplex)方式，上下行时隙分配可以根据负载情况进行动态调整，因而特别适合于有大量非对称数据传送的应用情况。

中国在 2002 年给 FDD(frequency division duplexing)和 TDD(time division duplexing)两种不同技术分别划分了频段，对于每种技术，在核心频段的基础上，还额外分配了补充频段。

FDD：1920～1980/2110～2170MHz(核心频段)。

1755～1785/1850～1880MHz(补充频段)。

TDD：1880～1920MHz 和 2010～2025MHz(核心频段)。

2300～2400MHz(补充频段)。

7) 3G 的标准化组织

标准化工作是由 3GPP 和 3GPP2 两个标准化组织来推动与实施的。

3GPP 成立于 1998 年 12 月，核心网在现有的 GSM 移动交换网络基础上平滑演进，可以提供更加多样化的业务；UTRA(universal terrestrial radio access)为无线接口的标准。

1999 年的 1 月，3GPP2 正式成立。核心网采用 ANSI/IS-41 标准；无线接入技术采用 CDMA2000。(UWC-136 已经完全放弃了在 3G 的演进)。

8) 2G 向 3G 的演进

3GPP 和 3GPP2 制定的演进策略总体上是渐进式的，保证现有投资和运营商利益，有利于现有技术的平滑过渡。

主要的两条演进路线：GSM平滑演进到WCDMA；CDMA95向CDMA2000-1X 和 CDMA2000-1XEV 平滑演进。

9) 主要制式

主要的技术体制有三种：WCDMA 技术体制、CDMA2000 技术体制和 TD-SCDMA 技术体制。

WCDMA 是基于 GSM 发展起来的一种技术体制；CDMA2000 是基于窄带 CDMA(IS-95)发展起来的一种体制；TD-SCDMA 是一种全新的技术体制，由中国无线通信标准组织 CWTS 提出，目前已经融合到了 3GPP 关于 WCDMA-TDD 的相关规范中。

三种主要制式的技术特点比较如表 6.1 所示。

表 6.1　三种主要制式的技术特点比较

项目	制式		
	WCDMA	CDMA2000	TD-SCDMA
同步方式	异步	同步	异步
码片速率	3.84Mbit/s	1.2288Mbit/s	1.28Mbit/s
信号带宽	5MHz	1.25MHz	1.6MHz
空中接口	CDMA-FDD	CDMA-FDD	CDMA-TDD
核心网	GSM MAP	ANSI-41	GSM MAP

2. 3G 接入技术的关键技术

1) WCDMA 核心网组成

WCDMA 系统的核心网由 GSM/GPRS(general packet radio services)系统的核心网发展而来。它由电路域(circuit switching，CS)和分组域(packet switching，PS)两大部分组成，电路域负责完成对电路域业务的承载和控制，分组域则负责完成分组域业务的承载和控制。电路域的业务主要有语音和视频电话，分组域的业务则很丰富，如网页浏览、FTP 和流媒体。电路域有两种不同的架构：分层和非分层架构。分组域只有非分层架构。

在核心网 R99 版本中，MSC(mobile switching center)和媒体网关为合设节点(物理上可以分开)，电路域的核心网承载采用传统的时分复用(time division multiplexing，TDM)方式。压缩的语音数据流在到达 MSC 和媒体网关合设节点后，被码型变换器转为 64Kbit/s 的语音，然后在核心网中传送。MSC 和媒体网关合设节点间为传统的 A 接口的变种。R99 的主要优势是技术成熟，各设备厂商之间的互通性好。

R99 网络参考模型如图 6.1 所示。

2) WCDMA 的多址接入方式

WCDMA 是一个宽带直扩码分多址系统，即通过用户数据与由 WCDMA 扩频码得来的伪随机比特(称为码片)相乘，从而把用户信息比特扩展到宽的带宽上。为支持高的比特速率，采用了可变扩频因子和多码连接。

3) RAKE 接收机

CDMA 扩频码在选择时就要求它有很好的自相关特性。这样，在无线信道中出现的时延扩展，就可以被看作只是被传信号的再次传送。由于在多径信号中含有可以利用的信息，所以 CDMA 接收机可以通过合并多径信号来改善接收信号的信噪比。其实 RAKE 接收机所做的就是通过多个相关检测器接收多径信号中的各路信号，并把它们合并在一起。其理论基础就是当传播时延超过一个码片周期时，多径信号实际上可被看作互不相关。

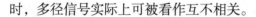

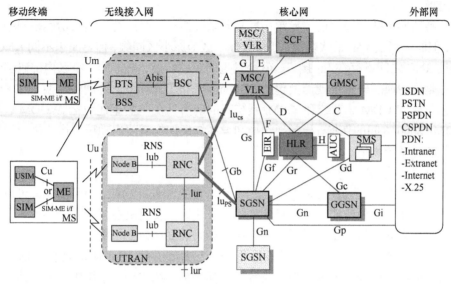

图 6.1 R99 网络参考模型

4) CDMA 网络呼吸效应和远近效应

CDMA 网络与 GSM 网络完全不同，由于不再把信道和用户分开考虑，也就没有了传统的覆盖和容量之间的区别。一个小区的业务量越大，小区面积就越小。因为在 CDMA 网络中业务量增多就意味着干扰的增大，这种小区面积动态变化的效应称为小区呼吸。

CDMA 网络的另一个典型问题是远近效应问题，因为同一小区的所有用户分享相同的频率，所以对整个系统来说每个用户都以最小的功率发射信号，显得极其重要。我们还是举上述派对的例子。房间里只要有一个人高声叫嚷就会妨碍所有其他在座客人的交流。

5) 3G 接入技术的切换

当移动台慢慢走出原先的服务小区，将要进入另一个服务小区时，原基站与移动台之间的链路，将由新基站与移动台之间的链路来取代，这就是切换的含义。切换是移动性管理的内容，在 3G 中主要由 RRC(radio resource control)层协议负责完成此项功能。按照 MS 与网络之间连接建立释放的情况，切换的种类可以分为更软切换、软切换和硬切换。

软切换指当移动台开始与一个新的基站联系时，并不立即中断与原来基站之间的通信，软切换仅仅能运用于具有相同频率的 CDMA 信道之间。

软切换和更软切换的区别在于，更软切换发生在同一 NodeB 里，分集信号在

NodeB 做最大增益比合并，而软切换发生在两个 NodeB 之间，分集信号在 RNC 做选择合并。

硬切换包括同频切换、异频切换和异系统切换，要注意的是软切换是同频切换，但同频切换不都是软切换，如果目标小区与原小区同频，但是属于不同 RNC，而且 RNC 之间不存在 Iur 接口，就会发生同频硬切换，另外同一小区内部码字切换也是硬切换。异系统硬切换包括 FDD mode 和 TDD mode 之间的切换，在 R99 里还包括 WCDMA 系统和 GSM 系统间的切换，在 R4 里还包括 WCDMA 和 CDMA2000 之间的切换。异频硬切换和异系统硬切换需要启动压缩模式进行异频测量和异系统测量。

6) 功率控制

在 WCDMA 系统中，功控可以分为内环功控和外环功控。内环功控又可以分为开环和闭环两种方式。总的目的就是为了让每个发射机在当前无线环境中以最小的功率来获得可接受的通话需求，从而最大限度地减少干扰。

内环功控的主要作用是通过控制物理信道的发射功率使接收目标信干比(signal-to-interference ratio，SIR)收敛于目标 SIR。WCDMA 系统中是通过估计接收到的 Eb/No 比特能量与干扰功率谱密度之比，来发出相应的功率调整命令。而 Eb/No 与 SIR 具有一定的对应关系。如 12.2kbit/s 的语音业务 Eb/No 的典型值为 5.0dB，在码片速率为 3.84Mcps 的情况下，处理增益为 $10\log10\ 3.84M/12.2k = 25dB$，所以 SIR $5dB-25dB = -20dB$，即载干比(C/I) > −20dB。

开环功控的目的是提供初始发射功率的粗略估计，它是根据测量结果对路径损耗和干扰水平进行估计，从而计算初始发射功率的过程，在 WCDMA 中开环功率控制上下行情况都用到。

闭环功控是对通信期间的上下行链路进行快速功率调整，使链路的质量收敛于 SIR。

开环功率控制与闭环的区别在于，开环是采用上行链路干扰情况估计下行链路，或根据下行链路估计上行链路，是不闭合的；而闭环存在一个反馈环，是闭合的。开环功控的初始发射功率是由 RNC 下行或 UE 上行确定的；而闭环功控是由 NodeB 完成的，RNC 仅给出内环功控的目标 SIR 值。

外环功控是通过动态地调整内环功控的 SIR 目标值，使通信质量始终满足要求，即达到规定的帧误码率/块误码率/比特误码率(FER/BLER/BER)值。外环功控在 RNC 中进行，仅根据 SIR 值进行功率控制并不能真正地反应链路质量，如对于低速用户(移动速度为 3km/h)和高速用户(移动速度为 50km/h)来说，在保证相同 FER 的基础上，对 SIR 的要求是不同的，而最终的通信质量是通过 FER/BLER/BER 值来衡量的，因此有必要根据实际的 FER/BLER/BER 值动态地调整 SIR 的目标值。

7) 智能天线

智能天线采用空分复用(spatial division multiple access，SDMA)概念，通过自适应阵列天线跟踪并提取各移动用户的空间信息，利用天线阵列在信号入射方向上的差别，将不同方向的信号区分开来，而不发生相互干扰。实际上使通信资源不再局限于时间域、频率域或码域，拓展到了空间域。

8) 多用户检测技术

多用户检测(multi-user detection，MUD)技术通过去除小区内干扰来改进系统性能，增加系统容量。多用户检测技术还能有效地缓解直扩 CDMA 系统中的远/近效应。

9) 分集接收

分集接收技术被认为是明显有效而且经济的抗衰落技术。我们知道，无线信道中接收的信号是到达接收机的多径分量的合成。如果在接收端同时获得几个不同路径的信号，将这些信号适当合并成总的接收信号，就能够大大减少衰落的影响。这就是分集的基本思路。分集的字面含义就是分散得到几个合成信号并集中(合并)这些信号。只要几个信号之间是统计独立的，那么经适当合并后就能使系统性能大为改善。互相独立或者基本独立的一些接收信号，一般可以利用不同路径或者不同频率、不同角度、不同极化等接收手段来获取。

10) QoS

一般应用和服务可以划分为不同的类型，就如新的分组交换协议一样，UMTS试图很好地完成用户和应用提出的 QoS 请求。在 UMTS 中，定义了四种业务类型：会话类型、流媒体类型、互动类型和后台类型。四种业务类型的比较如表 6.2所示。

表 6.2　四种业务类型的比较

业务类型	会话类型	流媒体类型	互动类型(非实时)	后台类型
基本特点	必须保持流中信息实体之间的时间关系(变化) 会话模式(苛刻的，低的时延要求)	必须保持流中信息实体之间的时间关系(变化)	请求响应模式 需保持数据的完整性	信息的接收端并不在某一时间内期待数据的到达 需保持数据的完整性
应用举例	语音、可视电话、视频游戏	流媒体	网页浏览	E-mail 的后台下载

这些类型之间的主要区别在于电信业务对时延的敏感程度：会话类型意味着对时延非常敏感的电信业务，后台类型则是对时延最不敏感的电信业务。

6.1.2　4G 接入技术

第四代移动通信系统出现于 21 世纪初期，采用 MUD、基于 IP 的核心网(core network，CN)及软件无线电(software defined radio，SDR)等技术，代表制式有 FDD-LTE 和 TD-LTE。FDD 频分双工模式的特点是在分离的两个对称频率信道上，系统进行接收和传送。TDD(时分双工)模式的特点是在固定频率的载波上，通过时间域完成上下行数据传输。第四代移动通信系统通信速度可达到 20Mbit/s，甚至最高可以达到 100Mbit/s。每个 4G 信道会占有 100MHz 的频谱，相当于 3G 的 20 倍。

1. 4G 的网络结构

移动通信从第二代向第三代演进使得核心网由电路交换转变为分组交换，进一步的要求是使核心网独立于接入技术。分组交换的技术有 ATM 和 IP 等，综合当前的发展趋势及 IP 技术的特点, IP 被认为是下一代移动通信最适合的网络层技术, 统一的 IP 核心网将使不同的无线和有线接入技术实现互联、融合。

其中，核心 IP 网络不是专门用作移动通信的，而是作为一种统一的网络，支持有线及无线的接入，它就像具有移动管理功能的固定网络，其接入点可以是有线或无线。无线接入点可以是蜂窝系统的基站，WLAN(无线局域网)或者 ad hoc 自组网等。对于公用电话网和 2G 及未实现全 IP 的 3G 网络等则通过特定的网关连接。

2. 4G 网络中的关键技术

1) OFDM

OFDM(orthogonal frequency division multiplexing)即正交频分复用技术，OFDM 系统对定时和频率偏移敏感，特别是实际应用中可能与 FDMA、TDMA 和 CDMA 等多址方式结合使用时，时域和频域同步显得尤为重要。与其他数字通信系统一样，同步分为捕获和跟踪两个阶段。在下行链路中，基站向各个移动终端广播式发送同步信息，所以，下行链路同步相对简单，较易实现。在上行链路中来自不同移动终端的信号必须同步到达基站，才能保证载波间的正交性。基站根据各移动终端发来的子载波携带信息进行时域和频域同步信息的提取，再由基站发回移动终端，以便让移动终端进行同步。具体实现时，同步可以分别在时域或频域进行，也可以时频域同步同时进行。

为了提高数字通信系统性能，信道编码和交织是通常采用的方法。对于衰落信道中的随机错误，可以采用信道编码；对于衰落信道中的突发错误，可以采用交织。实际应用中通常同时采用信道编码和交织，进一步改善整个系统的性能。

在 OFDM 系统中，如果信道频域特性比较平缓，均衡是无法再利用信道的分集特性来改善系统性能的，因为 OFDM 系统本身具有利用信道分集特性的能力，一般的信道特性信息已经被 OFDM 这种调制方式本身所利用了。但是 OFDM 系统的结构却为在子载波间进行编码提供了机会，形成 OFDM 编码方式。实际上 OFDM 是 MCM(multi-carrier modulation)多载波调制的一种。其主要原理是将待传输的高速串行数据经串并变换，变成在子信道上并行传输的低速数据流，再用相互正交的载波进行调制，然后叠加在一起发送。接收端用相干载波进行相干接收，再经并串变换恢复为原高速数据。

OFDM 有很多优点：可以消除或减小信号波形间的干扰，对多径衰落和多普勒频移不敏感，提高了频谱利用率；适合高速数据传输；抗衰落能力强；抗码间干扰能力强。

2) 多输入多输出(multiple input multiple output，MIMO)技术

在基站端放置多个天线，在移动台也放置多个天线，基站和移动台之间可以形成 MIMO 通信链路。MIMO 技术在不需要占用额外的无线电频率的条件下，利用多径来提供更高的数据吞吐量，并同时增加覆盖范围和可靠性。它解决了当今任何无线电技术都面临的两个最困难的问题，即速度与覆盖范围。它的信道容量随着天线数量的增大而线性增大。也就是说，可以利用 MIMO 信道成倍地提高无线信道容量，在不增加带宽和天线发送功率的情况下，频谱利用率可以成倍地提高。

MIMO 技术是指在基站和移动终端都有多个天线。MIMO 技术为系统提供空间复用增益和空间分集增益。空间复用是在接收端和发射端使用多副天线，充分地利用空间传播中的多径分量，在同一频带上使用多个子信道发射信号，使容量随天线数量的增加而线性增加。空间分集有发射分集和接收分集两类。基于分集技术与信道编码技术的空时码可获得高的编码增益和分集增益，其已成为该领域的研究热点。MIMO 技术可以提供很高的频谱利用率，且其空间分集可显著地改善无线信道的性能，提高无线系统的容量及覆盖范围。

3) 基于 IP 的核心网

4G 通信系统选择了采用 IP 的全分组方式传送数据流，因此 IPv6 技术是下一代网络的核心协议。选择 IP 主要基于以下几点考虑。

巨大的地址空间：IPv6 地址为 128 位，代替了 IPv4 的 32 位。自动控制：IPv6 还有另一个基本特性就是它支持无状态或有状态两种地址自动配置方式。无状态地址自动配置方式是获得地址的关键。在这种方式下，需要配置地址的节点使用一种邻居发现机制获得一个局部链接地址。一旦得到这个地址之后，它使用另一种即插即用的机制，在没有任何人工干预的情况下，获得一个全球唯一的路由地址。对于有状态地址配置机制，如 DHCP(动态主机配置协议)，需要一个额外的

服务器，因此也需要很多额外的操作和维护。核心网独立于各种具体的无线接入方案，能提供端到端的 IP 业务，能同已有的核心网和 PSTN 兼容。核心网具有开放的结构，能允许各种空中接口接入核心网；同时核心网能把业务、控制和传输等分开。IP 与多种无线接入协议相兼容，因此在设计核心网络时具有很大的灵活性，不需要考虑无线接入究竟采用何种方式和协议。

3. 4G 标准

1) LTE

长期演进(long term evolution，LTE)项目是 3G 的演进，它改进并增强了 3G 的空中接入技术，采用 OFDM 和 MIMO 作为其无线网络演进的唯一标准。主要特点是在 20MHz 频谱带宽下能够提供下行 100Mbit/s 与上行 50Mbit/s 的峰值速率，相对于 3G 网络大大地提高了小区的容量，同时大大降低了网络时延：内部单向传输时延低于 5ms，控制平面从睡眠状态到激活状态的迁移时间低于 50ms，从驻留状态到激活状态的迁移时间小于 100ms。并且这一标准也是 3GPP LTE 的项目。

2) LTE-Advanced

LTE-Advanced 是一个后向兼容的技术，完全兼容 LTE，是演进而不是革命。LTE-Advanced 的相关特性如下所示。

(1) 带宽为 100MHz。

(2) 峰值速率：下行为 1Gbis/s，上行为 500Mbit/s。

(3) 峰值频谱效率：下行为 30bit/(s·Hz^{-1})，上行为 15bit/(s·Hz^{-1})。

(4) 针对室内环境进行优化。

(5) 有效支持新频段和大带宽应用。

(6) 峰值速率大幅度提高，对频谱效率进行有限的改进。

如果严格地讲，LTE 作为 3.9G 移动互联网技术，那么 LTE-Advanced 作为 4G 标准则更加确切一些。

6.1.3　5G 接入技术

第五代移动通信技术(简称 5G 或 5G 技术)是最新一代蜂窝移动通信技术，也是继 4G(LTE-A、WiMAX)、3G(UMTS、LTE)和 2G(GSM)系统之后的延伸。5G 的性能目标是高数据速率、减少时延、节省能源、降低成本、提高系统容量和进行大规模设备连接[2,3]。

根据通信场景可以分为增强型移动宽带(enhanced mobile broadband，eMBB)、大规模机器类型通信(massive machine-type communications，mMTC)及超可靠和低时延通信(ultra-reliable and low-latency communications，uRLLC)。

5G 新空口标准制定分为 Rel-15 和 Rel-16 两个阶段，其中 Rel-15 主要面向
eMBB 和 uRLLC 需求设计，已于 2017 年 12 月完成了非独立组网版本，2018 年 6
月完成了独立组网版本[1-5]。Rel-16 在 Rel-15 已经形成的标准版本基础上进一步
增强，涵盖了基础能力的提升、增强移动宽带能力的提升、物联网业务扩展能力
的提升等多个方面。

5G 网络的主要优势在于，数据传输速率远远高于以前的蜂窝网络，最高可达
10Gbit/s，比当前的有线互联网要快，比先前的 4G LTE 蜂窝网络快 100 倍。另一
个优点是较低的网络时延(更快的响应时间)，低于 1ms，而 4G 的网络时延为 30～
70ms。由于数据传输更快，5G 网络将不仅仅为手机提供服务，而且还将成为一
般性的家庭和办公网络提供商，与有线网络提供商进行竞争。

1. 网络特点

(1) 峰值速率需要达到 Gbit/s 的标准，以满足高清视频、虚拟现实等大数据
量传输。

(2) 空中接口时延水平需要在 1ms 左右，满足自动驾驶、远程医疗等实时
应用。

(3) 超大网络容量，提供千亿设备的连接能力，满足物联网通信。

(4) 频谱效率要比 LTE 提升 10 倍以上。

(5) 连续广域覆盖和高移动性下，用户体验速率达到 100Mbit/s。

(6) 流量密度和连接数密度大幅度提高。

(7) 系统协同化，智能化水平提升，表现为多用户、多点、多天线、多摄取
的协同组网，以及网络间灵活地自动调整。

2. 关键技术

1) 大规模 MIMO 技术

大规模 MIMO 技术是 5G 技术中的一项重要的核心技术，可以充分地利用空
间资源，提高通信质量。MIMO 技术是指在发射端和接收端设置多个发射天线与
接收天线的技术，使信号在多个信号发射装置和接收装置之间进行传输，通过这
种信号多收多发的形式，可以在不增加频谱资源和天线发射功率的前提下，成倍
地提高信道容量和接收天线的功率，以改善通信质量。MIMO 技术在 4G 网络时
代已经被广泛应用，只不过当时的规模远小于 5G 天线规模。在 4G 中使用的
MIMO 技术最多使用 8 个天线，而在 5G 通信技术中波束赋形通过数十到数百根
天线实现单用户和多用户的空分复用，可以有效地提升频谱效率，是 5G 通信的
核心技术。大规模 MIMO 技术又称为大规模天线阵列，通过大规模天线阵列实现
波束赋形。波束赋形是一种可以根据特定场景自适应地调整天线阵列的辐射图的

技术。在大规模 MIMO 技术中，天线阵列可以自适应地调整每个天线发射信号的相位。通过这种方式在移动接收端形成电磁波的有效叠加，可以产生更强的信号增益来克服损耗，从而达到改善通信质量的目的。

　　5G 要达到波束更窄、能量更集中的目的，需要数量更多、密度更大的天线单元。在通信系统中，天线的数目越多、规模越大，波束赋形就能实现更好的通信传输效果。随着 5G 通信技术的发展，天线阵列从一维扩展到二维，波束赋形也需要考虑立体多面的布局，需要同时考虑水平和垂直两个方向的天线单元分布，控制天线方向图在水平和垂直两个方向的形状，进而发展为 3D 波束赋形，原本的普通天线单元分布就变成了大规模的天线阵列。相比于传统的 MIMO 技术，大规模 MIMO 通过在收发端配置成百上千根天线，可以获得额外的空间自由度，并用于多数据流传输，从而最大限度地利用空间域的信道资源。在大规模 MIMO 系统中，采用波束赋形技术，通过空域处理增强期望方向信号的强度，并在干扰方向形成零陷，从而实现系统容量的增加。大规模 MIMO 能够在既定的基站密度和带宽下，不增加额外的时频资源，至少可以将频谱效率提升 10 倍，能源效率提升 100 倍。

　　对于移动用户来说，手机是移动的，位置存在不确定性和可移动性。波束赋形的最大波束位于正中央，且其传播方向和天线阵列垂直，主波束能量大，但最终实现波束随着手机的位置偏移，从而实现手机的良好信号接收。

　　在任何一种波束赋形系统中，系统都必须能够估计目标用户终端的方向。在 FDD 系统中，这是用户终端以 PMI 的形式进行反馈的功能，而 TDD 中由于信道互易性取消了这一要求。在 TDD 系统中，用户终端会向基站发送一个信道报告信号，基站通过检查相同极化天线之间的相对相位差，进而估计出用户终端的到达方向。尽管这种估计是在上行链路中执行的，基站仍可以利用信道互易性，根据对上行链路的估计在下行链路中执行发送任务。接下来，根据估计出的用户终端的到达方向，基站会动态调整天线阵列中每个组件的相位和幅度(权值)，在不同的方位上进行叠加或抵消，将波束引向所期望的用户，从而实现波束赋形。理想情况下所有天线上发射的信号应该在到达特定用户的接收天线时拥有完全相同的相位，产生叠加的效果，为达到这一目的，需要精确的系数来确定波束的正确方向，如果信息不全将会导致波束赋形无法达到最优效果。

　　波束赋形技术是一种基于天线阵列的信号预处理技术，根据信道的空间特性，利用电磁波的干涉和衍射原理，通过调整天线阵列中每个阵元的相位或幅度，形成高指向性的波束，从而获得较高的波束赋形增益。随着通信技术的飞速发展，波束赋形技术经历了从模拟波束赋形技术到数字波束赋形技术到数模混合波束赋形技术的转变。需要指出的是，波束赋形和预编码本质是相同的，都是通过天线阵列的加权处理，产生期望的定向波束的过程。波束赋形起源于智能天线，预编码是后来随着 MIMO 技术发展起来的概念，从时间上来说，波束赋形比预编码的提出大概要早数十年。早期的波束赋形方案主要是实现通信波束的对准，并在干扰方向上形成零陷，考虑的场景主要是 LoS(line of sight)场景或者接近 LoS 的场景。早期的预编码技术是为了充分地利用信道高空间自由度的特点，更偏重于NLoS 场景。此外，3GPP 在早期颁布系统技术规范 Rel-8 中形成了一种非正式的划分，将基于专用参考信号的传输称为波束赋形，将基于公共参考信号的传输称为预编码。但是这种非正式的划分随着 LTE MIMO 技术的发展，已经趋于消失，3GPP 在 2010 年颁布 Rel-9 之后，就不再区分波束赋形和预编码。

　　5G 通信的关键技术中，波束赋形能够提高信号覆盖质量与通信效率，将广泛地应用于 5G 网络的组网过程中，波束赋形主要有以下优点。

　　(1) 更精确的 3D 波束赋形技术，能够提升终端接收信号强度。由于不同的波束自身都有非常小的聚焦区域，可以保证用户始终处于小区内的最佳信号区域，从而能够接收到更强的信号。

　　(2) 利用波束赋形技术，能够同时同频服务更多的用户，进而提高网络容量。

　　在波束的覆盖空间中，不同用户可以形成独立的窄波束覆盖，使得天线系统能够同时传播不同用户的数据，进而可以几十倍地提升系统通信容量，提高网络质量。

　　(3) 波束赋形技术能够有效地减少小区间的干扰。波束赋形中，天线波束具有非常窄的特性，能为用户提供精准的覆盖，从而可以最大限度地减少对相邻区域的干扰。

　　(4) 波束赋形技术能够更好地实现远、近端小区覆盖。波束在水平和垂直方向上都有一定的自由度，可以使连续覆盖具有更灵活的性能优势，从而能更好地实现小区远端和天线下近端的覆盖。

　　波束赋形由于自身的技术特性具有很强的优势，从而决定了该技术可以应用到对应的场景，解决相应的通信覆盖问题。

　　(1) 重点区域多用户场景。当处于超市、参加集会和演唱会等用户多的场景时，打电话上网都会变得十分困难，这是由于当前信号范围内，使用量过多造成的通信拥挤。而精确的波束赋形和独立波束覆盖不仅能提升容量，而且还能明显地改善用户使用效率，提升用户使用感受，打电话或者上网可以流畅高速，不受使用人数的影响。

　　(2) 高楼覆盖场景。如果用户不完全是平面分布，大量分布于不同楼层，传统的基站垂直覆盖范围很窄，可能需要合理地规划多副天线才能满足不同楼层用户的使用需求。而 3D 波束赋形可以有效地提升水平覆盖和垂直覆盖的能力，同时覆盖各个楼层，最大限度地解决高楼多楼层用户的覆盖问题。

2) 毫米波通信

5G 通信将使用频谱为 30～300GHz 的毫米波频段,并且这些可用频谱资源大约是 3G/4G 网络的 200 倍。在 5G 通信技术中,信号将会拥有更大的带宽。在毫米波中,28GHz 和 60GHz 附近的频谱是承载 5G 网络信号的两个最合适的频带。而且 28GHz 附近的可用频谱带宽可以达到 1GHz, 而接近 60GHz 的可用信号带宽可以达到 2GHz,因此可以承载 5G 网络信号的总频谱带宽大约为 3GHz。对于 4G-LTE 网络,其最高载频带宽约为 2GHz,因此其可用频谱带宽仅为 100MHz。对比毫米波和微波可用信号带宽,5G 带宽可以增加 10 倍左右,当需要传输的信息量确定时,更宽的频谱带宽使 5G 信号的传输速度几乎比 4G 网络快 10 倍。从理论上讲,信号传输时间将会大幅度减少,在实际生活和工程应用中 4G 网络的时延为 10～20ms,而 5G 网络的时延仅为 1ms。低时延使实时传输和终端实时响应成为可能,这对于工业自动化的发展至关重要。

扩展频谱是提升容量的关键。目前 6GHz 以下的低频资源已经非常拥挤,而频率在 30～300GHz 波段的毫米波拥有大量未使用的频谱资源,因此受到了各国学术界和工业界的广泛关注。由于频率在 3～30GHz 的无线电波与毫米波具有相似的传输特性,因此广义上的毫米波频段包含 3～300GHz 的波段。随着 5G 的推进,全球各地纷纷将毫米波纳入 5G 的频谱战略中。2016 年 7 月,美国联邦通信委员会将 24GHz 以上、近 11GHz 带宽的毫米波频段作为 5G 的主要波段,2017 年 11 月 16 日,又把 24.25～24.45GHz、24.75～25.25GHz 和 47.2～48.2GHz,共 1700MHz 的频谱资源用于 5G 业务的发展。2016 年 11 月,欧盟委员会无线电频谱政策组正式发布 5G 频谱战略,明确将 26GHz 作为欧洲 5G 初期部署的首选毫米波频段。与此同时,我国也在积极推动着 5G 的频谱规划和发展。2016 年 11 月,我国在第二届全球 5G 大会上描述了对 5G 频率的规划,并且工业和信息化部无线电管理局在 2017 年 7 月发表征集 5G 毫米波频率规划意见,考虑将 24.75～27.5GHz 和 37～42.5GHz,共计 8.25GHz 作为 5G 的主要毫米波波段。2019 年 11 月世界无线电通信大会达成共识,将 24.25～27.5GHz、37～43.5GHz、66～71GHz 的毫米波频段及 275～296GHz、306～313GHz、318～333GHz、356～450GHz 的太赫兹频段标识用于 5G 及国际移动通信系统的发展。毫米波频段兼顾了可用的电波传播距离及连续可用的丰富带宽,将是未来移动通信的"黄金频段",它的有效开发已成为 5G 演进和 6G 发展的主要技术方向之一。

随着载波频率数十倍的增加,毫米波应用的主要障碍是蜂窝系统的路径损耗和雨水衰减。然而由于毫米波信号的波长短,毫米波 MIMO 预编码可以利用收发机上的大型天线阵列来提供显著的波束成形增益,以消除路径损耗的影响并合成高度定向的信号。而且,通过空间复用传输多个数据可以进一步提高频谱效率。

要部署大型天线阵列的毫米波系统,需要解决其硬件实施中的挑战和算法设计问题。特别地，全数字波束成形需要射频链路，包括信号混频器、模数/数模转换器和功率放大器，其数量与天线个数相当。尽管毫米波的短波长有利于布置大型天线阵列，这会给成本和功耗带来沉重负担，因此对于移动终端来说采用全数字波束成形的毫米波大型天线阵列系统是不可行的。

目前毫米波通信重点研究大规模天线阵列下毫米波系统中低计算复杂度、低功率消耗、高能量效率的混合架构，设计基于混合架构的混合波束成形，以及分析探索毫米波网络的特性。

为了解决全数字毫米波大型天线阵列系统成本和功耗的问题，一种解决方案是模拟波束成形，由可实现低复杂度波束指向的单个射频链路和移相器组成，目前这种方案大多用于室内毫米波通信。此方案的最佳波束成形策略是通过将波束方向与信道的到达角(angle of arrival，AoA)和出发角(angle of departure，AoD)对齐。然而，由于毫米波与传统 sub-6GHz 系统存在很多不同的地方，定向天线阵列在毫米波系统中的影响难以揭示。首先，对毫米波信道的测量已经确认了一些毫米波独特的传播特性：事实证明，毫米波信号对阻挡很敏感，这导致毫米波中视距 LoS 和非视距 NLoS 的路径损耗定律完全不同；此外，毫米波中的衍射和散射效应极其有限，这使得 sub-6GHz 的常规信道模型不再适用于毫米波信道，因此需要更复杂的信道模型来对毫米波信道进行建模与性能分析。

毫米波的另一个显著特性是定向传输。由于毫米波信号的波长小，因此可以用大规模定向天线阵列提供大量的阵列增益并综合高度定向的波束，以补偿数十倍载波频率引起的额外自由空间路径损失。更重要的是，不同于 sub-6GHz 系统中具有丰富的衍射和散射，毫米波中定向天线将极大地改变信号功率及干扰功率。在毫米波系统中进行模拟波束成形，信号或干扰功率是高度定向的，并且与到AoA 和 AoD 紧密相关。特别地，定向天线阵列将根据不同的 AoA 和 AoD 提供可变的功率增益，AoA 和 AoD 稍有变化就可能会导致较大的阵列增益改变。因此，在对毫米波系统进行分析时，有必要结合定向天线阵列。

尽管模拟波束成形的复杂度较低，但它仅支持单数据流传输，并且无法充分地利用可用的空间资源。为了进一步提高性能，混合波束成形作为一种使用有限数量射频链路、支持空间复用的、经济有效的结构被提出，其使用潜力已在最近的许多研究中被证明。特别是与模拟波束成形相比，混合波束成形能够支持具有空间复用及空分多址接入的多流传输。一些早期的工作致力于设计混合波束成形以接近全数字波束成形的频谱效率。通过各种算法设计，已经证明了混合波束成形可以在降低硬件复杂度的前提下实现与全数字波束成形相当的频谱效率。因此，它被认为是毫米波系统中收发机结构的有力候选者。

尽管混合波束成形具有令人满意的频谱效率，但它仍面临着一系列阻碍其实际应用的关键问题。与全数字波束成形相比，尽管其硬件复杂度大大降低，但毫米波器件的成本和功耗仍然是一个值得关注的问题。在这方面，几乎很难从传统的数字波束成形设计中借鉴，因为传统的数字波束成形从性能导向的角度出发，如最大化频谱效率或最小化发射功率，但在很大程度上忽略了硬件复杂度。因此在开发高效混合波束成形算法的同时，需要在硬件方面开发支持混合波束成形算法的收发机。

此外，混合波束成形维度的显著增加为波束成形算法的计算效率带来了更加严格的要求。常规的全数字波束成形问题通常是凸的，因此可以使用凸优化这种强大的工具来解决波束成形的设计问题。但是，混合波束成形问题本质上是非凸的，同时在设计上具有挑战性。因此，混合波束成形算法通常具有较高的计算复杂度。为了解决这个问题，通过牺牲频谱效率的一些低复杂度的混合波束成形设计算法被提出。

传统的波束成形算法是全数字实现的，即每根天线对应一根独立的射频链路。而在毫米波通信系统中，由于发射机处所布置的大规模天线在硬件上的难以实现及带来的高计算复杂度、高消耗，因此在毫米波通信系统中通常采用射频链路比天线数少的混合波束成形结构。此时多根天线共用一根射频链路，将以往的单一的波束成形拆分为模拟波束成形和数字波束成形。在模拟波束成形中，每根天线上的信号通过模拟移相器控制。在模拟移相器中，每个移相器会引入一个恒模约束，这是模拟移相器物理特性造成的。模拟移相器的优势在于能为系统带来更好的增益，劣势在于算法和实现会带来一定的复杂度。

在毫米波频段上使用大规模 MIMO 技术，可以使通信系统得到更好的效果。一方面，毫米波具有毫米等级的波长，通过封装天线技术(antenna in package, AiP)，可以将几百根乃至上千根的系统天线集成到较小体积的芯片或电路板上，保证大规模 MIMO 在实际应用中的可行性；另一方面，使用大规模 MIMO 技术可以获得高方向性增益，来对抗毫米波频段严重的路径损耗，有效地扩展了毫米波的应用范围。但是这样结合的系统也存在一些问题，在毫米波频段上，随着天线数量的增加，硬件的成本(主要包括射频链路、模数转换器和数模转化器等)及相应的波束赋形算法的复杂度也呈指数式上升，给毫米波大规模 MIMO 系统的实现带来了极大的挑战。因此，研究合适的波束赋形算法成为学术界和工业界关注的焦点问题之一。

3) 超密集异构网络

5G 网络正朝着网络多元化、宽带化、综合化、智能化的方向发展。随着各种智能终端的普及，移动数据流量将呈现爆炸式增长。在未来 5G 网络中，减小小区半径，增加低功率节点数量，是保证未来 5G 网络支持 1000 倍流量增长的核心技术之一。因此，超密集异构网络成为未来 5G 网络提高数据流量的关键技术。

　　未来无线网络将部署超过现有站点 10 倍以上的各种无线节点，在宏站覆盖区内，站点间距离将保持 10m 以内，并且支持在每平方千米范围内为 25000 个用户提供服务。同时也可能出现活跃用户数和站点数的比例达到 1 : 1 的现象，即用户与服务节点一一对应。密集部署的网络拉近了终端与节点间的距离，使得网络的功率和频谱效率大幅度提高，同时也扩大了网络覆盖范围，扩展了系统容量，并且增强了业务在不同接入技术和各覆盖层次间的灵活性。

　　异构蜂窝网络一般由各种基础架构组成，如宏基站、微基站、微微基站、中继等，其中不同层中的基站具有不同的发射功率和覆盖范围，具体来说，宏蜂窝利用较高的功率来提供较大的覆盖范围，而毫微微蜂窝通常以一种低功率用于短距离通信。超密集异构蜂窝无线网络在异构蜂窝网络的基础上引入了大量低功率节点，扩大了网络容量。

　　虽然超密集异构蜂窝无线网络架构在 5G 中有很好的应用前景，但是高密度的无线接入节点导致网络部署越发密集及节点间的距离越来越近，带来了严重的系统干扰问题。因此，在 5G 移动通信网络中，超密集异构蜂窝无线网络间的复杂干扰问题亟须得到缓解。同时，超密集异构无线通信极易受到非法用户的攻击，严重影响通信质量，如何通过现有技术抵制外界的恶意攻击，提高网络的物理层安全尤为重要。超密集异构蜂窝无线网络中无线接入节点的大幅度增加导致系统的运营成本和能源消耗急剧增加，而无线通信的能量供给却是有限的，如何兼顾网络的运营时长和能源消耗，是需要关注的问题。

　　除此之外，超密集异构蜂窝无线网络中还存在大量的问题值得研究，如高效的切换算法。超密集异构蜂窝无线网络中小区边界的模糊化及形状的不规则化导致小区间的切换频繁复杂，从而影响用户的服务质量。因此，探索低复杂度的切换算法对超密集异构蜂窝无线网络的发展具有重要的意义。

　　异构网络中不同蜂窝层之间通过共享信道频谱给对应的用户传输保密信息，可以显著地提高频谱资源利用率，但也导致异构网络中的网络干扰比传统的单层蜂窝网络严重很多，从而降低了网络的服务质量。

　　异构蜂窝网络中的干扰主要分为同层干扰和交叉层干扰，其中同层干扰为低功率节点和低功率节点用户之间的干扰，而宏基站和低功率节点用户之间的干扰为交叉层干扰。正交频分多址技术在相互正交的子载波上传输数据给不同用户能够有效地避免异构蜂窝网络中同一小区内的同频干扰，但却加剧了相邻小区间的交叉层干扰。另外，大量低功率节点的引入导致超密集异构蜂窝无线网络中的干扰问题更加严重。因此，亟须探索有效的网络干扰管理方法。通过综合考虑正交频分多址接入调度、时分多址接入调度、干扰对齐和功率控制技术，可以减轻超密集微蜂窝网络中的干扰并优化网络的整体利用率。另外，小区间干扰协同配置可降低超密集异构蜂窝网络中的干扰。

除了上述的相关讨论，超密集异构蜂窝无线网络中还存在其他潜在技术的挑战，如网络选择和资源分配等问题。具体地，超密集异构蜂窝无线网络中的网络选择不仅需要考虑最优的网络选择接入，也要权衡网络中各种用户的多样化需求，从而提高异构蜂窝系统的整体性能。为了更好地适应对数据缓存和计算服务的急剧增长的需求，合理地分配资源来提高数据吞吐量并降低网络运营成本也是未来的研究热点。尽管超密集异构蜂窝无线通信中存在大量潜在技术挑战问题，但是这并不影响新一代超密集异构蜂窝无线网络的应用前景，超密集异构蜂窝无线网络将在未来无线通信中发挥着重要的作用。

4) D2D 通信

在 5G 网络中，网络容量、频谱效率需要进一步提升，更丰富的通信模式及更好的终端用户体验也是 5G 的演进方向。设备到设备通信(device-to-device communication，D2D)具有潜在的提升系统性能、增强用户体验、减轻基站压力、提高频谱利用率的前景。因此，D2D 是未来 5G 网络中的关键技术之一。

D2D 通信是一种基于蜂窝系统的近距离数据直接传输技术。D2D 会话的数据直接在终端之间进行传输，不需要通过基站转发，而相关的控制信令，如会话的建立、维持、无线资源分配及计费、鉴权、识别、移动性管理等仍由蜂窝网络负责。蜂窝网络引入 D2D 通信，可以减轻基站负担，降低端到端的传输时延，提升频谱效率，降低终端发射功率。当无线通信基础设施损坏，或者在无线网络的覆盖盲区，终端可以借助 D2D 实现端到端通信甚至接入蜂窝网络。

D2D 通信机制如下所示。

(1) D2D 发现机制。设备如何发现彼此并发起 D2D 连接是 D2D 通信的关键。对于限制发现机制，未经授权不允许检测到 UE，禁止用户与不熟悉的设备进行通信，以确保 UE 的隐私与安全。当前 UE 可以检测到和它相邻的设备，并建立连接。在这种模式下，用户隐私性较差，但连接复杂度较低。限制发现机制对于网络环境比较好，选择比较多的情况更适用，注重隐私性；公开发现机制对于救援与应急通信比较适用，此时要确保连接。在设备发现方面，如何建立一个快速、低成本的满足 QoS 需求的 D2D 设备发现和会话过程也是未来发展的需要。

(2) D2D 资源分配。传统的蜂窝小区和 D2D 通信模式并存，会引起 D2D 用户与传统小区用户之间的干扰，因此，在 5G 智能终端大规模增加的情况下，如何充分合理地分配无线资源，显得尤为重要。

(3) D2D 缓存网络。随着通信数据量的爆发式增长，特别是视频流，为了满足通信业务高速率低时延的数据传输需求，我们关注到了缓存技术。它将数据通过网络中的某些设备或者辅助节点进行暂存，一旦有业务需求，这些设备或节点就可以快速响应，立即调用存储的数据，从而实现高速率低时延。如果一个中型城市的一般城市区域，它的每个用户的视频业务需求都可以通过调用暂存在缓存区中的数据包得到满足，那么，用户就不需要占用核心网的无线资源进行回传，这样可以有效地节约无线网络资源，从而节约成本，使组网更加灵活。因此，在D2D 通信网络中，缓存技术是实现 5G 高速、低时延、高吞吐量业务的关键技术之一。

然而，D2D 技术在 5G 通信网中还存在一些问题。

(1) 频谱资源共享造成的干扰。虽然设备间直接通信，可以有效地节约频谱资源，从而使频谱资源不足的问题得到一定程度的缓解，但是频谱资源的共享会引起设备与设备间的干扰，严重的会对用户的正常通信产生影响，从而影响用户的通信使用体验。

(2) 通信高峰造成的通信问题。5G 网络在传输速度、效率、时延和资源利用率等方面都有了很大的提高。由于 5G 所使用的频率更高，因此，5G 基站的覆盖范围相比 4G 会远远缩小，那么为了确保用户的服务质量，保证无缝覆盖，就需要建更多的站，甚至建设超密集的异构网络。但是随着海量智能终端接入网络，加上通过 D2D 设备连接入网络时，很可能造成 5G 网络通信时延的大幅增加，影响用户的实际使用。

(3) 移动性是无线通信的基本特性，当设备移动时，会不同程度地影响 D2D链路的建立、蜂窝用户的分流与干扰管理等；同时，某些设备或节点还会对数据进行缓存，因此设备移动时也会影响缓存数据的存储和提取调用的时效性，增加时延；另外，设备移动时，如何在传统通信模式和 D2D 通信模式之间进行选择与切换，如何对两种模式下的无线资源进行合理分配，如何合理地对两种模式下的数据进行分流，充分地发挥 D2D 通信优势，是需要研究的一个重要方向。

(4) D2D 同步技术。一些特定的场景，如超覆盖场景或多跳 D2D 网络，将给系统的同步特性带来很大的挑战。

(5) 无线资源管理。5G D2D 可以包括各种通信模式，如广播、多播、单播、多跳和中继等应用场景。因此，调度和无线资源管理将更加复杂。

(6) 功率控制和干扰协调。蜂窝网络中的 D2D 技术会给蜂窝通信带来额外的干扰。另外，在 5G 网络 D2D 中，考虑到多跳、高频通信的特点，功率控制和干扰协调的研究也非常重要。

尽管 D2D 的引入会给现有的通信网络带来干扰，但仍然可以通过合适的资源分配和干扰管理方案，降低通信系统核心网络的数据压力，大大提升频谱利用率和吞吐量，保证通信网络能更为灵活、智能、高效地运行。D2D 通信技术应用在 5G 网络中将会使得通信质量有一定的提高，然而，伴随着 5G 使用毫米波通信，信号传输的路径损耗增加，绕过和穿透障碍物的能力减弱，使通信距离大幅度缩短，无法满足远距离 D2D 链路的服务质量需求。因此，可借助当前无通信业务的空闲用户作为移动中继(mobile relay，MR)来协助，并充分地利用移动用户的位置信息和信道增益来进行资源分配，以此扩展 D2D 通信范围。

5) M2M 通信

M2M(machine to machine, M2M)作为物联网最常见的应用形式，在智能电网、安全监测、城市信息化、环境监测等领域实现了商业化应用。3GPP 已经针对 M2M 网络制定了一些标准，并已立项开始研究 M2M 关键技术。M2M 的定义主要有广义和狭义。广义的 M2M 主要是指机器对机器、人与机器间及移动网络和机器之间的通信，它涵盖了所有实现人、机器、系统之间通信的技术；从狭义上说，M2M 仅仅指机器与机器之间的通信。智能化、交互式是 M2M 有别于其他应用的典型特征，这一特征下的机器也被赋予了更多的智慧。

mMTC 是海量连接的解决方案，是 5G 的重要应用场景之一。3GPP 在 R13 版本中，为 mMTC 指定了两种技术：NB-IoT 和 eMTC，用于 IoT/MTC 的蜂窝通信。在 R14 版本中，3GPP 为 eMTC 和 NB-IoT 引入一些新特性与服务，如定位服务、多播服务及更高的数据速率和移动性增强等。mMTC 和 eMTC 都是物联网的应用场景，在不特别强调时可以将这两者划为等号，其本职和出发点大同小异；但各自侧重点不同：mMTC 强调的是人与物之间的信息交互，而 eMTC 主要体现物与物之间的通信需求。eMTC 是万物互联技术的一个重要分支，基于 LTE 协议演进而来，为了更加适合物与物之间的通信，也为了更低的成本，对 LTE 协议进行了裁剪和优化。eMTC 基于蜂窝网络进行部署，其用户设备通过支持 1.4MHz 的射频和基带带宽可以直接接入现有的 LTE 网络。eMTC 支持上下行最大 1Mbit/s 的峰值速率，可以支持丰富、创新的物联应用。

3GPP 的规范，指出了 mMTC 的四个关键性能指标。

(1) 覆盖 164dB 的最大耦合损耗(MaxCL)。NB-IoT：两种系统都有一些最大重复数量的余量，这可能弥补 NB-IoT 系统的差距。

eMTC：上行链路 PSD 增强(如单频传输)可以改善覆盖。然而，公共信道/信号(如 PSS/SSS、MIB、PRACH)可能是 eMTC 的瓶颈。一种可能的解决方案可能是允许 eMTC 设备在极端覆盖模式下使用 NB-IoT 公共信道/信号。与 mMTC 的覆盖要求相比，至少 eMTC 有一定差距。

(2) 164dB MaxCL 下不超过 10s 的时延。NB-IoT：考虑到 NPDCCH 周期约束，NB-IoT 几乎不能满足 < 10s 的等待时间。需要减少信令流量或启用 SPS(减少对 NPDCCH 的需求)。

eMTC：上行 PSD 增强/减少信令流量。

(3) 超过 10 年的 UE 电池寿命，15 年是可取的。NB-IoT 可以满足 10 年电池寿命的要求，假设噪声系数为 3/5dB。如果考虑 5/9dB 的噪声系数，则有差距。一些技术可以帮助减少 UE 功耗，如减少信令开销。

eMTC：公共信道/信号仍是 eMTC 的瓶颈。

(4) 每平方千米 1000000 个设备的连接密度。在大多数载波下，NB-IoT 连接密度目标似乎可以达到，但包到达率太低。NB-IoT/eMTC 在下一版本中需要改进连接密度，并争取更高的 TRPx 频谱效率。可以考虑 NOMA 来提高 NB-IoT 和 eMTC 的连接密度。

边缘云(multi-access edge computing，MEC)作为 5G 的关键技术，将计算和存储能力下沉到更贴近用户业务的位置，物联网终端除了通信和数据采集，其他功能都可以转移到边缘云平台上实现。

6) 5G 核心网技术

5G 核心网使网络全连接，提供"网络即服务"的能力，将以"网络为中心"的服务模式转变为"客户+云双中心"的新型服务模式，同时基于云化、虚拟化等关键技术按需提供差异化的能力和服务。5G 核心网对传统架构进行了重构，以网络功能(network function，NF)的方式重新定义了网络实体，同时还引入软件定义网络/网络功能虚拟化技术实现网络云化。每个 5G 网络定义了一组具备对外互通标准接口的 NF 服务，从而实现了从传统的刚性网络向基于服务的柔性网络的转变，从固态网络到动态网络的转变，实现网络资源虚拟化、网络功能的解耦和服务化。控制功能集中化，数据转发分布化，使得 NF 可以进一步下沉并靠近用户和应用，大幅度地提高网络数据吞吐量，降低业务时延。

当前阶段，5G 组网方式主要分为两种，分别是独立组网(standalone，SA)和非独立组网(non-standalone，NSA)，运营商在初始应用阶段，主要采用非独立组网模式，未来独立组网将会逐渐替代非独立组网。

非独立组网因为采用 4G 与 5G 连接的方式，其下行峰值速率特别高，高出独立组网 7%左右，其上行边缘速率也较独立组网要高。独立组网因为终端 5G 为双发状态，上行峰速能够高出独立组网 87%左右。同时，在覆盖范围层面，非独立组网能够利用 4G 网络，可以实现连续、不间断的覆盖，而独立组网则不同，5G 频段较高，使得其单站点的覆盖范围过小，在覆盖初始阶段，覆盖成本比较高，建设时间较长。非独立组网运用双连接技术，语音方案可以按照 4G 语音方案进行，而独立组网则采取 4G/5G 组合方式，相互制约，其 Vo5G 性能主要由 5G 自身的覆盖能力决定。在非独立组网当中，受到 4G 网 EPC 的限制，无法提供 5G 业务服务，如网络切片等。而独立组网对 5G 新型业务起到良好的支持，对垂直业务的拓展起到良好促进作用，能够进一步地满足不同场景用户的个性化需求。

非独立组网与独立组网架构具备不同的优点与缺点，各个运营商可以结合自身特点，有针对性地选择网络策略。从横向角度来分析，5G 运行初始时期，运营商可以结合自身实际需求，选取非独立组网架构或独立组网架构，从纵向角度来分析，由于 5G 的飞速发展，在各个发展时期，运营商可以选取不同网络路径，如在5G初期,可以选择非独立组网,伴随5G业务范围的不断扩大,逐渐采用独立组网。运营商通过选择科学的组网模式,并构建全新的网络架构,保证网络功能得到更好发挥,可以推动5G网络业务的融合与互通。

7) 网络切片技术

网络切片被看作5G至关重要的一个特性。网络切片是一种虚拟化,它允许在一个共享的物理网络基础架构上,运行多个逻辑网络。每个逻辑网络之间是隔离的,并且能提供定制的网络特性,如带宽、时延、容量等。同时,每个逻辑网络里除了网络资源,还包含了计算和存储资源。

不同行业对网络的需求不一样,如IoT需要的是大容量网络,但对时延和带宽要求不高;自动驾驶要求的是低时延网络;而视频终端要求的是大带宽网络。5G通过网络切片,将一个5G网络划分成满足不同需求的多个分片,每个分片对应不同的场景需求,分片之间互不影响。如此,一个5G网络被切割成多个网络分片,来满足不同的应用需求。网络切片本质上允许电信运营商为特定客户场景提供其网络的一部分,如智能家居或智能工厂。

网络切片技术本质上是将物理网络划分为多个虚拟网络,每个虚拟网络满足不同的服务需求,如按时延、带宽、安全性及可靠性等来划分,以灵活地应对不同的应用场景。网络切片技术是在通用的物理基础设施上提供具有不同弹性能力和特性的定制化网络,通过在性能、功能、隔离及运维等多方面进行灵活设计,使得运营商能够根据垂直行业的需求对专用网络进行定制化创建。5G网络端到端的切片能力需要从无线网、传输网及核心网3个方面实现,其中基于虚拟化技术的服务化架构5G核心网切片是最关键的环节。

传统的核心网基于专用硬件,无法满足5G网络切片在灵活性和服务等级协议(service level agreement, SLA)方面的需求。而基于虚拟化技术的服务化架构5G核心网,能将网络功能解耦为服务化组件。每个组件之间使用轻量级开放的接口进行通信,具备敏捷性、易拓展性、灵活性及开放性的高内聚低耦合结构,可以满足按需构建网络切片的高可靠性和动态部署弹缩要求。

NFV是切片的先决条件。NFV从传统网元设备中分解出软硬件部分。通用服务器统一部署硬件,不同的网络功能承担软件部分,以满足灵活组装的业务需求。核心网切片工作可以从资源视图和组网视图两个维度来划分隔离方案。其中,资源视图可划分为硬件资源层、虚拟资源层及网元功能层的隔离分配;组网视图主要针对的是核心网数据中心内的交换机/路由器等网络设备的隔离分配。结合行业实际需求,可以选择网元部分独占或完全独占的建设模式,在安全隔离需求和成本之间做到最佳平衡,从而满足各种行业的网络切片分级需求。

6.2　WiFi 接入技术

WiFi 是一种允许电子设备连接到一个无线局域网的技术，通常使用 2.4G UHF(ultra high frequency)或 5G SHF(super high frequency)ISM 射频频段。WiFi 是一个无线网络通信技术的品牌，由 WiFi 联盟所持有。无线局域网基于 IEEE 80.11a/b/g，人们最为熟悉的无线通信技术 WiFi 即是 WLAN 的实现协议，普遍部署在家庭、商场等一些静态热点区域，可以提供几十米范围内公开性的无线通信服务，最高传输速率可以达到 100Mbit/s，为群体用户提供娱乐、工作上的便捷[4]。

WiFi 代表了无线保真，指具有完全兼容性的 802.11 标准 IEEE802.11b 的子集，它使用开放的 2.4GHz 直接序列扩频，最大数据传输速率为 11Mbit/s，也可以根据信号强弱把传输率调整为 5.5Mbit/s、2Mbit/s 和 1Mbit/s。WiFi 无须直线传播，传输范围在室外最远为 300m，室内有障碍的情况下最远为 100m，是现在使用得最多的传输协议。

WiFi 最主要的优势在于不需要布线，可以不受布线条件的限制，因此非常适合移动办公用户的需要，并且由于发射信号功率低于 100mW，低于手机发射功率，所以 WiFi 上网相对也是最安全健康的。但是 WiFi 信号也是由有线网提供的，如家里的非对称数字用户线路(asymmetric digital subscriber line，ADSL)、小区宽带等，只要接一个无线路由器，就可以把有线信号转换成 WiFi 信号。国外很多发达国家城市里到处覆盖着由政府或大公司提供的 WiFi 信号供居民使用，我国也有许多地方实施无线城市工程，使这项技术得到推广。

目前，有线接入技术主要包括以太网等。WiFi 技术作为高速有线接入技术的补充，具有可移动性、价格低廉的优点，WiFi 技术广泛地应用于有线接入需无线延伸的领域，如临时会场等。由于数据速率、覆盖范围和可靠性的差异，WiFi 技术在宽带应用上将作为高速有线接入技术的补充。而关键技术无疑决定着 WiFi 的补充力度。

针对不同的应用场景，WLAN 网络与 LTE 网络各有优缺点。WLAN 具有高带宽、低成本的特点，可以为用户提供高速的数据交换，但网络覆盖范围小；相反 LTE 可以覆盖较大的范围，但数据交换速率较低。若将两种网络相融合，则可以大大提高网络的数据交换能力，满足用户的需求。

OFDM、MIMO、智能天线和软件无线电等都开始应用到无线局域网中以提升 WiFi 性能，如 802.11n 计划采用 MIMO 与 OFDM 相结合的方式使数据速率成倍提高。另外，天线及传输技术的改进使得无线局域网的传输距离大大增加，可以达到几千米。

WiFi 技术的次要定位为蜂窝移动通信的补充。蜂窝移动通信可以利用 WiFi 高速数据传输的特点弥补自己数据传输速率受限的不足。而 WiFi 不仅可以利用蜂窝移动通信网络完善的鉴权与计费机制，而且可以结合蜂窝移动通信网络广覆盖的特点进行多接入切换。这样就可实现 WiFi 与蜂窝移动通信的融合，使蜂窝移动通信的运营锦上添花，进一步扩大其业务量。

无线接入技术主要包括 IEEE 的 802.11、802.15、802.16 和 802.20 标准，分别对应 WLAN、WPAN(蓝牙和超宽带)、WMAN 和 WBMA。WPAN 提供超近距离无线高数据传输速率连接；WMAN 提供城域覆盖和高数据传输速率；WBMA 提供广覆盖、高移动性和高数据传输速率；WiFi 则可以提供热点覆盖、低移动性和高数据传输速率。

对于电信运营商来说，WiFi 技术的定位主要是作为高速有线接入技术的补充，逐渐也会成为蜂窝移动通信的补充。当然 WiFi 与蜂窝移动通信也存在少量竞争。一方面，用于 WiFi 的 IP 语音终端已经进入市场，这对蜂窝移动通信有一部分替代作用；另一方面，随着蜂窝移动通信技术的发展，热点地区的 WiFi 公共应用也可能被蜂窝移动通信系统部分取代。但是总的来说，它们是共存的关系，如一些特殊场合的高速数据传输必须借助于 WiFi，像波音公司提出的飞机内部无线局域网；而在另外一些场合使用 WiFi 较为经济，如高速列车内部的无线局域网。

一般架设无线网络的基本配备就是无线网卡及一台 AP，如此便能以无线的模式，配合既有的有线架构来分享网络资源，架设费用和复杂程度远远低于传统的有线网络。如果只是几台计算机的对等网，也可以不要 AP，只需要每台计算机配备无线网卡。AP 在媒体存取控制层中作为无线工作站及有线局域网络的桥梁。有了 AP，就像一般有线网络的 Hub 一般，无线工作站可以快速且轻易地与网络相连。特别是对于宽带的使用，WiFi 更显优势，有线宽带网络(ADSL、小区 LAN 等)到户后，连接到一个 AP，然后在计算机中安装一块无线网卡即可。普通的家庭有一个 AP 已经足够，甚至用户的邻里得到授权后，则无须增加端口，也能以共享的方式上网。

WiFi 连接点网络成员和结构站点是网络最基本的组成部分。基本服务单元(basic service set，BSS)是网络最基本的服务单元。最简单的服务单元可以只由两个站点组成。站点可以动态地连接到基本服务单元中。分配系统(distribution system，DS)用于连接不同的基本服务单元。分配系统使用的媒介逻辑上和基本服务单元使用的媒介是截然分开的，尽管它们物理上可能会是同一个媒介，如同一个无线频段。AP 既有普通站点的身份，又有接入到分配系统的功能。扩展服务单元(extended service set，ESS)由分配系统和基本服务单元组合而成。这种组合是逻辑上的，并非物理上的，不同的基本服务单元有可能在地理位置相距甚远。分配系统也可以使用各种各样的技术。关口是一个逻辑成分，用于将无线局域网和有线局域网或其他网络联系起来。

WiFi6(原称为 IEEE 802.11.ax)即第六代无线网络技术，是 WiFi 标准的名称，是 WiFi 联盟在 IEEE 802.11 标准下创建的无线局域网技术。WiFi6 允许与多达 8 个设备进行通信，最高速率可达 9.6Gbit/s。2019 年 9 月 16 日，WiFi 联盟宣布启动 WiFi6 认证计划，并于 2020 年 1 月 3 日将使用 6GHz 频段的 IEEE 802.11ax 称为 WiFi 6E。

WiFi6 主要使用了 MU-MIMO、正交频分多址(orthogonal frequency division multiple access，OFDMA)等技术，MU-MIMO 技术允许路由器同时与多个设备通信，而不是依次进行通信。MU-MIMO 允许路由器一次与 4 个设备通信，WiFi6 允许与多达 8 个设备进行通信。WiFi6 还利用其他技术，如 OFDMA 来提高效率和网络容量。

WiFi6 中的一项新技术允许设备规划与路由器的通信，减少了保持天线通电以传输和搜索信号所需的时间。

WiFi6 设备要想获得 WiFi 联盟的认证，则必须使用 WPA3，因此一旦认证计划启动，大多数 WiFi 6 设备都会具有更强的安全性。

WiFi6 的最重要改进是减少拥塞并允许更多设备连接到网络。相比于前几代的 WiFi 技术，新一代 WiFi6 的主要特点如下所示。

1) 速度更快

相比于上一代 802.11ac 的 WiFi5，WiFi6 最大传输速率由前者的 3.5Gbit/s 提升到了 9.6Gbit/s，理论速度提升了近 3 倍。

频段方面 WiFi5 只涉及 5GHz，WiFi6 则覆盖 2.4GHz/5GHz，完整涵盖低速与高速设备。

调制模式方面，WiFi6 支持 1024-QAM，高于 WiFi5 的 256-QAM，数据容量更高，意味着更高的数据传输速度。

2) 时延更低

WiFi6 不仅仅是上传下载速率的提升，还大幅度地改善网络拥堵的情况，允许更多的设备连接至无线网络，并拥有一致的高速连接体验，而这主要归功于同时支持上行与下行的 MU-MIMO 和 OFDMA 技术。

WiFi5 标准支持 MU-MIMO 技术，仅支持下行，只能在下载内容时体验该技术。而 WiFi6 则同时支持上行与下行 MU-MIMO，这意味着移动设备与无线路由器之间上传与下载数据时都可体验 MU-MIMO，进一步提高了无线网络带宽利用率。

WiFi6 最多可支持的空间数据流由 WiFi5 的 4 条提升至 8 条，也就是最大可以支持 8×8 个 MU-MIMO，这也是 WiFi 6 速率大幅提升的重要原因之一。

WiFi6 采用了 OFDMA 技术，它是 WiFi5 所采用的 OFDM 技术的演进版本，将 OFDM 和 FDMA 技术结合，在利用 OFDM 对信道进行父载波化后，在部分子载波上加载传输数据的传输技术，允许不同用户共用同一个信道，允许更多设备接入，响应时间更短，时延更低。

此外，WiFi6 通过 Long DFDM Symbol 发送机制，将每个信号载波发送时间从 WiFi5 的 3.2μs 提升到 12.8μs，降低丢包率和重传率，使传输更加稳定。

3) 容量更大

WiFi6 引入了 BSS Coloring 着色机制，标注接入网络的各个设备，同时对其数据也加入对应标签，传输数据时有了对应的地址，直接传输到位而不会发生混乱。

多用户 MU-MIMO 技术允许计算机讯网时间多终端共享信道，使多台手机/计算机一起同时上网，再结合 OFDMA 技术，WiFi6 网络下的每个信道都可以进行高效率数据传输，提升多用户场景下的网络体验，可以更好地满足 WiFi 热点区域，多用户使用，并且不容易卡顿，容量更大。

4) 更安全

WiFi6 无线路由器设备若需要通过 WiFi 联盟认证，必须采用 WPA 3 安全协议，安全性更高。2018 年初，WiFi 联盟发布新一代 WiFi 加密协议 WPA 3，它是人们使用广泛的 WPA 2 协议的升级版本，安全性进一步提升，可以更好地阻止强力攻击、暴力破解等。

5) 更省电

WiFi6 引入了 TWT(TARget wake time)技术，允许设备与无线路由器之间主动规划通信时间，减少无线网络天线使用及信号搜索时间，能够一定程度上减少电量消耗，提升设备续航时间。

WiFi6 应用场景包括以下几方面。

(1) 承载 4K/8K/VR(virtual reality)等大宽带视频。WiFi6 技术支持 2.4G 和 5G 频段共存，其中 5G 频段支持 160MHz 频宽，速率最高可达 9.6Gbit/s 的接入速率，其 5G 频段相对干扰较少，更适合传输视频业务，同时通过 BSS 着色技术、MIMO 技术、动态 CCA 等技术降低干扰与丢包率，带来更好的视频体验。

(2) 承载网络游戏等低时延业务。网络游戏类业务属于强交互类业务，在宽带、时延等方面提出了更高的要求，对于 VR 游戏，最好的接入方式就是 WiFi 无线方式，WiFi6 的信道切片技术提供游戏的专属信道，降低时延，满足游戏类业务特别是云 VR 游戏业务对低时延传输质量的要求。

(3) 智慧家庭智能互联。智慧家庭智能互联是智能家居、智能安防等业务场景的重要因素，当前家庭互联技术存在不同的局限性，WiFi6 技术将给智能家庭互联带来技术统一的机会，将高密度、大数量接入、低功耗优化集成在一起，同时又能与用户普遍使用的各种移动终端兼容，提供良好的互操作性。

(4) 行业应用。WiFi6 作为新一代高速率、多用户、高效率的 WiFi 技术，在行业领域中有广泛的应用前景，如产业园区、写字楼、商场、医院、机场、工厂。

6.3　卫星接入技术

卫星接入技术是指利用卫星通信的多种传输方式，为全球用户提供大跨度、大范围、远距离的漫游和机动灵活的移动通信服务的一种技术[5]。

由于卫星通信具有通信距离远、费用与通信距离无关、覆盖面积大、不受地理条件限制、通信频带宽、传输容量大、适用于多种业务传输、可进行多址通信、通信线路稳定可靠、通信质量高、既适用于固定终端又适用于各种移动用户等一系列优点，几十年来得到了迅速的发展，成为现代通信的重要组成部分。

卫星通信系统按照卫星轨道高度的不同，大概可以分为低轨卫星(LEO)(300 ~ 1500km)、中轨卫星 (MEO)(7000 ~ 25000km)、地球同步轨道卫星(GEO)(35786km)和高椭圆轨卫星(HEO)4 大类。其中 LEO 和 GEO 是当前实际部署、应用最多且最有技术代表性的类型，如铱星系统 Iridium(低轨)、国际海事卫星系统 Inmarsat(同步轨道)、一网通系统 OneWeb(中低轨)、星际链路系统 Starlink(低轨)等。

卫星通信系统的分类主要是根据以下几方面来进行的。从应用领域可以分为海事卫星通信、陆地卫星通信、航空卫星通信等；根据地球站是否具有移动性可分为固定卫星通信、移动卫星通信等；根据是否是同步轨道可以分为同步卫星通信和非同步卫星通信；根据卫星轨道高度的范围分高、中、低轨卫星通信。当然，要按照工作频率和范围可以进一步分为 C、Ka、Ku、X 等频段卫星通信，以及窄带卫星通信和宽带卫星通信等。

1. 高轨宽带卫星通信系统

GEO 常规宽带卫星通信系统工作在 C 和 Ku 频段的固定卫星业务(fixed satellite service，FSS)，一般也称为 VSAT 系统。该类系统的通信卫星一般采用宽波束设计，如采用区域赋型波束覆盖特定地区。

常规宽带卫星通信系统卫星以透明转发为主，地面应用系统一般采用 DVB-S2/DVB-RCS、TDMA、FDMA 等技术体制，支持大范围分布的地面终端之间的星状组网、网状组网及大容量点对点通信。

DVB-S2/DVB-RCS 以星状组网为主，典型系统如 Viasat 公司的 surfbeam2、

Gilat 公司的 SkyEdge II-C 及 Newtec 公司的 Sat3play 等。TDMA 系统以支持网状组网为主,典型系统如 Viasat 公司的 LinkwayS2A、PolarSat 公司的 VSATPlusIII 及 ND 公司的 SkyWAN 等。FDMA 系统以支持点对点通信为主,典型系统如 ComtechEF Data 公司的 Vipersat 和 PolarSat 公司的 FlexiDAMA。

2. 低轨宽带卫星通信系统

当前,基于固定波束设计的低轨宽带卫星通信系统的典型代表就是 OneWeb。对于该类系统,为实现全球覆盖,轨道设计上一般会采用近极轨道构型。工作频段一般采用 Ku 或 Ka 频段,由于频段高、波束窄,在全球全时覆盖条件下,需要部署巨大数量的卫星才能提供服务。如 OneWeb,考虑部署 720 颗卫星(后续调整到 600 余颗),每颗卫星配置 16 个 Ku 频段固定椭圆用户波束,可以实现全球无缝覆盖。由于卫星采用固定点波束,卫星转发器天线设计相对简单,卫星质量相对比较小,而且可以提供较高的传输能力。如 OneWeb,单星质量约为 150kg,天线终端口径为 0.3m,支持 50Mbit/s 互联网接入。

基于可移动点波束设计的低轨宽带卫星通信系统,典型代表包括 Starlink 和 Telesat 等。为实现全球覆盖,轨道设计上一般会采用近极轨道构型。由于卫星采用相控阵天线设计,卫星设计相对复杂,卫星质量一般较大,如 Starlink 已发射卫星质量在 300kg 左右(不含星间链路)。该类系统由于波束灵活可调,可以根据业务量需求进行覆盖,有利于提高系统资源利用率;而且可以面向重点区域提供多星多波束覆盖、面向重点用户提供单星多波束覆盖,可以较为容易地满足业务量剧增的需求,从几百 Mbit/s 提升到 Gbit/s 量级。可移动点波束一般基于相控阵天线技术实现,波束在卫星覆盖视场任意可调,部署较少的卫星即可实现全球可达服务,如 Telesat 星座,部署 117 颗卫星即可提供服务。

对于 GEO 宽带各类业务来说,单跳业务传输时延基本上控制在 400ms 以内,其中传播时延约为 270ms,组帧时延、排队及处理时延预计为 100ms。对于 LEO 来说,单星上下行按照星地最大距离 3000km 计算传播时延约为 20ms,跨两颗星距离按照 2000km 计算,星间传播时延约为 6.7ms。按照跨 8 颗星考虑,星间传播时延约为 47ms,对于数据业务,预计最大业务传输时延可以控制在 100ms 以内。如果为单星下工作,数据业务的最大业务传输时延可以控制在 50ms 以内。对于窄带语音业务,考虑降低时延抖动及提高组帧效率,帧周期约为 120ms,即语音组帧时延最大为 120ms,窄带语音业务的单跳最大业务传输时延可以控制在 150ms 以内。基于 LEO 的端到端业务传输时延明显优于 GEO,特别急需对于时间敏感性要求较高的应用,如在线实时游戏、高频次电子商务等,但该类应用占互联网流量不到 5%,而 95%的互联网流量与视频业务相关,用户对业务传输时延实际上是不敏感的。低时延是低轨宽带卫星通信系统明显的优势之一,但低时延应用业务占比较低，对系统运营收入难以带来决定性影响。

对于高轨宽带卫星通信系统，一是卫星相对地面静止，地面终端实现相对简单；二是作为传统的高轨 FSS 卫星通信，地面终端技术发展比较成熟，终端已经实现高集成度和小型化，而且已达到消费级价格。如 KaSat 对外销售的家用终端，配置 3WKa 频段功率放大器，天线口径为 75cm，终端包括天线的价格约为350 欧元。对于低轨宽带卫星通信系统，由于低轨卫星一直绕地球做相对运动，即使地面固定类终端也需要配置伺服跟踪系统，为保证 Ka 频段地面终端的窄波束能够精确地指向运动过程中的低轨卫星，地面终端生产制造成本肯定比面向高轨高。另外，为保证地面终端的不间断通信，需要不断地进行跨星切换操作，地面终端需要具备双波束或波束捷变的能力，以保证能够同时与 2 颗卫星建链。

星链 Starlink 是美国太空探索技术公司的一个项目，太空探索技术公司计划在 2019～2024 年在太空搭建由约 1.2 万颗卫星组成的星链网络提供互联网服务，其中 1584 颗将部署在地球上空 550km 处的近地轨道，并从 2020 年开始工作。但据有关文件显示，该公司还准备再增加 3 万颗卫星，使卫星总量达到约 4.2 万颗。

2021 年 3 月 11 日，美国太空探索技术公司的"猎鹰 9"号运载火箭，携带一组 60 颗星链互联网卫星在美国佛罗里达州发射升空。5 月 5 日，美国太空探索技术公司发射了 60 颗 Starlink 卫星。5 月 15 日，美国太空探索技术公司使用八手火箭发射 52 颗星链卫星。

2021 年 4 月 5 日，根据美国加利福尼亚州索诺玛县的测试数据，美国太空探索技术公司的星链卫星互联网服务的试用速度已突破 200Mbit/s。

美国太空探索技术公司卫星系统特点如下所示。

(1) 高速度。为全球每一个用户提供 1Gbit/s 的带宽。据 Akamai 发布的《互联网状态》报告称，截至 2015 年底，全球互联网平均速度为每用户 5.1Mbit/s，大约比美国太空探索技术公司设定的目标慢 200 倍，现在大多数网速较高的互联网服务都是通过光缆和光纤连接实现的。

(2) 高容量。美国太空探索技术公司卫星系统中的每一颗卫星能够为用户提供的下行容量总和在 17～23GB，具体数值取决于用户终端配置。以平均值 20GB来计算，首期部署的 1600 颗卫星将能够提供 32TB 的总容量。整个系统的部署时间长达数年，美国太空探索技术公司将在部署过程中定期改善和升级卫星，有可能进一步提升单颗卫星和整个卫星系统的总容量。

(3) 高适应性。整个系统可以利用相控阵技术来动态地控制资源池，为需要容量的用户提供更好的服务。卫星之间以激光互连，这样便于在轨道层面灵活地规划数据流。而且，卫星集群可以保证频谱能够被不同卫星更高效地再利用，从而增强整个系统的灵活性和牢固性。宽带服务系统可以提供最高容量为每用户 1GB 的宽带服务。由于系统使用的是低轨道卫星，因此可以将时延控制在 25～35ms。

(4) 全球覆盖。首批 800 颗卫星部署完成后，系统就能为美国和全球提供宽带联网服务；整个系统全部部署完成后，系统就可以进一步地增加容量并覆盖赤道和两极，达到真正的全球覆盖。在申请文件附带的技术信息中，美国太空探索技术公司表示，将利用 800 颗卫星开始商业宽带服务，在全球的覆盖范围是北纬 15°～60°，南纬 15°～60°。阿拉斯加的一些地区将被去除在外，因为那里需要 FCC 临时授权。最终，该网络的卫星数量将增长到 4425 颗，传输频段在 Ku 和 Ka 之间。

(5) 低成本。美国太空探索技术在设计这个系统时考虑了成本效率和可靠性。从设计和制造位于太空与地面的各种设备，到利用美国太空探索技术的发射服务来发射卫星和部署整个系统，到部署用户终端及最终用户的收费标准，美国太空探索技术都考虑到成本的因素和服务的可靠性。

(6) 易用性。美国太空探索技术采用的相控阵用户天线设计对用户所用终端的要求很低，这些终端很容易安装在墙面或屋顶，操作也很简单。这些卫星可以运行 5～7 年，然后会在退役后的一年内迅速衰竭。根据 NASA(National Aeronautics and Space Administration)的 DAS 软件，美国太空探索技术的卫星系统进行了离轨分析。

6.4　多网络接入技术

随着多种网络的搭建和运用，众多设备都逐渐配置多种不同的网络接口，就日常使用的智能手机来说，一个终端设备就同时具有 WiFi、蓝牙、LTE、3G/4G 甚至是 5G 蜂窝网络。互联网的普及使其在日常生活中发挥重要作用。移动终端设备发展至今，经历了从支持单一网络接口到多个异构网络接口的过程，这也为研究无线网络接入技术提供了新的思路。这些多模终端可以让用户同时接入多种异构融合网络，从而更充分地利用无线网络资源，为用户提供更好的服务体验[6]。

对于有线通信，可以采用多网卡接入技术，即通过软件将多个网卡绑定为一个 IP 地址。许多高档服务器网卡(如 Intel8255x 系列、3COM 服务器网卡等)都具有多网卡绑定功能，可以通过软硬件设置将两块或者多块网卡绑定在同一个 IP 地址上，使用起来就好像在使用一块网卡。多个网卡绑定的优点不少，首先，可以增大带宽；其次，可以形成网卡冗余阵列、分担负载，双网卡被绑定成一块网卡之后，同步一起工作，对服务器的访问流量被均衡分担到两块网卡上，这样每块网卡的负载压力就小多了，抗并发访问的能力提高，保证了服务器访问的稳定和畅快，当其中一块网卡发生故障时，另一块网卡立刻接管全部负载，过程是无缝的，服务不会中断，直到维修人员到来。

随着通信业务类型越来越丰富，同时各个通信业务类型的 QoS 需求也存在很大差异。3GPP 组织将目前的通信业务类型分为 4 类：会话类、流媒体类、交互类和背景类。这 4 类业务对通信质量的标准各不相同。会话类业务是实时性的，业务量上下行几乎对称，这类业务的典型应用是语音业务，由于人类的感官特点，对传输时延和时延抖动要求高，对丢包率和错包率要求低，因为严重的时延与抖动会使会话无法进行下去，而丢包错包时人们一般无法感觉出来；流媒体类业务也是实时性的，但没有会话类业务那样严格，因为这类业务往往是单向的，不需要通信双方进行交互。对吞吐量要求较高，对时延抖动的要求与接收设备有关。这类业务可以通过设置缓存来保持通信的连续性，因此对传输时延要求较低并允许一定的丢包率和错包率，这类业务的典型通信场景是人们在线欣赏音频或者视频节目；交互类业务的典型应用是 Web 浏览网页，需要客户端和服务器进行数据交互，对传输时延的要求取决于人们的容忍度，对时延抖动没有要求但对丢包率要求极高，理想化情况下要求零丢包率；背景类业务对传输时延没有要求，但同交互类业务一样，要求零丢包率，典型应用有 E-mail。由于这四种通信业务各自需求的不同，因此当一个终端同时进行多种业务通信时，需要在接入网络或者切换网络时尽可能地兼顾所有业务需求。

面向多网络接入下一代互联网，可以采用多路径传输技术。传统的 TCP 协议是面向连接的、单一的可靠性传输协议，且只假定一个数据流在现有网络中流通，网络资源得不到充分利用。多路径传输技术的出现具有必然性，其原因有两方面：一是高标准、高要求的带宽需求迫使互联网工程任务组发展和研究多路径传输技术；二是多路径传输技术可以聚合多条可用带宽资源，并在发展 TCP 的同时又极大地保留了 TCP 协议的稳定性和可靠性。近年来，SCTP、MPTCP 相继出现，极大地缓解了带宽紧张的局面。

近年来，信息网络逐步融合发展，相关研究提出了天地一体化信息网络、基于第六代移动通信技术的空天地海一体化无线通信网络的发展愿景；陆海空天一体化信息网络的技术发展思路已逐渐清晰[7]。

陆海空天一体化信息网络是以地面网络为基础、以天基网络为延伸，覆盖太空、天空、陆地、海洋等自然空间，为天基、空基、陆基、海基等各类用户的各类活动提供信息保障的信息基础设施。

5G 移动通信系统的覆盖范围受限于陆地，无法经济有效地解决航空、航海、沙漠等人口稀少地区，以及地震、火灾和泥石流等应急场景下的通信难题。充分地利用地面移动通信的大容量传输能力，结合天基网络的广域覆盖优势，构建星地深度融合的天地互联网络系统，从而实现 6G 无处不在的宽带连接。

2020 年 4 月 20 日,国家发展的改革委员会首次将 5G 与卫星互联网建设同时纳入"新基建"范畴,使得未来两者深度融合,上升为国家战略性工程,从而实现 6G 的宽带互联。6G 将集成地面移动通信网络和卫星互联网络,借助智能移动性管理技术,在陆、海、空、天、地等多种复杂场景中提供高速互联服务,实现全球覆盖、按需服务、随遇接入、安全可信的网络通信能力。

6.5　本章小结

本章介绍了互联网主要的无线接入技术,包括 3G、4G、5G 移动通信技术、WiFi 技术、卫星通信网技术及多网络接入技术。对前沿技术如 5G 蜂窝通信、WiFi6、星链计划、陆海空天地一体化网络进行了探讨。这些新技术提供了对传统互联网的有线接入的补充和新的接入方式。面向多网络接入下一代互联网,可以采用多路径传输技术;同时传统互联网的传输协议也面临进一步的改进和提升。

参 考 文 献

[1] 李建东. 移动通信. 4 版. 西安: 西安电子科技大学出版社, 2018: 5-24.
[2] 刘晓峰, 孙韶辉, 杜忠达, 等. 5G 无线系统设计与国际标准. 北京: 人民邮电出版社, 2019.
[3] 王映民, 孙韶辉. 5G 移动通信系统设计与标准详解. 北京: 人民邮电出版社, 2020.
[4] 汪双顶, 黄君羡, 梁广民. 无线局域网技术与实践. 北京: 高等教育出版社, 2018: 1-29.
[5] 张洪太, 王敏, 崔万照, 等. 卫星通信技术. 北京: 北京理工大学出版社, 2018: 2-64.
[6] 刘千里, 魏子忠, 陈量, 等. 移动互联网异构接入与融合控制. 北京: 人民邮电出版社, 2018: 1-19.
[7] 徐晓帆, 王妮炜, 高璎园, 等. 陆海空天一体化信息网络发展研究. 中国工程科学, 2021, 23(2): 39-45.

第 7 章　多址接入技术

MIMO[1]和 OFDM[2]作为 4G 通信的基本技术,它们的结合可以提高系统容量并获得复用增益(或分集增益)[3-5]。而与传统的 MIMO 技术相比,多用户 MIMO 可以显著地提高吞吐量,尤其是在非对称系统中,当基站的天线数目超过每个终端的天线数目和时。大多数情况都是假定在基站的接收天线数大于或等于所有用户的发送天线总和。然而这并不一定是一个严格的限制,系统中可能出现大量的用户(如繁忙的商业中心),从而导致系统过载,即用于发送独立数据的发射机的时空自由度的数目超过了接收机的时空自由度的数目。在没有扩频的系统中,这意味着从所有用户终端发送的独立数据流的总数超过了基站接收天线的数目。过载系数是发送天线数 M 与接收天线数 N 之比,即 M/N。过载的含义就是接收到的信道相关的矩阵是非满秩,因此不能求逆。

上述所说的过载含义不包括码分多址(code division multiple access,CDMA)系统[6,7],其发射天线的数量通常都远远大于接收天线,然而由于扩频的使用,导致频谱的扩展宽度通常大于用户的数量。在 CDMA 系统中,在接收机处可用的自由度数目随扩频比增加,发送天线的数目可以大于接收天线数目,用户通过解扩进行分离,从而不构成过载系统。因此,对于 CDMA 系统来说,其过载系统的定义就是当使用扩频后,频谱的扩展小于用户的数量。如果接收天线数为 1(为了不失一般性,如果没有具体说明,接收天线都默认为 1),那么过载系数(overload factor,OLF)是用户数 M 与扩频增益 N 之比即 M/N。

对于多用户检测(multiuser detection,MUD),研究人员已经提出很多种检测方法,大体可以归类为线性[如迫零法(zero forcing,ZF)[8,9]、最小均方误差(minimum mean square error,MMSE)[10]等]和非线性两种。后者包含了最优检测算法:最大似然(maximum likelihood,ML)[11]和最大后验概率(maximum a posteriori,MAP)及其推导[12]。然而对于过载系统来说,由于信道相关矩阵非满秩,线性算法虽然复杂度低却无法在这种情况下获得较好的性能。最优算法虽然性能好,但其复杂度却随用户数量 M 呈指数增长。其他的非线性算法如串行干扰消除(success interference cancellation,SIC)[13,14]、并行干扰消除(parallel interference cancellation,PIC)[15]、分层空时(bell laboratories layered space-time,BLAST)[16]直接用在过载系统中其性能也不尽如人意。在 5G 移动通信时代,主要技术场景之一就是低功耗大规模连接,要求终端设备功耗小,成本低,满足智能终端设备的大规模接入。为了应对 5G 海量流量的需求及频带资源匮乏等问题，很多关键技术应运而生，以追求更高的频谱效率、更快的数据速率和更大的信道容量[17-20]。

实现系统过载的技术方案大致可以分为两大类：针对发送端的多址接入技术和针对接收端的检测技术。面对 5G 海量接入和超大容量的需求，尤其是在频谱资源短缺的情况下，如何大幅度地提高频谱效率和传输容量，实现移动通信网络的可持续发展是关键。其中，多址接入技术在频谱效率和系统性能的提升与改善方面，对于移动通信网络的发展和演进有着划时代的意义[21-27]。

正交多址接入(orthogonal multiple access，OMA)[28]被广泛地用于 1G～4G 移动通信系统中，某种程度上说，每一代的移动通信系统的演进也是以多址技术的更新换代为标志的，如图 7.1 所示。1G 的频分多址(frequency division multiple access，FDMA)[29]利用不用频段来区分用户，2G 的时分多址(time division multiple access，TDMA)[30]利用时隙区分不同用户，3G 的 CDMA[31]通过不同的伪随机码序列来对应不同的用户，以及 4G 的正交频分多址(orthogonal frequency division multiple access，OFDMA)[32-34]采用 OFDM 调制技术和 FDMA 技术的融合动态地为用户分配系统资源。而到了 5G，非正交多址接入(non-orthogonal multiple access，NOMA)[18-26]可以支持多用户的非正交资源分配，突破频谱利用率方面的局限，在同一时频资源上不再只调度一个用户，而是支持调度多个用户。面对低时延或低功耗场景，采用 NOMA 技术可以更好地实现免调度竞争接入，实现低时延通信，并减少设备开启时间，降低设备功耗，满足 5G 移动通信的要求。

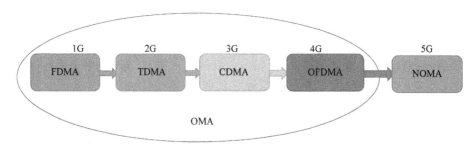

图 7.1　1G～5G 移动通信的多址接入技术

相比于传统 OMA 技术，NOMA 技术具有如下优势[35]。

(1) 更高的频谱效率和系统容量：NOMA 技术改变传统单一时频资源传输信息的方法，在相同的无线资源上为多个用户提供无线业务，因此显著地提升了系统的频谱效率，从而使相同带宽可以获得更高的系统容量。

(2) 更多的用户接入与更低的传输时延：NOMA 技术允许大量用户同时接入相同的信道进行通信，从而显著地提高了用户的接入能力。多个用户无须按照优先级依次接入信道，因此降低了传输时延。

(3) 吞吐量与公平性的折中：不同于传统基于注水定理的功率分配策略，在 NOMA 系统中更多的功率将分配给信道条件较差的用户，从而在保证差用户吞吐量性能的条件下，提高系统的整体吞吐量和实现用户间的公平性。

(4) 良好的兼容性：由于 NOMA 技术利用了功率域复用，其可以与传统 OMA 技术相互兼容，即构建混合多址接入系统或多载波多址接入系统，从而降低发射机与接收机的复杂度。

(5) 无用户调度信令开销：NOMA 系统可以允许多个用户同时接入信道，无须机会式传输中由于用户调度带来的信令开销，且可以达到与机会式传输相同的系统吞吐量。

本章将主要介绍在通信领域受到广泛关注的几种 NOMA 技术，以及对应的接收检测技术。

7.1　交织多址接入

交织多址接入(interleave division multiple access，IDMA)[36,37]于 2002 年首次提出用于 CDMA，它与 CDMA 不同，不是通过不同的扩频码进行用户识别，而是给每个用户分配一个独特的交织器以此来区分用户，无须使用扩频码。IDMA 最吸引人的特点是它允许使用低复杂度的迭代多用户检测技术。结合低码率的信道编码，接收端可以使用低复杂度的多用户检测技术——基本信号估计器(elementary signal estimator，ESE)[36]。然而，IDMA 接收机的复杂度仍然随着路径数的增加而线性增加，这可以通过结合 OFDM 来克服，称为 OFDM-IDMA[38]。此外，将 OFDM-IDMA 扩展到 MIMO 传输中可以综合多址方案的大部分优点，同时避免各自的缺点。OFDM-IDMA 的主要优点是独立于信道长度，每个用户的多用户检测的复杂度都能显著降低，这一点明显低于其他方案。关于 OFDM-IDMA 的许多工作多是基于基本信号估计器。使用 ESE 的主要研究领域是频率同步、信道均衡或信噪比(signal to noise ratio，SNR)演化。

IDMA 中使用的低码率信道编码是由卷积码和重复码构成的，接收机的性能会依赖于所使用的卷积码。其中重复码的重复率为 $1/N$，则过载系数 OLF 为 M/N。重复码的使用是为了区分用户而给信号增加冗余但不提供任何编码增益。

如图 7.2 所示，假设基站要同时发送 M 个用户的数据，每个用户通过一根发送天线进行发送，因此发送天线数 $N_T = M$。每个用户各自通过信道编码和重复码编码后，进入交织器。信道编码可以选用卷积码、Turbo 码和低密度校验(low-density parity-check，LDPC)码等，重复码生成的重复序列应该是 +1 和 −1 交替的，即 $\{+1,-1,+1,-1,\cdots\}$，以平衡码字的 +1 和 −1。编码后的码字，每一比特通过每个用户特定的交织器进行重新排序使得相邻比特位都是近似不相关的，这些交织器可以用来区分用户，因此称作 IDMA。这也正是 IDMA 最关键的一点，每个用户各自对应一个独立随机生成的交织器，以避免发生突发错误和区分用户的数据。交织后进行二进制相移键控(binary phase shift keying，BPSK)调制(可以使用高阶调制，这里为了方便分析说明以 BPSK 为例)，再进入 OFDM 调制，最后到达发送天线进行传输。

图 7.2　IDMA 系统发送端的结构示意图

假设接收端的用户设备有 N_R 根接收天线，信道是频率选择性衰落信道，且在一个数据帧长度中信道衰减系数保持不变，那么对于第 k 个子载波，接收信号可以表示为

$$Z_k = H_k S_k + N_k \tag{7.1}$$

式中，$Z_k = \left[z_1, z_2, \cdots, z_{N_R} \right]^{\mathrm{T}}$ 表示用户接收到的频域信号；$S_k = \left[s_1, s_2, \cdots, s_{N_T} \right]^{\mathrm{T}}$ 表示发送信号，s_1 对应第1个用户的数据，s_2 对应的是第2个用户的数据，s_{N_T} 对应的是第 M 个用户的数据；N_k 是均值为零、方差为 σ_n^2 的加性高斯白噪声(additive white Gaussian noise，AWGN)；H_k 是一个 $N_R \times N_T$ 的等效频域信道矩阵：

$$H_k = \begin{bmatrix} h_{11} & h_{12} & \cdots & h_{1N_T} \\ h_{21} & h_{22} & \cdots & h_{2N_T} \\ \vdots & \vdots & & \vdots \\ h_{N_R 1} & h_{N_R 2} & \cdots & h_{N_R N_T} \end{bmatrix}$$

图 7.3 为 IDMA 系统接收端的结构示意图。

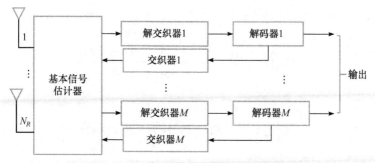

图 7.3　IDMA 系统接收端的结构示意图

7.1.1　ESE 算法

接收机由一个 ESE 和 M 个软输入软输出(soft input soft output，SISO)解码器组成。在 ESE 和 SISO 解码器中分别考虑了多址与编码约束。ESE 的输出是关于 $s_{n_t}(j)$ 的外部对数似然比(log-likelihood ratio，LLR)，定义如下：

$$\lambda_{\text{ESE}}\left(s_{n_t}(j)\right) = \log_2\left(\frac{f\left(s_{n_t}(j)=+1\right)}{f\left(s_{n_t}(j)=-1\right)}\right) \tag{7.2}$$

式中，$n_t = 1, \cdots, N_T$ 是发射天线数；$j = 1, \cdots, J$ 是数据长度。由于使用随机交织器，ESE 检测可以逐位执行，一次只使用一个样本 $z(j)$。对于第 n_r 个接收天线，式(7.1)重写为

$$z_{n_r}(j) = \sum_{n_t} h_{n_r n_t} s_{n_t}(j) + n(j)$$
$$= h_{n_r n_t} s_{n_t}(j) + \varepsilon_{n_t}(j) \tag{7.3}$$

式中

$$\varepsilon_{n_t}(j) = \sum_{n_t' \neq n_t} h_{n_r n_t'} s_{n_t'}(j) + n(j) \tag{7.4}$$

是 $z_{n_r}(j)$ 中相对于第 n_t 个用户的干扰和噪声，$h_{n_r n_t}$ 是等效频域信道矩阵 H 中的元素。

从中心极限定理出发，$\varepsilon_{n_t}(j)$ 可以近似为高斯变量，$z_{n_r}(j)$ 可以用一个条件高斯概率密度函数来表示：

$$f\left(z_{n_r}(j) \mid s_{n_t}(j) = \pm 1\right) = \frac{1}{\sqrt{2\pi \mathrm{var}\left(\varepsilon_{n_t}(j)\right)}} \exp\left(-\frac{\left(z_{n_r}(j) - \left(\pm h_{n_r n_t} + E\left(\varepsilon_{n_t}(j)\right)\right)\right)^2}{2\,\mathrm{var}\left(\varepsilon_{n_t}(j)\right)}\right)$$

式中，$E(\cdot)$ 和 $\mathrm{var}(\cdot)$ 分别是均值与方差函数。利用此函数，式(7.2)可以改写并整

理得

$$\lambda_{\text{ESE}}^{n_r}\left(s_{n_t}(j)\right) = \frac{2h_{n_r n_t}\left(z_{n_r}(j) - E\left(\varepsilon_{n_t}(j)\right)\right)}{\text{var}\left(\varepsilon_{n_t}(j)\right)} \tag{7.5}$$

式中

$$E\left(\varepsilon_{n_t}(j)\right) = E\left(z_{n_r}(j)\right) - h_{n_r n_t} E\left(s_{n_t}(j)\right) \tag{7.6}$$

$$\text{var}\left(\varepsilon_{n_t}(j)\right) = \text{var}\left(z_{n_r}(j)\right) - \left|h_{n_r n_t}\right|^2 \text{var}\left(s_{n_t}(j)\right) \tag{7.7}$$

对于迭代检测和解码过程,在第一次迭代时,我们首先将译码器的外部 LLR 设为 $\lambda_C\left(s_{n_t}(j)\right) = 0$。接着,可以计算:

$$E\left(s_{n_t}(j)\right) = \tanh\left(\frac{\lambda_C\left(s_{n_t}(j)\right)}{2}\right) \tag{7.8}$$

$$\text{var}\left(s_{n_t}(j)\right) = 1 - \left(E\left(s_{n_t}(j)\right)\right)^2 \tag{7.9}$$

$$E\left(z_{n_r}(j)\right) = \sum_{n_t=1}^{N_T} h_{n_r n_t} E\left(s_{n_t}(j)\right) \tag{7.10}$$

$$\text{var}\left(z_{n_r}(j)\right) = \sum_{n_t=1}^{N_T} \left|h_{n_r n_t}\right|^2 \text{var}\left(s_{n_t}(j)\right) + \sigma_n^2 \tag{7.11}$$

频率选择性衰落信道系数是复值,由于 BPSK 调制,以上各项均取实部值。利用式(7.8)~式(7.11),可以计算出式(7.6)和式(7.7),最后得到式(7.5)。对于多个接收天线,应用 RAKE 类型的操作:

$$\lambda_{\text{ESE}}\left(s_{n_t}(j)\right) = \sum_{n_r=1}^{N_R} \lambda_{\text{ESE}}^{n_r}\left(s_{n_t}(j)\right) \tag{7.12}$$

此信息作为解码器的输入,进行译码后得到更新后的 $\lambda_C\left(s_{n_t}(j)\right)$,进入第二次迭代检测,经过多次迭代检测解码后最终输出解码结果。

7.1.2 IIC 算法

对于多径信道,ESE 算法复杂度低的主要思想是采用简单的 RAKE 型运算,但不能有效地利用信道冲激响应(channel impulse response,CIR)。本节介绍一种低复杂度的迭代干扰消除多用户检测(iterative interference cancellation,IIC)[39]方案,该方案有效地利用 CIR 进行 LLR 计算。如图 7.4 所示,在接收端使用简单的

RAKE 接收机。然后应用比例因子对 RAKE 输出信号进行重缩放，该因子可以直接从 CIR 获得，并且由于 CIR 的有效利用使得 LLR 更加可靠。将这些 LLR 馈送到解码器，利用软符号估计的原理，可以获得用于干扰消除的估计数据流。然后采用 PIC 技术进行处理。

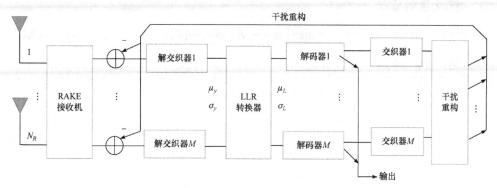

图 7.4　迭代干扰消除接收机示意图

假设使用多径块衰落信道：在这种情况下，信道系数在一个数据帧期间保持不变。对于一个数据帧，发送的数据被分成 N 个 OFDM 符号，并且每个符号具有 K 个子载波。对于第 k 个子载波，频域接收信号如式(7.1)所示。我们假设接收器完全知道 CIR。在第一次迭代中，首先将接收到的信号馈送到 RAKE 接收机。接收到的数据将通过空间域 RAKE 接收机进行处理，与空间域中的最大比率合并相对应。RAKE 接收机的输出可以表示为

$$
\begin{aligned}
y_k^{\text{RAKE}} &= H_k^{\text{H}} Z_k = H_k^{\text{H}} H_k S_k + H_k^{\text{H}} N_k \\
&= R_k S_k + W_k
\end{aligned}
\tag{7.13}
$$

在传递到软输入软输出解码器之前，通过 LLR 转换器应用缩放因子来重新缩放 RAKE 输出，这样可以提供更可靠的 LLR 值。对于一个有效的 LLR 值，其概率密度函数近似于高斯分布。根据文献[39]，作为解码器输入的有效 LLR 的均值和方差必须满足

$$
\mu_L = \sigma_L^2 / 2
\tag{7.14}
$$

LLR 转换器提供的比例因子 β_k 由 CIR 计算，即基于信道协方差矩阵的均值 $\mu_{y,k}$ 和方差 $\sigma_{y,k}^2$，表示为

$$
\beta_k = 2\mu_{y,k} / \sigma_{y,k}^2
\tag{7.15}
$$

信道的信道协方差矩阵可以写成：

$$R_k = H_k^{\mathrm{H}} H_k = \begin{bmatrix} R_{11} & \cdots & R_{1N_T} \\ \vdots & & \vdots \\ R_{N_T 1} & \cdots & R_{N_T N_T} \end{bmatrix} \tag{7.16}$$

那么很明显有

$$\mu_{y,k} = \mathrm{diag}(R_k) = \begin{bmatrix} R_{11}, R_{22}, \cdots, R_{N_T N_T} \end{bmatrix} \tag{7.17}$$

令

$$\begin{aligned} G_k &= R_k - \mathrm{diag}\big(\mathrm{diag}(R_k)\big) \\ &= \begin{bmatrix} 0 & g_{12} & \cdots & g_{1N_T} \\ g_{21} & 0 & \cdots & g_{2N_T} \\ \vdots & \vdots & & \vdots \\ g_{N_T 1} & g_{N_T 2} & \cdots & 0 \end{bmatrix} \end{aligned} \tag{7.18}$$

则

$$\sigma_{y,k,i}^2 = \sum_{j=1}^{N_T} \big(\mathrm{Re}\{g_{ij}^k\}\big)^2 + \sum_{l=1}^{N_R} \big(\mathrm{Re}\{h_{li}^k\}\big)^2 \sigma_n^2 \tag{7.19}$$

式中，第一项是干扰引起的，第二项是噪声引起的，$i = 1, \cdots, N_T$，σ_n^2 是 AWGN 的方差。然后，LLR 转换器的输出进入解码器进行解码，其输出 LLR 值 L_k^{dec} 用于计算用户数据符号的软估计。在 BPSK 调制的情况下，软估计 $\hat{S}_k$ 可以通过以下方法获得：

$$\hat{S}_k = \tanh\big(L_k^{\mathrm{dec}}/2\big) \tag{7.20}$$

在干扰重构部分，利用基于 SIC 的方法，我们可以发现具有最大软估计干扰比(estimate to interference ratio，EIR)的用户数据流：

$$\mathrm{EIR}_i = \frac{\sum_{j=1}^{NK} \mathrm{llr}_{ij}}{\max\big(I_{ik}^{\max}\big)} \tag{7.21}$$

$$I_{ik}^{\max} = \max_{s_i = \pm 1}\left\{\sum_{i,j=1}^{N_T} g_{ij}^k s_i\right\} = \sum_{j=1}^{N_T} |g_{ij}^k| \tag{7.22}$$

式中，llr_{ij} 是 L_k^{dec} 的第(i, j)个元素，$i = 1, \cdots, N_T$，并且仅使用最大 EIR_i 所对应的数据流 $\hat{S}_i$ 来重构干扰。在干扰重构之后，可以从 RAKE 输出中减去由此产生的多址干扰估计：

$$y_k^{\text{IIC}} = y_k^{\text{RAKE}} - G_k \hat{S}_i \tag{7.23}$$

注意，这种基于 SIC 的方法仅用于第一次迭代。对于随后的迭代，改进的信号 y_k^{IIC} 被传递到 LLR 转换器。然后将重缩放后的 LLR 值反馈给解码器，得到新的软估计。现在使用完整 PIC 来重构干扰信号，其中干扰估计基于所有用户的解码数据流 $\hat{S}_k$：

$$y_k^{\text{IIC}} = y_k^{\text{RAKE}} - G_k \hat{S}_k \tag{7.24}$$

随着迭代次数的增加，干扰减小，因此 LLR 值会变得更加可靠。可以合理地预期，经过多次迭代之后，干扰将被完全消除，并且式(7.19)的第一项趋于零，方差变为

$$\sigma_{y,k,i}^2 = \sum_{l=1}^{N_R} \left(\text{Re}\left\{ h_{li}^k \right\} \right)^2 \sigma_n^2 \tag{7.25}$$

经过多次迭代后，最终从解码器得到较为精确的输出结果。

与 ESE 相比，IIC 接收机的计算复杂度同样较低，因为所有处理都是线性的。即使是 CIR 矩阵相关也只需要计算一次，我们假设信道在一个数据帧期间保持不变，因此该计算的每帧复杂度为 $O\left(N_T^2 N_R K\right)$。表 7.1 为 IIC 接收机的计算复杂度。这是一个粗略的估计，实际的复杂性取决于不同的通信场景。SIC 检测具有 $O\left(N_T NK\right)$ 的复杂度。注意，RAKE 接收和 SIC 检测的计算也只需计算一次，LLR 转换器要计算两次，而在每次迭代中仅只重复 PIC 检测，这是整个复杂度的主要来源。与 MAP 解码器(包括复杂度降低的版本，如球解码器等)相比，IIC 的复杂度显著降低(IIC 的算法复杂度为 $O\left(N_T^2 NK\right)$，MAP 的算法复杂度为 $O\left(\left(2^{N_T} NK\right)^2\right)$。

表 7.1　IIC 接收机的计算复杂度

RAKE 接收机	$O\left(N_T N_R NK\right)$ 每帧
LLR 转换器	$O\left(N_T^3 K\right) + O\left(N_R^2 N_T K\right) + O\left(N_T K\right)$ 每帧
	$O\left(N_R^2 N_T K\right) + O\left(N_T K\right)$ 每帧
CIR 相关矩阵	$O\left(N_T^2 N_R K\right)$ 每帧
SIC 检测	$O\left(N_T NK\right)$ 每帧
PIC 检测	$O\left(N_T^2 NK\right)$ 每帧每迭代

7.2　稀疏码分多址接入

稀疏码分多址接入(sparse code multiple access，SCMA)[40,41]是由华为技术有限公司提出的，其特点是同时实现调制和扩频操作，即在发送端将发送比特直接映射成多维稀疏码本中的码字。因为其具有优越的性能与较低的检测复杂度，SCMA技术引起了工业界与学术界的广泛研究。SCMA 利用低密度签名序列(low density signature sequence，LDS)多址接入技术和多维调制技术为用户选择最优的码本集合。根据用户数据信息从设计好的码本中挑选对应码字，从而解决系统过载问题。每个用户对应于不同的码本，在发送端进行非正交叠加后传输。SCMA 采用稀疏矩阵编码的思想，在同一个资源上仅叠加有限数量的用户发送数据，这样不仅降低了同一资源上不同用户信号间的叠加干扰，提高了检测的可靠性，而且也降低了检测的复杂度。而接收端则利用码本特性，可以采用译码效率较高的消息传递算法(message passing algorithm，MPA)进行相对较低复杂度的多用户检测识别。

SCMA 可以通过免授权接入方式降低接入时延和信令开销，并且降低终端能耗。SCMA 采用的多维复数域码本可以提供编码增益和成形增益，因此提高了系统的性能。

7.2.1　SCMA 上行系统

假定一个上行多用户 SCMA 通信系统，M 个用户共享 N 个正交时频资源，并传输数据至同一个基站，如图 7.5 所示。SCMA 系统中，M 个数据层或用户复用在 N 个资源上，一般情况下 $M > N$，即过载率 > 1。每个用户同时对 $\log_2 J$ 比特信息进行编码，第 m 个用户的第 j 个码字为 C_m^j，是一个含有 K 个非零元素的 N 维复稀疏向量，编码过程定义为 $C_m^j = V_m g_m(b_m^j)$，$\forall j \in \Omega$，$\Omega = \{1,2,\cdots,J\}$ 是码字的下标集合，比特流到多维星座的映射关系可以用 $g_m: B^{\log_2 J} \to \varepsilon$ 来表示，$s_m^j = g_m(b_m^j)$ 表示从星座集 $\varepsilon \subset \mathbb{C}^K$ 中挑选出的 K 维复星座点，映射矩阵 $V_m \in B^{N \times K}$ 将 K 维复星座点映射到 N 维 SCMA 码字。由于 $K < N$，因此 C_m^j 是稀疏的。定义用户 m 的码本矩阵为 $C_m = \left[c_m^1, c_m^2, \cdots, c_m^J \right]$，用户 m 输出的码字 $x_m \in C_m$。

假定全部用户时间同步，基站接收到的信号为全部用户信号的叠加：

$$y = \sum_{m=1}^{M} \text{diag}(h_m) x_m + w$$
$$= \sum_{m=1}^{M} \text{diag}(h_m) V_m g_m(b_m) + w \tag{7.26}$$

式中，$x_m = [x_{1m}, x_{2m}, \cdots, x_{Nm}]^{\mathrm{T}}$ 表示第 m 个用户发送的码字；$h_m = [h_{1m}, h_{2m}, \cdots, h_{Nm}]^{\mathrm{T}}$ 表示第 m 个用户的信道向量；w 为 AWGN，且 $w \sim cN(0, \sigma^2 I)$。时频资源 n 处接收到的信号为

$$y_n = \sum_{m=1}^{M} h_{nm} x_{nm} + w_n \tag{7.27}$$

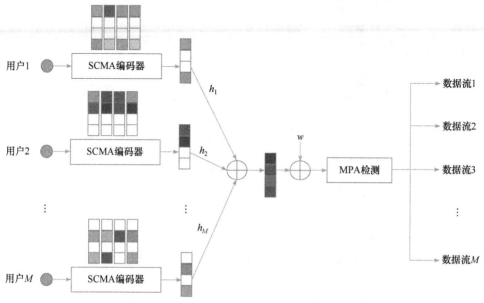

图 7.5　上行 SCMA 系统模型($\mathrm{OLF} = M/N$，$N = 4$，$K = 2$)

由于码字 x_m 是稀疏的，所以在时频资源 n 处仅有较少的码字冲突，为低复杂度的译码算法的实现提供了基础。

7.2.2　SCMA 下行系统

与上行 SCMA 系统不同的是，下行系统的发送端的所有用户在基站处先将码字叠加在 N 个资源上，然后发送给 M 个用户，如图 7.6 所示，第 m 个用户接收到的信号为

$$y_m = \mathrm{diag}(h_m) \sum_{i=1}^{M} x_i + w_m$$

$$= \mathrm{diag}(h_m) \sum_{i=1}^{M} V_i g_i(b_i) + w_m \tag{7.28}$$

式中，$h_m = \left[h_m^1, h_m^2, \cdots, h_m^N \right]^{\mathrm{T}}$ 表示基站到用户 m 之间的信道向量；$w_m =$

$\left[w_m^1, w_m^2, \cdots, w_m^N \right]^{\mathrm{T}}$ 为 AWGN，且 $w \sim cN(0, \sigma_m^2 I)$。用户 m 的第 n 个时频资源接收到的信号为

$$y_m^n = h_m^n \sum_{m=i}^{M} x_i^n + w_m^n \qquad (7.29)$$

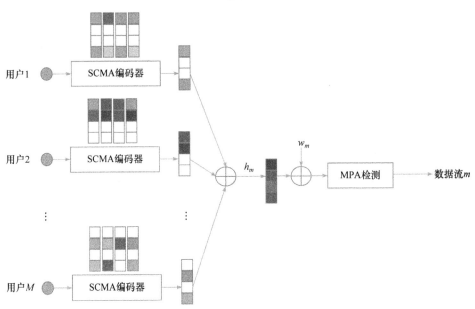

图 7.6　下行 SCMA 系统模型(OLF = M/N，$N = 4$，$K = 2$，以第 m 个用户为例)

7.2.3　SCMA 码本设计

　　SCMA 的码本设计是一个复杂的多维问题，目前该问题的最优解仍然处于未知状态。文献[42]给出了一个分步骤优化的次优解，包括映射矩阵的设计、基础星座的选择与母码本的设计等。映射矩阵集合决定了叠加在某个资源上的数据层的个数及位置，同时决定了 MPA 检测的复杂度，码字越稀疏，则复杂度越低，其设计准则可以参考文献[42]。

　　一般星座的设计遵循如下基本准则。

　　(1) 最小化星座点的平均能量。

　　(2) 最大化星座的分集阶数。

　　(3) 最大化任意两个星座点间的最小欧氏距离。

　　(4) 最小化星座的最小相邻点数。

　　当数据层较少时，由于 SCMA 码本的稀疏性，不同数据层之间可能没有碰撞，码本的设计可以遵循最大化最小欧氏距离的原则。当层数增加时，SCMA 的不同

数据层之间可能会出现碰撞，此时可以在 SCMA 码字的多个非零元素间引入相关性，从而更好地从碰撞的符号中恢复码字。此外，SCMA 码字的不同维度间还可以引入功率差，从而增加碰撞数据层之间的远近效应，这有助于提高 MPA 多用户检测算法的检测性能[43]。

　　在构造 SCMA 码本时，任意给定的最大化最小欧氏距离的星座都可以被选作基础星座。设计一个母码本的主要思路是通过两个 N 维实数星座的笛卡儿积构建一个 N 维复数星座，如图 7.7 所示。完成母码本的设计后，SCMA 的码本优化可以简化成各数据层间星座的运算，一般包含共轭转置、相位旋转和向量重排等。

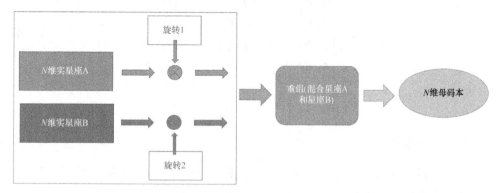

图 7.7　N 维母码本设计方法图

7.2.4　SCMA 因子图

　　置信度传播算法利用因子图模型来求解概率推理问题，非常适合于低密度的因子图中进行迭代运算。根据 SCMA 码字的稀疏结构，基于置信度传播算法的原则，MPA 算法被提出来用于 SCMA 多用户检测。SCMA 因子图及其对应子矩阵（$M = 6$，$N = 4$，$K = 2$，$d_f = 3$）如图 7.8 所示。每个用户节点连接 2 个资源节点表示该用户的码字在对应的两个资源节点有数据传输。每个资源节点连接 3 个用户节点表示该资源节点承载 3 个用户的数据。在用户节点 u_m 利用资源节点 c_n 传递

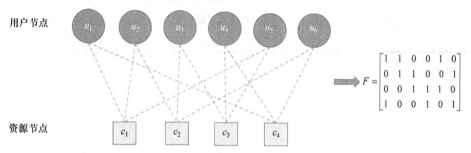

图 7.8　SCMA 因子图及其对应因子矩阵（$M = 6$，$N = 4$，$K = 2$，$d_f = 3$）

过来的消息进行数据更新时，由于每个资源节点连接 d_f 个用户节点，因此需要在 J^{d_f-1} 的码字空间进行搜索。

第 m 个用户对应的映射矩阵 V_m 可以根据因子图矩阵的第 m 列构造，具体来说就是将 K–N 个全 0 行向量插入单位阵 I_K 中。以图 7.8 中的 F 为例，可以分别得到 V_m，如下：

$$V_1 = \begin{bmatrix} 1 & 0 \\ 0 & 0 \\ 0 & 0 \\ 0 & 1 \end{bmatrix}, \quad V_2 = \begin{bmatrix} 1 & 0 \\ 0 & 1 \\ 0 & 0 \\ 0 & 0 \end{bmatrix}, \quad V_3 = \begin{bmatrix} 0 & 0 \\ 1 & 0 \\ 0 & 1 \\ 0 & 0 \end{bmatrix}$$

$$V_4 = \begin{bmatrix} 0 & 0 \\ 0 & 0 \\ 1 & 0 \\ 0 & 1 \end{bmatrix}, \quad V_5 = \begin{bmatrix} 1 & 0 \\ 0 & 0 \\ 0 & 1 \\ 0 & 0 \end{bmatrix}, \quad V_6 = \begin{bmatrix} 0 & 0 \\ 1 & 0 \\ 0 & 0 \\ 0 & 1 \end{bmatrix}$$

$$(7.30)$$

7.2.5　MPA 算法

MPA 的实现过程由两个部分组成，如图 7.9 所示，即通过因子图进行用户节点和资源节点的信息更新。

(1) 同时更新因子图中全部资源节点 c_n 到用户节点 u_m 的消息 $M_{c_n \to u_m}^t (x_m)$。

(2) 同时更新因子图中所有用户节点 u_m 到资源节点 c_n 的消息 $M_{u_m \to c_n}^t (x_m)$。

$$M_{c_n \to u_m}^t (x_m) = \sum \left\{ \frac{1}{\sqrt{2\pi}\sigma} \exp\left(-\frac{1}{2\sigma^2} \left\| y_n - \sum_{v \in \xi_n} h_{nv} x_{nv} \right\|^2 \right) \prod_{l \in \xi_n / \{m\}} M_{u_l \to c_n}^{t-1} (x_m) \right\} \quad (7.31)$$

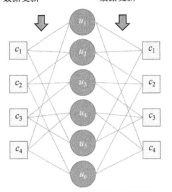

步骤1：资源节点数据更新　　步骤2：用户节点数据更新

图 7.9　MPA 算法流程图

$$M_{u_m \to c_n}^t (x_m) = \prod_{i \in \zeta_m / \{n\}} M_{c_i \to u_m}^t (x_m) \quad (7.32)$$

式中，t 为迭代次数；ξ_n 与 ζ_m 分别表示稀疏矩阵 F 第 n 行的非零位置集与第 m 列的非零位置集；$\| \|$ 代表 Frobenius 范数。达到预定的最大迭代次数 $t_{\max}$ 后，每一个用户各自的码字输出概率可以由式(7.33)估计。

$$Q(x_m) = \prod_{n \in \zeta_m} M_{c_n \to u_m}^{t_{\max}} (x_m) \quad (7.33)$$

基于 SCMA 码本的稀疏性，MPA 多用户检测算法可以用于 SCMA 的多用户检测器。而通过引入对数域运算可以将累积运算转换成累加求和运算，在不改变准确性的前提下达到进一步降低计算复杂度的目的，即 Log-MPA 算法。与传统的比特级的 Log-MPA 算法不同，当采用高阶调制时，SCMA 系统采用的是符号级的 Log-MPA 算法。在因子图上，资源节点和用户节点间的相互迭代的信息是符号级 LLR，该信息代表对应符号的可能性。如果因子图中没有环，那么一定的迭代次数后，通过这些信息可以精确地推断出发送符号。为了进一步降低检测复杂度，可以采用 Max-Log-MPA 算法，引入雅可比对数的简化表达将部分对数运算与指数运算简化为求最值运算。

7.3　多用户共享接入

发送端使用低互相关的复数域多元码序列进行符号扩展，并在接收端使用 SIC 接收机进行多用户检测的是 5G 非正交多址接入技术中的多用户共享接入 (multi-user shared access，MUSA)技术[44,45]。MUSA 是中兴通讯股份有限公司于 2014 年提出的一种新型 NOMA 接入方案，它是一种码域的、基于扩频通信的多址接入方案，可以高效地工作在免调度的上行接入模式中，并能进一步简化上行接入的其他流程，非常适合低成本、低功耗海量连接的 5G 应用场景。在 MUSA 中，每个用户会随机分配到不同的复数域多元码序列，并将各自的调制符号进行扩展，然后在相同的时频资源里叠加发送。接收机则是利用扩频码的不同通过 SIC 技术来进行用户分离，因此多元码序列会直接影响 MUSA 的性能和接收机复杂度。MUSA 同样可以和 OFDMA 相结合，每个资源块上可以承载多个用户的数据。

7.3.1　MUSA 系统

MUSA 是一种基于复数域多元码的上行非正交多址接入技术，其原理模型如图 7.10 所示。假设有 M 个用户同时接入系统，用户的扩展序列长度为 L，用户过载率为 M/L。在发送端，每个用户随机地从一组复数域多元序列中选取一个序列作为扩展序列，并对各自调制后的符号进行扩展。每个用户的调制符号经过扩展之后在相同的时频资源下发送，经过信道后的接收信号为

$$y = \sum_{m=1}^{M} g_m s_m x_m + n \tag{7.34}$$

式中，g_m、s_m 和 x_m 分别表示第 m 个用户的信道增益、扩频序列及调制符号；n 是均值为 0 方差为 σ_n^2 的 AWGN。

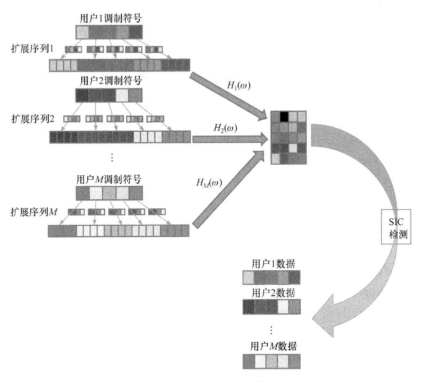

图 7.10　MUSA 系统模型

　　如果使用很长的伪随机序列，序列之间的低相关性比较容易保证，且可以为系统提供一个软容量，即允许同时接入的用户数量(即序列数量)大于序列长度，系统相当于工作在过载的状态。在大过载率的情况下，采用长伪随机序列所导致的 SIC 过程是非常复杂和低效的。因此 MUSA 上行使用特别的复数域多元码序列来作为扩展序列，此类序列即使很短也能保持相对较低的互相关。常用的复数域多元码有两种：复数二元码和复数三元码，其码元集合中每一个复数的实部和虚部分别取值于一个二元实数集合$\{-1,1\}$和一个三元实数集合$\{-1,0,1\}$。复数二元码可选的码元集合为$\{1+i,-1+i,-1-i,1-i\}$，包含 4 个元素，可以构造序列长度为 L 的扩展序列个数为 4^L。复数三元码可选的码元集合为$\{1+i,i,-1+i,1,0,-1,1-i,-i,-1-i\}$，包含 9 个元素，可以构造序列长度为 L 的扩展序列个数为 9^L。

　　正是基于创新设计的复数域多元序列及串行干扰消除的多用户检测技术，使得 MUSA 支持大量用户同时接入，并且这些接入用户所使用的扩展序列都是随机选取的。因此，对于那些有数据接入业务需求的用户来说，它们会从睡眠状态转换到激发状态，并随机选取扩展序列，将其调制符号进行扩展，进而发送数据，而那些没有数据接入业务需求的用户，则继续保持睡眠状态。该方法避免了每个接入用户都必须先通过资源申请、调度及确认等复杂的控制过程才能接入系统。以上过程称为免调度过程[45]。这种免调度过程能够大大降低系统的信令开销及接入时延。

MUSA 的免调度传输一般分为两种模式：预配置免授权调度和基于竞争免授权调度。预配置模式下，用户的资源(包含时域、频域、功率域、码域等)是提前分配好的，也可以周期性分配，这样可以降低用户之间选择资源的碰撞概率，并且很适合于周期性业务，用户在选择资源时，根据配置内容进行选择，作为其传输资源。在预配置免授权调度下，可以避免用户的码本冲突，每个用户使用不同的解调参考信号，这样对于 SIC 而言也可以很好地进行用户识别、信道估计和干扰消除，使系统性能更好，但也一定程度上降低了资源利用率。基于竞争免授权调度模式下，所有可用资源用户都可以选择，用户的选择具有随机性，即每一个资源都有可能被每一个用户选用，用户的自主选择性最高，用户根据完全自主的资源选择进行数据传输，这种模式下多个用户共用一个资源的情况较严重。多个用户共用一个码本，SIC 解调时会出现很大的误差，造成多用户解调失败，影响系统性能。

7.3.2　MMSE-SIC 检测

MUSA 接收端使用基于 MMSE 的 SIC 接收机，MMSE 准则是求权重矩阵 ω_{MMSE}，使得实际发送的符号与估计符号之间的最小均方误差最小。

$$\omega_{\mathrm{MMSE}} = H^{\mathrm{H}}\left(HH^{\mathrm{H}} + \sigma_n^2 I\right)^{-1} \tag{7.35}$$

式中，H 是由用户信道增益和扩展序列组成的等效的信道矩阵；$(\cdot)^{\mathrm{H}}$ 表示 Hermitian 矩阵。计算每个用户的信号与干扰加噪声比(signal to interference plus noise ratio，SINR)，然后根据 SINR 大小对用户降序排列：

$$\mathrm{SINR}_i = \frac{\left\|\omega_{i,\mathrm{MMSE}} h_i\right\|^2}{\sum\limits_{j\neq i}\left\|\omega_{i,\mathrm{MMSE}} h_j\right\|^2 + \sigma_n^2 \left\|\omega_{i,\mathrm{MMSE}}\right\|^2} \tag{7.36}$$

根据 MMSE 准则估计出具有最大 SINR 的用户的发送数据，即 $\hat{x}_1 = \omega_{1,\mathrm{MMSE}} y$，并对估计值判决，将该判决值输出作为最终分离出的用户数据，再根据这些数据重构出该用户的信号 $y_1 = h_1 \hat{x}_1$，从原始接收信号中减去具有最大 SINR 用户的信号，$\hat{y}_1 = y - y_1$，从矩阵 H 中去除该用户对应的信道向量。重复上述过程直至所有用户的数据都被检测出来，如图 7.11 所示。

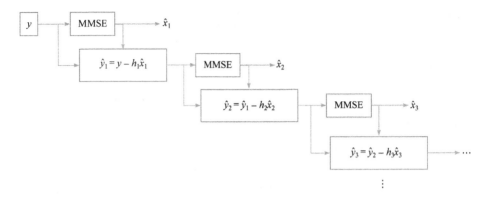

图 7.11　MMSE-SIC 接收机结构

考虑到 SIC 的误码传播特性，需要保证重构消除的用户数据的准确性，以保证后面检测用户数据的准确性，因此可以利用循环冗余校验(cyclic redundancy check，CRC)，若 CRC 正确，则认为译码正确，同时进行重构消除操作，否则不进行重构消除操作，检测结束，MMSE-SIC 检测流程图如图 7.12 所示。

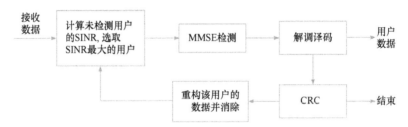

图 7.12　MMSE-SIC 检测流程图

假设存在一个 M 用户 L 倍扩频的 1 发 R 收的 MUSA 系统，由式(7.34)可知在接收端接收到的第 u 个扩频符号单元为

$$y^u = \sum_{m=1}^{M} \hat{h}_m^u x_m^u + n \tag{7.37}$$

$$\hat{h}_m^u = \left[\left(\hat{h}_{m,1}^u \right)^{\mathrm{T}}, \cdots, \left(\hat{h}_{m,r}^u \right)^{\mathrm{T}}, \cdots, \left(\hat{h}_{m,R}^u \right)^{\mathrm{T}} \right]^{\mathrm{T}} \tag{7.38}$$

$$\hat{h}_{m,r}^u = \sqrt{P_m} g_{m,r}^u s_m \tag{7.39}$$

式中，P_m 是用户 m 的发射信号功率；$g_{m,r}^u$ 表示第 r 个天线端口在第 u 个时频资源上的信道增益。对于用户 m，其接收扩频符号单元可以等效表示为

$$
\begin{aligned}
y_m^u &= \hat{h}_m^u x_m^u + \sum_{k \neq m, k=1}^{M} \hat{h}_k^u x_k^u + n \\
&= \hat{h}_m^u x_m^u + n_m'
\end{aligned}
\tag{7.40}
$$

式中，表示用户 m 以外的用户信号及噪声对用户 m 的干扰。用户 m 的平均 SINR 为

$$\text{SINR}_m = \frac{1}{U}\sum_{u=1}^{U}\left(\hat{h}_m^u\right)^{\text{H}} \cdot \left(\sum_{k \neq m,k=1}^{M} \hat{h}_k^u\left(\hat{h}_k^u\right)^{\text{H}} + \sigma_n^2 I\right)^{-1}\hat{h}_m^u \tag{7.41}$$

对 SINR 进行排序，假设排序后用户 j 的 SINR 最大，则该用户的解码信号为

$$\hat{x}_j^u = \left(\left(\sum_{k \neq m,k=1}^{M} \hat{h}_k^u\left(\hat{h}_k^u\right)^{\text{H}} + \sigma_n^2 I\right)^{-1}\hat{h}_m^u\right)^{\text{H}} y^u \tag{7.42}$$

假设该用户经过译码后的信号通过了 CRC，则重构该信号的调制符号 $\hat{x}_j$，并进行干扰消除，消除后的每个接收扩频符号单元为

$$\tilde{y}^u = y^u - \hat{h}_j^u \hat{x}_j^u \tag{7.43}$$

对干扰消除后的接收信号重复上述步骤，直到所有用户都解码完成或剩余用户都无法正确解码。

对于移动通信而言，远近效应是不可避免的现象，需要通过一定的技术解决远近效应带来的问题，但是由于 MUSA 接收端采用了基于 SIC 的多用户检测技术，因此 MUSA 可以利用不同用户到达的 SINR、SNR 或者功率大小来提高 SIC 解调与恢复用户数据的能力。从另外一个角度来看，该方法能够减轻远近效应的影响，不需要严格的功率控制。

7.4 图样分割多址接入

图样分割多址接入(pattern division multiple access，PDMA)[46-48]是在码域、空间域和功率域上联合调制的技术。PDMA 是大唐电信在早期 SAMA(SIC amenable multiple access)研究基础上提出来的多址接入技术。为了提升免调度传输碰撞情况下的检测性能，保证免调度用户的低传输时延，PDMA 在发送端增加了图样映射模块，将多个用户在相同的时频资源以多域单独或复合的形式进行联合编码，并利用特征图样进行用户区分，接收端增加图样检测模块及使用 SIC 接收机实现多用户检测。为每个用户设计不同的特征图样是 PDMA 技术的关键，虽然设计高效灵活的特征图样实现起来较为复杂，但是它在多个域的非正交复用可以大大提升频谱效率和系统容量，以满足 5G 应用场景的需求。

7.4.1 PDMA 上行系统

PDMA 基于发送端和接收端联合优化，既可以应用于上行链路，也可以应用

于下行链路，没有过多的限制和约束。PDMA 上行技术框架如图 7.13 所示，其上行发送过程如图 7.14 所示。在发送端每个用户的数据流 $b_m\,(1\leqslant m\leqslant M)$ 分别进行信道编码，得到编码比特 c_m，然后对编码比特进行星座映射得到数据调制符号 x_m，再对其进行 PDMA 编码，得到 PDMA 编码调制向量 s_m 并进行 PDMA 资源映射，最后再进行 OFDM 调制。PDMA 编码根据 PDMA 图样对 x_m 进行线性扩频操作，得到编码调制向量 s_m：

$$s_m = g_m x_m \tag{7.44}$$

式中，g_m 是用户 m 的 PDMA 图样，在 N 个资源上 M 个用户的 PDMA 图样构成了维度是 $N\times M$ 的 PDMA 图样矩阵：

$$H_{\mathrm{PDMA}}^{[N,M]} = \left[g_1, g_2, \cdots, g_M\right] \tag{7.45}$$

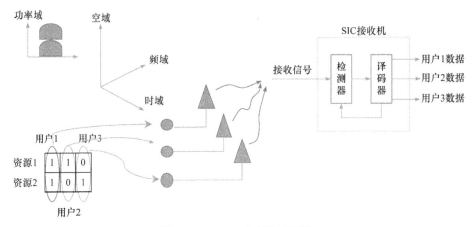

图 7.13　PDMA 上行技术框架

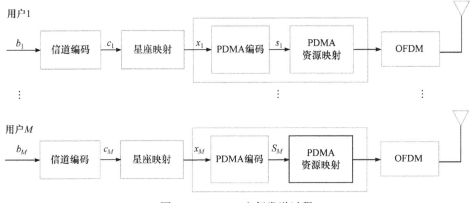

图 7.14　PDMA 上行发送过程

PDMA 资源映射的作用是将 PDMA 编码调制向量映射到时频资源。

在接收端，接收到的信号可以表示如下：

$$Y = H_{ch}H_{PDMA}x + w = Hx + w \tag{7.46}$$

$$\begin{bmatrix} y_1 \\ y_2 \\ \vdots \\ y_N \end{bmatrix} = \begin{bmatrix} h_{11} & h_{12} & 0 & h_{1m_2} & 0 \\ h_{21} & h_{22} & \ddots & h_{2m_1} & 0 & \ddots & 0 \\ \vdots & \vdots & \ddots & \vdots & \cdots & \vdots & \ddots & \vdots \\ h_{N1} & 0 & h_{Nm_1} & 0 & h_{NM} \end{bmatrix} \begin{bmatrix} x_1 \\ x_2 \\ \vdots \\ x_M \end{bmatrix} + \begin{bmatrix} w_1 \\ w_2 \\ \vdots \\ w_N \end{bmatrix} \tag{7.47}$$

式中，H_{PDMA} 表示 PDMA 多用户编码图样矩阵；H_{ch} 表示实际无线信道响应矩阵；H 表示发送端到接收端的 PDMA 多用户编码图样矩阵和实际无线信道响应矩阵复合的等效信道响应矩阵；$y_1, y_2, \cdots, y_N$ 表示接收端在 N 个时频资源单元对应的接收信号；$w_1, w_2, \cdots, w_N$ 表示在 N 个时频资源单元对应的噪声；$x_1, x_2, \cdots, x_M$ 表示发送端进行资源利用的 M 个用户对应的发送信号；h_{NM} 表示第 M 个用户在第 N 个时频资源单元上的等效信道响应。在 M 取值为理论最大值 $(M = 2^N - 1)$ 的情况下，理论上 PDMA 图样矩阵可以表示为

$$H_{PDMA}^{[N,M]} = \begin{bmatrix} 1 & 1 & 0 & 1 & 0 \\ 1 & 1 & \ddots & 1 & 0 & \ddots & 0 \\ \vdots & \vdots & \ddots & \vdots & \cdots & \vdots & \ddots & \vdots \\ 1 & 0 & 1 & 0 & 1 \end{bmatrix}_{N \times M} \tag{7.48}$$
$$\underbrace{\quad}_{C_N^N} \underbrace{\quad}_{C_N^{N-1}} \underbrace{\quad}_{C_N^1}$$

M 实际取值取决于期望的复用倍数和系统实现复杂度的折中，基本原则是不同列之间具有合理的不等分集度，并且不同行的多用户数目尽量一致，因此存在图样矩阵优化设计问题。如图 7.15 所示，5 个用户复用 3 个资源，每个用户的映射图样各不相同，用户 1 映射到所有资源，用户 2 映射到前 2 个资源，用户 3 映射到后 2 个资源，用户 4 映射到第 1 个资源，用户 5 映射到第 3 个资源。5 个用户的发送分集度分别是 3、2、2、1、1，对应的 PDMA 图样矩阵是

$$H_{PDMA}^{[3,5]} = \begin{bmatrix} 1 & 1 & 0 & 1 & 0 \\ 1 & 1 & 1 & 0 & 0 \\ 1 & 0 & 1 & 0 & 1 \end{bmatrix} \tag{7.49}$$

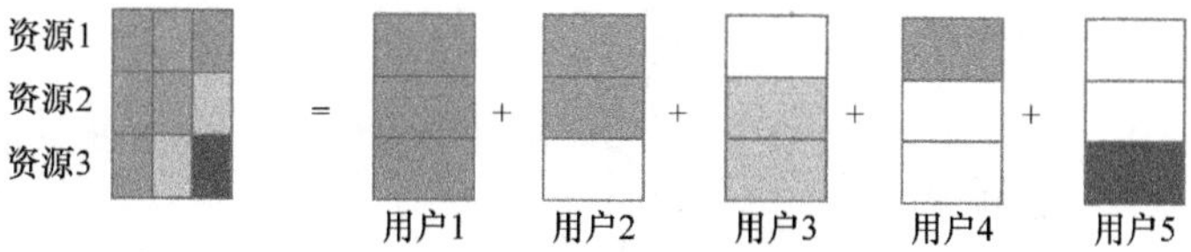

图 7.15　PDMA 多用户图样映射

PDMA 图样定义了数据到资源的映射规则， 决定了数据的发送分集度。PDMA 的图样矩阵设计与选择需符合下列几个原则[49]。

(1) PDMA 图样的重量(一列图样中非零元素的个数即是图样的重量，也称为列重)尽量重。因为图样越重，能够提供的分集度越高，数据传输的可靠性越高，但同时接收检测复杂度也会越大，所以在可靠度与复杂度之间应权衡。

(2) PDMA 图样矩阵内具有不同的分集度的组数应该尽可能得多，不同分集度的图样数量越多，越能进一步降低 SIC 检测算法中由差错传播问题带来的不良影响，或者加快接收机的收敛速度。

(3) 具有相同分集度的图样之间内积应尽可能得小，如果图样间内积越小，那么说明共享同一资源块上的用户越少，彼此之间的干扰越小。

根据上述原则,不同的用户通过 PDMA 图样确定的映射资源可以获得不同的发送分集度。假设第 m 个检测用户的发送分集度为 $D(m)$，则该用户 SIC 检测后的等效分集度为

$$N(m) = N_R D(m) - M + m \tag{7.50}$$

式中，N_R 是接收天线个数；M 是用户个数。PDMA 通过设计不同的用户发送分集度 $D(m)$，使得每个用户的等效分集度 $N(m)$ 尽量相等，实现发送端和接收端的联合优化设计，降低了 SIC 接收机的差错传播的影响，从而提高其检测性能。

PDMA 的接收端分为两个部分，如图 7.13 所示，接收到的信号先经过检测，提取出不同用户图样编码特征，然后采用低复杂度的 SIC 检测算法来实现多用户的正确检测接收，PDMA 接收机 SIC 检测流程示意图见图 7.16。SIC 检测算法首先将接收到的多用户信号按照信号的强度排序，然后按照顺序依次检测、校验、重构、消除、检测直至完成所有用户信号的检测。信号最强的用户先被检测，因此在每个检测层中的被检测用户信号强度是当前层中最强的，也就是当前层中资源复用最多的用户。如图 7.15 中 5 用户映射 3 资源的情况，接收机先检测资源复

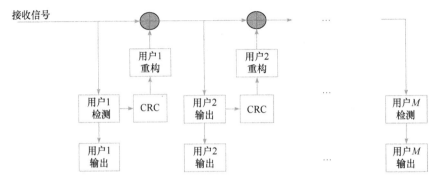

图 7.16　PDMA 接收机 SIC 检测流程示意图

用最多的用户 1, 然后利用 SIC 将其从接收信号中减去, 再检测用户 2 和用户 3, 最后是用户 4 和用户 5。

7.4.2 PDMA 下行系统

假设每个用户被分配了一个不同的 PDMA 图样, 基站将准备发送给各个用户的数据经过信道编码、星座映射后, 根据已分配的 PDMA 图样进行线性扩频和资源映射。调制信号经过 PDMA 编码后, 多用户的数据流在基站处叠加并进行 OFDMA 多载波调制, 最后同步发出传输到各个用户。各个用户接收基站所发送的所有用户的信号, 通过 SIC 检测按接收信号由高到低依次检测直到检测出基站发送给本用户的传输信息, 如图 7.17 所示。

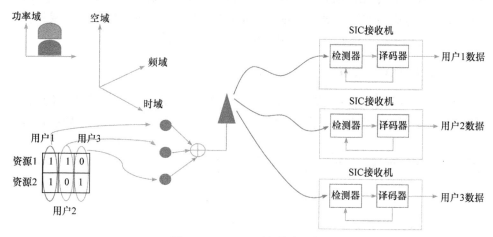

图 7.17 PDMA 下行技术框架

PDMA 上下行系统存在的主要差异在于用户发送功率的不同, 由此造成用户间干扰与 SIC 接收机检测顺序的不同。在上行链路中, 每个用户的信号将以互不相关的发送功率传输到基站, 且发送功率受限于用户端设备的最大发送功率。基站接收端会接收到共享同一组资源的所有用户的发送信号, 因此对于某一个用户来说, 会受到来自其他用户的信号干扰, 且信道条件较差的用户更容易受到较强的用户干扰。而在下行链路中, 各个用户接收端会收到来自基站发送的所有用户的信号, 因此同样会受到其他用户信号的干扰, 但此时其他用户信号干扰是基站到本用户的信道增益的函数, 基站可以为信道条件较差的用户分配更高的功率, 如此可以保证较高的检测可靠性和最大化总速率, 因此信道条件较好的用户更容易受到较强的用户间干扰。随着 5G 海量用户的接入, PDMA 图样矩阵设计的复杂度增加, 接收端的检测可靠性和实现复杂度也会随之增加。虽然 PDMA 适用于上下行链路, 但显然用户终端的硬件设备与处理能力是弱于基站的, 因此上行链路更具有可行性[50]。

7.5　功率域非正交多址接入

功率域非正交多址接入(power-domain non-orthogonal multiple access，PDNOMA)[51-53]，是由日本 NTT DOCOMO 提出的目前受到业界广泛关注的 5G 多址接入方案。PDNOMA 是通过功率域对多个用户信号进行线性叠加以提升系统的频谱效率和用户接入能力的技术。PDNOMA 是集频域、时域、功率域为一体的多址技术，其主要思想是在发送端引入可检测的干扰信息，根据信道条件对每个用户赋予不同强度的发射功率，采用非正交方式发送，在接收端通过干扰消除技术利用 SIC 接收机先解调发射功率最强的信号，将其从接收信号中减去后，再解调发射功率第二强的信号，如此逐次检测出所有的用户。

7.5.1　PDNOMA 下行系统

PDNOMA 可以在同一载波、同一时隙上同时承载多个信号功率不同的用户。图 7.18 为下行链路模型，发送端根据各个用户信道增益给各个用户分配不同的功

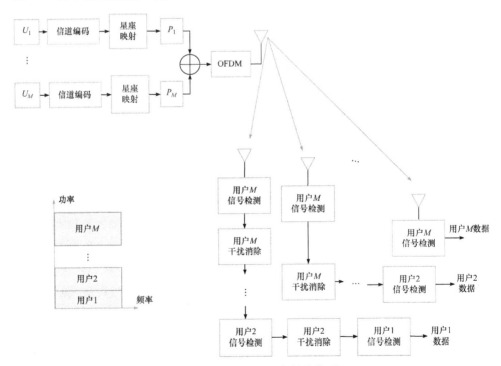

图 7.18　PDNOMA 下行链路模型

率，将信号叠加后进行 OFDM 调制后发送。信道链路质量好的用户分配较少的功率，而信道链路质量差的用户分配较多的功率。接收端将接收到的信号进行 OFDM 解调后，按功率的大小进行排序，先检测信号功率最强的信号，再检测功率强度次一级的信号，以此类推直到检测出最后一个信号。

假设基站与用户 m 间的信道衰落系数为 h_m，$m=1,2,\cdots,M$ 且 $0<\left|h_M\right|^2\leqslant\cdots\leqslant\left|h_1\right|^2$。如图 7.18 所示，基站端 M 个用户通过不同功率(用户 1 分配的功率最小，用户 M 分配的功率最大)叠加后发送出去，则发送端信号可以表示为

$$s=\sum_{m=1}^{M}\sqrt{P_m}s_m \tag{7.51}$$

式中，s_m 表示用户 m 的调制信号，并且用户信号满足 $E\left[\left|s_m\right|^2\right]=1$。$P_m$ 表示用户 m 所分得的发射功率，若不考虑能量损耗，所有用户信号的总功率满足

$$P=\sum_{m=1}^{M}P_m \tag{7.52}$$

$$0<P_1\leqslant P_2\leqslant\cdots\leqslant P_M \tag{7.53}$$

在接收端，用户 m 的接收信号可以表示为

$$y_m=h_m s+w_m \tag{7.54}$$

式中，w_m 是均值为 0，方差为 σ_n^2 的 AWGN。因为离基站最远的用户信道增益最小，分配的功率最大，按信道增益升序排列，用户 M 不需要进行干扰消除，直接解码输出。而对于距离最近的用户 1，如果接收端是要检测用户 1 的信号，那么需要先检测出信号功率最大的用户 M 的信号，再把用户 M 的信号从接收信号中消除掉，这样用户 $M-1$ 的信号功率最大，检测此信号，再把其从接收信号中也消除掉，依次进行直到检测出用户 1 的信号，这就是 SIC 技术。每个用户分得的功率不同，受到的干扰也不同，导致其 SINR 也不同，用户 m 的 SINR 可以表示为

$$\mathrm{SINR}_m=\frac{P_m\left|h_m(t)\right|^2}{\sum\limits_{k\neq m,k=1}^{M}P_k\left|h_k(t)\right|^2+\sigma_n^2} \tag{7.55}$$

站到用户 m 的信息速率为

$$R_m(t)=\log_2\left(1+\frac{P_m\left|h_m(t)\right|^2}{\sum\limits_{k\neq m,k=1}^{M}P_k\left|h_k(t)\right|^2+\sigma_n^2}\right) \tag{7.56}$$

每个用户的吞吐量会受所分配的功率影响，选择合适的功率分配算法可以控制每个用户的吞吐量，从而优化系统性能并保证用户间的公平性。当然用户数也会影响系统性能，研究表明当叠加用户个数为 2~3 时，系统可以获得最大性能增益。

7.5.2　PDNOMA 上行系统

图 7.19 给出了 PDNOMA 上行链路模型，与下行链路一样，每个用户分配不同的功率，这样基站接收端就可以根据功率的不同而将每一个用户的数据检测出来，如图 7.19 所示。

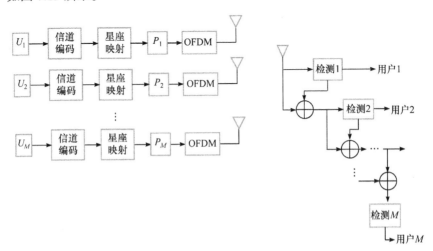

图 7.19　PDNOMA 上行链路模型

接收端接收到的子载波信号可以表示为

$$Z = HPS + N = HX + N \tag{7.57}$$

式中，$Z \in \mathbb{C}^{N_R \times 1}$ 表示接收信号向量，$S \in \mathbb{C}^{M \times 1}$ 表示编码符号向量，$N \in \mathbb{C}^{N_R \times 1}$ 表示均值为 0 方差为 σ_n^2 的 AWGN，$H \in \mathbb{C}^{N_R \times M}$ 表示等效频域信道矩阵，里面的元素 $h_{n_r n_t}$（$n_r = 1, \cdots, N_R$，$n_t = 1, \cdots, M$）表示从第 n_r 个接收天线到第 n_t 个发送天线的等效频域信道参数。在不失一般性的前提下，我们假设用户按大尺度衰落的递增顺序进行排序，使得第一个用户是最强的用户，第 M 个用户是最弱的用户，这意味着排序越高的用户遭受的路径损失越大。$P \in \mathbb{C}^{M \times M}$ 表示功率分配矩阵：

$$P = \begin{bmatrix} \sqrt{P_1} & 0 & 0 & 0 \\ 0 & \sqrt{P_2} & \cdots & 0 \\ \vdots & \vdots & & \vdots \\ 0 & 0 & \cdots & \sqrt{P_M} \end{bmatrix} \tag{7.58}$$

在约束条件下，$P_1 > P_2 > \cdots > P_M > 0$，即第 m 个用户被分配比第 $m + 1$ 个用户更强的信号强度(不同的 PDNOMA 用户被分配的发射功率以阶跃 $\rho > 0$ 的方式下降)。$X \in \mathbb{C}^{M \times 1}$ 表示 PDNOMA 符号向量，$X = [X_1, X_2, \cdots, X_M]^{\mathrm{T}}$。接收机的检测过程与 SIC 的检测流程类似。

7.5.3　PDNOMA 与 IDMA 相结合

PDNOMA 系统不管是上行还是下行都可以通过 SIC 进行检测。在上行链路中，SIC 是在具有足够处理能力的基站执行的，用户不需要知道其他用户的调制和编码方案。虽然因为 SIC 的使用可以提供接近多址信道速率域边界的能力，并且其计算复杂度远低于 ML。然而，由于误差的传播，PDNOMA 带来的性能增益会受到 SIC 的限制。而在下行链路中，系统的性能会受限于用户端设备的硬件条件。为了提高 PDNOMA 的性能，可以在发送端同时引入 PDNOMA 和 IDMA，以上行链路为例，如图 7.20 所示。

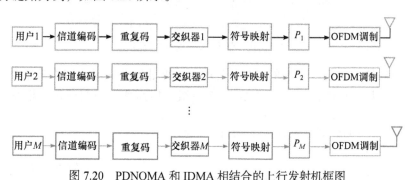

图 7.20　PDNOMA 和 IDMA 相结合的上行发射机框图

如图 7.20 所示，用户的数据是基于低速率信道码(卷积码和重复码的级联)编码的。然后通过一个特定的交织器对编码比特进行排列，用户通过其交织器进行区分，这意味着交织器对于不同的用户应该是不同的。通过符号映射，对编码后的数据进行不同功率系数的分配和 OFDM 调制，最后进行传输。考虑到扩频，该系统的过载系数定义为发射天线的数量除以重复码率和接收天线数的乘积，即

$$\lambda = N_T / (R_{re} \cdot N_R) \tag{7.59}$$

式中，R_{re} 是重复码率；N_R 是接收天线数；发送天线数 N_T 与用户数 M 相同，即假定每个用户通过一根天线进行传输。

接收端可以使用 SIC 进行检测，也可以使用 7.1 节所介绍的 ESE 和 IIC 进行检测。这里，由于 IDMA 的使用，系统的结合发生变化，因而 IIC 也相应地调整为 AIIC(advanced IIC)[54]，如图 7.21 所示。基站接收到所有用户数据的叠加，初次检测时，通过 SIC 先检测信号强度最大的用户数据，然后干扰重构并消除后，

检测信号强度次最大的用户数据，依次进行，直至把所有用户数据检测出来后，将所有用户数据进行并行干扰消除，进入第二次检测。如此迭代检测，LLR 的值会变得越来越可靠，最终得到的数据也会更加精确。

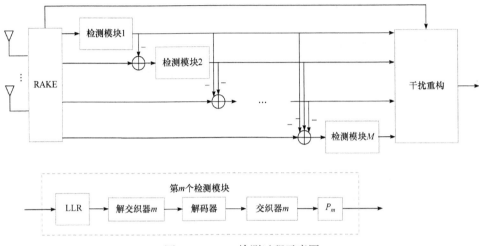

图 7.21　AIIC 检测过程示意图

在下行链路中引入 PDNOMA 和 IDMA，如图 7.22 所示，假设基站要同时发送 MN 个用户的数据，将用户发成 N 个一组，共 M 组，每组通过一根发送天线

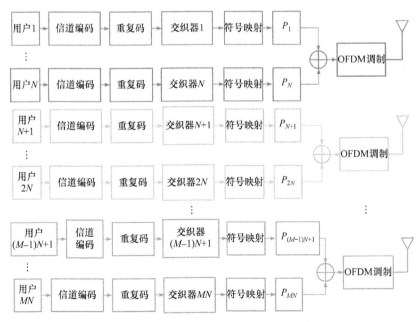

图 7.22　PDNOMA 和 IDMA 相结合的下行发射机框图

进行发送，因此发送天线数 $N_T = M$。每一组中的每个用户各自通过信道编码和重复码编码后，进入交织器。交织后进行符号映射，接着基站给同一组的 N 个用户分配不同的功率比，经过线性叠加后，进入 OFDM 调制，最后到达发送天线进行传输。$N_T = M$ 根天线发送 M 组数据，每组数据都是由 N 个用户数据通过不同功率比进行线性叠加后得到的。每一组的功率比可以各不相同，重复码的重复率也可以根据叠加的用户数 N 进行调整。

下行系统的接收端检测算法同样可以使用 SIC、ESE、IIC，同时根据发送端的变化 IIC 进行相应优化后得到 ISICPIC(iterative successive interference cancellation and parallel interference cancellation)[55]，如图 7.23 所示。用户接收到的是由基站发出来的 MIMO 信号，里面包含了同一组其他用户数据的线性叠加，也包含了其他组用户数据经过 MIMO 信道后的叠加，因此干扰信号可以分为两部分：同一组的干扰和其他组的干扰。通过 RAKE 技术，先进行初始检测，把 M 组信号先分离开来，对每一组信号分别进行处理。由于同组信号中，是 N 个用户数据经由不同的功率比分配后的线性叠加，可以采用 SIC 技术，每一级只对一个干扰用户进行检测，再用此检测结果来重构同组干扰信号，将此干扰信号从该组信号中除去。对每组信号进行 SIC 检测后，整体用户信号进行并行干扰消除。如此随着迭代次数的增加，LLR 的值变得越来越可靠，几次循环后，可以预见干扰信号将被完全消除。

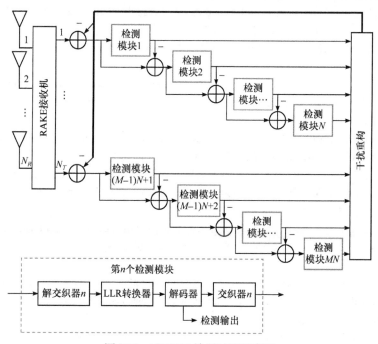

图 7.23　ISICPIC 检测过程示意图

7.6　本 章 小 结

　　本章针对 5G 网络面临海量用户接入所提出的几种非正交多址接入技术进行了详细的介绍，包括 IDMA、SCMA、MUSA、PDMA 和 PDNOMA 5 种非正交接入的发送方案与接收方案。它们都可以提高频谱效率，其中 IDMA 系统复杂度低，但系统能够承受的过载系数不高；SCMA 由于码本设计上的灵活性和可适用场景的多样性，所以应用潜力很大，但 MPA 算法复杂度呈指数增长，迭代检测有时延；MUSA 和 PDMA 检测技术简单，但要实现海量用户接入，其相应的低互相关复数多元码序列和特征图样需要不断优化设计；PDNOMA 技术简单，在实际通信中容易实现，但 SIC 接收机性能一般。通信系统的性能与其复杂度一直是一个权衡问题，性能好，相对的复杂度就高，在实际通信时选择系统方案需要有所取舍，更详细的性能比较见 9.3 节。

参 考 文 献

[1] Paulraj A J, Gore D A, Nabar R U, et al. An overview of MIMO communications: A key to gigabit wireless. Proceedings of the IEEE, 2004, 92(2): 198-218.

[2] Hwang T, Yang C, Wu G, et al. OFDM and its wireless applications: A survey. IEEE Transactions on Vehicular Technology, 2009, 58(4): 1673-1694.

[3] Li Q. MIMO techniques in WiMAX and LTE: A feature overview. IEEE Communications Magazine, 2010, 48(5): 86-92.

[4] Sampath H, Talwar S, Tellado J, et al. A fourth-generation MIMO-OFDM broadband wireless system: Design, performance, and field trial results. IEEE Communications Magazine, 2002, 40(9): 143-149.

[5] Stuber G L, Barry J R, McLaughlin S W, et al. Broadband MIMO-OFDM wireless communications. Proceedings of the IEEE, 2004, 92(2): 271-294.

[6] Hanzo L L, Yang L, Kuan E, et al. CDMA Overview. Single and Multi-Carrier DS-CDMA: Multi-User Detection, Space-Time Spreading, Synchronisation, Networking and Standards(ch2). New York, 2004: 35-80.

[7] Hanzo L L, Yang L, Kuan E, et al. Overview of Multicarrier CDMA. Single and Multi-Carrier DS-CDMA: Multi-User Detection, Space-Time Spreading, Synchronisation, Networking and Standards (ch19), New York, 2004: 607-694.

[8] Klein A, Kaleh G K, Baier P W. Zero forcing and minimum mean-square-error equalization for multiuser detection in code-division multiple-access channels. IEEE Transactions on Vehicular Technology, 1996, 45(2): 276-287.

[9] Spencer Q H, Swindlehurst A L, Haardt M. Zero-forcing methods for downlink spatial multiplexing in multiuser MIMO channels. IEEE Transactions on Signal Processing, 2004, 52(2):

461-471.

[10] Poor H V, Verdu S. Probability of error in MMSE multiuser detection. IEEE Transactions on Information Theory, 1997, 43(3): 858-871.

[11] Beek J J, Sandell M, Borjesson P O. ML estimation of time and frequency offset in OFDM systems. IEEE Transactions on Signal Processing, 1997, 45(7): 1800-1805.

[12] Alspach D, Sorenson H. Nonlinear Bayesian estimation using Gaussian sum approximations. IEEE Transactions on Automatic Control, 1972, 17(4): 439-448.

[13] Wildemeersch M, Quek T Q S, Kountouris M, et al. Successive interference cancellation in uplink cellular networks. 2013 IEEE 14th Workshop on Signal Processing Advances in Wireless Communications (SPAWC), Darmstadt, 2013: 310-314.

[14] Kim J H, Kim S W. Combined power control and successive interference cancellation in DS/CDMA communications. The 5th International Symposium on Wireless Personal Multimedia Communications, Honolulu, 2002: 931-935.

[15] Divsalar D, Simon M K, Raphaeli D. Improved parallel interference cancellation for CDMA. IEEE Transactions on Communications, 1998, 46(2): 258-268.

[16] Sfar S, Murch R D, Letaief K B. Layered space-time multiuser detection over wireless uplink systems. IEEE Transactions on Wireless Communications, 2003, 2(4): 653-668.

[17] Andrews J G. What will 5G be?. IEEE Journal on Selected Areas in Communications, 2014, 32(6): 1065-1082.

[18] Dai L, Wang B, Yuan Y, et al. Non-orthogonal multiple access for 5G: Solutions, challenges, opportunities, and future research trends. IEEE Communications Magazine, 2015, 53(9): 74-81.

[19] Agiwal M, Roy A, Saxena N. Next generation 5G wireless networks: A comprehensive survey. IEEE Communications Surveys and Tutorials, 2016, 18(3): 1617-1655.

[20] Gupta A, Jha R K. A survey of 5G network: Architecture and emerging technologies. IEEE Access, 2015, 3: 1206-1232.

[21] Ding Z. Application of non-orthogonal multiple access in LTE and 5G networks. IEEE Communications Magazine, 2017, 55(2): 185-191.

[22] Islam S M R, Avazov N, Dobre O A, et al. Power-domain non-orthogonal multiple access (NOMA) in 5G systems: Potentials and challenges. IEEE Communications Surveys and Tutorials, 2017, 19(2): 721-742.

[23] Ding Z, Peng M, Poor H V. Cooperative non-orthogonal multiple access in 5G systems. IEEE Communications Letters, 2015, 19(8): 1462-1465.

[24] Ding Z, Lei X, Karagiannidis G K, et al. A survey on non-orthogonal multiple access for 5G networks: Research challenges and future trends. IEEE Journal on Selected Areas in Communications, 2017, 35(10): 2181-2195.

[25] Shafi M. 5G: A tutorial overview of standards, trials, challenges, deployment, and practice. IEEE Journal on Selected Areas in Communications, 2017, 35(6): 1201-1221.

[26] Wunder G. 5GNOW: Non-orthogonal, asynchronous waveforms for future mobile applications. IEEE Communications Magazine, 2014, 52(2): 97-105.

[27] I C L, Rowell C, Han S F, et al. Toward green and soft: A 5G perspective. IEEE

Communications Magazine, 2014, 52(2): 66-73.

[28] Wong C Y, Cheng R S, Lataief K B, et al. Multiuser OFDM with adaptive subcarrier, bit, and power allocation. IEEE Journal on Selected Areas in Communications, 1999, 17(10): 1747-1758.

[29] Yu W, Cioffi J M. FDMA capacity of Gaussian multiple-access channels with ISI. IEEE Transactions on Communications, 2002, 50(1): 102-111.

[30] Capetanakis J. Generalized TDMA: The multi-accessing tree protocol. IEEE Transactions on Communications, 1979, 27(10): 1476-1484.

[31] Jung P, Baier P W, Steil A. Advantages of CDMA and spread spectrum techniques over FDMA and TDMA in cellular mobile radio applications. IEEE Transactions on Vehicular Technology, 1993, 42(3): 357-364.

[32] Sampath H, Talwar S, Tellado J, et al. A fourth-generation MIMO-OFDM broadband wireless system: Design, performance, and field trial results. IEEE Communications Magazine, 2002, 40(9): 143-149.

[33] Morelli M, Kuo C J, Pun M. Synchronization techniques for orthogonal frequency division multiple access (OFDMA): A tutorial review. Proceedings of the IEEE, 2007, 95(7): 1394-1427.

[34] Feng D, Jiang C, Lim G, et al. A survey of energy-efficient wireless communications. IEEE Communications Surveys and Tutorials, 2013, 15(1): 167-178.

[35] 吕璐. 5G 无线通信系统中非正交多址接入技术研究. 西安: 西安电子科技大学, 2018.

[36] Ping L, Liu L, Wu K, et al. Interleave division multiple-access. IEEE Transactions on Wireless Communications, 2006, 5(4): 938-947.

[37] Kusume K, Bauch G, Utschick W. IDMA vs. CDMA: Analysis and comparison of two multiple access schemes. IEEE Transactions on Wireless Communications, 2012, 11(1): 78-87.

[38] Ping L, Guo Q, Tong J. The OFDM-IDMA approach to wireless communication systems. IEEE Wireless Communications, 2007, 14(3): 18-24.

[39] Chen M, Burr A G. Low-complexity iterative interference cancellation multiuser detection based on channel selection and adaptive transmission. IET Communications, 2014, 8(11): 1988-1995.

[40] Nikopour H, Baligh H. Sparse code multiple access. 2013 IEEE 24th Annual International Symposium on Personal, Indoor, and Mobile Radio Communications (PIMRC), London, 2013: 332-336.

[41] Zhang S, Xu X, Lu L, et al. Sparse code multiple access: an energy efficient uplink approach for 5G wireless systems. 2014 IEEE Global Communications Conference, Austin, 2014: 4782-4787.

[42] Taherzadeh M, Nikopour H, Bayesteh A, et al. SCMA codebook design. 2014 IEEE 80th Vehicular Technology Conference (VTC2014-Fall), Vancouver, 2014: 1-5.

[43] 蒋成鑫. SCMA 原理及关键技术研究. 北京: 北京邮电大学, 2020.

[44] 袁志锋, 郁光辉, 李卫敏. 面向 5G 的 MUSA 多用户共享接入. 电信网技术, 2015(5): 28-31.

[45] Yuan Z, Yu G, Li W, et al. Multi-user shared access for internet of things. 2016 IEEE 83rd Vehicular Technology Conference (VTC Spring), Nanjing, 2016: 1-5.

[46] 康邵莉, 戴晓明, 任斌. 面向 5G 的 PDMA 图样分割多址接入技术. 电信网技术, 2015(5):

43-47.

[47] Chen S, Ren B, Gao Q, et al. Pattern division multiple access: A novel nonorthogonal multiple access for 5th-generation radio networks. IEEE Transactions on Vehicular Technology, 2017, 66(4): 3185-3196.

[48] Dai X, Zhang Z, Bai B, et al. Pattern division multiple access: A new multiple access technology for 5G. IEEE Wireless Communications, 2018, 25(2): 54-60.

[49] Ren B, Wang Y, Dai X, et al. Pattern matrix design of PDMA for 5G UL applications. China Communications, 2016, 13(2): 159-173.

[50] 李胥希. 图样分割多址接入发送端关键技术研究. 北京: 北京邮电大学, 2020.

[51] Saito Y, Kishiyama Y, Benjebbour A, et al. Non-orthogonal multiple access (NOMA) for cellular future radio access. 2013 IEEE 77th Vehicular Technology Conference (VTC Spring), Dresden, 2013: 1-5.

[52] Saito Y, Benjebbour A, Kishiyama Y, et al. System-level performance evaluation of downlink non-orthogonal multiple access (NOMA). 2013 IEEE 24th Annual International Symposium on Personal, Indoor, and Mobile Radio Communications (PIMRC), London, 2013: 611-615.

[53] Islam S M R, Avazov N, Dobre O A, et al. Power-domain non-orthogonal multiple access (NOMA) in 5G systems: Potentials and challenges. IEEE Communications Surveys and Tutorials, 2017, 19(2): 721-742.

[54] Chen M, Burr A G. Multiuser detection for uplink non-orthogonal multiple access system. IET Communications, 2019,13(19): 3222-3228.

[55] 陈敏, 李晖, 杨永钦. 一种基于 IDMA 的非正交多用户检测方法. 广西大学学报(自然科学版), 2017, 42(6): 2223-2229.

第 8 章 压缩频谱感知理论与技术

众所周知，无线电频谱的不可再生性使得频谱资源具有了稀缺的特性。在后 5G 时代，要实现超致密化、超大容量的万物互联，必然要迈进太赫兹频谱的范围，则采用更智能、分布更强的动态频谱共享技术将成为新的技术趋势。然而，要实现频谱资源的共享，必须首先能够实施精准的频谱感知。特别是随着宽带通信需求的剧增，具有低成本、自适应、高精度的宽带频谱感知技术问题需要迫切得到解决。本章主要从压缩采样出发，介绍宽带频谱感知技术。

8.1 感知技术发展概述

认知无线电网络由若干个认知节点(cognitive radio node，CRN) 组成，认知周期 (也称认知环) 主要包括四个不同的在线任务：频谱感知、频谱共享、频谱迁移和频谱管理[1,2]。不同的 CRN 通过无线电环境进行交互。图 8.1 展示了认知节点的基本组成及节点之间的交互[3]。由图 8.1 可知，频谱感知是 CR 中的关键技术，是实现频谱共享及其他 CR 应用的基础。次用户(secondary user，SU)需要实时、连续地感知周围的频谱环境，并能机会地接入满足需求的空闲频谱，并且在占用频段期间需要不断地感知授权主用户(primary user，PU)是否存在，若主用户存在则必须切换到其他感知到的频谱空洞继续通信。因此，频谱感知技术在认知无线电技术中具有举足轻重的作用。

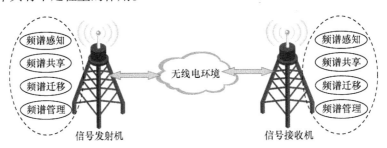

图 8.1 认知节点的在线任务及节点间交互

频谱感知的发展经历了较为漫长的历程，可以分为传统窄带频谱感知阶段[4]和基于压缩感知的宽带频谱感知阶段[5]。不管是哪种阶段都包含单认知用户频谱感知[6]和多认知用户的协作式频谱感知[7-9]两种方式。早期由于大多的应用主要集中在数据、语音和低速多媒体业务，对带宽的需求相对不高，窄带频谱感知技术能够满足大部分的用户需求。然而，随着无线电技术的飞速发展，无线电设备的在线数量出现了爆炸性的增长，更多基于宽带通信的新兴业务也在飞速发展，对带宽的需求变得异常迫切。例如，为了找到有意义、较宽的通信频段，就必须在一个极宽的频率范围内进行频谱感知；在国防军事领域，为了弄清楚哪些频段正在进行信号传输，也必须在一个非常宽的频段内进行频谱扫描。为了解决这些需求，引入宽带频谱感知技术，又由于宽带频谱感知对采样设备的要求非常高，压缩感知理论[10,11]被引入宽带频谱感知技术中，因此，宽带频谱压缩感知[12,13]就成为当今频谱感知发展的必然趋势。

近年来，大量的科技人员开展了宽带频谱压缩感知的研究，并取得了一系列的研究成果[14,15]，但是仍然面临诸多挑战性的问题。例如：①如何通过压缩采样信号和观测矩阵准确地挖掘出原始信号的稀疏度与噪声强度等相关先验信息，并实现频谱支撑集的高概率重构；②在存在传输损耗和较低信噪比的情况下，不增加感知系统的硬件复杂度，如何实现高精度的协作式宽带频谱压缩感知；③在保证感知效率和感知精度的情况下，如何解决恶意用户干扰的问题；④在较低信噪比下，如何显著地降低宽带频谱感知的硬件成本，并保证高的感知精度。

8.2 压缩频谱感知的研究现状与理论基础

8.2.1 基于压缩感知频谱检测的研究现状及分析

近年来，因为宽带频谱感知能够为认知用户提供更多、更宽的频谱接入机会，因此，宽带频谱检测技术成为近年来研究的热点问题[16]。

在实际环境中，很多信号可以利用一个稀疏变换基或全息字典进行稀疏化表示，稀疏信号通过观测矩阵投影后，可以得到少量的线性测量值，压缩感知技术可以从这些测量值中精确地恢复出原始信号。正是利用该特性，Taubock 和 Hlawatsch[17]将压缩感知(compressed sensing，CS)应用于宽带频谱感知的研究工作，并验证了其有效性。文献[18]采用协作频谱感知方式，将单个认知用户获得的多个频道信息的线性组合报告给融合中心，融合中心再利用矩阵填充技术和联合稀疏恢复算法进行解码操作。该操作可以降低感知和传输要求，并改善感知结果。但是，基于矩阵填充技术的恢复条件苛刻，计算复杂度高，且需要较多采样信号才可以满足精准重构。为了减少计算量，可以通过部分重构的方式来实现压缩检测，例如，利用贝叶斯压缩感知来检测主用户[19]，该方法能够直接从压缩测量值中估计主用户信号的重要参数，而不需要将信号从压缩测量值中完全重构出来，因此降低了计算的复杂度，但是该方法需要事先对原稀疏信号的先验分布及超参数服从的分布做出假设。Sun 等[20]基于授权用户信号的循环自相关域中的值是稀疏的这一特性，提出了一种基于 CS 特征的认知无线电频谱检测算法。该算法基于压缩感知技术进行循环自相关测量，并恢复出信号的实际循环自相关统计量，并结合正则化技术对频谱状态进行判决。然而此类算法需要非常高的观测和计算成本，因此不适合实时检测的场合。Wimalajeewa 等[21]提出了一种新的自适应匹配追踪(adaptive sparsity matching pursuit，ASMP)算法，通过分段方法自适应地提取主用户信号的稀疏度，并利用自适应的门限来优化信号支撑集的选取，在只需要少量先验知识的情况下，可以实现宽带信号的频谱压缩感知。但匹配追踪算法会出现对已选取的支撑元素进行重复选择的问题，这将导致计算成本的增加，且无法修正之前迭代产生的估计错误。为了减少采样资源的浪费，Wang 等[22]采用了两步法进行宽带频谱压缩感知，首先，通过统计学习方法对少量的采样数据进行可靠的数据拟合，然后利用拟合后的数据对稀疏度进行估计，在不降低感知性能的情况下，根据估计的稀疏度自适应地调整采样率，从而降低总的采样成本。在估计稀疏度大于实际稀疏度时该方案有较好的表现，然而，当估计稀疏度小于实际稀疏度时可能导致感知精度下降的问题，文献[22]没有给出讨论。

上述方法要么需要完全重构出原信号，要么需要部分重构出原始信号，然后再进行频谱感知。这种感知策略将会增加计算复杂度、降低频谱感知的灵敏度和感知性能。实际上，在许多频谱感知应用中，信号重构或部分重构并不是必需的，用户只是希望从观测序列里提取用于频谱检测的有用信息，从而进一步降低频谱感知的计算复杂度。因此，基于 CS 理论的非重构宽带频谱感知方法受到了人们的广泛关注。Davenport 等[23]直接利用压缩观测值对信号进行估计与检测，并给出了信号检测性能的理论性能界。但该方法仅仅考虑了宽带确定性信号的检测而没有考虑随机宽带信号的检测问题。此外，文献[23]提出的宽带信号检测方法需要预先知道噪声方差、信道增益及 SU(secondary user)信号等信息。另外一种思路是通过分析压缩采样数据，获得每个子信道的相关信息，然后利用这些信息和压缩采样数据设计出宽带信号检测方法[24]。但是，该方法也只适用于 PU(primary user)相关信息已知的确定性宽带信号的检测，而无法实现对宽带随机信号进行盲检测。Wang 等[25]直接利用压缩观测数据设计出一种宽带随机信号检测方法，并对该方法的检测性能进行了理论分析，该检测方法无须严格要求被检测信号为稀疏信号。但是，该方法仍然需要噪声方差和 PU 信号的先验知识。李斌武等[26]提出了一种最大似然准则下的随机信号非重构检测方法，但是，文献[26]中对于未知参数的随机信号及非高斯噪声信号未做分析。曹开田等[27]提出了一种无须先验知识，采用非重构压缩采样直接对信号进行盲检测的方法。但该方法的观测矩阵是传统的随机矩阵，需要更多的压缩采样值。在压缩观测中通常包含有冗余观测，为了有效地减少观测数，可将序贯思想引入宽带频谱压缩感知中，文献[28]提出了序贯压缩感知算法。该算法使得压缩比能够根据信号的稀疏度而自适应地进行调整，从而减小采样数，但该算法仍然需要重构原信号。Li 等[29]在序贯压缩理论的基础上进行改进，通过 PU 所能承受的干扰而设定最佳虚警概率从而改进门限值，使得 SU 的吞吐量最大。但上述文献都是对稀疏度已知的确定信号进行检测的，为此，涂思怡等[30]采用结合传统序贯理论的压缩采样方法，对稀疏度未知信号进行非重构检测，但该方法仅考虑高斯噪声信道的情形，且在有 SSDF(spectrum sensing data falsification) 攻击[31]的情况下，算法鲁棒性得不到保证。

8.2.2　基于 MWC 的宽带频谱压缩感知研究现状及评价

由于频谱资源的紧缺性，在传输中，发送端不得不将基带信号调制到几 GHz 甚至几十 GHz 的频段进行传输，在接收端再通过下变频的方式还原出原基带信号。对于由多个射频模拟信号构成的多频带信号而言，其占据了非常宽的频率范围，且信号的每个子带均无重叠地分布在整个频率范围。因此，为了实现真正的欠奈奎斯特采样速率，必须将压缩采样理论扩展到模拟域。首先出现的是基于模拟信息转化器(analog-to-information conversion, AIC)的方法[32,33]，但是，AIC 的应用场景比较有限，且对多带信号采样时效率不高。为此，出现了多种新颖的欠奈奎斯特采样结构，例如，约束随机解调(constrained random demodulation, CRD)[34]、随机等效采样[35]，以及调制宽带转换器(modulated wideband converter，MWC)[36]等。MWC 系统[37,38]是目前非常成功的欠采样系统，在认知无线电频谱感知等领域得到了较好的应用。在接收端，获取射频信息的传统方法是在已知载波的前提下通过解调实现。然而，在一些实际应用环境中，如认知无线网络、容迟容断网络(delay/disruption tolerant networks，DTN)等，要求直接对高频宽带模拟信号采样后进行盲感知。而在上述的应用环境中，接收到的多频带射频信号的载波频率往往是未知的。针对这些挑战，Taubock 和 Hlawatsch[17]等最先提出了基于压缩采样和信号重构的宽带频谱感知技术，但该技术仍然是基于离散压缩感知的，并未真正地降低信号的采样速率。为了能够对连续模拟信号进行欠奈奎斯特采样，Mishali 等[37-39]结合压缩感知理论与时频变换思想构建了一个并行结构的多通道压缩采样和重构方案，命名为 MWC。该方案在硬件上易于实现，观测矩阵维数低，运算量小，可对多频宽带模拟稀疏信号进行欠奈奎斯特采样，并重构出信号的支撑集。

MWC 的时域重构模型可以归属于多测量向量(multi measurement vector, MMV)问题。信号支撑集的正确重构是实现频谱感知的关键所在，目前在感知的成功率、所需的最小通道数和所能重构的最大频带数上仍有较大的改进空间。由于 MMV 问题的可解性是 MWC 重构能力高低的重要指标，基于此，Mishali 和 Eldar[40]提出了一种将 MMV 问题转化为单测量向量(single measurement vector,

SMV)问题求解的著名算法——测量降维性能提升算法(reduce MMV and boost，ReMBo)，从而提升 MMV 问题的可解性。实验证明了 ReMBo 在重构成功率和计算开销上优于多数的现有重构算法，但其所能精确重构的最大频带数距离理论上限仍存在较大差距[41]，所能达到的总的最低采样速率和所需的最小通道数也要大大高于理论下限[37,38,42]。针对此问题，盖建新等[43]提出了一种维度可调的随机投影与性能提升算法 (randomly projecting MMV and boost，RPMB)，该算法将最初的MMV 问题通过随机投影转化成一系列具有相同稀疏性的低维 MMV 问题来求解支撑集，在求解过程中，会对解进行检验并多次尝试，直到获得满意的解。与ReMBo 相比，在精确重构的条件下，该算法可以降低重构所需的硬件通道数，并可以提高可重构信号的最大频带数。尽管如此，RPMB 仍面临着一些需要解决的棘手问题：①由于 RPMB 中的求解器未考虑噪声强度的影响，因此，在低信噪比下，RPMB 的重构性能会大大降低；②由于 RPMB 的支撑集判决门限是一个固定值，对噪声的不确定性没有自适应能力，导致 RPMB 不够灵活；③RPMB 需要事先知道信号的稀疏度信息，这在一些实际应用领域，例如，在认知无线电环境中，是很难预先获知的；④虽然 RPMB 求解器通过寻找更多的潜在支撑频带提高了算法的容错能力，但是，容错的效果还有待改进。

尽管基于 MWC 的频谱感知系统有其自身的优势，但是由于其复杂的硬件并行结构，导致其无法适用于协作式频谱感知的场合。文献[44]提出了一种基于分布式的 MWC 宽带频谱感知框架(distributed modulated wideband converter，DMWC)，核心思想是将硬件并行结构分散到各个次用户上，然后各个次用户将压缩采样的结果传到融合中心进行支撑集的重构。这种方式可以降低硬件复杂度，但是需要考虑由次用户与融合中心之间的距离所引起的传输损耗对感知精度的影响，为了维持高的感知精度，需要大量的次用户参与压缩采样活动，并且在低信噪比下感知性能较差，同时重构需要已知噪声强度和稀疏度。在不影响频谱感知结构整体性的情况下，为了更有效地减少硬件复杂度，Sun 等[45]提出了基于单通道的宽带压缩采样方法，该方法通过一个时移操作、一个切换开关和伪随机序列的循环移位操作，只需要一条硬件采样结构就可以实现较高精度的频谱感知。但是该方法需要较高的时间同步操作和处理时延，对噪声的干扰较为敏感，感知的精度还没有达到实际的要求[46]。

8.2.3　压缩感知理论基础

1. 理论概述

压缩感知 CS[10,11,47,48]已经成为近几年来极为热门的研究方向。已经在图像压缩[49,50]、医疗图像处理[51-53]、雷达通信[54,55]、无线通信[17,56,57]等领域得到了较好的应用。最初，压缩感知是针对离散信号提出的，例如，针对压缩感知在图像信号处理中的应用[58]。

压缩感知理论的核心是若一个信号在某个正交基或冗余字典上是稀疏的或者可压缩的，那么该信号可以从少量的线性随机测量值中成功恢复[59]。它包含两点内涵：①信号在某个变换域内能够稀疏表示。传统的香农信号表示方法只开发利用了最少的被采样信号的先验信息，即信号的带宽[60]。但是，相对于带宽信息的自由度，现实场景中很多常见的信号本身具有的一些结构性特征也会增加信号的自由度，这些自由度的增加给予了信号更多可利用的细节性描述[61]。换句话说，在很少的信息损失情况下，这种信号可以用很少的数字编码表示。压缩感知理论正是引入了信号的这种稀疏性结构，称这种信号为稀疏信号或可压缩信号[52]。②不相关特性。稀疏信号的有用信息的获取可以通过一个非自适应的采样方法将信号压缩成较小的样本数据来完成，这也表明获取的测量值可以描述成一个列数大于行数的矩阵。理论已证明，我们可以将压缩感知的采样方法认为是这样的一种操作：即将稀疏信号与一组确定的波形进行的相关性运算。由这些波形构建的空间与信号所在的稀疏空间应是不相关的[62]。压缩感知最吸引人的两个特性为：①可以实现欠奈奎斯特速率的压缩采样；②采样与压缩可以同步进行，并丢弃掉信号采样中的冗余信息。这样做的好处是，可以直接从模拟的连续时间信号中获得压缩采样数据，然后采用凸优化或匹配追踪类方法在 DSP 单元处理这些压缩后的数据。而压缩感知理论对信号的恢复所需的优化算法可以归结为一个已知信号稀疏度的欠定线性逆问题[61]。从上述引用的文献中归纳后可知：如果待处理的信号足够稀疏，那么这个信号可以被一个小的线性的压缩测量信号无失真地重构出来。

压缩感知的实现主要考察几个方面：①信号的可稀疏性[63]；②观测矩阵的约束条件，包括 Spark 约束[64]、含噪声污染的 RIP 约束条件[65]、互不相干条件[66]；③稀疏信号重构[10,11,67-73]。

2. 信号的稀疏表示

定义 8.1　假设压缩观测 $y = Ax$，$A \in \Re^{m \times n}$，其中 y 为观测所得向量 $y \in \Re^m$，x 为原信号 $x \in \Re^n$。x 本身不一定是稀疏的，但在某个变换域 ψ 上是稀疏的，即 $x = \psi \alpha$，$\psi \in \Re^{n \times n}$，其中，系数向量 $\alpha \in \Re^n$，给定一个正整数 K，若向量 α 的 l_0 范数 $\|\alpha\|_0 \leqslant K$（也可以表示为 α 的势 $|\alpha| \leqslant K$），则称 x 是 K-稀疏的，满足 $K \ll m \ll n$。此时 $y = A\psi\alpha = V\alpha$，令 $V = A\psi$，$V \in \Re^{m \times n}$。定义 8.1 中的相关符号说明如表 8.1 所示。

表 8.1　相关符号说明

符号	称谓
y	观测向量
x	原信号
α	x 在变换域 ψ 上的 K 稀疏表示
A	观测矩阵、测量矩阵、测量基
ψ	变换矩阵、变换基、稀疏矩阵、稀疏基
ε	测度矩阵、传感矩阵

稀疏性是信息表示的普遍属性，指在合适的参考基底(字典)下，一个观测可由少数基底(字典中的少数原子) 来表示的特性。通常用表示向量 x 的非零元素个数来刻画。从投影的角度考察，信号的稀疏表示就是将信号投影到正交变换基时，绝大部分变换系数的绝对值很小 (趋近于 0)，所得到的变换向量是稀疏或者近似稀疏的，可以将其看作原始信号的一种简洁表达，这是压缩感知的先验条件，即信号要么本身是稀疏的，要么必须在某种变换下可以稀疏表示，通常变换基可以根据信号本身的特点灵活选取，常用的有离散余弦变换基、快速傅里叶变换基、离散小波变换基、Curvelet 基、Gabor 基及冗余字典等[74]。

在实际应用中，信号往往无法满足标准稀疏性的条件，而是近似稀疏的。而且就算是标准稀疏信号，在测量中也会通过测量过程引入噪声污染。此时，最小 l_0 范数的解为 $\min\|x\|_0$ s.t. $\|Ax-y\|_2 \leqslant \varepsilon$，其中 ε 是一个很小的误差或扰动。如图 8.2 所示，纵轴上两条虚线所夹的区间即为 $\|Ax-y\|_2 \leqslant \varepsilon$。

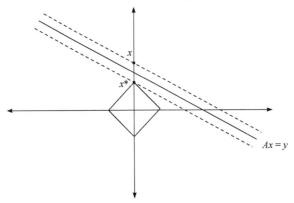

图 8.2　有噪声情形下 l_1 范数最优解区间

3. 观测矩阵的约束条件

稀疏重建的条件可以通过观测矩阵 A 的几个指标来衡量，下面列举三种常见的衡量指标。

1) Spark 约束条件

Donoho 和 Elad[75]在零空间的基础上提出了 Spark 常数的概念，在文献[76]中用 Spark 常数来衡量一个矩阵是否可以成为观测矩阵。

定义 8.2　观测矩阵 A 的 Spark 常数 (即矩阵 A 的最小线性相关列数)定义为 $\mathrm{Spark}(A) \stackrel{\triangle}{=} \min\{\|x\|_0 : x \in \mathrm{Null}(A)\}$，其中，$\mathrm{Null}(A) \stackrel{\triangle}{=} \{x \in \mathfrak{R}^n : Ax = 0, x \neq 0\}$，这里的 $\mathrm{Null}(A)$ 为 A 的零空间。

可以证明[64]，当且仅当 $\mathrm{spark}(A) > 2K$ 时，才可以通过求解最小 l_0 范数得到 K-稀疏信号 x 的精确逼近 $\hat{x}$。换句话说，对于任意向量 $y \in \mathfrak{R}^m$，当且仅当 $\mathrm{Spark}(A) > 2K$ 时，至多仅存在一个信号 $x \in \sum_k$ 满足 $y = Ax$。显然，$\mathrm{Spark}(A) \in [2, m+1]$，因此要求 $m \geqslant 2K$。其中 $\sum_k = \{x \in \mathbb{C}^n \mid \|x\|_0 \leqslant K\}$ 表示 K-稀疏向量的集合，m 表示观测矩阵 A 的行向量的维数。

2) 约束等距性条件 (restricted isometry property, RIP)

Spark 约束可以保证 $y = Ax$ 存在唯一解，但是这种保证不适用于有噪声存在的情况。当观测值被噪声或由量化引起的误差污染时，我们需要考虑更强的条件。

在 l_p 范数中当且仅当 $p \geqslant 1$ 时 $\|x\|_p$ 为凸函数，所以 l_1 范数是 l_0 范数的凸松弛。因此，l_0 范数最小化问题(P_0)可以转变为凸松弛的 l_1 范数最小化问题(P_1)。在有噪声的实际情况下，P_1 可松弛为不等式约束的最优化问题，即 $\min\|x\|_1$ s.t. $\|Ax - y\|_2 \leqslant \varepsilon$。

定义 8.3　设 A 是一个 $m \times n$ 矩阵，如果对于所有含有不超过 K 个非零元素的 $x \in \mathfrak{R}^n$，若满足：$\|x\|_0 \leqslant K \Rightarrow (1 - \delta_K)\|x\|_2^2 \leqslant \|A_K x\|_2^2 \leqslant (1 + \delta_K)\|x\|_2^2$ 均成立，则称 A 满足 K 阶 RIP 条件[77]。式中 $1 > \delta_K \geqslant 0$ 是一个与稀疏度 K 有关的常数，而 u_i 是由观测矩阵 A 的任意 K 列组成的子矩阵。

当 RIP 条件满足时，非凸的 P_0 最优化问题与凸的 S 优化问题等价。具有参数 δ_K 的 K 阶 RIP 条件记为 $\mathrm{RIP}(K, \delta_K)$，而 δ_K 称为约束等距常数(restricted isometry constants，RIC)。定义为所有使得 $\mathrm{RIP}(K, \delta_K)$ 成立的参数 δ 的下确界。

$$\delta_K = \inf\{\delta \mid (1 - \delta)\|x\|_2^2 \leqslant \|A_I x\|_2^2 \leqslant (1 + \delta)\|x\|_2^2, \forall x \in \mathbb{R}^{|I|}\} \tag{8.1}$$

式中，$I = \{i \mid x_i \neq 0\} \subset \{1, \cdots, n\}$ 表示稀疏向量 x 的非零元素的支撑集 $\mathrm{supp}(x)$；$|I|$ 表示支撑集的长度，即非零元素的个数；A_I 表示一个矩阵，由 A 中所有 $i \in I$ 指示的列组成。

结论 8.1[67]　从定义 8.3 可看出，若 $\hat{x}$ 为正交矩阵，因为有 $\|A_K x\|_2 = \|x\|_2$，则 $\delta_K = 0$，这是最佳的理想情形。由于矩阵 A 的任意 K 列的抽取构建了正交矩阵 A_K，

因此，若信号 x 在矩阵 A 的每一列上的能量投影足够均匀的话，则矩阵 A 可以高概率地满足 RIP 条件。

结论 8.2　稀疏信号 x 精确重构的充分条件：若观测矩阵 A 分别满足具有常数 δ_K, δ_{2K}, δ_{3K} 的 RIP 条件，并且 $\delta_K + \delta_{2K} + \delta_{3K} < 1$，则 l_1 范数最小化可以精确重构所有 K 稀疏的信号[78]。该条件也可改善为 $\delta_{2K} < \sqrt{2} - 1$ [47,48]，文献[79]证明了 RIP 的新下界为 $\delta_K < 0.307$。在此条件下若无噪声存在，则 K 稀疏信号可以确保由 l_1 范数最小化精确恢复，即使在有噪声的情况下 K 稀疏信号也可以由 l_1 范数最小化稳定地估计。

3) 互不相干性条件

虽然 Spark 和 RIP 都可以提供 K-稀疏信号恢复的保证，但是验证一个观测矩阵 A 满足其中任意一条性质都需要组合计算复杂度，因此，找到容易计算且实用的验证条件显得非常重要，而矩阵的互不相干条件就是其中之一。

定义矩阵的相干统计量为 $\mu = \max_{j \neq k} \left| \langle A_j, A_k \rangle \right|$，此处要求矩阵 $A = [a_1, \cdots,$ $a_i, \cdots, a_n]$ 的列向量已归一化，即满足 $\|a_i\|_2 = 1$ [80]。其实相关性与 Spark 常数之间是有关联的：对于任意矩阵 B，$\mathrm{spark}(B) \geqslant 1 + 1/\mu(B)$ [81]。另外，RIP 条件与观测矩阵列之间的相干统计量也密切相关，文献[75]借助圆盘定理证明了 $\delta_K \leqslant \mu(K-1)$。进一步，如果观测矩阵 A 具有单位范数的列，当满足 $K < 1/\mu$ 时，则观测矩阵 A 以参数 $\delta = (K-1)\mu$ 满足 K 阶 RIP[81]。

结论 8.3　若一个 $m \times n$ 的观测矩阵 A 满足：$\max_{j \neq k} \left| \langle \phi_j, \phi_k \rangle \right| \leqslant \dfrac{1}{\sqrt{m}}$，则称观测矩阵 A 是非相干的[80,82,83]。如果观测矩阵 Φ 和稀疏矩阵 ψ 满足 $\max_{j \neq k} \left| \langle \phi_j, \varphi_k \rangle \right| \leqslant 1$，则称 Φ 和 ψ 是非相干的。

结论 8.4[66,84]　令 $x \in \mathbb{R}^n$，观测矩阵 $A \in \mathbb{R}^{m \times n}$，且 x 用 ψ 表示的系数向量 α 是 K 稀疏的。如果 $m \geqslant C\mu^2(\Phi, \psi)K \log_2(n/\delta)$ 对某个正常数 C 成立，则 l_1 范数最小化问题：$\min \|\alpha\|_1$ s.t. $y = A\psi\alpha$ 的解 α 可以以 $1 - \delta$ 的概率精确求出，换句话说，高维离散时间信号 x 可以在低维采样信号 y 中以 $1 - \delta$ 的概率重构。

由结论 8.4 我们可以引申出一些推论：①观测矩阵 A 与稀疏矩阵 $\mathbb{R}^n$ 之间的相关性越小，所需要的测量样本数 m 就越少。②虽然低速率只采样了 m 个信号，但是并不会造成任何信息的丢失，这是因为信号可以高概率地进行精确恢复或重构。

4. 稀疏信号的重建

得到压缩采样数据后，在给定观测矩阵 A、稀疏矩阵 ψ 的情况下，通过求解欠定矩阵方程式 $\min \|\alpha\|_1$ s.t. $y = V\alpha$，其中 $V = A\psi$，$\alpha = \psi x$，由低维的感知信号

$y \in \mathbb{R}^m$ 精确或高概率地重构出高维原始信号一直是近年来研究的热点问题。

在实际中对这类欠定矩阵方程的求解主要有两类方法：一类是基于基追踪的凸优化重构算法[10,11,66,84,85]，这类算法主要是基于 $A(x - x') = 0$ 范数最小化约束的凸优化算法，该类算法的特点是信号恢复精度高，但是计算复杂度较高，一般为信号维度的立方。另一类是贪婪算法，包括正交匹配追踪(orthogonal matching pursuit，OMP)算法[73]、正则正交匹配追踪算法(regularized OMP，ROMP)[72]、分段正交匹配追踪(stagewise OMP，StOMP)算法[70]、分段弱正交匹配追踪(stagewise weak OMP，SwOMP)算法[69]、压缩采样匹配追踪(compressive sampling matching pursuit，CoSaMP)算法[71]、梯度追踪(gradient pursuits，GP)算法[68]、子空间追踪(subspace pursuit，SP)算法[75,86]、广义正交匹配追踪 (generalized OMP，gOMP)算法[87]等，该类算法的特点是计算复杂度低，但重构效果不如凸优化算法。在实际中通常根据实际需要进行选用。

这里主要介绍下经典的 OMP 重构算法。OMP 重构算法是从基本的匹配追踪(matching pursuit，MP)算法改进而来的，OMP 重构算法与 MP 算法的本质不同是：它能够保证每步迭代后残差向量与以前选择的所有原子 (列向量) 正交，以保证每次迭代的最优性。换句话说，在 OMP 中，一个原子不会被重复选择两次，结果会在有限的迭代次数内收敛。OMP 和 MP 相比性能更稳健，可以得到稀疏度 $K \leqslant m / (2\log_2 n)$ 的系数向量。OMP 重构算法如表 8.2 所示。

表 8.2　OMP 重构算法

输入：压缩采样数据向量 $y \in \mathfrak{R}^m$，传感矩阵 $V \in \mathfrak{R}^{m \times n}$

初始化：令列索引集 $\Omega_0 = \varnothing$，初始残差向量 $r_0 = y$，$k = 1$

1. 辨识。求传感矩阵 V 中与残差向量 r_{k-1} 最相关的列索引 j_k：$j_k = \arg\max\limits_j \left| <r_{k-1}, v_j> \right|$，$\Omega_k = \Omega_{k-1} \bigcup \{j_k\}$，其中：$v_j$ 表示传感矩阵 V 中的某一列。

2. 估计。最小化问题 $\min\limits_\alpha \left\| y - V_\Omega \alpha \right\|_2$ 的解可由最小二乘法给出：$\alpha_k = \min\limits_\alpha \left\| y - V_\Omega \alpha \right\|_2 = (V_\Omega^{\mathrm{H}} V_\Omega)^{-1} V_\Omega^{\mathrm{H}} y$ (解释：其实该最小化问题是误差平方和最小化，又由于 V_Ω 的行大于列，且是满列秩的，所以 $(V_\Omega^{\mathrm{H}} V_\Omega)$ 是非奇异(可逆)，而且在这里是左可逆的)。
其中，$V_\Omega = [v_{\omega_1}, \cdots, v_{\omega_k}]$，$\omega_1, \cdots, \omega_k \in \Omega_k$。

3. 更新残差：$r_k = y - V_\Omega \alpha_k = y - V_\Omega (V_\Omega^{\mathrm{H}} V_\Omega)^{-1} V_\Omega^{\mathrm{H}} y$。(解释：$V_{\Omega k}(V_\Omega^{\mathrm{H}} V_\Omega)^{-1} V_\Omega^{\mathrm{H}} y$ 和 $V_\Omega^{\mathrm{H}} \alpha_k$ 均为 y 在 $V_{\Omega k}$ 张成空间上的投影，$V_{\Omega k}(V_\Omega^{\mathrm{H}} V_\Omega)^{-1} V_\Omega^{\mathrm{H}}$ 为投影矩阵，α_k 为本次迭代的近似解)。

4. 迭代：令 $k=k+1$，并重复步骤 2～步骤 4。若收敛条件满足，则停止迭代。

输出：稀疏系数向量 $\hat{\alpha}$ 为 $\alpha(i) = \begin{cases} \alpha_k(i), & i \in \Omega_k \\ 0, & 其他 \end{cases}$

算法常见的收敛条件[32,33]为：①运行到某个固定的迭代步数后停止(如 $k \leqslant K$，K 为稀疏度)；②残差能量小于某个预先给定值 ε，有 $\|r_k\|_2 \leqslant \varepsilon$；③当传感矩阵 V 的任何一列都没有残差向量 r_k 的明显能量时，有 $\|V^H r_k\|_\infty \leqslant \varepsilon$。

8.3　基于 SwSOMP 重构的 MWC 宽带频谱感知技术

在现代信号处理的许多领域中，都发现了含有稀疏约束的欠定逆问题，它使用从大集合中选择的少量基本波形的线性组合来近似一个信号[88]，在极宽频谱范围内的稀疏多带信号就是这种典型的信号。寻找欠定逆问题的稀疏解是一个基本的挑战，特别地，稀疏多带信号支撑集的精确重构是 MWC 系统的核心问题。目前，MWC 主要采用了连续到有限(continuous to finite, CTF)重构模块[89,90]，而 CTF 模块中普遍采用的重构算法是同步正交匹配追踪(simultaneous orthogonal matching pursuit, SOMP)算法[82,83]。该算法简单易于实现，然而，将 SOMP 应用于大型数据集上存在两个主要问题：①无论是空间复杂度还是时间复杂度，重构时每次迭代的成本都很高，无法应用于大型数据集的情形，这个问题通过引入一个非常通用的称为集体梯度追踪的贪婪算法框架得到了解决[68]；②基于贪婪机制的 MP、OMP 及 GP 算法在每次迭代中只选择一个元素。因此，必须至少迭代与每次稀疏解中非零元素个数相同的次数 [88]。另外 SOMP 算法的正确重构概率不够高，与理论限[41]还存在较大的差距。在含有高斯白噪声的情况下，精确重构所需的通道数远高于通道数的理论下限，而通道必须由硬件来实现，这样会大大增加系统的开发成本。而且，该算法必须将确切的信号稀疏度作为重构的先验信息，但是，这在认知无线电环境中是很难事先获知的。由此可见，构建不依赖于信号稀疏度信息、能提高支撑集恢复能力、降低所需采样通道数的重构算法具有重要的理论意义和应用前景。

针对 SOMP 算法存在的问题，本节提出一种基于分段弱正交匹配追踪(SwOMP)[69,91]的 MWC 多带信号频谱支撑集恢复算法，命名为 SwSOMP (stagewise weak simultaneous OMP)。SwSOMP 算法在 SOMP 中使用了共轭梯度更新方向和分段弱选择相结合的策略，可看作梯度追踪算法的一种扩展。具体来说，是在 StOMP (Stagewise OMP) 算法[70]的基础上对选择原子时的门限设置进行优化，在每次迭代中可有效地选择多个元素，从而可以降低对观测矩阵的要求，SwSOMP 算法中的弱化参数 α 用来实现性能和算法速度之间的权衡，其值取决于特定的应用场景。同时，SwSOMP 引入了一种新的递归策略，它允许共轭梯度的计算顺序与梯度本身相同，可以加速算法的收敛过程，从而降低了重构算法的计算成本，另外，SwSOMP 算法不需要信号稀疏度的先验信息，直接给定一个固定的迭代次数，也可较好地重构支撑集，因此，可以实现支撑集的半盲重构。本节将该算法应用到 MWC 的 CTF 模块中，仿真结果表明，应用了 SwSOMP 算法的 MWC 系统可以在信号稀疏度未知、较低 SNR 的情况下，利用较少的通道数实现支撑频带的高概率重构，因此，可以有效地减少系统的采样速率，从而达到降低硬件实现复杂度的目的。另外，该方案也可以提升系统的可重构能力。

8.3.1　MWC 系统原理

1. 稀疏多带连续信号

稀疏多频带信号是认知无线电通信中经常遇到的信号类型[92]。假设接收信号 $x(t)$ 是一个稀疏的带通模拟信号。频谱分布在频率区间 $F = [-f_{nyq}/2, f_{nyq}/2]$ 内，其中 $f_{nyq} = 1/T$，且 f_{nyq} 为信号的奈奎斯特采样速率，通常达到 Gigabit Samples Per Second 数量级。$x(t)$ 也可以看作一个宽带实值连续时间信号，其傅里叶变换频谱 $X(f)$ 如式(8.2)所示。假设 $x(t)$ 的频谱只包含 N 个带宽为 $B_i \leqslant B$ $(-N/2 \leqslant i \leqslant N/2)$ 的子频带（考虑了对称频带，因此 N 为偶数），且子频带互不重叠，B 为子带中最大的带宽，每个子频带的载波中心频率未知。所有子频带的并集及最大带宽 B 可以表示为式(8.3)的形式。

$$X(f) = \begin{cases} \int_{-\infty}^{\infty} x(t)e^{-j2\pi ft} dt, & f \in F \\ 0, & f \notin F \end{cases} \tag{8.2}$$

$$P_N = \bigcup_{i=1}^{N/2} \left\{ (a_i, b_i) \bigcup (-b_i, -a_i) \right\}, \quad B = \max_i (b_i - a_i) \tag{8.3}$$

多频带信号的采样频率的最小值，即 Landau 速率[42]定义为式(8.4)的形式。因为考虑到 $x(t)$ 在频域上的稀疏性，因此应满足 $P_N \ll f_{nyq}$。

$$M(P_N) = 2\sum_{i=1}^{N/2} (b_i - a_i) \tag{8.4}$$

图 8.3 为稀疏多频带信号模型，整个频带被等分为 L 个连续的窄带频道，每个频道的带宽不小于 B，加上对称的部分，则 $x(t)$ 的频谱在整个带宽上最多有 N 个有能量的子带，标记频道序号为 $[1, \cdots, L]$，则包含有效信息的各子带 $X_i(f)$ 所对应的信道序号的集合称为信号 $x(t)$ 的支撑集，定义为 $\Lambda = \text{supp}(X(f))$，$|\Lambda|$ 表示 Λ 中非零元素的个数，即 Λ 的势，也可用 Λ 的 0 范数来表示。这些序号所对应的子带称为支撑频带。由于 N 远小于 L，故可以认为 $x(t)$ 为稀疏多频带信号。

综上所述，$x(t)$ 的支撑频带必须满足如下两个条件：①分布在一个很宽的频率范围内；②仅在少数几个离散的频带上有信号存在。

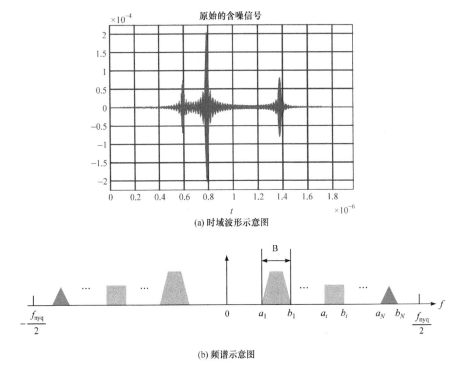

(a) 时域波形示意图

(b) 频谱示意图

图 8.3 稀疏多频带信号模型

2. MWC 压缩采样原理

为了保证在 MWC 的并行硬件通道的低速采样中能够捕获到多带信号 $x(t)$ 的所有频带信息,MWC 将一个周期性伪随机序列作为混频信号。通过混频使得 $x(t)$ 的支撑频带都叠加到基带 (低频) 的范围内,从而实现欠奈奎斯特采样。MWC 中包含多个并行的采样通道,且每个通道结构相同,均由混频器、低通滤波器及 ADC 组成。其结构如图 8.4 所示。接收到的信号 $x(t)$ 同时输入到 m 个并行通道,每个通道用不同模式的周期混频信号 $p_i(t)$ 进行相乘,从而实现对 $x(t)$ 信号频谱向基带的搬移,每路的 $p_i(t)$ 互不相关,$p_i(t)$ 的周期为 $T_p = 1/f_p$,用 M 表示一个周期中随机 ±1 切换的次数。Mf_p 定义为混频信号切换的频率,$p_i(t)$ 波形如图 8.5 所示,理论上只需要 $p_i(t)$ 满足周期特性,并能对 $x(t)$ 进行频谱扩展即可。混频后信号通过截止频率为 $1/2T_s$ 的低通滤波器,如图 8.6 所示。最后通过采样速率为 $f_s = 1/T_s$ 的 ADC 获取 m 组低速数字采样序列 $y[n]$。由于是低速采样,所以现有的 ADC 采样设备可以满足采样要求。

下面对图 8.4 的第 i 个通道进行分析,周期混频信号 $p_i(t)$ 的傅里叶级数展开为

$$p_i(t) = \sum_{l=-\infty}^{\infty} c_{il} e^{j2\pi f_p lt} \tag{8.5}$$

式中，c_{il} 为 $p_i(t)$ 傅里叶级数展开后的系数，即为 $p_i(t)$ 的频谱。

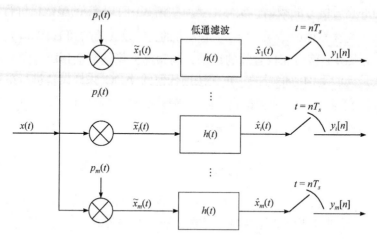

图 8.4　MWC 压缩采样结构

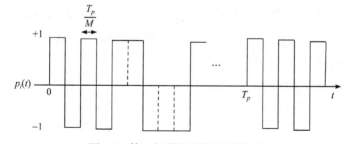

图 8.5　第 i 个采样通道的混频信号

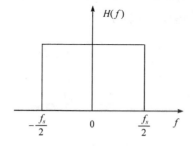

图 8.6　理想低通滤波器

$$c_{il} = 1/T_P \int_0^{T_p} p_i(t) e^{-j2\pi l f_p t} dt \tag{8.6}$$

混频后的信号 $\tilde{x}_i(t) = x(t) p_i(t)$，由卷积定理可知，信号时域相乘等价于频域做卷积。因此，混频信号 $\tilde{x}_i(t)$ 的频谱可以表示为

$$\tilde{X}_i(f) = \sum_{l=-\infty}^{\infty} c_{il} X(f - lf_p) \tag{8.7}$$

式(8.7)也可由傅里叶变换的定义直接推导出来，本节不再赘述。式(8.7)的物理意义为混频后信号的频谱，实际上是原频谱 $X(f)$ 以 f_p 的整数倍进行平移后，再进行加权线性叠加的结果。由于 l 是无穷的，所以 $\tilde{X}_i(f)$ 可看作 $X(f)$ 向 $+\infty$ 和 $-\infty$ 进行无限次平移后加权叠加的结果，其频谱覆盖整个全频域范围，因此用传统的方法是无法重构原信号的，也无法用任何的 ADC 采样设备进行采样，但是我们可以注意到一点，因为频谱是无限次平移后叠加，因此在 $F_s = \left[-f_p/2, f_p/2\right]$ 频率范围内保留了 $X(f)$ 的所有有用特征。

$$\hat{X}_i(f) = \sum_{l=-\infty}^{\infty} c_{il} X(f - lf_p), \quad \text{s.t.} \ f \in F_s \tag{8.8}$$

因此，为了能够恢复信号支撑，接下来需要对混频后的信号进行频率截取，信号 $\tilde{x}_i(t)$ 要经过理想低通滤波器，其截止频率范围为 $F_s = \left[-f_s/2, f_s/2\right]$，得到如式(8.8)所示的形式，$\hat{X}_i(f)$ 中只保留了 $\tilde{X}_i(f)$ 所有加权叠加频率成分中的 $f \in F_s$ 那一部分频谱片段。若设定 $f_s = f_p$，则经过低通滤波器后的信号 $\hat{x}_i(t)$ 的频谱保留了 $X(f)$ 的所有频率特征。混频后的信号通过低通滤波的物理意义是 $X(f)$ 的所有频率成分完成了向基带的搬移。

因为，宽带稀疏信号的频谱是有限宽的，因此向 $-\infty$ 方向和 $+\infty$ 方向平移的次数不需要无限次，左右平移多少次取决于我们想感知的频谱范围。假设感知的频率范围为 f_{nyq}，已知 f_s 和 f_p，我们可以找出向 $+\infty$ 方向平移的次数 L_0 与 f_{nyq}、f_s 及 f_p 之间的关系，如式(8.9)所示。我们可以得出式(8.9)的最小整数 L_0 的计算公式，如式(8.10)所示，其中 $\lceil \cdot \rceil$ 运算表示向上取整。

$$(L_0 + 1) f_p - \frac{f_{\text{nyq}}}{2} \geq \frac{f_s}{2} \tag{8.9}$$

$$L_0 = \left\lceil \frac{(f_s + f_{\text{nyq}})}{2f_p} \right\rceil - 1 \tag{8.10}$$

特别地，当 $f_s = f_p$，则 $L_0 = \left\lceil \dfrac{f_{\text{nyq}}}{2f_p} + \dfrac{1}{2} \right\rceil - 1$。说明：本节中所有仿真实验，都设定 $f_s = f_p$。因为傅里叶变换后的频谱具有共轭对称特性，所以左右各平移 L_0 次。则式(8.8)可以改为如下的形式：

$$\hat{X}_i\left(f\right) = \sum_{l=-L_0}^{L_0} c_{il} X\left(f - lf_p\right), \quad f \in F_s \tag{8.11}$$

如果改成矩阵运算的形式则为

$$\hat{X}_i\left(f\right) = \left[c_{i-L_0}, \cdots, c_{i0}, \cdots, c_{iL_0}\right] \begin{bmatrix} X\left(f + L_0 f_p\right) \\ \vdots \\ X\left(f\right) \\ \vdots \\ X\left(f - L_0 f_p\right) \end{bmatrix}, \quad f \in F_s \tag{8.12}$$

接下来，将通过低通滤波器的连续信号 $\hat{x}_i\left(t\right)$ 进行 ADC 采样，根据数字信号处理中的知识，时域的抽样会造成频域的周期延拓，只有在采样频率满足奈奎斯特采样定理时，采样信号的离散时间傅里叶变换(discrete-time Fourier transform, DTFT) 在折叠频率 (也称为奈奎斯特频率) 内与原模拟信号的傅里叶变换等价，才不会发生混叠失真。为了满足这一要求，ADC 的采样频率需满足 $f_{\text{ADC}} = 2 \times \dfrac{f_s}{2} = f_s$。因此，第 i 条通道经过 ADC 抽样后的离散信号 $y_i[n]$ 的频谱可以表示为 DTFT 的形式：

$$\begin{aligned} \hat{X}_i\left(f\right) &= \text{DTFT}\left(y_i[n]\right) = Y_i\left(\mathrm{e}^{\mathrm{j}2\pi f T_s}\right) \\ &= \sum_{n=-\infty}^{\infty} y_i[n]\mathrm{e}^{-\mathrm{j}2\pi f n T_s} \\ &= \sum_{n=-L_0}^{L_0} c_{in} X\left(f - nf_p\right), \quad f \in F_s \end{aligned} \tag{8.13}$$

为了更好地进行矩阵运算和信号重构，我们考虑将 $f \in F_s$ 范围内的所有叠加的频谱片段进行重新编号，索引序号由 $\{-L_0, -L_0+1, \cdots, -1, 0, 1, \cdots, L_0-1, L_0\}$ 改为 $\{1, 2, \cdots, L_0, L_0+1, \cdots, 2L_0, 2L_0+1\}$，则原来 0 索引的位置对应到现在的 L_0+1 的位置，于是式(8.12)和式(8.13)可修改为如下的形式：

$$\hat{X}_i\left(f\right) = \left[c_{i,1}, \cdots, c_{i,L_0+1}, \cdots, c_{i,2L_0+1}\right] \begin{bmatrix} X\left(f + L_0 f_p\right) \\ \vdots \\ X\left(f\right) \\ \vdots \\ X\left(f - L_0 f_p\right) \end{bmatrix}, \quad f \in F_s \tag{8.14}$$

$$\hat{X}_i(f) = \sum_{n=1}^{2L_0+1} c_{in} X\left(f - (n - L_0 - 1)f_p\right), \quad f \in F_s \tag{8.15}$$

以上为第 i 个采样通道的处理过程，其他通道的处理类似，唯一的区别是混频函数的差异，从频谱的角度看，其实就是 $X(f)$ 以整数倍 f_p 做平移后的加权系数的差异。

3. 多带稀疏信号支撑集的重构

图 8.7 为 MWC 系统的采样和重构原理示意图，图中 i 表示的是第 i 个通道，$i \in \{1, 2, \cdots, m-1, m\}$，观测矩阵 $\varPhi$ 实际上是由 m 个采用通道的加权系数的行向量 c 组成的，维度为 $m \times L$，为了更好地重构信号支撑，将需要感知的宽带频谱范围等分为 L 个频谱片段，其中 $L = 2L_0 + 1$，每个平移到基带的频谱片段按从上至下的顺序进行索引编号为 $\{1, 2, \cdots, L_0, L_0 + 1, \cdots, 2L_0, 2L_0 + 1\}$。假设有 m 个并行的采样通道，第 i 个采样通道欠采样后输出信号的离散傅里叶变换假定为 $y_i(f)$，$X(f - (l - L_0 - 1)f_p)$ 为 L 维频谱切片组成的列向量 $Z(f)$ 的第 l 个分量，可记为 $z_l(f)$，其中 $l \in \{1, 2, \cdots, L_0, L_0 + 1, \cdots, 2L_0, 2L_0 + 1\}$。

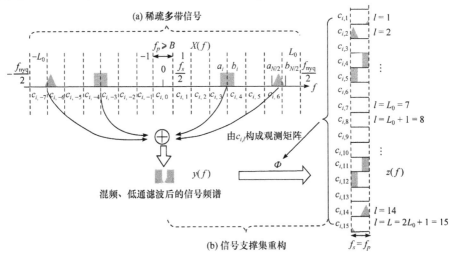

图 8.7　MWC 系统的采样和重构原理示意图

考虑所有的 m 个采样通道，并结合式(8.13)，我们可以把 MWC 的压缩采样过程用矩阵的形式来表示，构建采样方程如下：

$$Y(f) = \varPhi Z(f), \quad f \in F_s \tag{8.16}$$

如图 8.8 所示，$\varPhi$ 是一个 $m \times L$ 的矩阵，在 $\varPhi$ 中的元素实际上是周期性混频函数做傅里叶级数展开后的系数，因此具有共轭对称性质，如 $\varPhi$ 中的元素 $\phi_{m,1}$ 的

值可以表示为

$$\phi_{m,1} = c_{m,1} = c_{m,2L_0+1}^{*} \tag{8.17}$$

$$\underbrace{\begin{pmatrix} y_1(f) \\ y_2(f) \\ \vdots \\ y_m(f) \end{pmatrix}}_{Y(f)} = \underbrace{\begin{bmatrix} c_{1,1} & \cdots & c_{1,L_0}, & c_{1,L_0+1}, & \cdots, & c_{1,2L_0+1} \\ c_{2,1} & \cdots & c_{2,l_0}, & c_{2,l_0+1}, & \cdots, & c_{2,2l_0+1} \\ & & & & & \\ c_{m,1} & \cdots & c_{m,L_0+1}, & c_{m,L_0+1}, & \cdots, & c_{m,2l+1} \end{bmatrix}}_{\Phi} \underbrace{\begin{pmatrix} X(f+L_0 f_p) \\ \vdots \\ X(f) \\ \vdots \\ X(f-L_0 f_p) \end{pmatrix}}_{Z(f)}$$

图 8.8　采样方程中采样向量、观测矩阵与信号频谱的关系

对式(8.16)两端进行离散时间傅里叶逆变换(inverse discrete time Fourier transform，IDTFT)，可以得到相应的时域关系式[式(8.18)]，其中未知采样序列 $Z[n]=[z_1[n],z_2[n],\cdots,z_i[n],\cdots,z_L[n]]^{\mathrm{T}}$，测量值 $Y[n]=[y_1[n],y_2[n],\cdots,y_i[n],\cdots,y_m[n]]^{\mathrm{T}}$。$y_i[n]=\mathrm{DTFT}^{-1}[y_i(f)]$，$z_i[n]=\mathrm{DTFT}^{-1}[z_i(f)]$。

$$Y[n] = \Phi Z[n] \tag{8.18}$$

接下来，我们需要由式(8.6)确定矩阵 Φ 中的元素值。混频信号 $p_i(t)$ 波形的数学表达式如式(8.19)所示。

$$p_i(t) = \alpha_{ik}, \quad \text{s.t.} \begin{cases} k\dfrac{T_p}{M} \leqslant t \leqslant (k+1)\dfrac{T_p}{M}, 0 \leqslant k \leqslant M-1 \\ \alpha_{ik} \in \{-1,+1\}, \ p_i(t+nT_p)=p_i(t) \end{cases} \tag{8.19}$$

将式(8.19)代入式(8.6)进行展开运算，可得

$$\begin{aligned} c_{il} &= \frac{1}{T_p}\int_0^{T_p} p_i(t)\,\mathrm{e}^{-\mathrm{j}2\pi l f_p t}\mathrm{d}t \\ &= \frac{1}{T_p}\sum_{k=0}^{M-1}\int_{kT_p/M}^{(k+1)T_p/M} \alpha_{ik}\mathrm{e}^{-\mathrm{j}2\pi l f_p t}\mathrm{d}t \\ &= \frac{1}{T_p}\sum_{k=0}^{M-1}\int_0^{T_p/M} \alpha_{ik}\mathrm{e}^{-\mathrm{j}2\pi l f_p(t+kT_p/M)}\mathrm{d}t \end{aligned} \tag{8.20}$$

交换求和及积分顺序后，c_{il} 可以表示为

$$c_{il} = \sum_{k=0}^{M-1}\alpha_{ik}\mathrm{e}^{-\mathrm{j}2\pi l k/M}\left(\frac{1}{T_p}\int_0^{T_p/M}\mathrm{e}^{-\mathrm{j}2\pi l f_p t}\mathrm{d}t\right) \tag{8.21}$$

令 $\tau = \mathrm{e}^{-\mathrm{j}2\pi/M}$，用 d_l 表示括号中的项，则有

$$d_l = \frac{1}{T_p}\int_0^{T_p/M}\mathrm{e}^{-\mathrm{j}2\pi l f_p t}\mathrm{d}t = \begin{cases} 1/M, & l=0 \\ (1-\tau^l)/\mathrm{j}2\pi l, & l \neq 0 \end{cases} \tag{8.22}$$

c_{il} 可由式(8.21)写成如下的形式：

$$c_{il} = \left(\sum_{k=0}^{M-1} \alpha_{ik} \tau^{lk} \right) d_l \tag{8.23}$$

可以将式(8.23)写成矩阵的形式：

$$c_{il} = \begin{bmatrix} \alpha_{i,0} & \cdots & \alpha_{i,M-1} \end{bmatrix} \begin{pmatrix} \tau^{0l} \\ \tau^{1l} \\ \vdots \\ \tau^{(M-1)l} \end{pmatrix} d_l \tag{8.24}$$

根据式(8.24)将 m 个采样通道的系数列向量 $\begin{bmatrix} c_{1l} & c_{2l} & \cdots & c_{ml} \end{bmatrix}^{\mathrm{T}}$ 展开成矩阵相乘的形式，则观测矩阵 Φ 可表示为如下的形式：

$$\Phi = \mathrm{SFD} \tag{8.25}$$

式中，S 的维数为 $m \times M$，是一个元素为 α_{ik} 的符号矩阵；矩阵 F 的维数为 $M \times L$，其元素为 τ^{lk}；矩阵 D 为 $L \times L$ 的对角阵，第 l 个主对角线上的元素为 d_l，$l \in \{1, 2, \cdots, L_0, \cdots, 2L_0 + 1\}$。由此，式(8.16)和式(8.18)可改写为

$$Y(f) = \mathrm{SFD}Z(f), \quad f \in F_s \tag{8.26}$$

$$Y[n] = \mathrm{SFD}Z[n] \tag{8.27}$$

由于 $m \ll L$，所以式(8.27)是一个欠定方程，解不具有唯一性，又由于宽带信号在频域是稀疏的，只要满足一定的约束条件即可求得方程的唯一最稀疏解。两个重要的约束条件包括一个必要条件和一个充分条件[37,38]。另外，为了针对 MWC 进行硬件实现，Mishali 等[89,90]基于压缩感知理论中提出的 RIP 条件和 StRIP 条件提出了更宽松的观测矩阵约束条件，即期望约束等距条件(expected RIP，ExRIP)。

定义 8.4 (ExRIP) 对于稀疏随机向量 z，其频谱支撑满足均匀分布，且信号能量值是独立同分布的随机变量，若存在观测矩阵 Φ 至少以概率 p 满足式(8.1)，则称观测矩阵 Φ 满足 ExRIP 约束条件。概率 p 的定义如下：

$$\begin{aligned} p = 1 &- (1 - C_K) \rho_M \left(1 + \alpha(S) - 2\beta(S) \right) / \delta_K^2 \\ &- \left((B_K - C_K) \rho_M (\gamma(S) - \beta(S)) \right) / \delta_K^2 \\ &- (C_K M \beta(S) + 1) / \delta_K^2 \approx 1 - \frac{1}{m \delta_K^2} \end{aligned} \tag{8.28}$$

式中，B_K、C_K 为独立分布常量；$\rho_M = \dfrac{M}{M-1}$；$\alpha(S)$ 表示混频系数矩阵 S 中所有行的相关性；$\beta(S)$ 表示 S 自相关和互相关的总功率；δ_K 表示约束等距常数。

文献[89]、[90]证明了 MWC 系统满足 ExRIP 条件。

推理 8.1 (必要条件) 对于任意的稀疏多频带信号 $x(t)$，经过具有并行采用通道的 MWC 进行压缩采样，得到式(8.26)，其具有唯一稀疏解的必要条件：

(1) 周期混频函数的频率 $f_p = B$。

(2) $f_s \geq f_p$。

(3) $m \geq 2N$。

(4) $p_i(t)$ 一个周期内的符号个数 M 需满足 $M \geq M_{\min} = 2\left\lceil \dfrac{f_{\mathrm{nyq}} + f_s}{2f_p} \right\rceil - 1$。

(5) 当 $f_s = f_p$ 时，$M_{\min} = L = 2L_0 + 1$。

推理 8.2 (充分条件) 对于任意的稀疏多频带信号 $x(t)$，经过具有并行采用通道的 MWC 进行压缩采样，得到式(8.26)，其具有唯一稀疏解的充分条件：

(1) $f_s \geq f_p \geq B$ 且满足 $\dfrac{f_s}{f_p} < \dfrac{M_{\min} + 1}{2}$。

(2) $M \geq M_{\min}$。

(3) $m \geq 2N$，当 $2N > m \geq N$ 时无法实现盲重构。

(4) 矩阵 S_{F} 的任意 $2N$ 列线性无关。

则对于所有的 $f \in [-f_s / 2, f_s / 2]$，式(8.25)具有唯一的 N 稀疏解。

式(8.26)是一个典型的压缩感知问题：即已知一个测量值向量 Y 和观测矩阵 $\boldsymbol{\Phi}$，恢复一个未知的稀疏向量 Z。由于 MWC 对应的是一个 MMV 问题，所以，一维的测量值向量变为一个二维的矩阵。正因为如此，文献[40]巧妙地将 Y 进行投影后得到一个一维的向量，然后再借助压缩感知的各种恢复算法重构出信号的支撑频带。而文献[37]、[38]则是通过构建一个 CTF(continuous to finite) 模块来实现重构的。

8.3.2 基于 CTF 方法的支撑集恢复

重构的关键问题是首先能够从压缩采样序列 $Y[n]$ 中重构出稀疏序列 $Z[n]$ 的频率支撑。由于频率 f 在 $[-f_s / 2, f_s / 2]$ 上连续取值，因此，求(8.16)的最稀疏解很难找到一个闭集的形式。因为，式(8.16)是无限维的，即为一个无限观测向量(infinite measurement vectors，IMV)问题，其包含了无限多个 SMV(single measurement vector) 问题。为了求解式(8.16)，文献[37]、[38]提出了用于重构的 CTF 解决方案。如图 8.7 所示，CTF 提出了一种从无限维到有限维(multiple measurement vectors，MMV)的转换框架。

通过这种框架，我们可以实现从 IMV 向 MMV 的转换。因此，形同于 $V = \boldsymbol{\Phi} U$ 的唯一最稀疏解的问题就可以由次优化的匹配追踪类算法来解决，如 SOMP 算法。

从图 8.9 可知，CTF 框架的关键是利用压缩采样值序列 $Y[n]$ 求得有限维框架矩阵 V。下面给出与之相关的一个定义、一个推理和一个命题[37,38,51]。

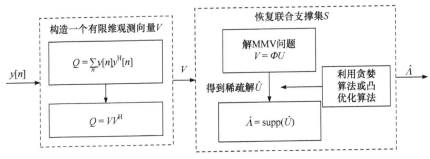

图 8.9　CTF 框架恢复支撑集的原理示意图

定义 8.5　能够使得矩阵 Φ 中任意 p 列都线性独立的最大 p 值称为 Kruskal 秩，用 $\sigma(\Phi)$ 表示。

推理 8.3　若向量 $\hat{u}$ 是方程 $y = \Phi u$ 的 K-稀疏解，且满足 $\sigma(A) \geqslant 2K$，则有 $\hat{u}$ 即是使得问题 $y = \Phi u$ 成立的唯一稀疏解。

命题 8.1　若等式

$$Q = \int y(f) y^{\mathrm{H}}(f) \mathrm{d}f = \sum_{n=-\infty}^{\infty} y[n] y^{\mathrm{T}}[n] = VV^{\mathrm{H}} \tag{8.29}$$

存在，由矩阵 V 的列张成的子空间等价于由信号的支撑集在矩阵 y 的各列向量上张成的子空间 $\mathrm{span}(y(\Lambda))$，且满足 $\mathrm{supp}(V) = \mathrm{supp}(y(\Lambda))$。

由定义 8.4、推理 8.3 及命题 8.1 可知，MWC 的重构问题可以通过对欠采样矩阵的降维处理转换为一个等价的有限维向量求解问题，并且可以保证该问题有唯一的稀疏解。

由上面的分析可知，通过 CTF 可以估计出信号的支撑频带 S，通过 S 可以进一步恢复出信号 $x(t)$。文献[37]、[38]将 SOMP 重构算法应用到 MWC 的重构中实现一次性重构，大量的实验表明，当 $m \geqslant 2K \log_2(L/K)$ 时可以实现高概率重构，但此下限值距离理论下限仍有较大的差距。

8.3.3　基于 SwSOMP 的 MWC 频谱感知方法

1. SwSOMP 压缩感知算法描述

由于 SOMP 重构算法还存在很多不足之处。因此，在恢复成功率、所需最小通道数、低信噪比下的重构及所能重构的最大频带数等方面，MWC 的重构算法仍有较大的改进空间。

SwSOMP 算法采用分阶段的思想，首先根据相关性原则来筛选原子，利用阈值的方法从原子集合中选择和迭代余量相匹配的原子，与 SOMP 算法不同的是，它并不是每次固定地选择一个最相关的匹配原子，而是根据原子选择标准，一次找到多个原子，然后更新支撑集和支撑矩阵，用最小二乘法求得近似解，同时完成对残差的更新，最终迭代结束后得到信号的支撑集 Λ，SwSOMP 的算法流程如图 8.10 所示。

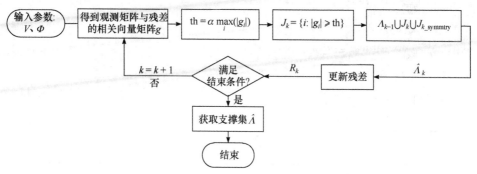

图 8.10　SwSOMP 的算法流程

算法的原子选择标准门限定义为

$$\text{th} = \alpha \max_i |g_i| \tag{8.30}$$

式中，g 表示的是观测矩阵 Φ 与残差做内积运算后得到的相关矩阵，式(8.30)找出矩阵中相关性最大的那个数，以这个数在矩阵中的索引值作为列的索引，去选择 Φ 中该索引对应的原子，则该原子与残差最相关。α 称为弱化参数，$\alpha \in (0,1]$。这种门限选取的依据是观测矩阵与残差做内积后的最大的那个数有时并不一定是最相关的。依据式(8.29)，SwSOMP 算法中对应支撑集的更新表达式为

$$\Lambda_k = \Lambda_{k-1} \bigcup \left\{ i : |g_i| \geqslant \text{th} \right\} \tag{8.31}$$

SwSOMP 算法是一种求解欠定系统稀疏解的贪婪算法，它在每次迭代中选择几个新元素。表 8.3 为 SwSOMP 算法的伪码描述。其中，e_j 为第 j 个元素为 1 的单位列向量，diag 函数的功能是取矩阵的对角元素。$\Lambda_{\text{symmetry}}$ 为 J_k 对称的支撑集，求解时以 L_0 为对称轴。$\Phi_{\hat{\Lambda}_k}$ 为支撑频带 $\hat{\Lambda}_k$ 所对应的观测矩阵 $\Phi_{m \times L}$ 的子矩阵。L 表示频谱切片个数。

表 8.3　SwSOMP 算法的伪码描述

输入：观测矩阵 $\Phi_{m \times L}$，采样值矩阵 $V_{m \times d}$，迭代次数 iters，弱化参数 α，残差阈值 ε_1，残差与估计解比的阈值 ε_2。

初始化：信号频带支撑集 $\hat{\Lambda}_0 = \varnothing$，初始化残差 $R_0 = V$。

迭代：

for $k = 1$ to iters

辨识：$g = \left\| \sum_{j=1}^{d} \left| \Phi^{H}(R_{k-1}e_j) \right| \right\|_2 / \sqrt{\mathrm{diag}(\Phi^{H}\Phi)}$ ，

$\qquad J_k = \left\{ i : g_i \geqslant \alpha \max_i (g_i) \right\}$ ，

$\qquad \Lambda_{\mathrm{symmetry}} = \bigcup_{n=1}^{k} (L+1-J_n)$ 。

扩充：$\hat{\Lambda}_k = \hat{\Lambda}_{k-1} \cup J_k \cup \Lambda_{\mathrm{symmetry}}$ ，得到 $\Phi_{\hat{\Lambda}_k}$ 。

估计：$\hat{\Theta}_k = \Phi_{\hat{\Lambda}_k}^{+} V$ ，其中 $\Phi_{\hat{\Lambda}_k}^{+} = (\Phi_{\hat{\Lambda}_k}^{H} \Phi_{\hat{\Lambda}_k})^{-1} \Phi_{\hat{\Lambda}_k}^{H}$ 。

更新残差：$R_k = V - \Phi_{\hat{\Lambda}_k} \hat{\Theta}_k$ 。

$\quad\quad$ if $\|R_k\|_2 \leqslant \varepsilon_1 \| (\|R_k\|_2 / \|\Phi_{\hat{\Lambda}_k} \hat{\Theta}_k\|_2 \leqslant \varepsilon_2)$

$\qquad\qquad\qquad$ break;

$\quad\quad$ end

$\qquad\quad k = k+1$;

end

输出：估计宽带信号支撑集 $\hat{\Lambda}_k$ 。

2. 基于 SwSOMP 的 MWC 频谱支撑集重构框架

尽管 StOMP 算法不需要依赖信号的稀疏度，但选择标准门限的设置与观测矩阵有密切的关系，文献[70]中的门限也仅适用于随机高斯矩阵而已，这限制了此算法的应用。而 SwSOMP 对观测矩阵没有严格要求，无须知道信号的稀疏度，可以减少迭代匹配次数，从而提高了重构的效率。相比于 SwSOMP 处理的 SMV 问题，在 MWC 对应的 MMV 问题中，一维的观测值向量变为二维的观测值矩阵 Y ，而应用于 MMV 问题的 SwSOMP 算法在匹配、残差更新方面都使用与 SwSOMP 相同的策略，只是在细节处理上因观测值矩阵的引入而稍有不同。基于 SwSOMP 的 MWC 重构流程如图 8.11 所示。

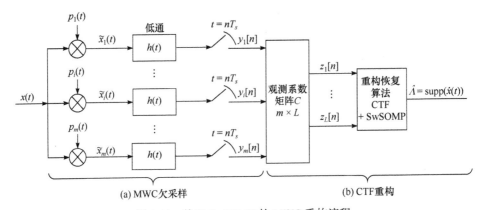

图 8.11　基于 SwSOMP 的 MWC 重构流程

8.4　基于信号稀疏度和噪声估计的 MWC 宽带频谱感知算法研究

继 8.3 节实现了高精度的半盲感知后，本节主要开展了如下的工作：首先，利用随机投影减少信号的维度，降低频谱感知算法的复杂度；其次，提出了基于 SVD 的噪声估计和稀疏度估计方法，从而在重构中无须任何信号的先验知识；最后，结合最优邻域选择策略，设计 ABRMB 重构框架及其求解器，实现了基于 MWC 的全盲宽带频谱感知。本节提出的方案可以降低采样通道数，并实现宽带模拟信号支撑集的高概率重构。

8.4.1　引言

由于宽带频谱感知可以为认知用户(次用户)提供更多的频谱接入机会，近年来基于多信道的宽带频谱感知得到了更多的研究关注[93, 94]。

目前对频谱感知性能的研究主要分为以下两类。第一类，特别是在 CRN 的设计中，重点研究次用户的能量消耗和吞吐量之间的最优权衡。第二类，针对宽带频谱感知，主要研究如何在噪声干扰和感知精度之间取得良好的平衡。对于第一类，早期的一些研究主要集中在干扰与吞吐量之间的权衡。Yang 等[95-97]针对非时隙 CR 网络(unslotted CR networks, UCN)设计一种干扰受限的新型同步数据传输和频谱感知的方案。该方案利用主用户活动的统计信息，自适应地调整数据传输时间，避免了干扰。与此同时，在协同频谱感知(cooperative spectrum sensing, CSS)领域的节能技术也受到了人们的广泛关注[8]。考虑到协同 CR 传感器网络中每个感知节点的能耗问题，文献[98]提出了一种基于二元背包问题及其动态解的用户选择方案，使每个 CR 节点的能耗最小化。之后，Ejaz 等[99]指出，在提供给定吞吐量和可靠性约束的情况下，可以找到最优的频谱感知、报告和传输持续时间，对于次用户而言，该方案可以在能耗和吞吐量之间取得很好的平衡。针对第二类，为了克服硬件技术的限制，实现宽带频谱感知，研究工作主要集中在如何在噪声干扰和感知精度之间取得良好的平衡[12]。首先，基于压缩感知理论，由 Mishali 等[37-39]设计了一种用于宽带频谱感知的并行 MWC 架构，该架构可以实现对宽带信号的亚奈奎斯特采样。正如 8.2.3 节所述，自从 MWC 提出以来，已经在雷达[100]、宽带通信[101]和认知无线电频谱感知[102]等领域得到很好的应用，从而证明了 MWC 是一种非常有效的压缩采样和信号重构方案。随后，文献[2]、[103]、[104]提出了一种基于 SwSOMP 算法的 MWC 系统。在考虑高斯噪声干扰的情况下，该算法可以获得更高的宽带频谱支撑的重构精度。另外，为了降低 MWC 的高硬件复杂度，Sun 等[105]设计了一种基于单通道的压缩宽带频谱感知方案。

本节的工作属于第二类。上述提到的文献均只考虑理想噪声干扰模型(noise interference model，NIM)，并且假设信号稀疏度已知或给定一个固定的迭代次数。然而，在现实中，NIM 总是不理想的，噪声的强度容易随通信环境的变化而变化。此外，信号的稀疏度在现实中往往是未知的。此外，我们还希望采用更好的支撑集重构策略，在减少 MWC 硬件复杂度的同时，获得更高的支撑集重构精度。

本节工作的主要贡献是提出一种基于奇异值分解(singular value decomposition，SVD)[106]的自适应盲宽带频谱感知性能提升 (adaptive and blind reduced MMV and boost，ABRMB)框架。①ABRMB 利用奇异值分解能够反映信号先验信息的特点，将尾部奇异值作为噪声数据源对噪声奇异值进行线性拟合，进而估计出噪声强度，通过噪声强度可以自适应地设定采样信号支撑集元素选取的判定阈值。②ABRMB 可以计算出估计的噪声奇异值对信号奇异值的贡献，并利用梯度和差商运算得到信号的稀疏度估计，进而可以估计出宽带信号中子带的数目。③在求解器中，ABRMB 通过最优邻域选择方法来提升框架重构的容错能力。与 ReMBo 和 RPMB 算法相比，在噪声强度和稀疏度未知的情况下，ABRMB 提出的框架可以在较低信噪比的环境中，有效地提高信号支撑集的重构成功率；可以使用更少的并行采样通道数实现支撑集的高概率重构，并可以提高可重构宽带信号的最大频带数目。为了便于阅读，表 8.4 列出了本节内容使用的主要符号说明。

表 8.4　主要符号说明

符号	含义
Λ	信号真实的频谱支撑集
$\dot{\Lambda}$	通过 ABRMB_Solver 获得的初始支撑集
$\ddot{\Lambda}$	通过 ABRMB_Solver 获得的最优解
$\hat{\Lambda}$	用 ABRMB 框架最终获得的频谱支撑
$|\Lambda|$	支撑集的势
N	信号的频带个数
B_i	第 i 个子带的带宽
f_{nyq}	$x(t)$ 的奈奎斯特速率
$p_i(t)$	周期性混频信号
Y	通过 MWC 获得的压缩采样信号
$\bar{Y}$	投影降维后的采样信号矩阵

续表

符号	含义
K	信号的真实稀疏度
$\hat{K}$	估计的稀疏度
$\left\|\tilde{Z}^{i\rightarrow}\right\|_2$	对 $\tilde{Z}$ 按行向量求 2 范数
Φ	$m \times L$ 观测矩阵
$\Phi_{\downarrow\tilde{\Lambda}}^{\dagger}$	从 Φ 中根据 $\tilde{\Lambda}$ 抽取相应的列向量，然后进行伪逆运算
ε	决策阈值
I_{Noise}	噪声强度
E_i	第 i 个子带的能量系数
f_i	载波频率
τ_i	第 i 个子带的时间偏移量
ceil	向上取最小整数的函数
L	频谱切片个数
f_p	频谱切片的宽度，$f_p = f_{\text{nyq}} / L$
f_s	每个采样通道的 ADC 采样率，$f_s = qf_p$，q 为奇数

8.4.2　数据预处理

1. 问题的引出

(1) MWC 系统的支撑集重构原理如图 8.7 所示，图 8.7(b) 表示具体的重构部分。由图 8.7(a)可知，若原始信号的支撑频带数为 N，则通过 MWC 系统后，重构出来的最大频带支撑集为 $2N$ 个，即稀疏度 K 最大为 $2N$。在文献[43]的 MOMPMMV (modified OMPMMV)求解器算法中，初步解 $\tilde{Z}$ 通过 OMPMMV 重构算法获得，而 OMPMMV 算法需要事先知道信号稀疏度 K。另外，在 RPMB 框架的条件判断中，通过 $|\hat{\Lambda}| \leqslant K$ 来判断求得的支撑集的势是否满足要求。但在认知无线电应用环境中，待采样信号的稀疏度是很难事先知道的，因此，针对实际应用，需要有一种有效的方法来估计出信号的稀疏度。

(2) 在 MOMPMMV 中，是否是支撑集信道的判定条件为 $\left\|\tilde{Z}^{i\rightarrow}\right\|_2 \geqslant \varepsilon$，在 RPMB 的迭代过程中求得的支撑集是否满足要求的判定条件为 $\left\|\hat{Y} - \Phi\hat{Z}\right\|_F \leqslant \varepsilon$。正如本节引言中所说，在没有噪声或高信噪比的情形下，ε 可以通过取一个固定的

较小值进行有效判断，如果信噪比较低，或者信噪比的波动较大时，ε 的取值就要根据噪声的强度进行自适应地改变。在文献[43]中，没有考虑低信噪比下的情形，ε 是一个固定的值。因此，RPMB 算法在低信噪比下就不太适应，也不够灵活。为此，需要一种有效的方法来估计噪声的强度，自适应地改变阈值 ε 的选取。

(3) 在 MOMPMMV 中，提高算法容错能力的手段为 $\ddot{\Lambda} = \max(\|\ddot{Z}^{i\rightarrow}\|_2, m)$，其中 m 表示采样通道数，即取 m 个最大的 2 范数值作为初步支撑集。这种容错方法确实有效，但不是最优方式。如图 8.7(a) 所示，信号 $x(t)$ 的第 $N/2$ 个子带 $X_{N/2}(f)$ 位于第 14 个和第 15 个窄带频谱上，且第 15 个窄带信道上的频谱能量非常小，在低信噪比下，如果采用文献[43]中的容错方法，无法将序号 15 合并到初步支撑集 $\ddot{\Lambda}$ 中。因此，非常有必要设计出一种更优的容错方式。

针对这些问题，我们给出了有效的解决方案，如图 8.12 所示，其简要描述如下：首先，稀疏多带信号 $x(t)$ 通过 MWC 采样系统进行稀疏采样得到采样数据 Y；然后，为了降低解决问题的复杂度，在不影响重构精度的前提下，通过随机投影的方式降低 Y 的维度；随后，通过预处理技术估计得出信号的稀疏度 $\hat{K}$ 和噪声强度 $\hat{I}_{\text{Noise}}$；同时，为了提高容错能力，采取了最优邻域选取策略；最后，利用估计获得的先验知识和压缩感知重构方法，可以获得稀疏信号的频谱支撑。值得注意的是，在重构算法中，我们提出的方案可以利用估计出的噪声强度自适应地调节支撑集元素选取的判决阈值。

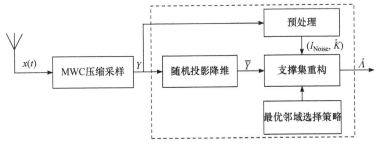

图 8.12　方案的简要说明

2. 基于 SVD 的噪声估计

奇异值分解是现代数值分析最基本和最重要的工具之一，将带噪声的压缩观测值信号 Y 按照式(8.32)进行奇异值分解，其中，$Y \in \Re^{m \times r}$，$m \geqslant i > 0$，$r \geqslant j > 0$，且 $m < r$，r 表示采样长度，与感知频率范围、混频信号频率及低通截止频率有关。

$$Y = U\Sigma V^{\text{T}} \tag{8.32}$$

式中，酉矩阵 $U \in \Re^{m \times m}$ 称为 Y 的左奇异向量矩阵；酉矩阵 $V \in \Re^{r \times r}$ 称为 Y 的右奇

异向量矩阵；$\Sigma \in \mathfrak{R}^{m \times r}$ 为对角阵，主对角元素为矩阵的奇异值，且从大到小排列。因为 Y 的秩 $\mathrm{rank}(Y) = m$ ，所以式(8.31)可以简写为

$$Y = U_{\downarrow m} \begin{pmatrix} \Sigma_K & 0 \\ 0 & \Sigma_{m-K} \end{pmatrix} V_{\downarrow m}^{\mathrm{T}} \tag{8.33}$$

令 $\Sigma_K = \mathrm{diag}(\sigma_1, \sigma_2, \cdots, \sigma_K)$ ，$\Sigma_{m-K} = \mathrm{diag}(\sigma_{K+1}, \sigma_{K+3}, \cdots, \sigma_m)$ ，σ_i 为 Y 的第 i 个奇异值，其中 $1 \leqslant i \leqslant m$ 。通过奇异值分解后，一个重要的特性是信号的绝大部分能量集中在前 K 个奇异值上，而噪声的能量则分布在所有的奇异值上，但在尾部奇异值上会得到主要体现。假设含噪信号 Y 的奇异值可以分解为信号的奇异值 Σ_s 和噪声的奇异值 Σ_n ，其中 $\Sigma_s = \mathrm{diag}(\sigma_{s1}, \sigma_{s2}, \cdots, \sigma_{sm})$ ，$\Sigma_n = \mathrm{diag}(\sigma_{n1}, \sigma_{n2}, \cdots, \sigma_{nm})$ 。图 8.13 给出了在不同信噪比下，Σ_s 和 Σ_n 对 Σ 的贡献，用 R_s 和 R_n 表示。定义如下：

$$R_s = \Sigma_s./\Sigma = \bigcup_{i=1}^{m}(\sigma_{si}/\sigma_i) , \quad R_n = \Sigma_n./\Sigma = \bigcup_{i=1}^{m}(\sigma_{ni}/\sigma_i) \tag{8.34}$$

由图 8.13 可知，信号对奇异值的尾部数据贡献很小，信号的能量主要集中在前 K 个奇异值上，而奇异值的尾部数据主要由噪声来决定。图 8.13 显示，用于进行噪声强度估计的最好数据源是后 50%的奇异值，因为随着采样通道数 m 的减小，可供使用的数据源也随之减少，为了保证估计精度，采用后 30%的奇异值进行噪声强度估计。

进一步考查，图 8.14 给出了不同噪声强度，不同采样通道数下，测量值信号 Y 的奇异值变化情况。由图 8.14 可看出，信噪比越低，奇异值会变得越大，采样通道数越多，相应的奇异值也会变得越大。值得注意的是，不管信噪比和通道数怎么变化，由于起始部分的奇异值主要由信号能量决定，因此起始部分的奇异值

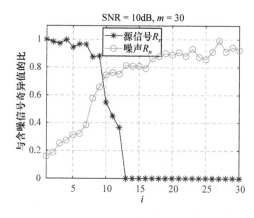
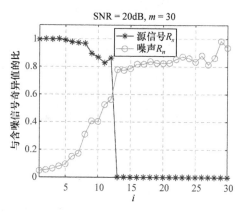

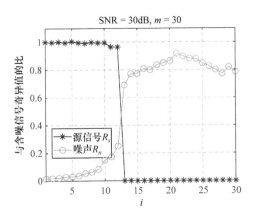

图 8.13　信号和噪声奇异值对总奇异值的贡献

变化很小。而奇异值的尾部数据，有用信号的贡献很少，主要受噪声强度的影响，因此，不同的信噪比下起伏较大。本节充分地利用这个特点来进行噪声强度估计。

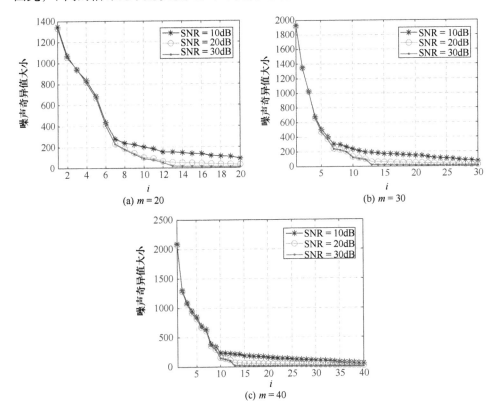

图 8.14　不同环境下 Y 的噪声奇异值变化对比情况

接着，考查噪声奇异值的分布情况，由图 8.15 可以看出在不同信噪比，不同采样通道数下,噪声奇异值基本分布在一条直线上。利用这个特点,结合对图 8.14 的分析,本节将测量值信号 Y 的后 30%的奇异值作为噪声奇异值进行线性拟合。然后,利用拟合的直线进行噪声奇异值的估计,进而利用式(8.35)和式(8.36)估计出噪声强度,拟合结果如图 8.16 所示。由于尾部奇异值中仍然包含有很少的有用信号的能量。因此,拟合出来的奇异值和原始噪声的奇异值存在一定的误差。但是,在低信噪比下,由于噪声的强度比较大,所以这种误差会被稀释。另外,为了减小这种误差的影响,本章采用最优邻域选择方法来进行容错处理。

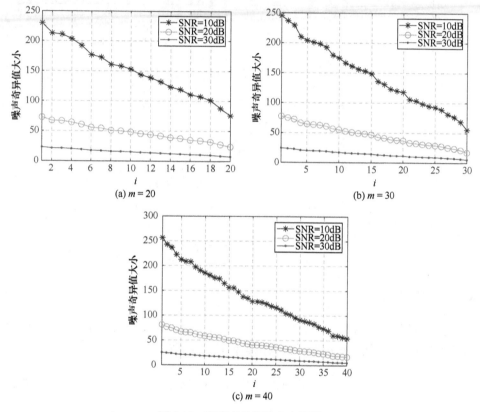

图 8.15 噪声奇异值的分布情况

假设 Noise $\in \Re^{m \times r}$ 为均匀分布的高斯白噪声信号,则噪声的强度 I_{Noise} 可由式(8.35)和式(8.36)来计算。其中,$S_n = \left\{ s_n(1), s_n(2), \cdots, s_n(i), \cdots, s_n(m) \right\}$,$s_n(i)$ 表示第 i 个噪声的奇异值。

$$\text{Noise} = U S_n V^{\text{T}} \tag{8.35}$$

$$I_{\text{Noise}} = \sqrt{\sum_{i=1}^{m} s_n{}^2(i)} \tag{8.36}$$

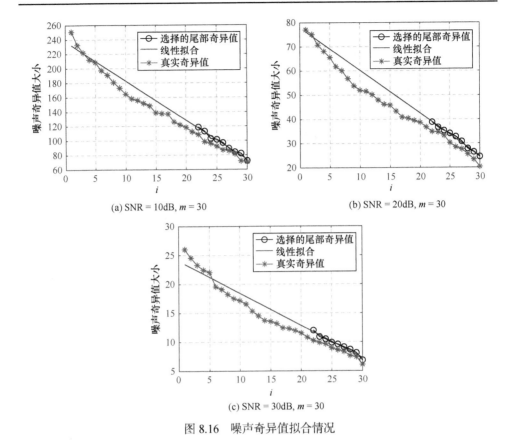

图 8.16　噪声奇异值拟合情况

8.4.3　稀疏度估计

根据前面的分析，可以得到估计的噪声奇异值 $\hat{\Sigma}_n = \mathrm{diag}(\hat{\sigma}_{n1}, \hat{\sigma}_{n2}, \cdots, \hat{\sigma}_{nm})$，通过式(8.37)来计算估计噪声奇异值对测量值信号 Y 的奇异值的贡献。

$$\hat{R}_n = \hat{\Sigma}_n . / \Sigma = \bigcup_{i=1}^{m}(\hat{\sigma}_{ni} / \sigma_i) \tag{8.37}$$

如果噪声的强度较强，则先对 $\hat{R}_n$ 进行梯度运算得到 G_{R_n}，然后对 G_{R_n} 进行差商运算得到 D_{R_n}，对运算的结果进行升序排列，最小值在 D_{R_n} 中的位置再加上 1 即为信号的稀疏度估计 $\hat{K}$，如果采样通道数逼近于理论下限，则 $\hat{K}$ 还要加上一个调节参数 e，e 的经验取值为 1。G_{R_n} 和 D_{R_n} 的计算方法如式(8.38)与式(8.39)所示。图 8.17 为不同信噪比下的稀疏度估计示意图。

$$G_{R_n} = \mathrm{abs}\big(\mathrm{gradient}(\hat{R}_n, 1)\big) \tag{8.38}$$

$$D_{R_n} = \mathrm{diff}(G_{R_n}) \tag{8.39}$$

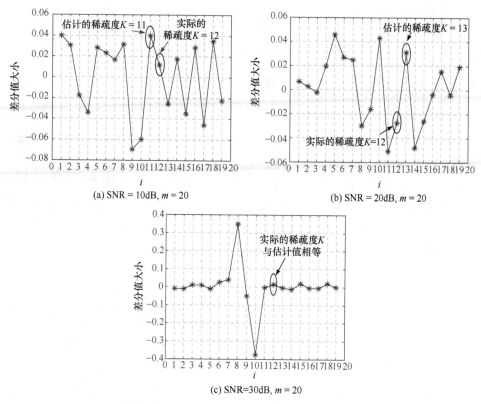

图 8.17   不同信噪比下的稀疏度估计示意图

如果噪声的强度很弱,信号能量占绝对主导,则计算相对简单。直接利用 Y 的奇异值进行计算即可。首先将所有奇异值左移一位,最后空出来的位置由 σ_m 代替,表示为 $\Sigma_a = \mathrm{diag}(\sigma_2, \sigma_3, \cdots, \sigma_m, \sigma_m)$,然后利用式(8.40)计算 R,对 R 进行降序排序,最大值在 R 中的位置即为稀疏度 $\hat{K}$。虽然稀疏度估计有所偏差,但由于有联合稀疏重构和容错机制的存在,这种偏差对重构成功概率影响可以忽略不计。

$$R = \Sigma_a . / \Sigma = \bigcup_{i=1}^{m}(\sigma_{ai} / \sigma_i) \tag{8.40}$$

8.4.4   最优支撑邻域选择

由图 8.7(a)的信号模型可知,一个信号的子带能量只可能位于两个相邻的窄带信道上,如果获得了其中的一个支撑 Λ_{i1},则另外一个支撑 Λ_{i2} 只可能是其邻域信道,$\Lambda_{i2} \in \mathrm{nei}(\Lambda_{i1})$。然而,$\Lambda_{i1}$ 的邻域信道通常有两个,很显然,选取 2 范数值较大的那个作为另一个支撑信道。如式(8.41)所示。

$$\Lambda_{i2} = \mathrm{pos}\left(\max\left(\left\| Z^{\mathrm{nei}(\Lambda_{i1}) \to} \right\|_2 \right) \right) \tag{8.41}$$

式中，pos()函数的作用是获取 Λ_{l1} 的最优支撑邻域；$\left\|Z^{\mathrm{nei}(\Lambda_{l1})\to}\right\|_2$ 表示 Λ_{l1} 的两个相邻子带上的信号能量。显然，该策略对获得粗略的频谱支撑是非常有帮助的。

8.4.5 ABRMB 算法框架及算法描述

1. ABRMB 算法框架

文献[43]、[107]指出，为了增加重构信息的丰富程度，充分地利用多个测量向量间的公共信息，采用了随机投影的思想进行联合重构来提高重构性能，特别地，通过对文献[43]的分析可知，投影降维后，保留的测量值向量数等于频带数 N 时，提升的性能趋于稳定状态。本节提出的 ABRMB 也继承了这一思想，并结合上面提到的预处理改进方法来提升 MWC 的综合系统性能。基于 ABRMB 的支撑集重构系统结构如图 8.18 所示。

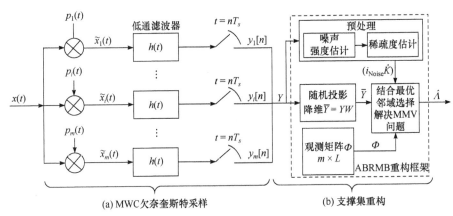

图 8.18　基于 ABRMB 的支撑集重构系统结构

2. 算法描述

表 8.5 为 ABRMB 框架伪代码描述。其中，W 表示一个在[−1,1]上取值的连续均匀分布的随机矩阵。

表 8.5　ABRMB 框架伪码描述

输入：观测矩阵 Φ，测量值信号 Y，重构误差 ε，支撑集势调节参数 s，最大迭代次数 Maxiters。
初始化：iter $=1$。

预处理：
(1) 噪声强度估计：$\hat{I}_{\mathrm{Noise}} = \mathrm{norm}(\hat{\Sigma}_n)$。
(2) 稀疏度估计：$\mathrm{pos} = \mathrm{sort}(D_{R_x}, \mathrm{'ascend'})$，$\hat{K} = \mathrm{pos}(1)+1+e$。
(3) 计算频带数：$\hat{N} = \mathrm{ceil}\left(\hat{K}/2\right)$。

续表

迭代：

while　iter ⩽ Maxiters

(1) 随机投影降维：$W = \text{random}\left(-1, 1, r, \hat{N}\right)$，$\overline{Y} = YW$。

(2) 求解器求解：$\overline{Y} = \varPhi Z$，

获得 $\left[\hat{\varLambda}, \hat{Z}\right] = \text{ABRMB\_Solver}\left(\overline{Y}, \varPhi, \hat{K}, \hat{I}_{\text{Noise}}\right)$。

(3) 存储支撑集：$\text{Supp(iter)} = \hat{\varLambda}$。

(4) 得到 $\overline{Y}$ 的估计并计算残差：$\overline{Y}_e = \varPhi \hat{Z}$，

$\text{residual} = \left(\text{norm}\left(\overline{Y} - \overline{Y}_e\right) / \text{norm}\left(\overline{Y}_e\right) / \left(1 + \hat{I}_{\text{Noise}}\right)\right)$。

(5) 条件检验：if $\left(\left|\hat{\varLambda}\right| \leqslant \hat{K} + s\right) \&\& \text{residual} \leqslant \varepsilon$

　　　　　　　　break;

　　　　　end

(6) iter = iter + 1。

end

迭代结束后，若条件 (5) 一直不满足，则择优选择：

if iter>Maxiters

$\hat{\varLambda} = \text{find}\left(\min\left(\text{len}\left(\left|\text{Supp}_{j\downarrow}\right|\right)\right)\right)$。

end

输出：返回信号的估计支撑集 $\hat{\varLambda}$

从表 8.5 的描述中可以看出，由于噪声强度和稀疏度均为估计值，因此，算法允许一定的支撑集逼近误差。另外，算法中当循环迭代结束仍未找到最佳的支撑集时，算法从存储的所有支撑集中选择势最小的支撑集作为最佳支撑集，若存在多个最小的势，则选择残差最小的那个作为最佳支撑集的最终选择。由于有容错机制的保证，实验表明，这种选择方式往往非常有效。

ABRMB 求解器算法描述如表 8.6 所示。

表 8.6　ABRMB 求解器算法描述

输入：$\overline{Y}$，$\varPhi$，$\hat{K}$，$\hat{I}_{\text{Noise}}$。

初始化：$\hat{\varLambda}_0 = \varnothing$，RowNorm $= \varnothing$。

(1) 利用 OMPMMV 进行联合重构，求解 $\overline{Y} = \varPhi Z$，得到初步解 $\dot{Z}$。

(2) RowNorm $= \text{norm}(\dot{Z}^{i \rightarrow})$。

(3) 获得初步支撑集：$\dot{\varLambda} = \max\left(\text{RowNorm}, \hat{K}\right)$。

(4) 最优邻域选择：$\hat{\varLambda}_0 = \dot{\varLambda} \cup \text{pos}\left(\max\left(\left\|\dot{Z}^{\text{nei}(\varLambda_0) \rightarrow}\right\|_2\right)\right)$。

(5) 获得更优解，并计算 l_2 范数：$\ddot{Z} = \varPhi^{\dagger}_{\downarrow \hat{\varLambda}_0} \overline{Y}$，RowNorm $= \text{norm}(\ddot{Z}^{i \rightarrow})$。

(6) 获得最优支撑集及最优解：$\ddot{\varLambda} = \text{find}(\text{RowNorm} >= \hat{I}_{\text{Noise}})$，$\ddot{Z} = \varPhi^{\dagger}_{\downarrow \ddot{\varLambda}} \overline{Y}$

输出：$\ddot{\varLambda}$，$\ddot{Z}$。

3. ABRMB 算法框架的收敛性

首先，我们可以通过推理 8.3 证明原 MMV 问题的频谱支撑 $\Lambda = \text{supp}(Z)$ 可以通过求解新的 MMV 问题 $\overline{Y} = \Phi Z$ 来获得，其中 $\overline{Y}$ 为降维投影后的结果。

推理 8.4　假设 $a \in R^L$ 是一个已知的非零向量，且 $u \in R^L$ 是由连续概率分布得到的一组随机向量。则事件"a 在 u 上的投影不为 0"的概率为 1。

推理 8.5　已知 $\sigma(\Phi) \geqslant 2K$，$\sigma(\Phi)$ 为矩阵 Φ 的 Kruskal 秩，$\hat{Z}$ 为方程 $Y = \Phi Z$ 的唯一 K-稀疏解，且 $W = \{w_1, w_2, \cdots, w_J\}$ $(1 \leqslant J \leqslant r)$ 是由连续概率分布得到的随机单位向量集，向量的长度为 r。假设 $\overline{Y} = YW$，$\overline{Z} = \hat{Z}W$，我们考虑一个降维后的新的 MMV 问题 $\overline{Y} = \Phi Z$，$\text{supp}(\hat{Z}) = \text{supp}(\overline{Z})$ 成立的概率为 1。同时，$\overline{Z}$ 是问题的唯一 K-稀疏解。

推理 8.4 和推理 8.5 的证明已经在文献[43]中给出。因此，结合推理 8.4、推理 8.5，以及 MWC 采样结构满足的推理 8.3(见 8.3.2 节)可以证明提出的重构方案是收敛的。

8.5　小结和工作展望

8.5.1　小结

本章从实际的频谱感知环境出发，以宽带稀疏信号为研究对象，基于压缩感知重构理论和 MWC 欠奈奎斯特采样理论展开研究。重点针对宽带稀疏信号先验信息的挖掘、支撑集重构精度和信号可重构频带数的提高方法、压缩采样设备硬件复杂度的降低策略等问题提出了相应的解决方案，并在研究中取得了一些研究结果[2,3,92]。本节主要的工作归纳如下。

(1) 为了提高支撑集成功重构概率和可重构的最大信号频带数，本节进行了重构算法结合创新的研究。针对 SOMP 算法存在的问题，将一种基于分段弱正交匹配追踪算法应用到支撑频带的恢复中。SwSOMP 算法是在 StOMP 的基础上对选择原子时的门限设置进行优化，从而可以降低对观测矩阵的要求，同时该算法无须预先知道待采样信号的稀疏度。将该算法应用到 CTF 模块中，可以在较低信噪比下，利用较少的通道数实现支撑频带的高概率重构。

(2) 在实际感知环境下，为了实现单感知节点的盲感知，本节提出了一种基于奇异值分解的自适应盲宽带频谱感知性能提升框架，该框架首先利用奇异值分解能够反映信号先验信息的特点，将尾部奇异值作为噪声数据源对噪声奇异值进行线性拟合，进而估计出噪声强度，通过噪声强度可以自适应地设定支撑元素的判定阈值；然后，计算出估计噪声奇异值对信号奇异值的贡献，通过梯度和差商运算得到信号的稀疏度估计,进而可以得到估计的信号频带数;最后,设计了感知性能的提升框架,以及框架对应的求解器,在求解器中通过最优邻域选择方法提升框架重构的容错能力。本节提出的 ABRMB 方案与现有方案相比,具有更佳的感知精度和更高的可重构能力。

8.5.2　工作展望

目前我们的工作主要从感知精度、盲感知和复杂性等方面进行了研究,虽然取得了一些结论,但随着研究的进一步深入,发现与本节相关的一些理论和应用问题值得更深入的探讨与研究。其中一些重要且有意义的研究点包括以下几方面。

(1) 深度学习是目前比较热门的技术点之一,随着基于深度学习的嵌入式开发技术的飞速发展,在协作式宽带信号的频谱感知中通过卷积神经网络去挖掘压缩采样信号中的结构性特征,从而学习到由采样信号到支撑集之间的映射关系,这将是未来可研究的一个重要方向。由于主用户对频谱的使用在时间、空间上具有规律性,因此若将这些相关信息加入深度模型的训练中,将会得到更为准确的深度学习频谱检测模型。

(2) 基于单感知节点的宽带频谱感知在低信噪比下的性能还不够理想,目前基于盲频谱感知的研究,在低于 5dB 的情况下,性能基本无法达到实际应用的要求,因此,在更低信噪比,且不增加硬件复杂度的条件下,如何实现频谱支撑集的高概率重构将是一个值得研究的课题。

(3) FCC 推出的 3.5GHz 以上公众无线宽带服务(citizen broadband radio service, CBRS)是通过集中式的数据库来支持频谱共享接入的,若能采用分布式数据库的区块链技术,探索使用去中心化的区块链作为动态频谱感知技术的低成本替代方案,将是下一代移动通信网络中值得研究的方向。

参 考 文 献

[1] 胡祝华, 白勇, 杜文才, 等. 遗传算法在认知无线电频谱分配中的应用综述. 2014 年全国无线电应用与管理学术会议, 海口, 2014: 259-265.

[2] Hu Z, Han Y, Cao L, et al. A CWMN spectrum allocation based on multi-strategy fusion glowworm swarm optimization algorithm. The 9th EAI International Wireless Internet Conference, Haikou, 2016: 109-120.

[3] Hu Z, Bai Y, Cao L, et al. A sequential compressed spectrum sensing algorithm against SSDH attack in cognitive radio networks. Journal of Electrical and Computer Engineering, 2018: 1-9.

[4] Yang X, Dutkiewicz E, Cui Q, et al. Analog compressed sensing for multiband signals with non-modulated Slepian basis. Proceedings of the IEEE International Conference on Communications, Budapest, 2013: 4941-4945.

[5] Sun H, Chiu W Y, Jiang J, et al. Wideband spectrum sensing with sub-Nyquist sampling in

cognitive radios. IEEE Transactions on Signal Processing, 2012, 60(11): 6068-6073.

[6] Axell E, Leus G, Larsson E G, et al. State-of-the-art and recent advances spectrum sensing for cognitive radio. IEEE Signal Processing Magazine, 2012, 29(3): 101-116.

[7] Akyildiz I F, Lo B F, Balakrishnan R. Cooperative spectrum sensing in cognitive radio networks: A survey. Physical Communication, 2011, 4(1): 40-62.

[8] Cichoń K, Kliks A, Bogucka H. Energy-efficient cooperative spectrum sensing: A survey. IEEE Communications Surveys and Tutorials, 2016, 18(3): 1861-1886.

[9] Yucek T, Arslan H. A survey of spectrum sensing algorithms for cognitive radio applications. IEEE Communications Surveys and Tutorials, 2009, 11(1): 116-130.

[10] Donoho D L, Elad M, Temlyakov V. Stable recovery of sparse overcomplete representations in the presence of noise. IEEE Transactions on Information Theory, 2006, 52(1): 6-18.

[11] Donoho D L. Compressed sensing. IEEE Transactions on Information Theory, 2006, 52 (4): 1289-1306.

[12] Shannon C E. Communication in the presence of noise. Proceedings of Institute of Radio Engineers, 1949, 37(1): 10-21.

[13] Sharma S K, Lagunas E, Chatzinotas S, et al. Application of compressive sensing in cognitive radio communications: A survey. IEEE Communication Surveys and Tutorials, 2016, 18(3): 1838-1860.

[14] Ali A, Hamouda W. Advances on spectrum sensing for cognitive radio networks: Theory and applications. IEEE Communications Surveys and Tutorials, 2017, 19(2): 1277-1304.

[15] Needell D, Vershynin R. Signal recovery from incomplete and inaccurate measurements via regularized orthogonal matching pursuit. IEEE Journal of Selected Topics in Signal Processing, 2010, 4(2): 310-316.

[16] Li B, Sun M, Li X, et al. Energy detection based spectrum sensing for cognitive radios over time-frequency doubly selective fading channels. IEEE Transactions on Signal Processing, 2015, 63(2): 402-417.

[17] Taubock G, Hlawatsch F. A compressed sensing technique for OFDM channel estimation in mobile environments: Exploiting channel sparsity for reducing pilots. IEEE International Conference on Acoustics, Speech and Signal Processing, Las Vegas, 2008: 2885-2888.

[18] Meng J, Li H, Han Z. Sparse event detection in wireless sensor networks using compressive sensing. The 43th Annual Conference on Information Sciences and Systems, Baltimore, 2009: 181-185.

[19] Hong S. Multi-resolution bayesian compressive sensing for cognitive radio primary user detection. Global Telecommunications Conference, New York, 2010: 1-6.

[20] Sun W, Huang Z, Wang F, et al. Wideband power spectrum sensing and reconstruction based on single channel sub-Nyquist sampling. IEICE Transactions on Fundamentals of Electronics, Communications and Computer Sciences, 2016, 99: 167-176.

[21] Wimalajeewa T, Chen H, Varshney P. Performance analysis of stochastic signal detection with compressive measurements. Proceedings of the IEEE the 44th Asilomar Conference on Signals, Systems and Computers, Monterey, 2010: 813-817.

[22] Wang J, Kwon S, Shim B. Generalized orthogonal matching pursuit. IEEE Transactions on Signal Processing, 2012, 60(12): 6202.

[23] Davenport M, Boufounos P, Wakin M, et al. Signal processing with compressive measurements. IEEE Journal of Selected Topics in Signal Processing, 2010, 4(2): 445-460.

[24] Mishali M, Eldar Y C, Dounaevsky O, et al. Xampling: Analog to digital at sub-Nyquist rates. IET Circuits, Devices and Systems, 2011, 5(1): 8-20.

[25] Wang Y, Tian Z, Feng C. Sparsity order estimation and its application in compressive spectrum sensing for cognitive radios. IEEE Transactions on Wireless Communications, 2012, 11(6): 2116-2125.

[26] 李斌武, 李永贵, 朱勇刚. 最大似然准则下的随机信号非重构压缩检测与分析. 信号处理, 2013, 29(8): 996-1002.

[27] 曹开田, 高西奇, 王东林. 基于随机矩阵理论的非重构宽带压缩频谱感知方法. 电子与信息学报, 2014, 36(12): 2828-2834.

[28] Lustig M, Donoho D L, Santos J M, et al. Compressed sensing MRI. IEEE Signal Processing Magazine, 2008, 25 (2): 72-82.

[29] Li F, Li Z, Li G, et al. Efficient wideband spectrum sensing with maximal spectral efficiency for LEO mobile satellite systems. Sensors, 2017, 17(1): 193.

[30] 涂思怡, 宋晓勤, 朱勇刚, 等. 认知无线网络中基于非重构序贯压缩的随机信号检测算法与分析. 信号处理, 2014, 30(2): 205-213.

[31] Althunibat S, Denise B J, Granelli F. Identification and punishment policies for spectrum sensing data falsification attackers using delivery-based assessment. IEEE Transactions on Vehicular Technology, 2016, 65(9): 7308-7321.

[32] Tropp J A, Gilbert A C. Signal recovery from random measurements via orthogonal matching pursuit. IEEE Transactions on Information Theory, 2007, 53(12): 4655-4666.

[33] Tropp J A, Laska J N, Duarte M F, et al. Beyond Nyquist: Efficient sampling of sparse bandlimited signals. IEEE Transactions on Information Theory, 2009, 56(1): 520-544.

[34] Harms A, Bajwa W U, Calderbank R. A constrained random demodulator for sub-Nyquist sampling. IEEE Transactions on Signal Processing, 2013, 61(3): 707-723.

[35] Zhao N. Joint optimization of cooperative spectrum sensing and resource allocation in multi-channel cognitive radio sensor networks. Circuits, Systems, and Signal Processing, 2016, 35: 2563-2583.

[36] Saber M J, Sadough S M S. Multiband cooperative spectrum sensing for cognitive radio in the presence of malicious users. IEEE Communications Letters, 2016, 20(2): 404-407.

[37] Mishali M, Eldar Y C. Expected RIP: Conditioning of the modulated wideband converter. 2009 IEEE Information Theory Workshop, Taormina, 2009: 343-347.

[38] Mishali M, Elron A, Eldar Y C. Sub-Nyquist processing with the modulated wideband converter. Proceedings of the 2010 IEEE International Conference on Acoustics Speech and Signal Processing, Dallas, 2010: 3626-3629.

[39] Mishali M, Eldar Y C. From theory to practice: Sub-Nyquist sampling of sparse wideband analog signals. IEEE Journal of Selected Topics in Signal Processing, 2010, 4(2): 375-391.

[40] Mishali M, Eldar Y C. The continuous joint sparsity prior for sparse representations: Theory and applications. Proceedings of the 2nd IEEE International Workshop on Computational Advances in Multi-Sensor Adaptive Processing, St. Thomas, 2007: 125-128.

[41] Chen J, Huo X. Theoretical results on sparse representations of multiple-measurement vectors. IEEE Transactions on Signal Processing, 2006, 54(12): 4634-4643.

[42] Khan A A, Rehmani M H, Reisslein M. Cognitive radio for smart grids: Survey of architectures, spectrum sensing mechanisms, and networking protocols. IEEE Communications Surveys and Tutorials, 2016, 18(1): 860-898.

[43] 盖建新, 付平, 孙继禹, 等. 基于随机投影思想的 MWC 亚奈奎斯特采样重构算法. 电子学报, 2014, 42(9): 1686-1692.

[44] Xia S T, Liu X J, Jiang Y, et al. Sparks and deterministic constructions of binary measurement matrices from finite geometry. https://arxiv. org/abs/1301. 5952. [2013-03-19].

[45] Sun W C, Huang Z, Wang F, et al. Compressive wideband spectrum sensing based on single channel. Electronics Letters, 2015, 51(9): 693-695.

[46] Xu Z, Li Z, Li J. Broadband cooperative spectrum sensing based on distributed modulated wideband converter. Sensors, 2016, 16: 1602-1613.

[47] Candes E J, Wakin M B. An introduction to compressive sampling. IEEE Signal Processing Magazine, 2008, 25 (2): 21-30.

[48] Candes E J. The restricted isometry property and its implications for compressed sensing. Comptes Rendus Mathematique, 2008, 346(9/10): 589-592.

[49] 王伟伟, 废桂生, 吴孙勇, 等. 基于小波稀疏表示的压缩感知 SAR 成像算法研究. 电子与信息学报, 2011, 6 (33): 1440-1446.

[50] Ramani V, Sharma S K. Cognitive radios: A survey on spectrum sensing, security and spectrum handoff. China Communications, 2017, 14(11): 185-208.

[51] 焦鹏飞, 李亮, 赵骥. 压缩感知在医学图像重建中的最新进展. CT 理论与应用研究, 2012, 1(21):132-147.

[52] Haupt J, Nowak R. Signal reconstruction from noisy random projections. IEEE Transactions on Information Theory, 2006, 52(9): 4036-4048.

[53] Lu L, Zhou X, Li G Y. Optimal sequential detection in cognitive radio networks. Wireless Communications and Networking Conference, Paris, 2012: 289-293.

[54] 余慧敏, 方广有. 压缩感知理论在探地雷达三维成像中的应用. 电子与信息学报, 2010, 32(1): 12-16.

[55] Herman M A, Strohmer T. High-resolution radar via compressed sensing. IEEE Transactions on Signal Processing, 2009, 57 (6): 2275-2284.

[56] Malioutov D M, Sanghavi S R, Willsky A S. Sequential compressed sensing. IEEE Journal of Selected Topics in Signal Processing, 2010, 4(2): 435-444.

[57] Takhar D, Laska J N, Wakin M, et al. A new compressive imaging camera architecture using optical-domain compression. Proceedings of Computational Imaging, San Jose, 2006: 43-52.

[58] Sun X, Zheng Z, Li B. CS-feature detection spectrum sensing algorithm for cognitive radio. Advances in Information Sciences and Service Science, 2012, 4(1): 37-45.

[59] 杨现俊. 结构压缩感知的研究. 北京: 北京邮电大学, 2014.

[60] Salahdine F, Kaabouch N, Ghazi H E. A survey on compressive sensing techniques for cognitive radio networks. Physical Communication, 2016, 20: 61-73.

[61] 徐伟琳. 基于压缩感知的宽带频谱检测方法研究. 北京: 北京邮电大学, 2014.

[62] Baraniuk R G. Compressive sensing. IEEE Signal Processing Magazine, 2007, 24(4): 118-121.

[63] Elad M. Sparse and Redundant Representations: From Theory to Applications in Signal and Image Processing[M]. Berlin: Springer Science and Business Media, 2010.

[64] Wu H, Wang S. Adaptive sparsity matching pursuit algorithm for sparse reconstruction. IEEE Signal Processing Letters, 2012, 19(8): 471-474.

[65] Candes E, Tao T. Decoding by linear programming. IEEE Transactions on Information Theory, 2005, 59(8): 4203-4215.

[66] Candes E, Tao T. The Dantzig selector: Statistical estimation when p is much larger than n. The Annals of Statistics, 2007, 35(6): 2313-2351.

[67] 张贤达. 矩阵分析与应用. 2 版. 北京: 清华大学出版社, 2013.

[68] Blumensath T, Davies M E. Gradient pursuits. IEEE Transactions on Signal Processing, 2008, 56(6): 2370-2382.

[69] Blumensath T, Davies M E. Stagewise weak gradient pursuits. IEEE Transactions on Signal Processing, 2009, 57(11): 4333-4346.

[70] Donoho D L, Tsaig Y, Drori I, et al. Sparse solution of underdetermined systems of linear equations by stagewise orthogonal matching pursuit. IEEE Transactions on Information Theory, 2012, 58(2): 1094-1121.

[71] Najafabadi D, Tadaion A, Sahaf M. Wideband spectrum sensing by compressed measurements. Proceedings of the IEEE Symposium on Computers and Communications, Cappadocia, 2012: 667-671.

[72] Needell D, Tropp J A. CoSaMP: Iterative signal recovery from incomplete and inaccurate samples. Applied and Computational Harmonic Analysis, 2009, 26(3): 301-321.

[73] Tropp J A, Gilbert A C, Strauss M J. Algorithms for simultaneous sparse approximation. Part I: Greedy pursuit. Signal Processing, 2006, 86(3): 572-588.

[74] 马如远, 金明亮, 刘继忠, 等. 移动机器人环境视觉小波稀疏压缩传感和识别. 传感技术学报, 2012, 25(4): 519-523.

[75] Donoho D L, Elad M. Optimally sparse representation in general (non-orthogonal) dictionaries via l_1 minimization. Proceedings of the National Academy of Sciences, 2003, 100(5): 2197-2202.

[76] 党骙, 马林华, 田雨, 等. m 序列压缩感知测量矩阵构造. 西安电子科技大学(自然科学版), 2015, 42(2): 215-222.

[77] Foucart S, Lai M J. Sparsest solutions of underdetermined linear systems via l_q-minimization for $0 < q \leqslant 1$. Applied and Computational Harmonic Analysis, 2009, 26: 395-407.

[78] Candes E, Romberg J, Tao T. Stable signal recovery from incomplete and inaccurate measurements. Communications on Pure and Applied Mathematics, 2006, 59(8):1207-1223.

[79] Cai T T, Wang L, Xu G. New bounds for restricted isometry constants. IEEE Transactions on

Information Theory, 2010, 56(9): 4388-4394.

[80] Tian Z, Giannakis G B. Compressed sensing for wideband cognitive radios. IEEE International Conference on Acoustics, Speech and Signal Processing. Honolulu, 2007.

[81] Eldar Y C, Kutyniok G. Compressed Sensing: Theory and Applications. Cambridge: Cambridge University Press, 2012.

[82] Tropp J A. Greed is good: Algorithmic results for sparse approximation. IEEE Transactions on Information Theory, 2004, 50(10): 2231-2242.

[83] Tropp J A. Just relax: Convex programming methods for identifying sparse signals in noise. IEEE Transactions on Information Theory, 2006, 52(3): 1030-1051.

[84] Candes E, Romberg J. Sparsity and incoherence in compressive sampling. Inverse Problems, 2007, 23(3): 969-985.

[85] Chen S S, Donoho D L, Saunders M A. Atomic decomposition by basis pursuit. SIAM Review, 2001, 43(1): 129-159.

[86] Dai W, Milenkovic O. Subspace pursuit for compressive sensing signal reconstruction. IEEE Transactions on Information Theory, 2009, 55(5): 2230-2249.

[87] Tropp J A, Wright S J. Computational methods for sparse solution of linear inverse problems. Proceedings of the IEEE, 2010, 98(6): 948-958.

[88] Blumensath T, Davies M E. Stagewise weak gradient pursuits. Part I: Fundamentals and numerical studies. Preprint, 2008.

[89] Mishali M, Eldar Y C. Reduce and boost: Recovering arbitrary sets of jointly sparse vectors. IEEE Transactions on Signal Processing, 2008, 56(10): 4692-4702.

[90] Mishali M, Eldar Y C. Blind multiband signal reconstruction: Compressed sensing for analog signals. IEEE Transactions on Signal Processing, 2009, 57(3): 993-1009.

[91] Blumensath T, Davies M E. Stagewise weak gradient pursuits. IEEE Transactions on Signal Processing, 2009, 57(11): 4333-4346.

[92] Hu Z, Bai Y, Zhao Y, et al. Support recovery for multiband spectrum sensing based on modulated wideband converter with SwSOMP Algorithm. Proceedings of the 2017 1th EAI International Conference on 5G for Future Wireless Networks, Beijing, 2017: 1503-1516.

[93] 孙伟朝, 王丰华, 黄知涛, 等. 改进多重信号分类算法的宽带频谱快速感知方法. 国防科技大学学报, 2015, 37(5):155-160.

[94] Romberg J. Compressive sensing by random convolution. SIAM Journal on Imaging Sciences, 2009, 2: 1098-1128.

[95] Yang P, Huang Z T, Liu Z, et al. Single-channel spectrum sensing technique based on sub-Nyquist sampling. The 11th IEEE International Conference on Signal Processing, New York, 2012: 224-227.

[96] Yang X, Tao X, Guo Y J, et al. Subsampled circulant matrix based analogue compressed sensing. Electronics Letters, 2012, 48: 767-768.

[97] Yang X, Guo Y J, Cui Q, et al. Random circulant orthogonal matrix based analog compressed sensing. Proceedings of the 2012 IEEE Global Communications Conference, Anaheim, 2012: 3605-3609.

[98] Hasan N U, Ejaz W, Lee S, et al. Knapsack-based energy-efficient node selection scheme for cooperative spectrum sensing in cognitive radio sensor networks. IET Communications, 2012, 6(17): 2998-3005.

[99] Ejaz W, Shah G A, Hasan N, et al. Energy and throughput efficient cooperative spectrum sensing in cognitive radio sensor networks. Transactions on Emerging Telecommunications Technologies, 2015, 26(7): 1019-1030.

[100] Eldar Y C, Levi R, Cohen A. Clutter removal in sub-Nyquist radar. IEEE Signal Processing Letters, 2015, 22(2): 177-181.

[101] Landau H J. Necessary density conditions for sampling and interpolation of certain entire functions. Acta Mathematica, 1967, 117: 37-52.

[102] Cohen D, Akiva A, Avraham B, et al. Distributed cooperative spectrum sensing from sub-Nyquist samples for cognitive radios. Proceedings of the 16th IEEE International Workshop on Signal Processing Advances in Wireless Communications, Stockholm, 2015: 336-340.

[103] Hu Z, Bai Y, Zhao Y, et al. Support recovery for multiband spectrum sensing based on modulated wideband converter with SwSOMP Algorithm. Proceedings of the 2017 1th EAI International Conference on 5G for Future Wireless Networks, Beijing, 2017: 1503-1516.

[104] Hu Z, Bai Y, Zhao Y, et al. Adaptive and blind wideband spectrum sensing scheme using singular value decomposition. Wireless Communications and Mobile Computing, 2017.

[105] Sun J, Wang J, Ding G, et al. Long-term spectrum state prediction: An image inference perspective. IEEE Access, 2018, 6: 43489-43498.

[106] Drmac Z. Accurate computation of the product-induced singular value decomposition with applications. SIAM Journal on Numerical Analysis, 1998, 35(5): 1969-1994.

[107] Cotter S F, Rao B D, Engan K, et al. Sparse solutions to linear inverse problems with multiple measurement vectors. IEEE Transactions on Signal Processing, 2005, 53(7): 2477-2488.

第9章　新技术实践篇

9.1　多路径传输系统平台搭建实践篇

第4章内容介绍了下一代互联网传输层新技术，主要涉及传输层多路径传输协议，包括 MPTCP 及 CMT-SCTP 两个主流的传输协议等，并对多路径传输关键技术(包括路径管理、缓存管理、多参数综合优化和拥塞控制算法)进行详细的介绍。

本章从实践的角度出发，介绍多路径传输局域网测试平台及 NorNet 国际测试床平台的设计与搭建；再结合第4章已经介绍过的理论知识，在测试床上对多路径传输关键技术进行测试分析。可使读者对新技术理论和多路径测试平台的运用有深入的理解，提升该领域的实操能力。

9.1.1　多路径传输协议局域网测试平台设计

为了测试和分析 MPTCP 多路径传输协议的性能，本节以构建一个本地局域网为例介绍其多路径传输测试床的构建方法及过程。本地局域网测试床的拓扑结构如图 9.1 所示[1]。

图 9.1　本地局域网测试床的拓扑结构

使用两台安装 Ubuntu 的双网卡主机，在 Ubuntu 系统中安装了 MPTCP 内核，MPTCP 多路径传输使用了文献[2]所提出的拥塞控制机制。在本地局域网测试床中，路由器的 RED 排队按照文献[3]的建议进行配置，链路带宽使用 Dummynet 进行控制。

利用图 9.1 中本地局域网测试床，分析 MPTCP 在不同带宽的链路场景下多路径传输的性能；在本次测试中，利用本地局域网测试床，在图 9.1 中首先将路径 A 带宽设置为 800kbit/s，以模拟 DSL 数据用户线，路径 B 的带宽设置为 200kbit/s～10Mbit/s，进行多次无时延的非相似路径的多路径传输性能测试分析；然后又对 MPTCP 在有传输时延场景中的性能进行测试分析。

从图 9.2 中可以看到，在无传输时延环境下，与 TCP 相比，MPTCP 表现了较好的性能，基本达到了两条路径吞吐量叠加的效果；而在图 9.3 中，在传输时延为 200ms 的情况中，随着路径 A 与路径 B 的带宽差异变大，在路径 B 的带宽增长到 2.5Mbit/s 时，MPTCP 的传输性能开始变得比 TCP 的性能差。从测试结果可以看出，在链路带宽差异比较大的情况下，受传输时延及缓存的影响，MPTCP 的传输性能会有比较大的降低，并不比 TCP 的性能好。造成该现象的原因在于 MPTCP 在接收并重组数据时需要等待传输速率较慢路径的数据，使得总体吞吐量性能无法提高，并且在等待时要维护已接收的失序数据及重组数据列表，需要占用较多的系统资源，说明其数据传输调度算法需要进一步改进。

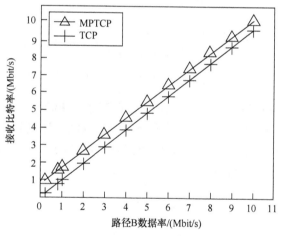

图 9.2　本地测试床(非相似路径无时延测试)

在该场景中，较慢的链路会造成整体性能的大幅下降，反而比单条链路传输性能还差，因此，MPTCP 是否需要使用所有路径来传输数据也值得商榷。

以上就是使用两台安装 Ubuntu 的双网卡主机，在 Ubuntu 系统中安装 MPTCP 内核来构建本地局域网测试床，并分析 MPTCP 在不同带宽的链路场景下多路径传输性能的实验过程。

9.1.2　多路径传输协议国际测试床设计技术

随着多路径传输技术的日趋成熟，迫切需要构建一个真实的、跨越地域的分布式测试环境，NorNet Test Bed 就是这样的一个多路径传输测试床。NorNet

Test Bed 是一个由挪威 Simula 国家实验室于 2012 年构建起来的跨越 4 大洲(除非洲外)的全球测试平台，现共有 25 个站点，它们分布在各个著名的大学及研究机构中，是世界上第一个基于下一代互联网多宿主系统新技术的大规模多路径传输的测试床基础设施，该平台上大部分站点部署了 IPv4/IPv6 资源及 MPTCP 环境[4,5]。

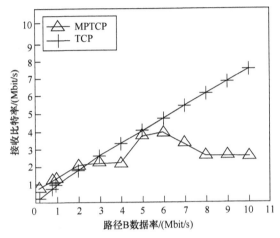

图 9.3　本地测试床(非相似路径 200ms 时延测试)

该测试床由 NorNet Core Test Bed(NNC-TB)和 NorNet Edge Test Bed(NNE-TB)两部分组成，前者是基于固网的多路径传输的测试床设施，后者则是基于移动互联标准(MBB 标准、WiFi)的多路径传输而设计的。两者的目标非常明确，就是为测试下一代互联网多宿主系统性能的国际测试床。图 9.4 是 NorNet Core 国际测试床的结构图。

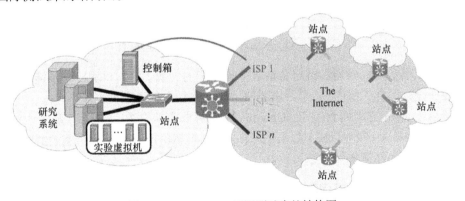

图 9.4　NorNet Core 国际测试床的结构图

第 2 章中图 2.5 为 NNC-TB 测试床及各站点相关信息。其中 HainanUniversity-

NNC 由中国教育网 CERNET 与中国联通 China Unicom 两家网络服务提供商 (internet service provider，ISP)为其提供 Internet 服务，测试床站点的构建为后续广泛开展下一代互联网新技术研究提供了良好的平台。

　　在多平台环境中评估多个传输协议的一个常见问题是要有一个能够在所有这些环境中运行的测试工具，当然还要支持所有必要的协议。使用不同的评估工具并不是一个好的解决方案，因为每个工具都可能引入自己的参数化方案。为了解决这一问题，业内设计并开发了 NetPerf-Meter。

　　NetPerfMeter 是一个开源的，多平台的传输协议性能评估软件。目前，它支持 Linux、FreeBSD 和 MacOS 平台(可以轻松地将其扩展到其他平台)，以及传输协议 SCTP 与 TCP，包括多路径 TCP(如果操作系统支持，则为 MPTCP)、UDP(用户数据报协议)和 DCCP(如果操作系统支持，则为数据报拥塞控制协议)。图 9.5 为 NetPerfMeter 协议栈。

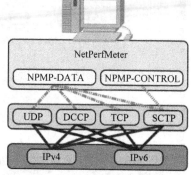

图 9.5　NetPerfMeter 协议栈

　　NetPerfMeter 工具的安装流程如下所示。

　　(1) 添加 ppa：为系统添加 ppa(个人软件包档案)，本节使用了 dreibh 的 ppa，添加命令为

```
sudo ad-apt-repository ppa:dreibh/ppa
```

　　(2) 更新软件源：添加成功后要记得更新系统软件源，更新源命令为

```
sudo apt-get update
```

　　(3) 执行 NetPerfMeter 工具的在线安装命令，命令为

```
sudo apt-get install netperfmeter
```

安装命令执行完成以后就可以直接使用 NetPerfMeter 工具。

本节的测试环境均是基于 Linux 系统的，其基本环境如下。

　　(1) Linux 内核版本为 4.1.27。

　　(2) Linux MPTCP 版本为 0.92。

　　(3) 缓冲区大小设置成 16MB(避免因缓冲区小而影响网络性能)。

　　安装 MPTCP 协议之前，我们需要安装相应的编译环境依赖，包括 libncurses5-dev、bulid-essential、libssl-dev，这些依赖可在 Linux 系统直接安装，以 Ubuntu 14.0 为例，其安装指令为

```
sudo apt-get install libncurses5 -dev
build - essential libssl -dev
```

安装好相应依赖后，就可以进入 MPTCP 源码目录进行相关的配置，其配置

的指令如下：

```
sudo make menuconfig
```

编译配置指令将打开配置的一级菜单，接着可以参照相关网站(https://www.
multipath-tcp.org)指南进行相应配置，如图 9.6 所示。

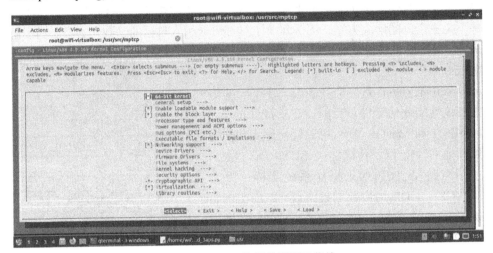

图 9.6　MPTCP 协议编译配置菜单

然后就是进行编译和模块安装了，其相应指令为

```
sudo make-j4
sudo make modules_install
```

最后是内核安装，其指令为

```
sudo make install
```

安装完成后重启 Linux 系统，验证 MPTCP 是否在系统中启用，可在终端输入验证指令：

```
dmesg | grep -i mptcp
```

该指令返回协议的版本，如图 9.7 所示。

```
root@ubuntu:~# dmesg | grep -i mptcp
[    0.505380] MPTCP: Stable release v0.93.4
```

图 9.7　MPTCP 版本查看指令返回结果

9.1.3　MPTCP 关键技术实践

在 9.1.1 节及 9.1.2 节的基础上，本节将重点介绍在国家自然科学基金、教育部及国际合作项目资助下，课题组成员针对多路径传输提出的几个新算法在测试床上的具体实践的方法与技术路线。这些算法分别是 MPTCP 关键技术如

PCDC[6]、缓存建模[7]、MPCOA[8]和 D-OLIA[9]，这些算法的思想与详细理论推演见 4.4 节。下面将分别对这四种新技术进行测试，并做性能分析。本节中 PCDC、缓存建模和 MPCOA 在 NorNet Core 测试床进行真实测试，通过 HainanUniversity-NNC 站点登录 NNC-TB 查询其可用有效的资源，选取资源并设计测试场景，然后使用 NetPerfMeter 测试工具来收集信息并进行性能分析。基于移动多路径环境的 D-OLIA 算法则是通过 NS-3-DCE 平台来进行仿真测试的。

1. PCDC 的实践方法与测试

1) 场景设计与站点选取

为了验证 PCDC 算法在实际多路径传输网络中的有效性，本节充分地利用 NorNet 国际测试床广域分布性，选择了带宽差异较大的多 ISP 的两个站点作为本次测试的目标，以体现各个子路径的性能差异对多路径并发传输总体性能的影响。表 9.1 为场景设计所选两站点的信息及技术参数。

(1) 本节实验场景使用表 9.1 中的站点进行组合，其中场景 UiB-UNIS 表示卑尔根(Bergen)大学站点和斯瓦尔巴(Svalbard)大学站点。

(2) 测试中的性能评价指标包括传输大数据流的网络有效吞吐量和传输小数据流的完成时间，其中大数据流传输不限制传输数据的大小，在一定时间(测试中选取了 90s 和 120s)内测量网络的有效吞吐量，而小数据流按不同大小的数据进行传输，评估其传输完成时间，为避免实验误差测量值取 10 次传输的平均值。

表 9.1　场景设计所选两站的信息及技术参数

英文简称	所属大学	地理位置	网络服务供应商	带宽(下行/上行)/(Kbit/s)
UiB	Universitetet i Bergen	Bergen, Vestland, Norway	Uninett	1000000 / 1000000
			BKK	100000 / 100000
UNIS	Universitetet pa Svalbard	Longyearbyen, Svalbard, Norway	Uninett	100000 / 100000
			Telenor	10000 / 10000

场景设计，选择位于卑尔根大学的站点及斯瓦尔巴大学的站点，大约相距 2000km，对于 Fullmesh 与 PCDC 策略而言，总子路径数为 4，子路径名为 U-U、U-T、B-U、B-T(其中 U、B、U、T 为 ISP 供应商的首字母)，UiB-UNIS 子路径影响因子见表 9.2。以下是基于两种不同拥塞控制算法下的实验结果。

表 9.2　UiB-UNIS 子路径影响因子

CC	Ω			
	子路径			
	U-U	U-T	B-U	B-T
Cubic	0.576	0.254	0.262	−0.134
OLIA	0.613	0.279	0.286	−0.153

2) 影响因子计算与子路径选取

如表 9.2 所示，其中 CC 表示拥塞控制算法，Ω 表示子路径影响因子。影响因子根据式(4.3)进行计算。从表 9.2 中可以看出，在两种拥塞控制算法下子路径 B-T 的影响因子为负值，在传输时，将其作为备用路径而暂时不参与传输，结果如预期一样，如图 9.8 和图 9.9 所示，PCDC 比 Fullmesh 在传输大数据流时取得了更高的网络有效吞吐量。从各子路径的影响因子大小看，子路径 U-U 的影响因子最大，可见子路径 U-U 对整体传输的作用相比其他路径作用更大。

3) 优化子路径网络性能分析

图 9.8 和图 9.9 显示了大数据流的吞吐量对比结果，接下来则对不同大小的小数据流的传输完成时间进行比较，这类数据传输常见于网络中一些对时延敏感的信息交互。如图 9.10 所示，是在 Cubic 拥塞控制算法下发送 100~1000KiB 数据的完成时间，PCDC 完成时间较 Fullmesh 减少了至少 20ms。图 9.11 是在 OLIA 拥塞控制算法下的平均完成时间，同样地 PCDC 降低了小数据的传输完成时间，减少了至少 20ms。

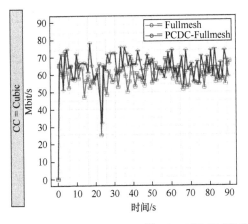
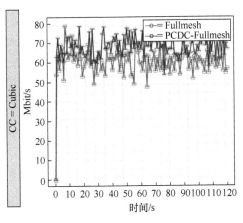

图 9.8　UiB-UNIS Cubic 网络有效吞吐量

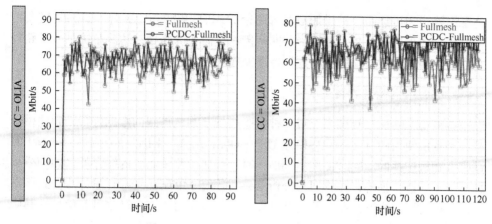

图 9.9 UiB-UNIS OLIA 网络有效吞吐量

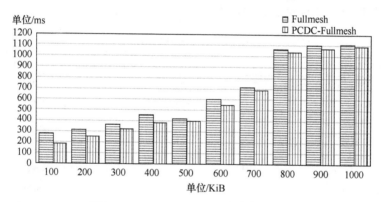

图 9.10 UiB-UNIS Cubic 平均完成时间

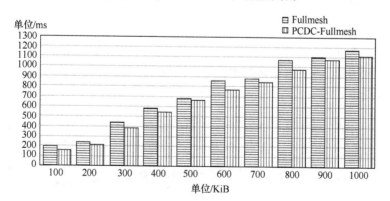

图 9.11 UiB-UNIS OLIA 平均完成时间

　　PCDC 基于对最佳路径的研究和小数据流传输完成时延的分析，然后从子路径的贡献率和数据体量特征两个方面考虑，通过子路径的影响因子将子路径区分为备用路径和可选路径；进而对可选路径的 RTT 特性进行排序；最后对需要传输的数据大小进行分类，选择当前网络传输最需要的路径，达到解决某些子路径拖累整体传输性能的问题及小数据传输完成时间增长的问题。

2. 多路径传输缓存耗量建模

本节在 NorNet 测试床上对三种实验场景下测试得到的数据进行回归建模分析，场景所使用的 6 个站点(SRL、UiO、UiT、KAU、HiN、HU)是在 NorNet 测试床上随机选择的。同时使用 R^2 和 P 对三种典型测试场景的缓存耗量回归模型的回归质量进行评价，并将回归分析结果与传统 MPTCP 缓存耗量计算公式所得结果进行对比。表 9.3 列出了三组实验场景所涉及的各 ISP 网络带宽信息，其中 SRL 有 ISP：U、K、T、P。UiO 有 ISP：U、P、B。UiT 有 ISP：U、P、T。KAU 有 ISP：S。HiN 有 ISP：U、P、B。HU 有 ISP：CU、C。

表 9.3　各 ISP 网络带宽

网络服务提供商	下行速度/(Kbit/s)	上行速度/(Kbit/s)
Uninett (U)	1000000	1000000
Kvantel (K)	1000000	1000000
Telenor (T)	3000	768
PowerTech (P)	6000	256
Broadnet (B)	2000	512
SUNET (S)	1000000	1000000
CnUnicom (CU)	20000	20000
CERNET (C)	10000	10000

3. 场景 1：SRL-UiO

1) 回归建模

通过对 SRL-UiO 场景进行多次实验及回归建模分析，最终得出适合该场景的回归方程如下：

$$T = 140.43 + 1.83B - 0.05B^2 + 2.91E_1B + 1.54E_2B + 0.69E_3B + 0.80E_4B$$
$$+ 0.82E_5B - 2.35E_6B - 10.96E_1 + 11.38E_2 + 36.21E_3 + 32.68E_4$$
$$+ 30.93E_5 - 11.33E_6, \quad 1 \leqslant B \leqslant 60, \quad \sum_{k=1}^{6} E_k = 1 \tag{9.1}$$

式中，E_1，…，E_6 分别代表不同的拥塞控制算法，E_1 为 Cubic；E_2 为 Hybla；E_3 为 OLIA；E_4 为 Reno；E_5 为 Scalable；E_6 为 Vegas。

式(9.1)是在本场景下回归建模分析的具体结果表达式，其中 T 代表吞吐量, 单位为 Mbit/s, B 代表缓存值, 单位为 MiB。大量实验数据表明本场景下缓存值在 50MiB 左右时吞吐量达到最大值, 所以式(9.1)限制条件为 $1 \leqslant B \leqslant 60$ 和 $\sum\limits_{k=1}^{6} E_k = 1$。前者是本书在大量的数据传输实验中发现当缓存值过大时, 增大缓存值对吞吐量已无明显影响, 所以将式(9.1)中缓存值限定在 60MiB 以下。后者因为 E_k 表示不同的拥塞控制算法, 而在一次数据传输中只能设定一种拥塞控制算法。

2) 模型评价

表 9.4 为 SRL-UiO 场景模型部分评价指标, 其中最主要的是 R^2 值, 本场景回归模型的 R^2 为 0.9227, 数值上已经比较接近 1, R^2 值越接近 1, 则表明回归模型对数据的拟合性越好, 也说明该模型能代表本场景下的实验数据。

表 9.4　SRL-UiO 场景模型部分评价指标

R^2	均值 T
0.9227	256.43

表 9.5 表示的是该模型方程的各项系数及 P, 当 P 小于 0.001 时, 程序直接输出 0.000, 所以由表 9.5 可以看出缓存耗量 B 及各拥塞控制算法 E_k 的 P 都远远小于 0.001, 在假设检验领域中, $P < 0.01$ 表明该假设置信度很高, 为非常显著。本场景中的假设为缓存耗量 B 和拥塞控制算法 E_k 对吞吐量有较大影响, P 证明了这一假设是非常正确的。

表 9.5　SRL-UiO 场景回归分析结果

参数	各项系数	$P > \lvert t \rvert$
B	1.83	0.000
B^2	−0.05	0.000
$E_1 B$ (Cubic)	2.91	0.000
$E_2 B$ (Hybla)	1.54	0.000
$E_3 B$ (OLIA)	0.69	0.000
$E_4 B$ (Reno)	0.80	0.000
$E_5 B$ (Scalable)	0.82	0.000
$E_6 B$ (Vegas)	−2.35	0.000

由表 9.5 所示的各项系数可以看出, $E_1 B$ 在各拥塞控制算法项中系数最大, 这表明拥塞控制算法为 E_1, 即 CC = Cubic 时该场景网络性能最好, 该场景最适

合选择 Cubic 算法进行拥塞控制。当拥塞控制算法选定为 Cubic 时，该模型方程只和缓存耗量 B 有关：

$$T = f(B,1,0,0,0,0) = 129.47 + 4.74B - 0.05B^2 \qquad (9.2)$$

图 9.12 为 SRL-UiO 场景 Cubic 算法回归拟合图，其中散点为实验传输结果，曲线为拟合模型。

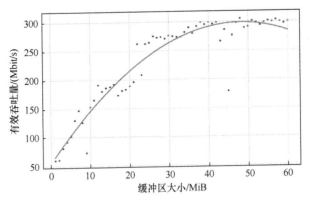

图 9.12　SRL-UiO 场景 Cubic 算法回归拟合图

3) 与传统方法的对比分析

为了突出此研究方法相比于传统方法的优越性，将 SRL-UiO 场景下的回归分析结果与传统 MPTCP 缓存耗量计算公式进行对比分析。

从公式参数上来说，式(9.1)的优点是显而易见的，首先吞吐量作为衡量网络质量的重要因素，式(9.1)在考虑缓存耗量配置时更加关注的是缓存耗量与吞吐量的关系，有了这种关系，可以根据吞吐量需求来配置缓存值，而且式(9.1)在讨论吞吐量与缓存大小的关系时又加入了拥塞控制算法这一变量，这是在研究了大量实验数据的基础上得出的结论，而且 P 也说明了拥塞控制算法的确对吞吐量有着较大的影响；而传统公式在计算缓存值时完全抛开了吞吐量这一衡量标准，而把 RTT 及各子流带宽作为主要计算依据，这种计算方式在 TCP 协议下是没有问题的，但是在 MPTCP 协议下，一个 MPTCP 连接可能包含很多子流，本场景 1 下就有 12 条子流，而把这些子流带宽求和再进行预算，这本身就是一个很大的基数，计算出来的缓存值自然也非常大，这点会在后面使用具体的数值对比进行说明，而传统公式完全没有考虑拥塞控制算法对吞吐量的影响，而在分析了大量实验数据的基础上发现，某些场景下不同的拥塞控制算法会对吞吐量产生非常大的影响，图 9.13 为场景 1 下 Vegas 算法数据结果图，可以看出吞吐量与缓存耗量的关系并非正相关，而是缓存耗量较小时吞吐量较高，当缓存耗量增加至 10MiB 以上时，吞吐量反而迅速降低，而传统公式则完全考虑不到这种情况。

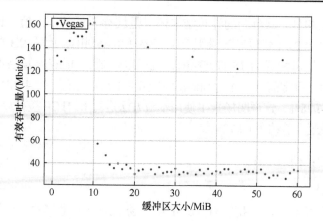

图 9.13 场景 1Vegas 算法数据结果图

通过回归建模分析，不仅找到了吞吐量与缓存耗量间的关系，还找到了作为场景 1 的最优拥塞控制算法策略。

由回归分析结果可知，式(9.1)可以选取最适合场景 1 的拥塞控制算法应为 Cubic；再由 CC = Cubic 可以导出式(9.2)，即可轻松地计算出针对场景 1 所需缓存耗量值。假设目标吞吐量为 200Mbit/s，即 $T = 200\text{Mbit/s}$，则得到以下方程式：

$$200 = f(B,1,0,0,0,0) = 129.47 + 4.74B - 0.05B^2 \tag{9.3}$$

根据式(9.3)可以计算得出所需缓存耗量 $B = 18.4836\text{MiB}$，这个计算结果与图 9.12 的拟合曲线相对应，并且从图 9.12 可以看出，缓存耗量上界值设为 40MiB 左右即可达到最大吞吐量，而使用传统公式(4.2)计算缓存耗量需要三个指标：RTT_{max}、RTO_{max} 及 $\sum_{i=1}^{n}\text{Bandwidth}_i$，本场景两站点之间共有 12 条子流，根据表 9.3 所示子流带宽可以计算出所有子流带宽之和为

$$\sum_{i=1}^{n}\text{Bandwidth}_i = 1000000 \times 2 + 6000 \times 2 + 2000 \times 2 + 768 \times 3 + 256 \times 3$$

$$= 2019072\text{Kbit/s} = 1971.75\text{Mbit/s} \approx 246.47\text{MiB/s}$$

测得本场景两站点之间 $\text{RTT}_{max} = 0.010044\text{s}$，$\text{RTO}_{max} = 0.5\text{s}$，将这些数据代入式(4.2)进行计算：

$$B \geqslant \left(3 \times \max_{1 \leqslant i \leqslant n}\{\text{RTT}_i\} + \max_{1 \leqslant i \leqslant n}\{\text{RTO}_i\}\right) \times \sum_{i=1}^{n}\text{Bandwidth}_i$$

$$= (3 \times 0.010044 + 0.5) \times 246.47$$

$$\approx 130.66\text{MiB}$$

值得注意的是，式(4.2)的计算结果还只是缓存耗量的下限值，也就是说，场景 1 若使用式(4.2)计算缓存耗量则至少需要 130.66MiB，而式(9.3)的计算结果表明只需将缓存耗量配置为 18.1175MiB，就可以达到 200Mbit/s 的吞吐量，这样的吞吐量足以满足日常需求；而达到最高吞吐量时的缓存值为 47.4MiB，仅为式(4.2)计算结果的 36.28%，这说明场景 1 使用本节方法进行 MPTCP 缓存耗量配置比传统公式计算结果至少节约了 63.72%。

4. 场景 2：UiT-KAU

1) 回归建模

与上一个场景一样，我们对 UiT-KAU 场景进行大量实验，得到回归模型方程表达式为

$$T = 122.4935 + 0.4082B - 0.017B^2 - 0.2845E_1B$$
$$- 0.1575E_2B - 0.0085E_3B + 0.0087E_4B + 1.5356E_5B$$
$$+ 0.0471E_6B + 45.4497E_1 + 29.3739E_2 + 22.2019E_3$$
$$+ 29.3441E_4 + 31.71E_5 - 35.5862E_6,$$
$$5 \leqslant B \leqslant 70, \quad \sum_{k=1}^{6} E_k = 1 \tag{9.4}$$

2) 模型评价

表 9.6 为式(9.4)各项系数及 P，P 也都远远小于 0.0001，证明式(9.4)中各个自变量都对场景 2 下的吞吐量有着重要影响。从各项系数来看，$CC = E_5$ 时系数最大，表明 Scalable 为场景 2 下最合适的拥塞控制算法，图 9.14 为选用 Scalable 算法时吞吐量及缓存耗量的拟合图像，当 CC = Scalable 时，式(9.4)也将转变为以下公式：

$$T = f(B,1,0,0,0,0,0) = 154.2035 + 1.9438B - 0.017B^2 \tag{9.5}$$

表 9.6　UiT-KAU 场景回归分析结果

参数	各项系数	$P > \lvert t \rvert$
B	0.4082	0.000
B^2	−0.017	0.000
E_1B (Cubic)	−0.2845	0.000
E_2B (Hybla)	−0.1575	0.000
E_3B (OLIA)	−0.0085	0.000
E_4B (Reno)	0.0087	0.000

续表

参数	各项系数	$P > |t|$
E_5B (Scalable)	1.5356	0.000
E_6B (Vegas)	0.0471	0.000

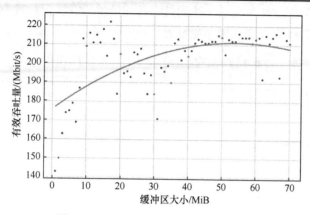

图 9.14　UiT-KAU Scalable 算法回归图

3) 与传统方法的对比分析

根据式(9.5)，当 CC = Scalable 时，需要吞吐量 T = 200Mbit/s，可计算出所需缓存值仅为 24.9734MiB，这个结果可以通过简单的解方程得到。根据式(4.2)计算场景 2 缓存耗量为

$$B \geqslant (3 \times 0.035988 + 1) \times \frac{977.5625}{8} \approx 135.39\text{MiB}$$

式(4.2)计算结果表明，场景 2 MPTCP 环境下正常传输数据需要至少配置 135.39MiB 的缓存值，而式(9.5)的计算结果表明当缓存值为 24.9734MiB 时即可达到 200Mbit/s 的吞吐量，而达到最大吞吐量时所需缓存耗量仅为 57.17MiB，为式(4.2)计算结果的 42.22%。

5. 场景 3：HiN-HU

1) 回归建模与模型评价

经过回归分析，场景 3 的回归模型为

$$\begin{aligned}
T = {} & 2.9674 + 0.0501B - 0.00117 - 0.1003E_1B + 0.0102E_2B \\
& - 0.0581E_3B - 0.0678E_4B + 0.0456E_5B - 0.0381E_6B \\
& - 0.6492E_1 - 0.7228E_2 - 1.2102E_3 - 0.6343E_4 \\
& + 2.6162E_5 + 3.5679E_6, \quad 5 \leqslant B \leqslant 30, \quad \sum_{k=1}^{6}E_k = 1
\end{aligned} \tag{9.6}$$

2) 与传统方法的对比分析

最适合场景 3 的拥塞控制算法为 Scalable，图 9.15 为场景 3 Scalable 算法下回归拟合图，当 CC = Scalable 即 $E_5 = 1$ 时，式(9.6)转变为

$$T = 5.5836 + 0.0957B - 0.0017B^2 \tag{9.7}$$

根据式(9.7)可以计算场景 3 达到最高吞吐量时所需缓存耗量为 28.15MiB。

通过式(4.2)计算本场景缓存耗量为

$$B \geqslant (3 \times 1.922 + 3) \times 3.85 \approx 33.7491\text{MiB}$$

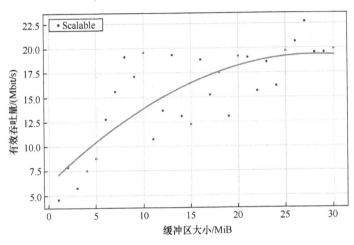

图 9.15　场景 3Scalable 算法下回归拟合图

这表明对于场景 3 来说如果使用式(4.2)计算结果配置缓存耗量则至少需要 33.7491MiB，而根据场景 3 回归分析结果，缓存耗量值为 28.16MiB 即可达到最高吞吐量，仅为式(4.2)计算结果的 83.44%。

综上所述，与传统计算公式相比，场景 1、场景 2、场景 3 回归分析结果分别可以节省缓存耗量 63.72%、57.77%、16.56%。所以说使用回归分析的方法对缓存进行计算可以大大节省缓存耗量的值。

通过将统计学的方法引入 MPTCP 缓存耗量的计算中来，经过大量的数据分析发现吞吐量作为网络质量的主要指标，其在 MPTCP 协议下主要与缓存耗量大小及拥塞控制算法有关，所以建立了吞吐量 T 与缓存耗量 B 及拥塞控制算法 E_k 的计算模型，根据该模型不仅可以获知最适合的拥塞控制算法，还可以根据吞吐量的需求来适量地配置缓存值，最大限度地避免缓存浪费。

3) MPCOA 算法测试

MPTCP 多路径传输中路径管理算法、拥塞控制算法和缓冲区大小等参数都会影响网络的吞吐量性能。在 4.4.3 节中我们针对如何选择这些参数在异构多径

传输的不同场景中获得最佳传输性能这一问题进行了详细地讨论，并提出了 MPCOA 算法，即选择合适的路径管理算法和拥塞控制算法在保证吞吐量尽可能大的前提下设置尽可能小的缓冲区。在本节中，我们在 NorNet Core 测试床上设计测量场景，以验证所提出的 MPCOA 算法，详细的性能测试和分析请见文献[8]。为了验证算法的性能和可靠性，考虑到网络的地理分布和异质性，我们选择了位于不同大陆的两个站点，其详细信息如表 9.7 所示。为了避免实验误差，在几天的时间段内(包括工作日和周末)，至少取 9 次测量运行的平均值，以确保覆盖一天中的不同时间。网络的有效吞吐量是在一定时间(30s)内测量的。对于缓冲区实验，缓冲区大小从 0.5MiB 开始，步长为 0.5MiB，最大限制为 30MiB，每次运行总共 60 个采样点。在 30s 内测量网络的有效吞吐量。六种 CC 算法(Cubic、OLIA、Hybla、Reno、Scalable 和 Vegas)和两种路径管理算法(Fullmesh 和 PCDC)用于比较。

表 9.7 本节场景所使用的站点信息

站点	地理位置	网络服务提供商	带宽 (下行/上行)/(Kbit/s)
Simula Research Laboratory (SRL)	Fornebu, Viken, Norway	Uninett (U)	100000 / 100000
		Kvantel (K)	1000000 / 1000000
		PowerTech (P)	6000 / 256
		Telenor (T)	3000 / 768
Hainan University (HU)	Haikou, Hainan, China	CERNET (C)	100000 / 100000
		CnUnicom (CU)	20000 / 20000

两个站点之间的地理距离约为 8600km，网络通信可以从欧洲向西经北美洲到达亚洲，也可以从欧洲向东直接到达亚洲。根据式(4.9)，子路径总数为 8，分别是 K-C、K-CU、P-C、P-CU、T-C、T-CU、U-C 和 U-CU。首先，我们使用式(4.9)测量吞吐量，然后使用式(4.9)计算每个子流的吞吐量。表 9.8 列出了每种 CC 和 ISP 组合的结果。根据表 9.8 的结果，可根据式(4.10)获得可选的子流子集，如表 9.9 所示，并通过式(4.11)重新测量吞吐量。

表 9.8 SRL-HU 场景下的子路径影响因子

场景	子路径	Ω					
		Cubic	OLIA	Hybla	Reno	Scalable	Vegas
SRL-HU	K-C	0.496	0.376	0.396	0.469	0.292	0.356
	K-CU	0.248	0.359	0.174	−0.027	0.19	0.135
	P-C	−0.313	0.098	−23.667	0.174	−0.324	0.086
	P-CU	0.184	0.172	−0.366	−0.496	0.24	0.077
	T-C	0.032	−0.54	−40.713	0.14	0.057	0.08

场景	子路径	Ω					
		Cubic	OLIA	Hybla	Reno	Scalable	Vegas
SRL-HU	T-CU	0.046	0.105	−13.235	0.085	0.02	0.057
	U-C	0.239	0.305	0.209	0.235	0.301	0.325
	U-CU	0.063	0.113	0.258	0.165	0.072	0.189

表 9.9　可选子路径子集

CC	可选子路径子集
Cubic	{K-C, K-CU, P-CU, T-C, T-CU, U-C, U-CU}
OLIA	{K-C, K-CU, P-C, P-CU, T-CU, U-C, U-CU}
Hybla	{K-C, K-CU, U-C, U-CU}
Reno	{K-C, P-C, T-C, T-CU, U-C, U-CU}
Scalable	{K-C, K-CU, P-CU, T-C, T-CU, U-C, U-CU}
Vegas	{K-C, K-CU, P-C, P-CU, T-C, T-CU, U-C, U-CU}

4) 回归建模与计算最优结果

以 CC、PM 和 BS 为输入，可以根据式(4.12)通过多元回归分析建立重新计算吞吐量的 CC、PM 和 BS 的预测模型。按照 4.4.3 节中的步骤 7，我们在最大吞吐量的特定范围内找到最小 BS。通过使用式(4.13)，可以获得 BS 与每个 CC 和 PM 的吞吐量之间的关系，如式(9.8)所示。基于式(9.8)的计算结果如表 9.10 所示。如果 PM 选择 Fullmesh，当 CC 是 Cubic 时，$CC_1 = 1$，$CC_2 = CC_3 = CC_4 = CC_5 = CC_6 = 0$，则 $tp = 3.49 + 4.85bs - 0.15bs^2$。

$$tp = \begin{cases} \begin{aligned} &3.63 + 4.17bs - 0.07CC_1 + 1.69CC_2 + 1.14CC_3 + 0.42CC_4 \\ &-0.07CC_5 + 0.52CC_6 - 0.15bs^2 + 0.68bs\,CC_1 \\ &+1.09bs\,CC_2 + 0.83bs\,CC_3 + 0.42bs\,CC_4 \\ &+0.68bs\,CC_5 + 0.46bs\,CC_6 - 0.07CC_1^2 + 1.69CC_2^2 \\ &+1.14CC_3^2 + 0.42CC_4^2 - 0.07CC_5^2 + 0.52CC_6^2 \end{aligned} &, \text{PM} = \text{Fullmesh} \\[2ex] \begin{aligned} &4.89 + 4.92bs + 0.71CC_1 - 1.24CC_2 + 9.8CC_3 - 0.7CC_4 \\ &-1.45CC_5 - 2.21CC_6 \\ &-0.17bs^2 + 0.53bs\,CC_1 + 1.59bs\,CC_2 + 1.24bs\,CC_3 \\ &+0.38bs\,CC_4 + 0.72bs\,CC_5 \\ &+0.46bs\,CC_6 + 0.71CC_1^2 - 1.24CC_2^2 + 9.8CC_3^2 \\ &-0.7CC_4^2 - 1.45CC_5^2 - 2.21CC_6^2 \end{aligned} &, \text{PM} = \text{PCDC} \end{cases}$$

(9.8)

表 9.10　SRL-HU 场景下不同 PM 和 CC 的最大吞吐量计算

场景	CC	PM		R & P	计算结果
		从预测模型得到的不同 CC、PM、吞吐量和缓冲区大小之间的关系			
		Fullmesh	PCDC		
SRL-HU	Cubic	tp = 3.49 + 4.85bs − 0.15bs^2	tp = 6.31 + 5.45bs − 0.17bs^2	R 平方值 = 0.80 $P < 0.00001$	tp$_{max}$ = 80.27 bs = 18.12
	OLIA	tp = 7.01 + 5.26bs − 0.15bs^2	tp = 2.41 + 6.51bs − 0.17bs^2		
	Hybla	tp = 5.91 + 5.00bs − 0.15bs^2	tp = 24.49 + 6.16bs − 0.17bs^2		
	Reno	tp = 4.47 + 4.59bs − 0.15bs^2	tp = 3.49 + 5.30bs − 0.17bs^2		
	Scalable	tp = 3.49 + 4.85bs − 0.15bs^2	tp = 1.99 + 5.64bs − 0.17bs^2		
	Vegas	tp = 4.67 + 4.63bs − 0.15bs^2	tp = 0.47 + 5.38bs − 0.17bs^2		

表 9.10 显示，由于数据的波动性，R^2 为 0.80，小于 0.90。SRL-HU 站点连通性根据办公时间内的网络使用情况等，基础洲际连接在白天存在显著的性能差异。每个变量的 P 要小于 0.00001。例如，系数 4.17 的 $P < 0.00001$，表明变量 bs 对 tp 的影响为零的概率小于 0.00001，即缓冲区大小确实显著地影响吞吐量。尽管如此，式(9.10)仍然是我们可能得到的最佳模型。从表 9.10 可以很容易地计算出最大吞吐量，即 T_{max} = 80.27Mbit/s，相应的 BS 为 BS=18.12MiB，PM 为 PCDC，CC 为 Hybla。考虑式(4.14)，在牺牲 δ =7%吞吐量的情况下，吞吐量为 74.65Mbit/s，相应的缓冲区大小为 12.36MiB。7%是通过多次实验得到的经验值。由于缓冲区资源更为宝贵，我们可以通过牺牲少量吞吐量来减少缓冲区资源的浪费，而不会影响网络性能。因此，MPCOA 算法的最终输出为 OBS = 12.36MiB、OPM = PCDC、OCC = Hybla 和 OTP = 74.65Mbit/s。

图 9.16 显示了缓冲区大小和吞吐量之间的关系，并说明了式(9.10)如何拟合数据。如图 9.16 所示，当缓冲区大小约为 18MiB 时，使用 Hybla 的 PCDC 可以实现最高吞吐量。请注意，过大的缓冲区(虽然足够大以覆盖全带宽时延积)会导致"缓冲区膨胀"：当达到网络容量时，路由器中的队列开始填满，从而增加 RTT，从而导致对数据包丢失的反应时间变慢。这会导致性能降低，即对于过高的缓冲区大小，吞吐量再次降低。因此，并不是缓冲区大小越大，吞吐量性能越好。通过 MPCOA 算法获得缓冲区大小是非常必要的。

5) 与测试结果对比分析

图 9.17 显示了在 NorNet 测试床上对路径管理算法和所有 CC 算法的吞吐量测试结果，不考虑 MPCOA 算法，其中缓冲区大小设置为 30MiB。除了主条显示的平均值，细误差条显示从绝对最小值到最大值的范围，粗误差条显示从10%分位数到90%分位数的范围。可以看出，对比 6 种 CC 情况 PCDC 的性能优于 Fullmesh。特别是，对于 Hybla，Fullmesh 的性能为 41.7Mbit/s，而 PCDC 的

性能为 71.9Mbit/s，即提高 72.4%。显然，对于这种情况，实际测试结果表明，使用 Hybla 的 PCDC 是获得最大吞吐量的最佳选择。

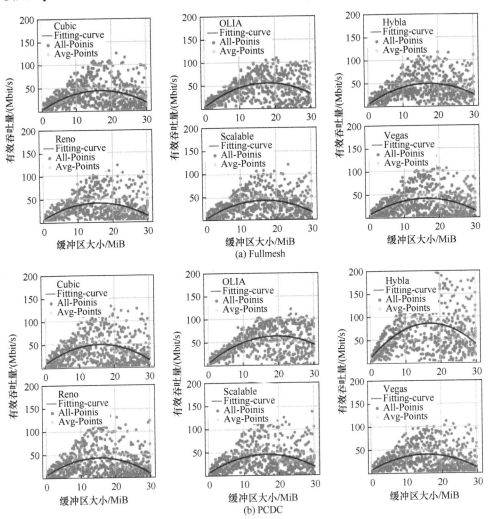

图 9.16　SRL 到 HU 的缓冲区大小和吞吐量之间的关系

　　将 MPCOA 算法的输出与图 9.17 所示的测试结果进行比较，可以发现 MPCOA 算法确实可以为 SRL-HU 提供优化的解决方案。

　　多参数综合优化算法(multi-parameter comprehensive optimized algorithm，MPCOA)试图在 MPTCP 网络中获得优化的多性能参数输出，通过实践，利用多宿 NorNet 核心试验台的场景的结果表明：通过选择适当的 PM 和 CC 及设置合理的小缓冲区大小来提高网络性能是可行的。使用 MPCOA 算法可以提高吞吐

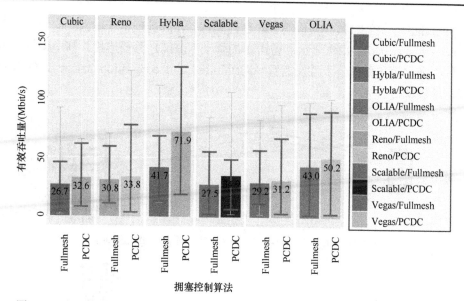

图 9.17 在不使用 MPCOA 的前提下，从 SRL 站点到 HU 站点的吞吐量测试结果对比

量，减少缓冲区资源的浪费。实际上，MPCOA 算法首先尝试在最大化吞吐量的同时找到最小的缓存区大小及合适的 CC 算法和 PM 算法。然而，如果吞吐量最大，则相应的缓存区大小通常不是最小的。在这种情况下，MPCOA 算法将在一定的最大吞吐量范围内寻找最小的缓存区，并通过牺牲吞吐量 δ 来寻找最小的缓存区。通过在多个场景中的反复实验，我们可以得出四个有用的结论：

(1) 对于同质网络，路径管理算法可以直接选择 Fullmesh。

(2) 对于异构网络，PCDC 可以直接用于路径管理。

(3) δ 通常取 7%的经验值。如果缓冲区资源紧张，可以选择较大的 δ。如果通信场景有足够的缓冲资源并且需要更高的吞吐量，则 δ 可以设置得更小，甚至可以设置为 0。

(4) 在实际使用 MPCOA 算法时，由于回归建模时间较长，可以直接按照传统解的 50%设置缓冲区大小，可以大大节省时间。当然，由于目前缺乏计算能力，这只是一种折中。

6. D-OLIA 仿真

NorNet Core 是基于固网的测试床，为了研究 4.4.4 节所提出的基于移动多路径传输的 D-OLIA 算法性能，我们在 NS-3-DCE 平台上进行了仿真测试，仿真参数模拟了真实的 LTE/WiFi 无线异构网络环境。本节设计了两种场景，如图 9.18 和图 9.19 所示，场景和参数设计如表 9.11 所示。图 9.18 说明了场景 1 的移动 MPTCP 路径连接，其中案例 1～6 被设计用来评估丢包区分(packet loss differentiation，PLD)和并发传输吞吐量性能评估(throughput evaluation，TE)，如表 9.11 所示；而图 9.19 显示了场景 2 的移动 MPTCP 路径连接，其中案例 7 被设计用来比较和分析公平性及拥塞平衡(fairness and congestion balance，FCB)性能，见表 9.11。

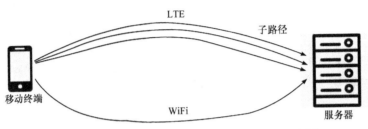

图 9.18　场景 1 中的移动 MPTCP 路径连接，包括案例 1~6

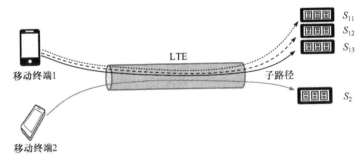

图 9.19　场景 2 中的移动 MPTCP 路径连接，包括超过 25Mbit/s 瓶颈的案例 7

表 9.11　场景和参数设计

场景	案例序号	案例描述	连接类型	带宽/(Mbit/s)	RTT/ms	丢包率/%
1	1	(PLD)LTE 主导	LTE	10	40	1.00
	2	(PLD)WiFi 主导	WiFi	20	40	0.01
	3	(PLD)联合 主导	LTE	10	40	0.10
			WiFi	20	40	0.10
	4	(TE)联合主导	LTE	10	30~430	0.50
			WiFi	20	20	0.50
	5	(TE)联合主导	LTE	10	20	1.00~5.00
			WiFi	20	20	0.50
	6	(TE)联合主导	LTE	10	20	0.50
			WiFi	20	20	0.50
2	7	(FCB)LTE 主导	LTE	25	60	0.00001
			LTE	25	60	0.50000

为了满足 MPTCP 的三个目标，仿真场景和实验主要针对以下三个方面进行设计。

(1) 我们基于场景 1 设计案例 1～3 来观察丢包区分的性能。在模拟的网络环境中，丢包类型是随机丢包和拥塞丢包的混合。对本节所提出的 D-OLIA 和当前的移动终端丢包区分算法 Veno 进行测试。

(2) 吞吐量评估在场景 1 的案例 4～6 中执行。我们通过改变 LTE 子流的 RTT 时间和丢包速率测试了 6 个不同的拥塞算法，同时将 D-OLIA 和 OLIA 算法的丢包速率固定在 0.50%，观察和比较 0～60s 内两种算法的吞吐量性能。

(3) 基于情景 2，比较和分析了案例 7 中提出的 D-OLIA、Cubic 和 Reno 的公平性与平衡拥塞的性能。对于公平性和平衡拥塞，由于安卓系统的默认 CC 算法是 Cubic，因此设计的案例 7 旨在分析和观察 D-OLIA 与 Reno 在共享 LTE 网络中与 Cubic 竞争的公平性性能。图 9.19 说明了案例 7 中两个移动用户的 MPTCP 路径连接，其中 M_1 与 M_2 共享相同的 LTE 瓶颈。在图 9.19 中通过将一个 LTE 用户(如 M_1)的连接号从 1 改为 2，然后改为 3，并固定另一个用户(如 M_2)，我们比较了三种 CC 算法的公平性和负载平衡能力。

丢包区分仿真实验结果如表 9.12 所示。

表 9.12　丢包区分仿真实验结果

序号	拥塞算法	总丢包数	识别正确		识别错误	
			拥塞丢包	随机丢包	拥塞丢包	随机丢包
1	Veno	2398	34	2107	234	23
	D-OLIA	2438	40	2237	21	140
2	Veno	2406	1056	60	42	1248
	D-OLIA	2226	2013	75	100	38
3	Veno	2369	923	284	188	974
	D-OLIA	2159	1985	95	60	26

(1) 在以 LTE 为主的案例 1 中，D-OLIA 的总丢包识别准确率为 93.39%，Veno 总丢包识别准确率为 89.28%。对于 Veno，拥塞丢包识别的正确率为 12.68%，随机丢包识别的正确率为 98.92%。D-OLIA 的拥塞丢包识别正确率为 65.57%，随机丢包识别的正确率为 94.11%。

(2) 案例 2 以 WiFi 为主导，D-OLIA 的丢包区分总准确率为 93.80%，Veno 识别的正确率为 46.38%。Veno 的拥塞丢包识别的正确率为 96.17%，随机丢包识别的正确率为 4.58%。D-OLIA 的拥塞丢包识别的正确率为 95.26%，随机丢包识别的正确率为 66.37%。

(3) 案例 3 是 LTE 和 WiFi 的混合访问工作模式，D-OLIA 的总丢包识别准确率为 96.34%，Veno 的总丢包识别准确率为 50.95%。Veno 的拥塞丢包识别正确率为 83.07%，随机丢包识别正确率为 22.58%。D-OLIA 的拥塞丢包识别正确率为 97.07%，随机丢包识别的正确率为 78.51%。

总而言之，与 Veno 相比，D-OLIA 可以稳定有效地提高鉴别准确性，更准确地识别丢包的类型。

图 9.20 和图 9.21 分别为案例 4 与案例 5 的结果。案例 4 的目的是观察 MPTCP 有效吞吐量与 D-OLIA、MPVeno、wVegas、OLIA 和 LIA 的 LTE 子流 RTT 变化之间的关系。与 LIA 相比，OLIA 的性能略有提高，但受 LTE 子流的 RTT 的影响仍然很大。D-OLIA 可以根据时延的变化来区分丢包的类型，因此得到 MPTCP 的吞吐量很高，比 LIA 高 14%～40%，比 OLIA 高约 9%。

案例 5 旨在比较 D-OLIA、MPVeno、wVegas、OLIA 和 LIA 在不同 LTE 子流丢包率下的 MPTCP 有效吞吐量。如图 9.21 所示，D-OLIA 可以在 LTE 子流的丢包率增加时准确地判断丢包的原因。与 LIA 相比，D-OLIA 的吞吐量可以提高 16.6%～60%，比 OLIA 可提高 12%～45%。

从图 9.20 和图 9.21 可以看出，显然，与 wVegas 和 MPVeno 相比，D-OLIA 可以提高 MPTCP 在不同 RTT 和高丢包率环境下的平均有效吞吐量，进一步验证了 D-OLIA 的有效性。

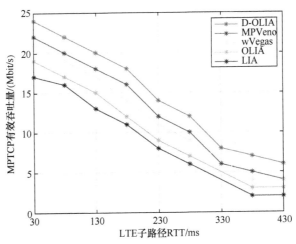

图 9.20　在丢包率为 0.5% 和不同 RTT 情况下五种算法的吞吐量

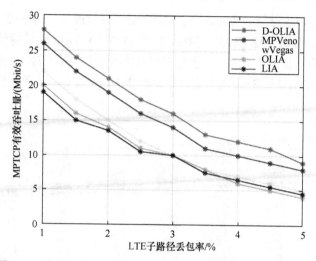

图 9.21　在 RTT 为 20ms 和不同丢包率情况下五种算法的吞吐量

图 9.22 显示了案例 6 的结果，在丢包率为 0.5%的前提下，比较了 D-OLIA 和 OLIA 随时间变化的 MPTCP 有效吞吐量。OLIA 的平均有效吞吐量为 9.26Mbit/s，D-OLIA 的平均有效吞吐量为 16.38Mbit/s。这是因为 D-OLIA 使用了相应的丢包区分和 EWMA 滤波法，其吞量波动相对于 OLIA 的要小，而且更加稳定，也体现了其平衡拥塞。

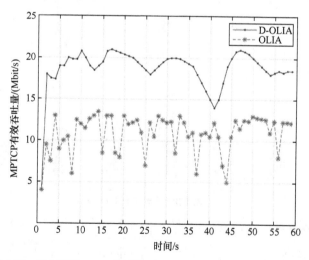

图 9.22　丢包率为 0.5%的情况下 D-OLIA 和 OLIA 的有效吞吐量

根据拥塞控制的目标 2 和目标 3，本节通过使用场景 2 的案例 7 来评估 D-OLIA 和 Cubic，以及 Reno 和 Cubic 的公平性与平衡拥塞的能力。

图 9.23 与图 9.24 两者分别显示了案例 7 的 0.00001%和 0.5%丢包率的实验

结果。M_2 的 Cubic 连接数固定为 1，M_1 的 D-OLIA(或 Reno)连接数从 1 更改为 3。当丢包率较低时，图 9.23 表明：①当 D-OLIA 连接数量持续增加时，D-OLIA 的有效吞吐量变化不大，也没有表现出攻击性，确保了对 Cubic 的公平性；②Reno 连接的增加导致 Reno 有效吞吐量显著增加，这对 Cubic 严重不公平。

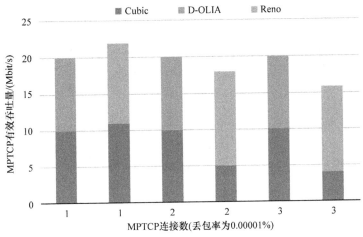

图 9.23　案例 7 在低丢包率环境下的实验结果(丢包率为 0.00001%)

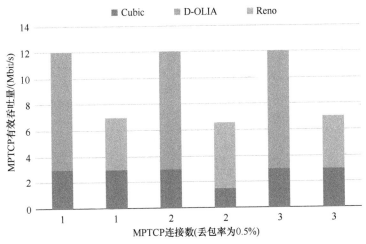

图 9.24　案例 7 在高丢包率环境下的实验结果(丢包率为 0.5%)

当丢包率较高时，图 9.24 表明：①在相同的场景条件下，与 Cubic 算法和 Reno 算法相比，D-OLIA 算法能获得更高的吞吐量。这是因为 D-OLIA 算法加入了丢包区分机制，并根据丢包的不同采用不同的窗口减小方法，从而获得更高的网络资源利用率以实现更高的吞吐量。②同时，结合图 9.23 和图 9.24 可以清楚地看出，D-OLIA 在高丢包率环境下的吞吐量提高是通过提高其自身网络资源的利用率来实现的，而不是侵犯传统 TCP 的资源来实现的，从而确保了传统 TCP 的公平性。

D-OLIA 可以根据时延抖动和窗口抖动特征值的和来区分丢包类型。在不影响公平性和稳定性的情况下，D-OLIA 可以对不同类型的丢包采用不同的窗口减小方法，从而稳定提高 MPTCP 的有效吞吐量，避免不必要的吞吐量降低。仿真结果表明，与其他拥塞算法相比，D-OLIA 能够在高丢包率、RTT 差异较大的无线异构网络环境中，有效地提高了 MPTCP 连接的吞吐量，同时 D-OLIA 能够平衡多路径并发传输的公平性，验证了其对 TCP 的公平性和拥塞平衡。

9.1.4　小结

本节介绍了多路径传输系统平台的搭建与实践。利用 NorNet 国际测试床和 NS-3-DCE 仿真平台对 MPTCP 关键技术进行了测试，结果显示，与传统的方法相对比：①PCDC 可以大大提高吞吐量并减少小数据的传输完成时间；②基于回归分析的建模可以大大节省缓存耗量的设置；③MPCOA 算法通过综合优化最后得到相对最优的路径管理算法、拥塞控制算法、缓存区大小和吞吐量结果；④在移动通信场景下 D-OLIA 可以区分随机丢包和拥塞丢包，并根据丢包情况进行拥塞窗口的调整，有效地提高吞吐量性能。

9.2　多路径传输系统应用实践篇

当前互联网中实时传输业务(如视频会议、视频直播、远程手术、AI(artificial intelligence)驾驶等)已成为其应用的关键，传统的 TCP 协议在同一时间内只能利用单个供应商带宽资源支撑系统的运行，无法同时支持多种接入带宽资源并发传输以达到提高吞吐量、实现拥塞平衡、增强系统鲁棒性及快速复原的目标。本节通过运用前面多个章节中介绍的下一代互联网的几个关键技术(从网络层、传输层及应用层)实现了一个名为 HU-IPv4/IPv6-MPTCP-RTMP 的实时多路径传输视频直播系统。该视频直播系统期望达到如下性能目标。

(1) 由于 IPv4 地址资源匮乏[10,11]，要求该视频直播系统同时支持 IPv4 和 IPv6。但目前 IPv6 还没有商业化，故该视频直播系统设计为支持 IPv4/IPv6 双栈式网络环境，以适应 IPv4 向 IPv6 网络迁移。

(2) 能实现多路径并发传输[12-15]。利用 MPTCP 多路径传输技术，通过多条链路并发传输数据来聚合带宽，均衡负载，在不用投入高额的网络基础设施建设费用的情况下，以低廉的价格就能提高吞吐量，降低视频播放的时延，解决视频播放不流畅的问题，提升用户体验。

(3) 具有良好的鲁棒性[14,15]。当其中一个网络出现故障时，能快速地切换到另外一个正常的网络中工作，视频仍然能流畅地播放，实现无缝切换。通过MPTCP 的多路径传输冗余机制，尽量地避免视频中断，增强该视频直播系统的鲁棒性。

9.2.1　基于 IPv6+MPTCP 技术的视频直播系统的结构

1. 硬件系统

该视频直播系统由三部分组成[16-18]，分别是视频推送端(Video Push 端)、流媒体服务器端(Media Server 端)和视频播放端(Client 端)，每台主机上都配备 2 张网卡。该视频直播系统在 Video Push 端、Media Server 端和 Client 端之间通过MPTCP 协议建立多条 TCP 连接，选择使用实时消息传递协议(RTMP)，利用多条 TCP 链路来传送数据流，使三者协同工作。HU-IPv4/IPv6-MPTCP-RTMP 视频直播系统结构如图 9.25 所示。

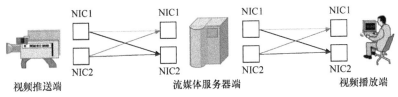

视频推送端　　　　　　流媒体服务器端　　　　　　视频播放端

图 9.25　HU-IPv4/IPv6-MPTCP-RTMP 视频直播系统结构

2. 软件系统

在视频直播系统硬件系统结构的基础上，该系统的三部分端设备的网络模型协议栈按图 9.26 所示进行部署。为了实现该系统的功能，图 9.26 展示了各端设备从网络层、传输层到应用层所需安装、配置的相关协议及应用软件。

在 Video Push 端、Media Server 端和 Client 端都使用 Ubuntu16.04 的操作系统，并且，在 Video Push 端安装 FFmpeg 软件工具来实现视频推送器，在应用层利用 FFmpeg 工具使用 RTMP 来向流媒体服务器实现视频流的传输；在传输层利用 MPTCP 在 Video Push 端与 Media Server 端之间建立多条 TCP 子流链路，在传输层实现多路径并行传输；在 Video Push 端与 Media Server 端的网络层之间既能利用 IPv4 协议建立连接，也能利用 IPv6 协议建立连接。

在 Media Server 端利用更新后的 SRS 轻量级的开源流媒体服务软件来构建流媒体服务器，接收来自 Video Push 端的 RTMP 视频流，并使用 RTMP 向Client 端转发相应的视频流，并且在传输层使用 MPTCP 来实现多路径传输，在网络层既能支持 IPv4 网络，也能支持 IPv6 网络。

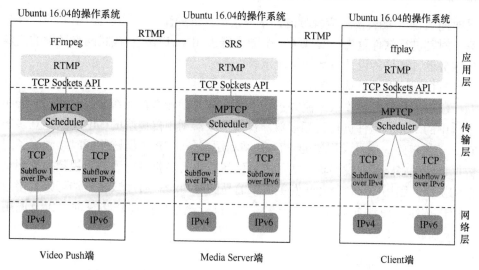

图 9.26　视频直播系统三的三部分端设备的网络模型协议栈

在 Client 端同样安装 FFmpeg，利用其中的 ffplay 工具来充当视频播放器，实现视频播放，同样地，在应用层利用 RTMP 接收 Server 端发送过来的视频流，并转码播放，在传输层同样能够利用 MPTCP 来与 Server 端之间建立多条 TCP 子流链路，实现多路径并发传输，在网络层也同时能支持 IPv4 和 IPv6 协议。

1) Video Push 端(视频推送端)

Video Push 端负责向流媒体服务器推送视频，直播视频的来源可以是通过各种方式(如计算机、手机录像、监控视频等)获得的视频，也可以是一个本地视频。由于 FFmpeg 支持 IPv6 协议，视频直播系统直接利用 FFmpeg 工具通过应用层的 RTMP 向流媒体服务器端进行视频推送，在 Video Push 端利用 FFmpeg 工具将视频文件编码压缩成 RTMP 流后，利用传输层的 MPTCP 在 Video Push 端和 Media Server 端之间建立多条 TCP 子流链路，并通过 Video Push 端和 Medio Server 端之间的各条 TCP 子流将 RTMP 视频流传送到流媒体服务器上。例如，如图 9.26 所示：Video Push 端和 Media Server 端两台主机分别拥有 2 张网卡，在这两台主机之间就能够建立 4 条 TCP 链路，Video Push 上的视频流就能通过这 4 条链路同时传输到 Medio Server 端，从而实现多路径传输，通过网络聚合冗余提高网络带宽和增强网络的鲁棒性，降低视频传输的时延，避免因某条网络故障而中断视频传输，能有效地提高视频直播系统的性能与服务质量。

2) Media Server 端(流媒体服务器端)

Media Server 端主要负责存储和转发流媒体数据。Medio Server 端从 Video Push 端获取视频流后，对其进行编码存储，当 Client 端提出视频播放请求后，在 Medio Server 端和 Client 端之间利用 MPTCP 建立多条 TCP 链路，采用 RTMP

同时向 Client 端转发相应视频流。本节采用开源的流媒体服务器 SRS 的设计方案，对其进行软件重构，实现了一个能运行于 IPv4/IPv6 双栈式网络环境的流媒体服务器，具体的设计方案如下所示。

3) Client 端(视频播放端)

Client 端负责接收数据流并进行视频播放，视频直播系统直接采用 FFmpeg 工具中的 ffplay 组件进行视频播放。视频播放器利用传输层的 MPTCP 建立多条 TCP 子流链路，通过应用层的 RTMP 并利用多条 TCP 子流链路同时接收视频流数据，实现多路径并发传输。为了方便配置信息，简化进行测试时视频播放端复杂的操作，利用 Java 语言开发了一个简易的客户端。通过该客户端可以直接通过单击按钮方便地查询 IP 地址信息，并进行流量监控和链路查询，以及调用 ffplay 播放视频。

3. 平台软硬件环境

现在大部分主机都配有多张网卡或可以外接多张网卡，但目前大多数操作系统都还只能支持传统的 TCP 协议进行单路径传输，同一时刻只能利用一张网卡(网络服务提供商)进行数据传输，无法实现多路径并行传输数据，极其浪费网络资源，但是 MPTCP 可以通过多张网卡建立多条 TCP 子流，利用多条路径来实现并行传输数据，提高网络的带宽。为了搭建一个 IPv6 和 MPTCP 环境下的多路径传输网络直播平台，该平台首先需要利用 3 台多网卡的计算机构建一个小型的多路径传输测试床，并搭建相应的软件环境，这 3 台主机分别用于充当该直播平台的视频推送端、流媒体服务器端和视频播放端。该平台的软硬件环境具体如下所示。

(1) 流媒体服务器：它是该视频直播平台的核心部分，在该主机上编译安装更新后 SRS(simple RTMP server)流媒体服务器源码，该服务器需要具备至少 2 张网卡，支持 IPv4/IPv6 双协议网络模式，配备 8GB 以上内存。

(2) 两台计算机：其中一台当作视频推送器，另外一台当作视频播放器，这两台主机同样都需要至少有 2 张网卡和支持 IPv4/IPv6 双协议网络模式，配备 8GB 以上内存。

(3) 系统环境：两台计算机和流媒体服务器都使用的是 Ubuntu16.04 操作系统，并且全都编译了 MPTCP_v0.93 的 MPTCP 内核，构建成一个小型的多路径传输测试床。

(4) 软件环境：视频推送端需要安装 FFmpeg 来充当视频推流器，视频播放端需要安装 ffplay 来进行视频播放。而且流媒体服务器端、视频推送端和视频播放端上都需要安装 bwm-ng、wireshark、R 等工具测试该平台工作时的情况，bwm-ng 用于查看并收集各个网卡的吞吐量数据，R 用于将收集到的数据生成可视化图表，以便于后面利用该网络数据进行性能分析，wireshark 用于查看 TCP 链路建立情况。

(5) 开发工具：MyEclipse、Visio Studio Code、R。

9.2.2 涉及的关键技术

由于 IPv4 地址资源稀缺[10,11]，当前互联网正在从 IPv4 向 IPv6 转换，逐渐出现 IPv4 和 IPv6 共存的网络环境。当前主流的 IT 系统都基于 TCP/IPv4 套接字 Socket 来开发应用，以解决分布式系统内部模块及不同系统间通信的问题[19,20]。为了能开发基于 MPTCP/IPv6 的上层应用，必须解决套接字的软件重构问题，本节研究了 TCP/IPv4 下的 Socket 编程技术，在此基础上结合开源 SRS 流媒体服务器，从 IPv4 的地址结构入手，通过独立于 IP 协议函数重载的思想，扩展了 Socket API 函数，构建了适用于 MPTCP/IPv6 环境下的 Socket API 函数。所以，为了开发 HU-IPv4/IPv6-MPTCP-RTMP 视频直播系统，本节分别讲述传统 TCP/IP 架构中从网络层到传输层，再到应用层进行的技术改进，以达到解决地址稀缺、支持多带宽资源共享并输和扩展流媒体服务功能的目的。主要技术要点介绍如下。

(1) IPv6+MPTCP 软件重构技术。

(2) 编译 MPTCP 更新 Linux 内核。

(3) 配置路由表。

(4) 构建 SRS 扩展功能。

1. IPv6 + MPTCP 软件重构技术

本节在网络层提出了一种能够为应用开发人员提供统一的 Socket 网络编程接口的设计模式。该设计模式对 Socket 网络连接的细节进行了重载及封装，能根据域名或地址类型建立合适的网络连接，使应用开发人员不必关心 IPv4 网络和 IPv6 网络的连接细节，为网络应用从 IPv4 网络向 IPv4/IPv6 双栈式网络或纯 IPv6 网络环境的移植转换提供了一个高效可行的设计方案。

1) 地址结构(从 IPv4 到 IPv6)

在 IPv4 环境下的地址结构主要通过 struct in_addr 和 struct sockaddr_in 来定义，其具体结构体定义如 Struct-1 所示。

```
//Struct-1 The sockaddr_in Structure
1. struct in_addr {
2. uint32_t s_addr; //IPv4 address in network byte
order
3. };
```

```
4. struct sockaddr_in {
5. sa_family_t sin_family; //address family: AF_INET
6. in_port_t sin_port; //port in network byte order
7. struct in_addr sin_addr; //internet address
8. };
```

然而在 IPv6 环境下的地址结构则通过 struct in6_addr 和 struct sockaddr_in6 来定义, 具体结构体定义如 Struct-2 所示。

```
//Struct-2 The sockaddr_in6 Structure
1. struct in6_addr {
2. unsigned char s6_addr8[16];
3. };
4. struct sockaddr_in6 {
5. sa_family_t sin6_family; //address family: AF_INET6
6. in_port_t sin6_port; //port in network byte order
7. uint32_t sin6_flowinfo; //Ipv6 flow
8. struct in6_addr sin6_addr; //IPv6 address
9. uint32_t sin6_scope_id; //Scope ID
10. }
```

2) 重载 Socket API(从 IPv4 到 IPv6)

Socket 是进程通信的一种方式, 通过调用 API 函数实现分布在不同主机上相关进程之间数据的交换。API 具体通过 sockaddr_in 来创建、绑定和连接 sockets, 并向指定地址写、收数据。

IPv6 的 Socket API 函数主要是通过 IP 代码重载的思想, 对 IPv4 的 Socket API 函数加以扩展而来的。表 1 列出了之前仅用于 IPv4 的 Socket API 函数, 通过函数重载后, 表 9.13 所列 Socket API 也适用于 IPv6 协议。

表 9.13 IPv4 与 IPv6 的 Socket API 函数

IPv6 函数	功能说明
inet-pton()	IP 字符串地址转为地址
inet-ntop()	IP 地址转为字符串地址
gethostbyname()	由名字/地址获得 IP 地址
gethostbyaddr()	由 IP 地址获得名字/地址
getaddrinfo()	名字//地址串转为 IP 地址
getnameinfo()	IP 地址转为名字//地址串

续表

IPv6 函数	功能说明
socket()	创建 Socket
bind()	Socket 与地址绑定
listen()	将 Socket 置为网络监听模式
accept()	接收 TCP 连接
connect()	建立新 TCP 连接
send()	发送数据(TCP, SCTP)
sendto()	发送数据(UDP)
recv()	接收数据(TCP, SCTP)
recvfrom()	接收数据(UDP)
close()	关闭套接字连接

以下重点阐述几个 Socket API 函数从 IPv4 重载到 IPv6。

inet-pton () 函数的原形为

```
int inet-pton (int family, const char*
        strptr, void* addrptr)
```

其功能是将字符串 strptr 的点分十进制的 IP 地址转换为 IPv4 的地址(见 Struct-1 的定义)，经对地址结构结构体的重新定义(见 Struct-2)，完成函数重载后，函数的 family 族参数既可以被设置为 AF_INET(IPv4)，也可以设为 AF_INET6 (IPv6)。如果将不被支持的地址族作为 family 参数，就会返回一个错误，并将 errno 置为 EAFNOSUPPORT。该函数尝试转换由 strptr 指针所指向的字符串，并通过 addrptr 指针存放二进制结果，若成功则返回值为 1，否则如果对指定的 family 而言输入字符串不是有效的表达式格式，那么返回值为 0。

而 inet-ntop()函数则提供了与 inet-pton()相反的功能，其原形定义为

```
const char* inet-ntop (int family, const void*
        addrptr, char* strptr, socklen_t len)
```

其功能是将 IP 地址格式 addrptr 转换为 strptr 字符串，其最大转换长度由 len 的值决定。经结构体重新定义，完成函数重载后，该函数被 IPv6 支持。需要注意的是上述两个函数仅解决了 IPv4 与 IPv6 的地址 addr_in 与 addr_in6 转换重载问题，不包括二者套接字 sockaddr_in 与 sockaddr_in6 的处理。因此，应用程序必须自己将二者套接字结构组装其中。

类似字符串与地址的转换，函数 gethostbyname()与 gethostbyaddr()也可以实现 DNS 与地址、地址与 DNS 间的解析。原本定义的这两个函数仅适用于

IPv4，虽然大部分操作系统提供了适用于 IPv6 的扩展，但由于它们不是线程安全的，因此被新创建的 inet_pton() 和 inet_ntop() 所取代。

　　函数 getaddrinfo ()提供把一个地址或 DNS 域名(可以是一个端口号或服务名)转换为 IP 地址的功能，如 sockaddr_in(IPv4) 或 sockaddr_in6(IPv6)。getaddrinfo()原形定义如下：

```
int getaddrinfo (const char* hostname, const
char* servname, const struct addrinfo* hints,
struct addrinfo** res)
```

　　函数中的 hostname 参数可以是一个地址或 DNS 域名字符串；servname 则是一个端口号或服务名字符串。服务名可以是十进制的端口号，也可以是已定义的服务名称，如 ftp、http 等；参数 hints 则是 addrinfo 结构的指针，该指针能为要创建的地址结构提供一些特指的信息，特别是 ai_family(AF_INET AF_INET6-在大多数情况下，AF_UNSPEC 可以支持 IPv4、IPv6 两者)；addrinfo 结构指针变量 res 用于储存其结果，其存储结构按 addrinfo Structure(见 Struct-3 定义)的形式存储。

```
//Struct-3 The addrinfo Structure
struct addrinfo {
        int ai_flags;
        int ai_family;
        int ai_socktype;
        int ai_protocol;
        socklen_t ai_addrlen;
        struct sockaddr* ai_addr;
        char* ai_canonname;
        structaddrinfo* ai_next;
};
```

　　从 Struct-3 结构体中可见 ai_addr 包含了与 IPv4 和 IPv6 相关的 sockaddr_in 及 sockaddr_in6 结构体，ai_addrlen 是长度。为适用于不同的 IP 版本，addrinfo 结构体可以通过其中的 ai_next 成员用指针方式将其链接起来。

　　另外，由于该函数为 addrinfo 结构体分配了存储空间，当然在需要时可以通过调用如下函数来释放这些空间。

```
void freeaddrinfo (struct addrinfo* res)
```

而函数 getnameinfo()可以实现相反的转换(从地址到字符串或 DNS 域名)，其原形定义如下：

```
int getnameinfo (const struct sockaddr* addr, socklen_t
```

addrlen, char* host, socklen_t hostlen,
　　char* serv, socklen_t servlen, int flags)

　　经重新定义结构体，完成函数重载后，函数中的 addr 参数既适用于 sockaddr_in(IPv4)，也可以取值 sockaddr_in6(IPv6)，addrlen 是地址长度。地址字符串/主机名、端口号/服务名被写入由 host 提供的 buffer 中，最大空间分别由 hostlen 及 servlen 来确定。

　　3) 部分源码实现

　　重新定义了 IPv6 的地址结构，并重载了部分 IPv4 socket API，本节给出 3 个算法源码。由表 9.13 可见，gethostbyname()函数用于完成主机名/地址字符串到 IP 地址的解析，之前该函数仅适用于 IPv4，且不允许调用者指定所需地址类型的任何信息，返回的结构只包含了用于 IPv4 地址的空间。IPv6 中引入了 getaddrinfo()的新 API，它是协议无关的，既可以用于 IPv4 也可以用于 IPv6。以下算法先将用于网络传输的数值格式转化为点分十进制的 IP 地址格式，然后和相应的服务名等信息一起传递给 getaddrinfo()函数，再调用 getaddrinfo()函数来获取地址结构信息，返回一个 addrinfo 结构指针，随后 addrinfo 结构可由套接字函数直接使用[16-18]。

　　下面的 Algorithm-1 给出了一个解析示例，即将一个 IPv6 地址字符串/端口号翻译为相应的 sockaddr_in6 结构的 IP 地址。函数 getaddrinfo()以 Struct-3 中定义的 addrinfo 结构体获得信息，并通过 ai_addr 指向实际存在的 sockaddr_in6。Struct-2 定义中的 Sockaddr_in6 结构体包含 sin6_port 端口号，以字节顺序解析。

```
//Algorithm- 1 for getaddrinfo() with Address String
and Port
 1. const char* addressString = "2001: 700: 4100: 2::
179";
 2. const char*portString =" 80";
 3. struct addrinfo hints;
 4. memset (&hints, 0, sizeof (hints));
 5. hints.ai_family = AF_UNSPEC;
 6. hints.ai_socktype = SOCK_STREAM;
 7. hints.ai_flags = AI_NUMERICHOST|AI_NUMERICSERV;
 8. struct addrinfo*result = NULL;
 9. if(getaddrinfo(addressString,      portString,(const
struc addrinfo*) & hints, & result) = =0) {
10.      //success
```

11. 　　　freeaddrinfo (result);

12. }

在网络应用中，有的服务器已使用 IPv6，但大部分仍用 IPv4，所以使用 DNS 域名比用地址更方便。所以，Algorithm-2 则是基于 DNS（"www. nntb.no"）及服务名（"https"）的解析算法。

```
//Algorithm- 2 for getaddrinfo() with DNS Name and Service String
1. const char*nameString =" www.nntb.no" ;
2. const char*serviceString =" https" ;
3. struct addrinfo hints;
4. memset (&hints, 0, sizeof (hints));
5. hints.ai_family = AF_UNSPEC;
6. hints.ai_socktype = SOCK_STREAM;
7. struct addrinfo*result = NULL;
8. if (getaddrinfo (nameString, serviceString, (const
10 struct addrinfo*) & hints, & result) = =0) {
9. //success
10. freeaddrinfo (result);
11. }
```

Algorithm-3 列出了与前面两个算法相反的解析函数 getnameinfo( )的用法，该函数可将一个 IP 地址解析为一个名字字符串或端口号。

```
//Algorithm-3 for getnameinfo( )
1. const structsockaddr*address = result->ai_addr; //Give address
2. const socklen_t addressLength = result->ai_addrlen;
3. /*Give length of address structure*/
4. char addressString [NI_MAXHOST];
5. char portString [NI_MAXSERV];
6. if(getnameinfo( address, addressLength,
7. (char*) & addressString, sizeof (addressString),
8. (char*) & portString, sizeof (portString),
9. NI_NUMERICHOST|NI_NUMERICSERV) = =0) {
10. //success
11. printf ( " Address is %s, port is %s\n" , addressString, portString);
```

12. }

2. 编译 MPTCP 更新 Linux 内核

结合 9.2.2 节的软件重构，需要将其重构结果反映到 MPTCP 中以达到更新其内核功能，使二者协议有效协调工作[21,22]的目的。具体需要以下几个步骤。

(1) 安装依赖环境，执行命令：

①sudo apt-get update

②sudo apt-get install-y libncurses5-dev

③sudo apt-get install-y build-essentials

(2) 获取 MPTCP 协议源码，执行命令：

① mkdir -p~/src

② cd~/src

③ git clone\git: //github.com/multipath-tcp/mptcp.git

④ cd mptcp

(3) 配置编译内核，执行命令：make menuconfig。

(4) 编译 MPTCP 内核，执行命令：make。

(5) 编译并安装模块，执行命令：sudo make modules_install。

(6) 安装，执行命令：sudo make install。

完成以上步骤之后，重启系统并进入新编译好的内核中即可。

3. 配置路由表

多路径传输涉及多个接口地址，为了使内核能够根据实际所选源地址使用特定的接口和网关，本节需要为每个输出接口配置一个路由表以实现多路径传输，而每个路由表都用一个数字标识 X 来确定。对于路线的选择，内核首先会在策略表中查找，即根据源前缀转到相应的路由表 X，然后检查对应的路由表，根据目的地址选择网关。配置方法如下：有两个接口 eth0 和 eth1，其属性分别为

Eth0

IP address: 2001: 250: 3801: 6e: ab5a: 2adc: 707c: 44a2/64

Gateway: 2001: 250: 3801: 6e:: 1

Eth1

IP address: 2001: 250: 3801: 6e: c481: 323b: 4e0: 86b1/64

Gateway: 2001: 250: 3801: 6e:: 1

建立路由表，表名只能由数字组成，故应先建立表别名映射，操作指令如下：

```
echo "11 eth0">>/etc/iproute2/rt_tables
echo "12 eth1">>/etc/iproute2/rt_tables
```

下一步需要配置路由规则，以便使用 source-IP 2001：250：3801：6e：ab5a：2adc：707c：44a2 的数据包通过 eth0 进行路由，而使用 2001：250：3801：6e：c481：323b：4e0：86b1 的数据包将通过 eth1 进行路由。操作指令如下：

```
ip- 6 rule add from 2001: 250: 3801: 6e: ab5a: 2adc:
707c: 44a2 table eth0
ip-6 rule add from 2001: 250: 3801: 6e: c481: 323b:
4e0:
86b1 table eth1
ip-6 route add 2001: 250: 3801: 6e:: /64 scope link
dev
eth0 table eth0
ip-6 route add default via 2001: 250: 3801: 6e:: 1
dev
eth0 table eth0
ip-6 route add 2001: 250: 3801: 6e:: /64 scope link
dev
eth1 table eth1
ip-6 route add default via 2001: 250: 3801: 6e:: 1
dev
eth1 table eth1
```

最终路由表如下所示：

```
long@pc: ~$ ip -6 rule show
0: from all lookup local
32764: from 2001: 250: 3801: 6e: c481: 323b: 4e0:
86b1
lookup eth1
32765: from 2001: 250: 3801: 6e: ab5a: 2adc: 707c:
44a2
lookup eth0
```

```
32766: from all lookup main
long@pc: ~$ ip -6 route
2001: 250: 3801: 6e:: /64 dev eth0 proto ra metric
1024 pref medium
fe80 :: /64 dev eth0 proto kernel metric 256 pref
medium
default via fe80:: 3a22: d6ff: fec0: 1519 dev eth0
proto
static metric 1024 pref medium
long@pc: ~$ ip-6 route show table eth0
2001: 250: 3801: 6e:: /64 dev eth0 metric 1024 pref
medium
default via 2001: 250: 3801: 6e:: 1 dev eth0 metric
1024 pref medium
long@pc: ~$ ip-6 route show table eth1
2001: 250: 3801: 6e:: /64 dev eth1 metric 1024
linkdown pref medium
default via 2001: 250: 3801: 6e:: 1 dev eth1 metric
1024 linkdown pref medium
```

4. 构建 SRS 扩展功能

传统的 SRS 流媒体服务器(SRS Git repository：https://github.com/ossrs)仅基于 TCP/IPv4 协议，无法与 MPTCP/IPv6 协同工作。本节扩展工作已作为 pull request(IPv6 support for SRS，https://github.com/ossrs/srs/pull/988)提交给 the upstream project，并融入 upstream SRS 源中，目前 IPv6 可以与 SRS 协同工作，让用户获得更好的体验。

从本质上讲，扩展 SRS 的思想就是基于两个函数[getaddrinfo( )与 getnameinfo( )]用 IP 代码重载的思想替换所有关于 IPv4 所特指的代码。也就是说，其实函数 getaddrinfo( )可以用于转换地址字符串(见 Algorithm_1)或解析主机名(见 Algorithm_2)成为 sockaddr_in(IPv4；见 struct_1 的定义)或 sockaddr_in6(IPv6；见 struct-2 的定义)两者之一，即重载了该函数。然后，应用程序代码可以创建正确的族套接字(AF_INETor AF_INET6-returned by getaddrinfo( ) in ai_protocol of the addrinfo structure；见 struct_3 的定义)。相反，套接字地址通过 getnameinfo( )(见 Algorithm_3)可以解析为字符串。通过编制独立 IP 代码，实现了 IPv6 支持 SRS 扩展的功能。

9.2.3　性能测试与分析

　　为了验证视频直播系统的有效性及性能，本节通过三个测试场景分别从负载均衡、鲁棒性、无缝切换几个方面来考察其多路径传输技术的性能[16-18]。三个场景各持续 120s，用图 9.27 所示的时序图表达各测试场景。该测试场景在 Video Push 端、Media Sever 端与 Client 端均有两个接口，即可以同时获得两个供应商的服务以构建多路径传输系统，图 9.28～图 9.30 分别展示了 Video Push 端、Media Sever 端与 Client 端运行时的各信息演示界面。

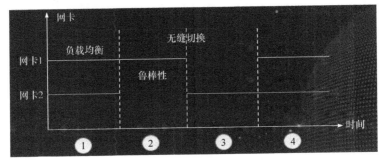

图 9.27　场景测试时序图

(a) Video Push端IP地址信息

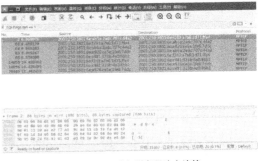

(b) Video Push端与服务器建立连接

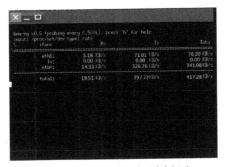

(c) Video Push端网卡的流量信息记录

图 9.28　Video Push 端运行各信息演示界面

图 9.29　Media Server 端 IP 地址信息

(a) Client端IP地址信息

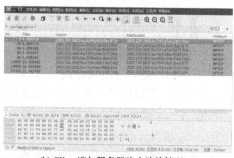

(b) Client端与服务器建立连接情况

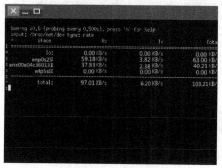

(c) Client端网卡流量信息

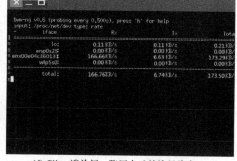

(d) Client端关闭一张网卡后的流量信息

图 9.30　Client 端运行各信息演示界面

1. 各端口环境配置

基于图 9.25 的视频直播系统平台架构，在 Video Push 端，图 9.28(a)展示了 Video Push 端两张网卡各自有一个 IPv6 全局地址。当用 Wireshark 工具确认 Video Push 端与服务器建立连接后就可以开始向服务器推送视频。从图 9.28(b)Wireshark 界面可见此时 Video Push 端与服务器成功建立了 4 条 IPv6 连接路径(进出信息共 8 条记录)，说明 Video Push 和 Media Server 端之间已经开启了多路径传输；图 9.28(c)则是 Video Push 端网卡的流量信息记录。在 Media Server 端，从图 9.29 可见在该端的两张网卡各自也有一个独立的 IPv6 全局地址。

在 Client 端，通过设计的可视化界面(图 9.30 (a))就可以实现播放，如通过该界面可为本机上的两张网卡各配置一个 IPv6 全局地址以实现多路径传输。图 9.30 (b)~(d)则分别给出按图 9.27 场景测试时序所开展的 IPv6 + MPTCP + RTMP 的多路径传输视频直播系统在 Client 端的部分测试结果。

图 9.30(b)是用 Wireshark 工具观察 Client 端与服务器端建立多路径连接的情况，可见有 4 条路径共 8 条记录(4 条路径的进出信息)；图 9.30(c)是 Client 端网卡流量信息；图 9.30(d)是 Client 端关闭(模拟一个 ISP 故障的情况)一张网卡后的流量信息。

2. 测试与性能分析

1) 负载均衡测试场景

在 Client 端单击链路查询，打开 Wireshark 工具，输入服务器端的 IPv6 地址就可以进行视频播放。通过图 9.28(b)与图 9.30(b)的 Wireshark 界面分别可见在 Video Push 端与 Media Server 端，在 Client 端与 Media Server 端都启用了 MPTCP 的情况下已成功地建立了四条 IPv6 连接及两张网卡上的收发包的过程，这说明 Video Push 端与 Media Server 端、Media Server 端与 Client 端之间正以多路径并发方式传输数据。用下一代带宽监控器 bwm-ng 则可以实时监控网络负载，显示出两张网络接口卡上的数据传输速率，如图 9.28(c)、图 9.30(c)分别显示了 Video Push 端和 Client 端各自的两张网卡上数据的传输速度。观察图 9.30(c)可见：监控器上显示了进(Rx)、出(Tx)系统上的所有可用网络的四个接口及不同的数据传输速率。其中，第二个接口 lo 是 Linux 下的本地环路接口；第四个接口 wlp5s0 为无线接口，本次测试使用的是两个有线接口，即图中的第一接口与第三接口是当前正在通信的两个接口，其接口名分别为 enx00c04c360131 及 enp0s25。从监控图上可见两个接口的数据接收速率分别为 37.83KB/s、59.18KB/s，总数据接收速率为 97.01KB/s。按当前网络运行情况看，前者分摊了总量的 39%，后者为 61%。这说明 Media Server 端与 Client 端之间流量得到了有效的分摊，达到了均衡负载的效果。

2) 鲁棒性测试场景

本节通过关闭第三个接口 enp0s25 来模拟现实场景中一个供应商线路故障的情况，并让视频持续播放一个较长的时间以规避缓冲区对本测试的影响。从图 9.30(d)可见，仍在工作的网卡，即第一个接口 enx00c04c360131 的接收数据速率增加，总数据速率为 166.76KB/s，而接口三 enp0s25 的接收数据速率降为 0，而视频在播放过程中并没出现卡顿现象，持续流畅播放，表现了 MPTCP 协议良好的鲁棒性。

3) 快速切换测试场景

该测试场景旨在验证当一个供应商服务突然中断时，MPTCP 通过支持同构与异构多种接入方式的特点，快速从一个失效的供应商切换到另一个正常供应商的能力。本测试采用了同构供应商进行验证，按图 9.27 所示时序测试设计要求，重新连接断掉的网卡，并关闭另一张网卡，视频仍然能够正常播放，表明了 MPTCP 良好的无缝切换能力。

9.2.4　小结

本节是在前期研究 IPv6、MPTCP 技术的基础上构建了基于 RTMP 的直播平台，验证了 IPv6 + MPTCP 协同支撑上层应用的有效性、可行性及在未来应用中的潜在优势，结论有四点。

(1) 用实例证明了 MPTCP 并发传输技术的负载均衡能力。从直播平台 Push 端与 Client 端得到两张网卡的 Wireshark 及 bwm-ng 流量监控器记录可知，两张网卡均处于流量接收和传出的状态中，且传输速度均衡，表明 MPTCP 技术能均衡网络负载。

(2) IPv6 + MPTCP 技术的结合可以实现网络鲁棒性的提升及网络故障下的无缝切换。实验中，作者一方面通过关闭一张网卡，测试另一张网卡的工作状态，另一方面交替关闭、开启一张网卡，结果视频播放正常且无卡顿现象，体现了二者的结合具有良好的鲁棒性及无缝切换能力。

(3) 网络层 IPv6、传输层 MPTCP 及应用层 RTMP 三协议具有良好的兼容性。该视频直播系统将 IPv6、MPTCP 及 RTMP 三协议相结合在视频直播系统推送、视频服务器及客户端视频播放器(ffplay)三者间实现视频播放，通过一系列的测试验证了 HU-IPv6+MPTCP+RTMP 视频直播系统能协同工作，证实了三个协议具有良好的兼容性。

(4) 视频直播系统为开发基于 MPTCP+IPv6 技术的下一代互联网万物相联应用提供了一个范例。

9.3　多址接入技术实践篇

第 7 章介绍了 5G 相关多址接入技术的理论基础。本节从实践的角度出发结合第 7 章已经介绍过的理论知识(包括 5 种发送端接入技术和对应的接收端检测技术)设计了仿真实验验证，可使读者对多址接入技术的理解进一步加强。

图 9.31 对第 7 章所介绍的多址接入方案(包括 PDNOMA 系统[23]、IDMA 系统[24]、SCMA 系统[25]、MUSA 系统[26]和 PDMA 系统[27])进行了比较。使用 MATLAB 平台,假设都是瑞利信道,使用 QPSK 调制,系统需要实现 150%的过载率,即过载系数为 1.5 的情况。对于 MUSA、PDMA 和 SCMA,传输码元数为 6,正交资源数为 4(发送天线有 6 根,接收天线有 4 根)。对于 IDMA 系统,发送天线有 6 根,接收天线有 1 根,而实现 IDMA 的重复码率为 1/4,所以最终的过载系数也为 1.5。PDNOMA 上行系统则是 3 个用户进行功率域的叠加,同时接收端有 2 根接收天线,因此过载系数也是 1.5。MUSA 的扩频序列是由伪随机序列产生的,其实部和虚部都来自{-1,0,1};PDMA 中非正交的图样设计请参考文献[28];SCMA 的码本设计请参考文献[29];IDMA 系统的仿真请参考文献[30]。虽然,这里只是粗略地比较,评判一个系统是否优劣是要从吞吐量、频谱利用率、运行速度、BER 性能、硬件实现复杂度等许多方面考虑,并进行更为详细的比较。但是如图 9.31 所示,在相同的过载系数下,单从 BER 来看,性能最好的是 IDMA,然后是 PDNOMA,第三是 SCMA,第四是 PDMA,最后是 MUSA。

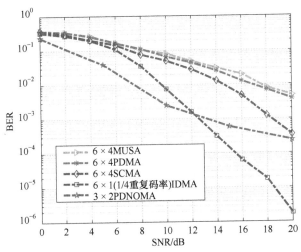

图 9.31   相同过载系数(这里取 1.5)下的 PDNOMA、MUSA、PDMA、SCMA、
IDMA 的 BER 性能比较

针对 5G 网络面临海量用户接入所提出的非正交多址接入方案,其主要优点是提高了频谱利用率和吞吐量,然而其缺点也较明显,如表 9.14 所示。通信系统的性能与其复杂度一直是一个权衡问题,性能好,相对的复杂度就高,在实际通信时选择系统方案需有所取舍。结合图 9.31,我们可以发现 IDMA 和 PDNOMA 的表现相对较好,且二者都比较容易实现。在第 7 章中已经介绍了

IDMA 和 PDNOMA 的检测技术，下面将分别对 IDMA、PDNOMA 及 IDMA 结合 PDNOMA 的性能进行比较分析。通过 9.3 节这些实验结果证明了第 7 章所提技术方案的可行性和正确性。

表 9.14　几种实现系统海量接入(过载)的方案性能比较

系统方案	发送端	接收端	优势	存在的问题
PDNOMA	功率复用	SIC	提高频谱利用率，技术简单	要提高过载率，需要进一步研究功率分配和用户配对方案，且 SIC 接收机的性能需要提高
IDMA	IDMA-OFDM	ESE	系统复杂度低	系统能够承受的过载系数不高
SCMA	LDS + 多维调制	MPA	提高频谱利用率，高维调制增加成形增益	MPA 算法复杂度随 d_f 呈指数增长，迭代检测有时延
MUSA	低互相关复数域多元码序列扩频	SIC	技术较为简单，提高频率利用率	要承载更多的用户需要设计复数域多元码序列并保证具有低互相关度
PDMA	多域联合编码 + 图样映射	图样检测 + SIC	多域联合编码，提高频率利用率	技术复杂，图样矩阵的设计需要优化

9.3.1　IDMA 系统

在相同的 IDMA 发射机下，对 IIC 接收机和 ESE 接收机的性能进行对比分析。在仿真中，考虑了 4×1 和 4×2 的 OFDM-IDMA 系统。假设用户都是发送 1024bit/帧，共 10000 帧的数据，使用速率 1/2 卷积码(发生器为[7，5])与低速率重复码，采用 BPSK 和 OFDM 调制串行级联。使用瑞利信道，假设在所有发射和接收天线之间存在不相关衰落。采用块衰落信道，即信道系数在一个数据帧周期内保持不变。假设接收端知道 CIR、MAP、IIC 和 ESE 都采用 10 次迭代。

图 9.32 显示了 4 发 1 收 OFDM-IDMA 系统在 1/4 重复码(1/8 总速率)下的误码率性能。我们考虑具有 1 抽头、2 抽头、4 抽头和 8 抽头的多径。从图 9.32 中可以看出，当信道多径大于 1 抽头时，IIC 接收机的性能要比 ESE 接收机好得多。经过 10 次迭代，IIC 接收机几乎可以达到最佳性能。

图 9.33 显示了 4 发 2 收 OFDM-IDMA 系统在 1/2 重复码(1/4 总速率)下的误码率性能。与图 9.32 一样，IIC 接收机的性能仍远优于 ESE 接收机。特别是对于 1 抽头和 2 抽头信道，ESE 接收机的误码性能似乎有一个误差下限，而 IIC 接收机则没有。从图 9.33 中可以看出，与 IDMA 相结合，IIC 接收机可以充分地利用 CIR，获得信道增益，性能比 ESE 接收机要好得多，几乎达到最佳性能。

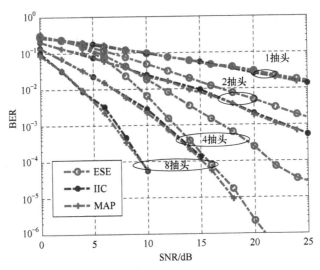

图 9.32　4 发 1 收 OFDM-IDMA 系统在 1/4 重复码(1/8 总速率)下的误码率性能

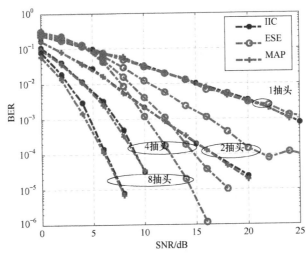

图 9.33　4 发 2 收 OFDM-IDMA 系统在 1/2 重复码(1/4 总速率)下的误码率性能

9.3.2　PDNOMA 系统

考虑三个用户的情况，基站配备了一个接收天线，形成了一个 3 × 1 系统，过载系数为 300%。仿真条件与 9.3.1 节相同，详细参数请参考文献[31]。图 9.34 给出了三个用户中信号强度最强的用户的 BER 性能。采用 MAP 和 SIC 方案的误码率性能作为下界与上界。对于 IIC 和 AIIC，考虑了 4 次迭代。如图 9.34 所示，SIC 性能最差，基本上不能处理这种情况，而 IIC 和 AIIC 方案都可以充分地利用信道信息，获得信道增益。IIC 和 AIIC 的基本思想都是应用 LLR 转换器通过乘以比例因子来调整 LLR 值，比例因子直接从 CIR 中计算得出。SIC 没有考虑到这一点。因此，IIC 和 AIIC 可以获得信道增益，性能都优于 SIC。在高 SNR 情况下，IIC 存在一个误差层，因为它只是将干扰当作噪声处理，这会降低初始性能并导致误差传播。AIIC 改善了这一缺陷，使其性能更接近 MAP。

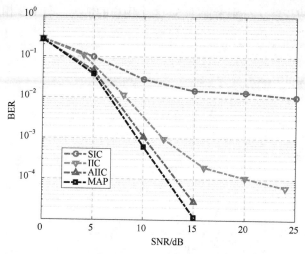

图 9.34　3 用户 1 收 PDNOMA 系统下的 SIC、IIC、AIIC 和 MAP 的 BER 性能

图 9.35 显示当用户数为 4 时，即过载系数为 400% 时，AIIC 也出现了误差层。尽管 AIIC 在低 SNR 下表现出比 IIC 更好的性能趋势。AIIC 和 IIC 之间的主要区别在于，在第一次迭代中 AIIC 会消除部分干扰，这可能会使检测器和解码

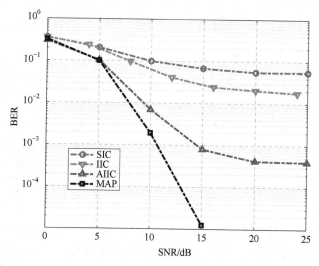

图 9.35　4 用户 1 收 PDNOMA 系统下的 SIC、IIC、AIIC 和 MAP 的 BER 性能

器的外部信息转移曲线之间的通道打开。但是，两种算法的后续步骤是相同的，这意味着两种算法仍然存在误差传播。因此，IIC 和 AIIC 都有一个误差层，误差层的级别从 10^{-1} 降低到 10^{-3}。看来 AIIC 可以承受小于 400% 的过载系数。

图 9.36 给出了 AIIC 的可承受过载系数大于 300% 且小于 400%。此时，基站配备了 2 个接收天线，分别考虑了 5～8 个用户的情况。与 IIC 相比，AIIC 可以负担更多的用户。

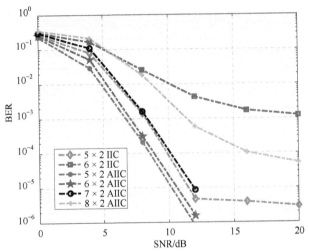

图 9.36　5～8 用户 2 收 PDNOMA 系统下的 IIC 和 AIIC 的 BER 性能

显然，从图 9.34～图 9.36 可以看出，SIC 会影响 PDNOMA 带来的性能。而随着过载系数的增加，IIC 和 AIIC 也同样由于误差传播，没办法把 PDNOMA 的优势完全发挥出来。为了克服这一点，可以在发送端引入 IDMA。

9.3.3　PDNOMA + IDMA 系统

在发送端引入 IDMA，重复码率为 1/2，总码率为 1/4。我们考虑五种情况：5×2、6×2、5×1、6×1 和 8×1 的系统，过载系数分别为 125%、150%、250%、300%、400%。图 9.37 给出了 5 用户 2 收和 6 用户 2 收 PDNOMA+IDMA 系统下的信号强度最大用户的 ESE、IIC 和 AIIC 的 BER 性能。此时基站配有 2 根天线。如图 9.37 所示，IIC 和 AIIC 都优于 ESE。在较低的过载系数下，IIC 的 BER 性能接近 AIIC。随着过载系数的增加，AIIC 的性能远远优于 IIC。与图 9.34 相比，当过载因子为 300% 时，IDMA 可以将 IIC 的误差层从 10^{-4} 降低到 10^{-5}（见图 9.34 中的曲线 'IIC' 和图 9.38 中的 '6 × 1 IIC'）。与图 9.35 相比，当过载因子为 400% 时，IDMA 可以将 AIIC 的误码率下限水平从 10^{-4} 降低到 10^{-6}（见图 9.35 中的曲线 'AIIC' 和图 9.38 中的 '8 × 1 AIIC'）。由此可以看出，IDMA 的引入可以进一步提高 IIC 和 AIIC 的检测性能，最终提高整个 PDNOMA

系统的性能。

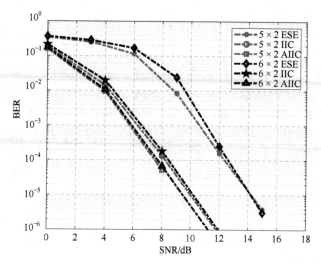

图 9.37　5 用户 2 收和 6 用户 2 收 PDNOMA + IDMA 系统下的信号强度最大用户的 ESE、
IIC 和 AIIC 的 BER 性能

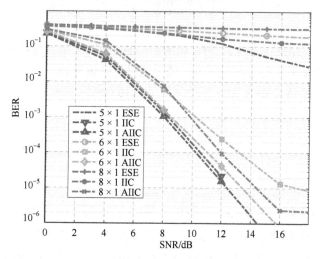

图 9.38　5～8 用户 1 收 IDMA + PDNOMA 系统下的 ESE、IIC 和 AIIC 的 BER 性能

　　从以上仿真结果可以看出，系统的 BER 性能受过载系数的影响。IIC 和 AIIC 都能充分地利用信道的信道信息，获得信道增益，提高误码率性能。IIC 算法虽然也能从信道中获益，但受过载系数的影响较大。通过 IDMA 与 PDNOMA 的结合，AIIC 可以承受更高的过载率，并获得 PDNOMA 带来的预期性能增益。

9.3.4　小结

本章针对第 7 章所提出的几种非正交多址接入技术进行了仿真对比与分析，包括 IDMA、SCMA、MUSA、PDMA 和 PDNOMA 5 种非正交接入的发送方案与接收方案。它们都可以提高频谱效率，其中 IDMA 系统复杂度低，但系统能够承受的过载系数不高；PDNOMA 技术简单，在实际通信中容易实现。因此利用基于第 4 章所提出的迭代检测算法(IIC 和 AIIC)，对 IDMA 和 PDNOMA 进行了更进一步的测试。通过仿真可以看出，结合 IIC，IDMA 系统可以获得接近最优算法的性能。在 PDNOMA 系统中，SIC 性能最差，IIC 次之，AIIC 性能最好。将 IDMA 和 PDNOMA 结合起来，虽然发送端的复杂度增加了，系统的性能更是有明显的提高，可以获得由 PDNOMA 所带来的预期增益，系统可以承载的用户量(即过载系数)也增加了。通信系统的性能与其复杂度一直是一个权衡问题，性能好，相对的复杂度就高，在实际通信时选择系统方案需要有所取舍。

9.4　压缩频谱感知技术实践篇

第 8 章从压缩采样出发，介绍了物理层相关宽带频谱感知技术的理论基础。本节从实践的角度出发结合第 8 章已经介绍过的理论知识设计了仿真实验验证，这些实验结果证明了第 8 章所提技术方案的可行性和正确性。通过 9.4 节的内容，可使读者对压缩频谱感知技术的理解进一步加强。

9.4.1　基于 SOMP 和 SwSOMP 在不同条件下对信号支撑集恢复的性能评价

1. 实验环境的建立

在有关 MWC 支撑集恢复实验的分析中，均参照文献[32]、[33]中的恢复成功标准，即估计支撑集 $\hat{\Lambda}$ 与实际支撑集 Λ 满足 $\hat{\Lambda} \supseteq \Lambda$ 的条件，同时 $\Phi_{\hat{\Lambda}}$ 是列满秩的，则认为恢复成功，当重构成功概率大于等于 90%时认为是高概率重构。为了验证第 8 章提出的算法的有效性，使用 sinc 信号进行仿真实验，分析 SOMP 和 SwSOMP 分别在不同频带数、通道数和信噪比下对信号支撑集恢复的影响。

带噪声的稀疏宽带模拟信号由式(9.9)产生。

$$x(t)=\sum_{i=1}^{N/2}\sqrt{E_iB_i}\,\mathrm{sinc}\big(B_i\big(t-\tau_i\big)\big)\cos\big(2\pi f_i\big(t-\tau_i\big)\big)+n(t) \tag{9.9}$$

式中，参数 E_i、B_i、f_i 和 τ_i 分别代表所产生的第 i 个频带的能量系数、带宽、载波频率和时间偏移量；N 表示信号中的频带数 (包含了对称频带)；$n(t)$ 为高斯白噪声。以下过程重复 500 次，计算成功恢复概率：

(1) 随机产生混频信号 $p_i(t)$。

(2) 在 $[-f_{\text{nyq}}/2, f_{\text{nyq}}/2]$ 内均匀随机产生载波频率 f_i。

(3) 根据 f_i 生成新的 sinc 信号。

(4) 分别用 SOMP 和 SwSOMP 来估计支撑集，判断是否成功恢复，并对判断的结果进行记录。

2. 弱化参数 α 对支撑集恢复的影响

实验中，信号的具体参数设置：$N=6$ (对称的 3 对)；$E_i \in \{1,2,3\}$；$B_i \in \{50,50,50\}$ MHz；$\tau_i \in \{0.4, 0.7, 0.2\}\,\mu s$；载波频率 f_i 随机地分布在 $[-f_{\text{nyq}}/2, f_{\text{nyq}}/2]$ 内，$f_{\text{nyq}} = 10\text{GHz}$。MWC 采样参数设置：$L_0 = 97$；$L = 2L_0 + 1 = 195$；$f_s = f_p = f_{\text{nyq}}/L = 51.28\text{MHz}$；$m = \{15, 20, 25, 30, 35\}$。重构参数设置：$\alpha$ 为标量，$\alpha \in (0,1]$，初值为 0.5，并以 0.05 为间隔进行步进，因为 SwSOMP 的迭代次数与稀疏度无关，此处设置 Iters $= 10$。噪声为高斯白噪声，SNR $= \{10, 20, 30\}$ dB。

考察当 α 在 0.5～1 内分别取值时，对应不同的采样通道数 m 和不同的 SNR 的支撑集恢复概率如图 9.39 所示。从图 9.39 可以看出，当 $\alpha = 0.9$ 时，SwSOMP 算法对支撑集的恢复最好。因此，在下面的实验中，α 均取值为 0.9。

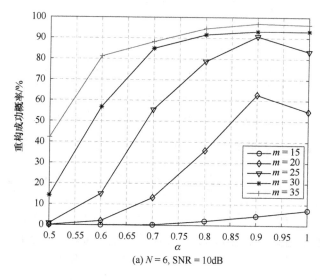

(a) $N = 6$, SNR = 10dB

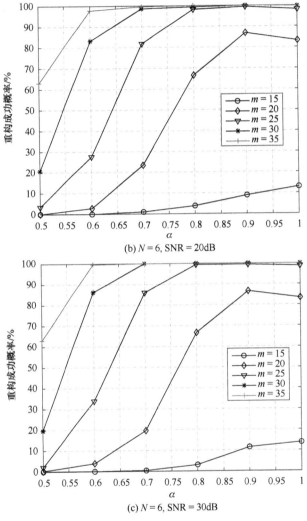

(b) $N = 6$, SNR = 20dB

(c) $N = 6$, SNR = 30dB

图 9.39　弱化参数 α 对支撑集恢复的影响

3. 采样通道数对支撑集恢复的影响

考察两种算法下，通道数对支撑集恢复的影响，图 9.40 给出了当通道数 m 在区间 [20,40] 内以 1 为步进递增时 SwSOMP 和 SOMP 的成功恢复率情况。其他参数的设置同上面的参数设定。从图 9.40 可知，SwSOMP 算法的重构性能总体要好于 SOMP 算法。尤其在 $m = 22$ 时，恢复的性能提升了 12.4%。SwSOMP 算法在 $m = 25$ 时，恢复概率达到了 90%，而 SOMP 算法要在 $m = 30$ 时才能达到 90% 的恢复概率。因此，SwSOMP 算法可以在较少通道数下实现频带支撑集的高概率重构，从而可以节省硬件开销。由于通道数和总采样率 f_{Σ} 直接相关（$f_{\Sigma} = mf_s$），因此，SwSOMP 在使用较少通道数的同时也降低了系统对采样率的要求。

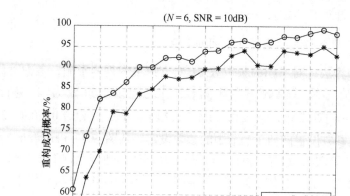

图 9.40 采用通道数对支撑集恢复的影响

4. 信噪比对支撑集恢复的影响

考察两种算法下信噪比对支撑集恢复的影响，SNR 在区间 $[6, 20]\,\mathrm{dB}$ 内以步进数为 2 进行取值，$m = \{20, 25\}$，其他参数的设置与图 9.39 中实验的设置相同。从图 9.41 可以看出，采用通道数为 25 时，SwSOMP 在低信噪比下比 SOMP 有着更好的恢复能力。

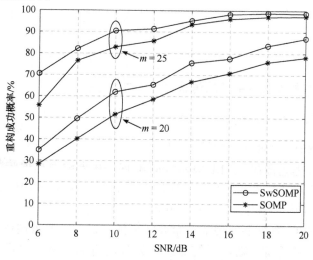

图 9.41 SNR 对支撑集恢复的影响

特别是当 $\mathrm{SNR} = 6\mathrm{dB}$ 且 $m = 25$ 时，SwSOMP 的重构能力比 SOMP 提升了

15%。从实验可看出，当采样通道数分别为 20 和 25 时，SwSOMP 的重构成功率总体上都要好于 SOMP。

5. 信号频带数与支撑集恢复之间的关系

考察两种算法针对不同的频带数 N 对支撑集恢复的影响，考虑对称频带，频带数的取值必须是偶数，在区间 $[2,16]$ 之间以步进数为 2 进行取值。$\mathrm{SNR}=15$，$m=\{20,25\}$，$E_i \in \{1,2,3,4,5,6,7,8\}$，$\tau_i \in \{0.4,0.7,0.2,0.9,1.2,1.5,1.8,2.1\}\mu s$，其他参数设置同 8.3.2 节中的参数设定，从图 9.42 可以看出，当 $N<8$ 时，SwSOMP 算法有较好的性能，当 $N=8$ 时算法的性能急剧下降，当 $N \geqslant 10$ 时基本失去恢复能力。从总体上来看，不同频带下 SwSOMP 算法要优于 SOMP。

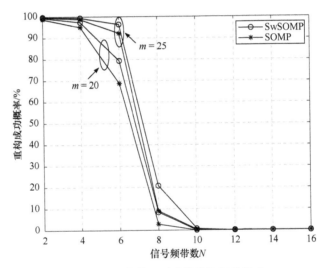

图 9.42　频带数 N 对支撑集恢复的影响

9.4.2　ABRMB 性能提升框架的仿真实验及结果分析

1. 性能评价指标说明

1) 所需最小采样通道数和最小采样率

文献[34]、[35]指出，当所需条件满足时，在理论上只要采样通道数满足 $m \geqslant 2N$ 就可以重构出未知信号的支撑集。但是，在实际应用中，现有算法很难达到这一理论下限，因此只有通过不断地改进算法来逼近理论值。

另外，MWC 系统能实现亚奈奎斯特采样，在不影响重构成功概率的情况下，压缩的程度越高，则对系统后续的处理越有利。MWC 系统的总采样率 $f_\Sigma = mf_s$。多频带信号采样频率的理论最小值，即 Landau 速率[36]定义为

$$M(P_N) = 2\sum_{i=1}^{N/2}(b_i - a_i) \tag{9.10}$$

式中，$M(P_N)$ 是朗道速率，即为所有信号子带频谱宽度的总和；P_N 表示多频带信号中 N 个有效频率分量的并集；$b_i - a_i$ 表示第 i 个子带的频谱宽度。由于通道数 m 和 MWC 的总采样率 f_Σ 直接相关，很显然，m 越小，系统的成本和对应的采样速率就越低。

2) 所能重构的最大信号频带数

由文献[37]可知，MMV 问题的可重构性能上限为

$$I(Z) \leqslant \big(\sigma(\Phi) + \mathrm{Rank}(Y) - 1\big)/2 \tag{9.11}$$

式中，$I(Z)$ 表示矩阵 Z 的联合稀疏度；$\sigma(\Phi)$ 为 Φ 的 Kruskal 秩；$\mathrm{Rank}(Y)$ 为矩阵 Y 的秩。由式(9.11)可知，Y 的秩越小，可重构的信号稀疏度就越低，这也是文献[38]可重构信号稀疏度上界非常小的原因。信号子带数 $N = I(Z)/2$，因此，所能重构的频带数越多，则说明系统的性能越好。

3) 支撑集势的逼近误差

设原始信号支撑集的势为 $|\Lambda|$，即支撑集的长度，显然，$|\Lambda| = \|\Lambda\|_0$。若 $|\hat{\Lambda}| = |\Lambda|$，则认为逼近误差为 0。若 $|\hat{\Lambda}| \neq |\Lambda|$，则认为存在逼近误差，本节定义逼近误差 $E_{\hat{\Lambda}}$ 和误差的误差上限 E_{upper} 分别为

$$E_{\hat{\Lambda}} = \mathrm{abs}\big(|\hat{\Lambda}| - |\Lambda|\big)/L, \ \ \mathrm{s.t.} \ \ |\hat{\Lambda}| > |\Lambda| \tag{9.12}$$

$$E_{\mathrm{upper}} = |\Lambda|_{\mathrm{max}}/L \tag{9.13}$$

式中，$|\hat{\Lambda}|$ 表示估计支撑集的势；$\mathrm{abs}\big(|\hat{\Lambda}| - |\Lambda|\big)$ 为估计支撑集势和实际支撑集势的差值的绝对值；s.t.是 subject to 的缩写。在式(9.13)中，$|\Lambda|_{\mathrm{max}}$ 为多频带稀疏信号可能出现的最大支撑集的势，L 表示等分的窄带数目，N 表示原始信号的支撑频带数。很显然，逼近误差越小越好，由于 $L \gg |\Lambda|$，因此，在认知无线电宽带频谱感知的应用中，只要满足 $E_{\hat{\Lambda}} \leqslant E_{\mathrm{upper}}$，则对次用户接入空闲频谱的影响就认为可以忽略不计。

4) 重构成功概率

有关 MWC 支撑集恢复实验的分析中，当逼近误差小于等于上限值时，且参照文献[37]、[38]中的恢复成功标准，即估计支撑集 $\hat{\Lambda}$ 与实际支撑集 Λ 满足 $\hat{\Lambda} \supseteq \Lambda$ 的条件，同时 $\Phi_{\downarrow\hat{\Lambda}}$ 是列满秩时，则认为重构成功，如式(9.14)所示。在相

同的仿真环境下重构 500 次，若重构成功概率达到 90%以上，则认为是高概率
重构。

$$\text{success s.t.} \left(E_{\hat{\Lambda}} \leqslant E_{\text{upper}} \&\& \hat{\Lambda} \supseteq \Lambda \&\& \text{Rank}(\Phi_{\downarrow \hat{\Lambda}}) = \|\hat{\Lambda}\|_0 \right) \tag{9.14}$$

2. 实验结果分析

为了验证提出方案的有效性，使用 sinc 信号进行仿真实验，分析 ABRMB
分别在最小采样通道数、重构成功概率及所能重构的最大频带数上的情况，并与
ReMBo 和 RPMB 算法进行比较。同时，也会对稀疏度估计所带来的支撑集势的
逼近误差进行分析。

带噪声的稀疏多带模拟信号由式(9.15)产生。

$$x(t) = \sum_{i=1}^{N/2} \sqrt{E_i B_i} \text{sinc}\left(B_i(t-\tau_i)\right)\cos\left(2\pi f_i(t-\tau_i)\right) + n(t) \tag{9.15}$$

式中，参数 E_i、B_i、f_i 和 τ_i 分别代表所产生的第 i 个频带的能量系数、带宽、
载波频率和时间偏移量；N 表示信号中的频带数；$n(t)$ 为高斯白噪声。以下过
程重复 500 次，计算重构成功概率。

(1) 随机产生混频信号 $p_i(t)$。

(2) 在 $[-f_{\text{nyq}}/2, f_{\text{nyq}}/2]$ 内均匀随机产生载波频率 f_i。

(3) 根据 f_i 生成新的 sinc 信号。

(4) 分别用 ReMBo、RPMB 和 ABRMB 估计支撑集，并判断是否成功恢
复，并对每一次是否恢复成功进行记录。

实验中，信号的参数设置为 $N=6$（对称的 3 对）；$E_i \in \{1,2,3\}$；$B_i \in \{50,50,50\}$
MHz；$\tau_i \in \{0.4,0.7,0.2\}\mu s$；载波频率 f_i 随机地分布在 $[-f_{\text{nyq}}/2, f_{\text{nyq}}/2]$ 内，
$f_{\text{nyq}} = 10\text{GHz}$。MWC 采样参数设置为 $L_0=97$；$L=2L_0+1=195$；$f_s=f_p=f_{\text{nyq}}/$
$L=51.28\text{MHz}$；通道数 m 在区间 $[15,40]$ 内以 1 为间隔步进；设置 MaxIters $=$
20。噪声为高斯白噪声，SNR $=\{10,20,30\}$ dB。其他参数设置：$\varepsilon = 0.001$，
$s=2$。

首先，考察在相同条件下，本节提出的 ABRMB 算法和 RPMB 算法、
ReMBo 算法在不同信噪比下用于 MWC 重构时的重构成功率随采样通道数的变
化情况。由图 9.43 可看出，在 SNR 分别为 10、20 和 30 的情况下，应用
ABRMB 算法的支撑集重构成功概率均要优于 ReMBo 和 RPMB。

特别地，当 $m=20$，SNR $=\{10,20,30\}$ dB 时，ABRMB 相比于 RPMB、
ReMBo 的重构成功概率的最大提升比例如表 9.15 所示。由此可以说明，由于噪
声强度和稀疏度的合理估计，以及最优邻域选择策略的使用，在 SNR 较低或波

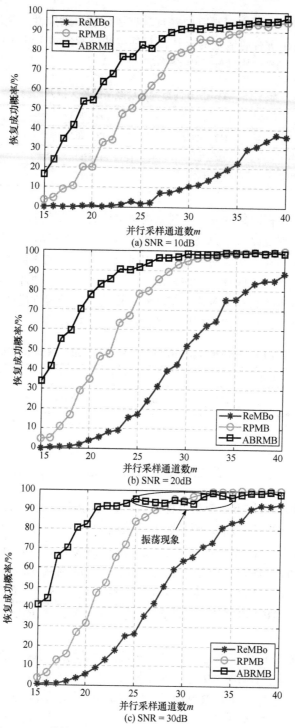

图 9.43　三种算法在不同信噪比下的支撑集重构成功率对比

动的情况下，ABRMB 方案更有效并且具有更好的自适应性。注意：表 9.15 中的性能提升不是在所有通道上的提升，而是在某个通道数上的最佳提升性能，因此，在所有通道上的平均性能提升会降低。

表 9.15　ABRMB 的重构成功概率的最大提升比例

参数设置	$m = 20$		
	SNR = 10dB	SNR = 20dB	SNR = 30dB
ABRMB vs. RPMB	34.2%↑	42.8%↑	50.8%↑
ABRMB vs. ReMBo	53.6%↑	73.6%↑	76.6%↑

其次，考察在相同条件下，实现高概率重构时，三种算法所需的最小通道数和最小采样率的对比情况。从图 9.15 和表 9.16 可以看出，在不同信噪比下，ABRMB 对支撑集高概率重构所需的硬件通道数 m 和总的采样率要比 ReMBo 算法、RPMB 算法都小。因此，ABRMB 算法可使用较少的硬件通道，较低的采样速率来实现支撑集的高概率重构。很显然，算法所需的硬件通道数越少，系统可以节省更多的开销，采样速率越低，硬件的实现就越容易。

表 9.16　三种算法重构所需最小通道数和最小采样率对比

参数设置	SNR = 10dB		SNR = 20dB		SNR = 30dB	
	m_{min}	$f_{\sum min}$ / MHz	m_{min}	$f_{\sum min}$ / MHz	m_{min}	$f_{\sum min}$ / MHz
ABRMB	29	1487.12	23	1179.44	21	1076.88
ReMBo	—	—	40	2051.2	37	1897.36
RPMB	36	1846.08	28	1435.84	27	1384.56

接着，在相同条件下，考察三种不同算法的重构成功概率随信号频带数的变化对比情况。考虑对称频带，频带数 N 在区间 $[2,12]$ 上以步进数为 2 进行取值。参数设置为 SNR = 20 dB，$m = 20$，$E_i \in \{1,2,3,4,5,6\}$，$\tau_i \in \{0.4,0.7,0.2,0.9,1.2,1.5\}\mu s$，如图 9.44 所示，由于频带数直接与信号的稀疏度相关，因此，随着 N 的增加，信号越不稀疏，三种算法的重构概率均会下降。但是总的来说，在 $N = \{4,6,8\}$ 时，ABRMB 算法的重构性能均明显地要优于 RPMB 算法和 ReMBo 算法。

最后，考察三种算法重构所得到支撑集势的平均逼近误差的对比情况。实验参数设置为 $N = 6$，SNR = 20 dB，通道数 m 在区间 [15,40] 内以 1 为间隔步进。从图 9.45 可以看出，由于 RPMB 算法重构出的支撑集的势和通道数相关，因此，当 $m = 24$ 时，RPMB 算法支撑集势的平均逼近误差就已经达到了本节设定的上限值。由图 9.45 易知，ABRMB 算法的平均逼近误差是三种算法中最小的，可见应用 ABRMB 成功重构的支撑集的势与实际多频带信号所占子带个数是最接近的。这样，在认知无线电网络中，ABRMB 可以提供出更多的空闲信道给次用户使用。

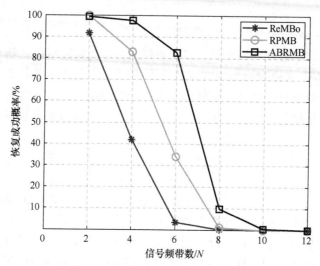

图 9.44　信号子带数对支撑集恢复的影响

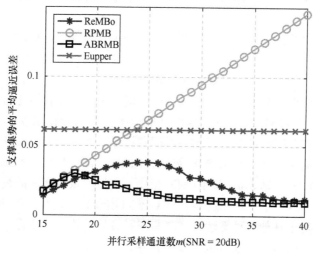

图 9.45　重构所得的支撑集势的平均逼近误差比较

　　从以上四个性能指标的分析可以看出，ABRMB 方案可以利用宽带信号在频域的稀疏特性实现低速采样。当信噪比为 10dB 时，采样率可以降低到奈奎斯特采样率的 14.9%。同时，对于噪声的不确定性，ABRMB 方案中的选择判定阈值可以随着噪声功率的变化而自适应变化。基于邻域选择策略和稀疏度估计，ABRMB 可以获得更高的支撑集成功重构概率。然后，投影降维操作可以降低计算复杂度，且不影响算法的收敛性。因此，ABRMB 方案能够在噪声干扰和感知精度之间找到更好的平衡。

9.4.3　小结

从实际的频谱感知环境出发，以宽带稀疏信号为研究对象，基于压缩感知重构理论和 MWC 欠奈奎斯特采样理论展开研究。重点针对宽带稀疏信号先验信息的挖掘、支撑集重构精度和信号可重构频带数的提高方法、压缩采样设备硬件复杂度的降低策略等问题提出了相应的解决方案，并在研究中取得了一些研究结果[39,40]。本节主要的工作归纳如下。

为了提高支撑集成功重构概率和可重构的最大信号频带数，进行了重构算法结合创新的研究。针对 SOMP 算法存在的问题，将一种基于分段弱正交匹配追踪算法应用到支撑频带的恢复中。SwSOMP 算法是在 StOMP 的基础上对选择原子时的门限设置进行优化，从而可以降低对观测矩阵的要求，同时该算法无须预先知道待采样信号的稀疏度。将该算法应用到 CTF 模块中，可以在较低信噪比下，利用较少的通道数实现支撑频带的高概率重构。在相同条件下支撑集重构成功概率可以提升 12.4%～15%；信号频带数为 2、4、6、8 时均有更好的感知性能表现。

基于估计出的先验信息，本节提出了一种自适应的 MWC 盲宽带频谱压缩感知算法，该算法由一个灵活的 ABRMB 框架和一个适用于该框架的高性能求解器 ABRMB_Solver 组成。ABRMB 框架不仅可以利用估计的噪声强度和稀疏度，自适应地处理多频带信号，而且通过最优邻域选择的容错能力提高了算法的重构性能。在实际感知环境中，当出现低信噪比和信噪比出现上下波动的情况时，可以通过本章提出的算法框架和求解器更精确地进行支撑集的重构。实验结果表明，在相同条件下，与 RPMB 算法、ReMBo 算法相比，ABRMB 算法重构性能提升了 34.2%～76.6%；与 RPMB 相比，高概率重构所需的最小通道数和最低采样速率降低了 17.9%～22.2%；针对不同频带数的信号进行重构，ABRMB 的总体性能要优于其他两种算法；在考察三种算法重构出的支撑集势的平均逼近误差时，应用 ABRMB 算法的逼近误差最小。

9.5　本 章 小 结

本章结合前面第 3 章、第 4 章、第 5 章、第 7 章、第 8 章的新技术给出了 4

类具体的实践实例，可操作性强。本章结合作者主持的国家、省部级项目的研究成果，分别运用下一代互联网涉及的物理层(多址接入、压缩频谱感知)、网络层(IPv6)、传输层(MPTCP)及应用层关键技术来构建了相应的新技术应用实践与应用系统。而这些实践实例都是以作者发表的高水平论文或获得的专利为基础而撰写的。通过这些实践实例可以帮助读者了解下一代互联网新技术理论后进行动手实践，从而达到理论(言)与实践(行)同行，相得益彰的效果，因为"纸上得来终觉浅，绝知此事要躬行"。

参 考 文 献

[1] 符发, 周星, 谭毓银, 等. 多场景的 MPTCP 协议性能分析研究. 计算机工程与应用, 2016, 52 (5): 89-93.

[2] Raiciu C, Handley M, Wischik D. RFC 6356, Coupled congestion control for multipath transport protocols. IETF, Internet Draft, 2011.

[3] Floyd S. RED: Discussions of setting parameters. https: //www. icir. org/floyd/ REDparameters. txt. [1997-05-11].

[4] Reibholz T. The NorNet testbed-a large-scale experiment platform for real-world experiments with multi-homed systems. Melbourne: Swinburne University, Centre for Advanced Internet Architectures, 2015.

[5] Dreibholz T, Becke M, Adhari H, et al. Evaluation of a new multipath congestion control scheme using the NetPerfMeter tool-chain. Proceedings of the 19th IEEE International Conference on Software, Telecommunications and Computer Networks, Hvar, 2011: 1-6.

[6] Chen M, Dreibholz T, Zhou X et al. Improvement and implementation of a multi-path management algorithm based on MPTCP. 2020 IEEE 45th Conference on Local Computer Networks, Sydney, 2020.

[7] 耿亚奇. 多路径传输缓存耗量模型的实现与性能评价. 海口: 海南大学, 2020.

[8] Chen M, Raza M W, Zhou X, et al. A multi-parameter comprehensive optimized algorithm for MPTCP networks. Electronics, 2021, 10: 1942.

[9] 余帅. 基于多路径传输移动终端拥塞控制算法研究与性能分析. 海口: 海南大学, 2020.

[10] Tadayoni R, Henten A. From IPv4 to IPv6: lost in translation? Telematics and Informatics, 2016, 33(2): 650-659.

[11] Yang W Y, Zhang L M. An application research on IPv6 multicasting testing method. Procedia Engineering, 2011, 24: 143-151.

[12] 薛开平, 陈珂, 倪丹, 等. 基于 MPTCP 的多路径传输优化技术综述. 计算机研究与发展, 2016, 53(11): 2512-2529.

[13] Mueller M L. IP addressing: The next frontier of internet governance debate. Info, 2006, 8(5): 3-12.

[14] Sousa B M, Pentikousis K, Curado M. Multihoming management for future networks. Mobile Networks and Application, 2011, 16(4): 505-517.

[15] Shinta S, RyoJi K, Toshikane O. A comparative analysis of multihoming solutions. Information

Processing Society of Japan, 2006: 209-216.

[16] 罗煜, 周星, 龙宇, 等. IPv6+MPTCP 技术对上层应用支撑的验证. 计算机工程与应用, 2018, 54(24): 79-86, 163.

[17] Luo Y, Zhou X, Dreibholz T, et al. A real-time video streaming system over IPv6+MPTCP Technology. Springer Nature Switzerland AG, Berlin, 2020: 13.

[18] 周星, 匡汉宝, 龙宇, 等. 基于多路径传输的网络直播方法及其系统: 中国, ZL20181 1372765. 2. 2019.

[19] 朱坤华, 朱国超. 基于 IPv6 的网络编程实例剖析. 微计算机信息, 2006, 22: 257-265.

[20] 刘利强, 吴永英, 王勇智. IPv6 下 Socket 网络编程的研究与实现. 计算机技术与发展, 2006, 16 (6): 201-203.

[21] Le T A, Hong C S. ecMTCP: An energy-aware congestion control algorithm for multipath TCP. IEEE Communications Letters, 2011, 16(2): 275-277.

[22] Khademi N, Ros D, Welzl M, et al. NEAT: A platform and protocol-independent internet transport API. IEEE Communications Magazine, 2017, 55 (6): 46-54.

[23] Saito Y, Benjebbour A, Kishiyama Y, et al. System-level performance evaluation of downlink non-orthogonal multiple access (NOMA). 2013 IEEE 24th Annual International Symposium on Personal, Indoor, and Mobile Radio Communications, New York, 2013: 611-615.

[24] Ping L, Liu L, Wu K, et al. Interleave division multiple-access. IEEE Transactions on Wireless Communications, 2006, 5(4): 938-947.

[25] Nikopour H, Baligh H. Sparse code multiple access. 2013 IEEE 24th Annual International Symposium on Personal, Indoor, and Mobile Radio Communications (PIMRC), London, 2013: 332-336.

[26] Yuan Z, Yu G, Li W, et al. Multi-user shared access for internet of things. 2016 IEEE 83rd Vehicular Technology Conference (VTC Spring), Nanjing, 2016: 1-5.

[27] Chen S, Ren B, Gao Q, et al. Pattern division multiple access: A novel nonorthogonal multiple access for 5G radio networks. IEEE Transactions on Vehicular Technology, 2017, 66(4): 3185-3196.

[28] Ren B, Wang Y, Dai X, et al. Pattern matrix design of PDMA for 5G UL applications. China Communications, 2016, 13(2): 159-173.

[29] Taherzadeh M, Nikopour H, Bayesteh A, et al. SCMA codebook design. 2014 IEEE 80th Vehicular Technology Conference (VTC2014-Fall), Vancouver, 2014: 1-5.

[30] Chen M, Burr A G. Low-complexity iterative interference cancellation multiuser detection for overloaded MIMO OFDM IDMA system. International ITG Workshop on Smart Antennas, Stuttgart, 2013: 1-5.

[31] 陈敏, 李晖, 杨永钦. 一种基于 IDMA 的非正交多用户检测方法. 广西大学学报(自然科学版), 2017, 42(6): 2223-2229.

[32] Mishali M, Eldar Y C. Expected RIP: Conditioning of the modulated wideband converter. 2009 IEEE Information Theory Workshop, London, 2009: 343-347.

[33] Mishali M, Elron A, Eldar Y C. Sub-Nyquist processing with the modulated wideband converter. Proceedings of the 2010 IEEE International Conference on Acoustics Speech and Signal

Processing, Dallas, 2010: 3626-3629.

[34] Drmac Z. Accurate computation of the product-induced singular value decomposition with applications. SIAM Journal on Numerical Analysis, 1998, 35(5): 1969-1994.

[35] 盖建新, 付平, 孙继禹, 等. 基于随机投影思想的 MWC 亚奈奎斯特采样重构算法. 电子学报, 2014, 42(9):1686-1692.

[36] Cotter S F, Rao B D, Engan K, et al. Sparse solutions to linear inverse problems with multiple measurement vectors. IEEE Transactions on Signal Processing, 2005, 53(7): 2477-2488.

[37] Khan A A, Rehmani M H, Reisslein M. Cognitive radio for smart grids: Survey of architectures, spectrum sensing mechanisms, and networking protocols. IEEE Communications Surveys and Tutorials, 2016, 18(1): 860-898.

[38] Mishali M, Eldar Y C. The continuous joint sparsity prior for sparse representations: Theory and applications. Proceedings of the 2nd IEEE International Workshop on Computational Advances in Multi-Sensor Adaptive Processing, St. Thomas, 2007: 125-128.

[39] Hu Z, Han Y, Cao L, et al. A CWMN spectrum allocation based on multi-strategy fusion glowworm swarm optimization algorithm. The 9th EAI International Wireless Internet Conference (WICON 2016), Haikou, 2016.

[40] Hu Z, Bai Y, Zhao Y, et al. Support recovery for multiband spectrum sensing based on modulated wideband converter with SwSOMP Algorithm. Proceedings of the 2017 1th EAI International Conference on 5G for Future Wireless Networks (5GWN), Beijing, 2017: 1503-1516.